W0259347

ALLE ZEIT WACH
1842

Hans Jürgen Löffler

Thermodynamik

Erster Band

Grundlagen und Anwendung
auf reine Stoffe

Mit 125 Abbildungen

Springer-Verlag
Berlin Heidelberg New York 1969

Prof. Dr.-Ing. Hans Jürgen Löffler
Institut für Thermodynamik
Technische Universität Braunschweig

1. Auflage 1969
1. Nachdruck 1985

ISBN-13: 978-3-540-04647-9 e-ISBN-13: 978-3-642-92981-6
DOI: 10.1007/978-3-642-92981-6

CIP-Kurztitelaufnahme der Deutschen Bibliothek
Löffler, Hans J.:
Thermodynamik/H. J. Löffler. - Nachdr. -
Berlin; Heidelberg; New York; Tokyo: Springer
Bd. 1. Grundlagen und Anwendung auf reine Stoffe. - Nachdr. d. 1. Aufl. - 1985.
ISBN-13: 978-3-540-04647-9

2068/3020-54321

Vorwort

Die beiden Bände dieses Lehrbuches sind aus den Vorlesungen entstanden, die ich in den Jahren 1962 bis 1968 an der Technischen Universität Berlin gehalten habe. Der erste Band befaßt sich mit den Grundlagen der Thermodynamik und den Anwendungen auf reine Stoffe. Er behandelt etwa die Themen, die an den deutschen Hochschulen vor dem Vorexamen besprochen werden. Gegenstand des zweiten Bandes sind die Eigenschaften idealer und realer Gemische sowie die Thermodynamik chemischer Reaktionen. Er wendet sich an Studierende nach dem Vorexamen, vor allem an Verfahrenstechniker, denen bisher eine ingenieurmäßige Darstellung dieses wichtigen Stoffes fehlte.

Beiden Bänden wurde eine Zusammenfassung der Grundlagen vorangestellt. Das bietet den Vorteil einer straffen und allgemein gehaltenen Darstellung. Die folgenden, wesentlich leichter zu lesenden Abschnitte befassen sich dann jeweils mit den Anwendungen. Sie enthalten zahlreiche Übungsbeispiele und vermitteln auch denjenigen Studierenden einen Zugang zur praktischen Handhabung thermodynamischer Begriffe, die an der vertieften Darstellung des Stoffes weniger interessiert sind. Das trifft ganz besonders für den ersten Band zu.

Im Gegensatz zu dem bekannten Lehrbuch von H.-D. BAEHR habe ich bei der Darstellung der Grundlagen auch auf statistische Überlegungen zurückgegriffen. Ich glaube, daß dadurch manche begriffliche Schwierigkeit vermieden werden kann. Die Erweiterung der Darstellung auf andere Arbeitskoordinaten und andere Arbeitskoeffizienten als das Volumen und den Druck mag dem Ingenieur zunächst als überflüssig erscheinen. Fehlt sie aber, dann entsteht leicht der unzutreffende Eindruck einer in sich geschlossenen und vollständigen Darstellung der Thermodynamik, die z. B. bei der Anwendung auf die Kälteerzeugung durch adiabate Entmagnetisierung plötzlich versagt. Daß dieses Versagen nur auftritt, weil zuvor bewußt auf die Einführung einer hinreichend großen Zahl von Veränderlichen verzichtet worden ist, wird gern übersehen. Die notwendige Ergänzung erscheint dann häufig als Fremdkörper.

In beiden Bänden werden ausnahmslos Größengleichungen verwendet. Zur zahlenmäßigen Auswertung thermodynamischer Überlegungen wird konsequent mit Größen, nicht mit Zahlenwerten, gerechnet. Dieser Weg wirkt vielleicht umständlich. Er bietet aber den Vorzug, daß die Wahl des Einheitensystems keine Rolle mehr spielt. Gewiß breitet sich die Anwendung des internationalen Einheitensystems immer mehr aus (und das ist gut so), dennoch werden noch auf Jahre hinaus mehrere Einheitensysteme nebeneinander bestehen. Deswegen muß die Fähigkeit vermittelt werden, mit verschiedenen Einheitensystemen zu arbeiten, was bei der konsequenten Verwendung von Größengleichungen und Größen keinerlei Schwierigkeiten bereitet. Hierzu sollen die Übungsaufgaben beitragen, in denen bewußt verschiedene Einheitensysteme benutzt werden.

Abweichend von der im deutschen Schrifttum üblichen Vereinbarung habe ich die Geschwindigkeit mit w und die Arbeit mit L bezeichnet. Die Buchstaben v und c werden nämlich bereits für das spezifische Volumen v und die spezifische Wärmekapazität c benötigt. Sie stehen daher für die Geschwindigkeit nicht mehr zur Verfügung. Die Wahl von w für die Geschwindigkeit zwingt dann dazu, die Arbeit anders als mit W zu bezeichnen, weil sonst leicht eine Verwechslung des Quotienten $w = W/m$ mit der Geschwindigkeit möglich wäre.

Beim Korrekturlesen hat mich Fräulein E. Siegesmund unterstützt. Die Reinschrift des Manuskriptes wurde von Fräulein E. Grunert hergestellt. Ihnen möchte ich an dieser Stelle besonders danken.

Braunschweig, im Mai 1969

H. J. Löffler

Inhaltsverzeichnis

Zweiter Band

Gemische und chemische Reaktionen

Häufig benutzte Zeichen

In Fällen, bei denen eine Verwechslung kaum auftreten kann, werden gelegentlich gleiche Zeichen für verschiedene Größen benutzt.

Große Buchstaben

B_j	Virialkoeffizient
E	Energie, Exergie, Elastizitätsmodul
$\mathfrak{E}_{el}$	elektrische Feldstärke
F	Freie Energie, Fläche
$\mathfrak{F}$	Faradaykonstante = (96496±7) As/mol (Bezugsmenge 32 g des natürlichen Sauerstoffisotopengemisches)
G	Freie Enthalpie
H	Enthalpie, Bauhöhe
H_p	Heizwert
$\mathfrak{H}_{magn}$, H_{magn}	magnetische Feldstärke
I_{el}	elektrischer Strom
J	Impuls
K	Kraft
L	Arbeit
L_{techn}	technische Arbeit
$\dot{L}$	Leistung
$\dot{L}_{techn}$	technische Leistung
M	Molmasse
$\mathfrak{M}_{magn}$, M_{magn}	magnetisches Moment
$\mathfrak{M}_{el}$, M_{el}	elektrisches Moment
N	Anzahl der Moleküle
N_L	Anzahl der Moleküle pro Mol (Loschmidtsche Zahl) $= (6{,}02338 \pm 0{,}00016) \cdot 10^{+23}$ mol^{-1} (Bezugsmenge 32 g des natürlichen Sauerstoffisotopengemisches)
Q	Wärme
$\dot{Q}$	Wärmestrom
Q^*	Überführungsenthalpie
Q_{el}	elektrische Ladung
R	spezielle Gaskonstante
$\mathfrak{R}$	allgemeine Gaskonstante = (8,3147 ± 0,0007) J/mol °K (Bezugsmenge 32 g des natürlichen Sauerstoffisotopengemisches)
S	Entropie
S^*	Überführungsentropie
T	absolute Temperatur
U	Innere Energie

U_{el}	elektrische Spannung
V	Volumen
W	statistisches Gewicht
W_p	Wärmetönung (T = const, p = const)
X	Arbeitskoeffizient
Y	generalisierte Kraft
Z	Zustandsgröße

Kleine Buchstaben

c	spezifische Wärmekapazität
c_p	spezifische Wärmekapazität (p = const)
c_v	spezifische Wärmekapazität (v = const)
e	spezifische Exergie
e_{el}	Elementarladung $(1{,}60203 \pm 0{,}00007)\ 10^{-19}$ As
f	spezifische freie Energie
g	spezifische freie Enthalpie
g_0	Erdbeschleunigung
grd	Temperaturdifferenz in Grad Kelvin oder Grad Celsius
$\mathfrak{h}$, h	spezifische Enthalpie
$\hbar$	Plancksches Wirkungsquantum $= (6{,}6251 \pm 0{,}002)\ 10^{-34}$ Js
j_{el}	elektrische Stromdichte
j	generalisierter Strom (Stromdichte)
k	Boltzmannkonstante $= (1{,}3804 \pm 0{,}0005)\ 10^{-23}$ J/°K
l	Quotient Arbeit/Menge
l_{techn}	Quotient technische Arbeit/Menge
m	Masse
$\dot{m}$, $\dot{n}$	Mengenstrom (Beharrungszustand)
m_{magn}	spezifisches magnetisches Moment
n	Anzahl der Mole, Exponent der reversiblen Polytropen
p	Druck
$\dot{q}$	Wärmestromdichte
q_{ij}	Quotient Wärme/Masse bei Zustandsänderung von i nach j
q, q_{Schm}	Schmelzenthalpie
q_s	Sublimationsenthalpie
r	Verdampfungsenthalpie
s	spezifische Entropie
t	Temperatur
u, $\mathfrak{u}$	spezifische innere Energie
v, $\mathfrak{v}$	spezifisches Volumen
w	Geschwindigkeit
w^*	Schallgeschwindigkeit
x	Arbeitskoordinate, Ortskoordinate, Naßdampfgehalt
z	Ortshöhe, spezifische Zustandsgröße

Griechische Buchstaben

α_{ik}	phänomenologischer Koeffizient
α_{krit}	kritischer Parameter
ε	Elektrodenpotential, Thermokraft, Energie eines Moleküls
ε_{KM}	Leistungszahl einer Kältemaschine
ε_{WP}	Leistungszahl einer Wärmepumpe

ς	Wärmeverhältnis
η_e	exergetischer Wirkungsgrad
η_{th}	thermischer Wirkungsgrad
η_{sD}	isentroper Düsenwirkungsgrad
$\eta_{s,\,Diff}$	isentroper Diffusorwirkungsgrad
η_{sT}	isentroper Expansionswirkungsgrad
η_{sV}	isentroper Kompressionswirkungsgrad
ϑ	normierte Temperatur
Θ	charakteristische Temperatur
Θ^*	Debeyesche charakteristische Temperatur
$\varkappa$	Exponent der reversiblen Adiabaten
λ	Wärmeleitfähigkeit, Wellenlänge
μ	chemisches Potential
μ_0	absolute Permeabilität = 1,256637 10^{-8} Vs/Acm
μ_r	relative Permeabilität
ν	stöchiometrischer Koeffizient, Frequenz
ν_0	Grundfrequenz
ξ	Konzentration in Gewichtsprozent
π	normierter Druck
Π	Peltierkoeffizient, Produktzeichen
ϱ	Dichte
σ_{el}	elektrische Leitfähigkeit
τ	Zeit
τ_0	Thomsonkoeffizient
φ	normiertes Volumen
φ_{el}	elektrisches Potential

Hochgestellte Indizes

^{0}	ideales Gas
$'$	siedende Flüssigkeit
$''$	gesättigter Dampf
$*$	schmelzender Feststoff
$**$	gefrierende Flüssigkeit
M	Mittel

Tiefgestellte Indizes

h	konstante spezifische Enthalpie
i	Laufzahl
j	Komponente, Laufzahl
k, K	Laufzahl
l	Laufzahl
$_0$	Bezugszustand
p	konstanter Druck
s	konstante Entropie, Sättigungszustand
T	konstante Temperatur
u	im Gleichgewicht mit der Umgebung
v	konstantes Volumen
El	Elektronen
Inv	Inversion
KM	Kältemaschine

Max	Maximum
Min	Minimum
M	Mittel
Siede	Siedezustand
WKM	Wärmekraftmaschine
WP	Wärmepumpe
abs	absolut
chem	chemisch
el	elektrisch
ges	gesamt
irr	irreversibel
kin	kinetisch
krit	kritisch
magn, m	magnetisch
pot	potentiell
rev	reversibel
umg	Umgebung

1. Grundbegriffe und Definitionen

1.1 Vorbemerkungen

Die Thermodynamik ist ein Teilgebiet der Physik. Sie behandelt daher nicht nur die Frage der Umwandlung der Energieform „Wärme“ in die Energieform „mechanische Arbeit“, sondern ganz allgemein die Umwandlung und den Transport von Energie, wobei sie den Energiebegriff als bekannt voraussetzt.

Ohne Zweifel stellt die Beurteilung der Umwandlung von Wärme in mechanische Arbeit und damit die Beurteilung von „Wärmekraftmaschinen“ auch heute noch einen technisch wichtigen Teil der Thermodynamik dar; dennoch zwingen die Entwicklung der Verfahrenstechnik, der Energiedirektumwandlung, der Raumfahrt usw. den Ingenieur, die thermodynamischen Betrachtungen auch auf andere Energieformen (elektrische, magnetische, chemische Energie u. a.) auszudehnen. Tatsächlich liegt es geradezu im Wesen der Thermodynamik, die verschiedensten Formen der Energieumwandlung und -übertragung nach einheitlichen Gesichtspunkten zu behandeln. Allerdings kann sie diese umfangreiche Aufgabe nur dadurch lösen, daß sie bewußt auf die Wiedergabe technischer Details verzichtet. Gewiß bereitet diese Abstraktion von der speziellen Form eines Apparates oder einer Maschine dem Ingenieur häufig Schwierigkeiten. Die rasch anwachsende Vielfalt der technischen Erzeugnisse und unser aller begrenztes Auffassungsvermögen zwingen uns aber, diese Schwierigkeiten in Kauf zu nehmen: Nur durch Beschränkung auf das Wesentliche und vielen Erscheinungsformen Gemeinsame wird es möglich sein, der modernen technischen Entwicklung mit Verständnis zu folgen.

Voraussetzung für diese Art der Behandlung der Thermodynamik ist die Definition einiger Begriffe, die im folgenden vorgenommen wird.

1.2 Definition häufig gebrauchter Begriffe

1.2.1 Das thermodynamische System

Das thermodynamische System ist die vom Standpunkt der Thermodynamik aus zu beschreibende Sache. In der Regel handelt es sich dabei um die zu einem bestimmten Zeitpunkt in einem vorgegebenen Raum vorhandenen Moleküle oder Atome. Die Begrenzung des betrachteten Raumes heißt *Systemgrenze* (Abb. 1.1).

Form und Inhalt des von der Systemgrenze umschlossenen Raumes brauchen keineswegs konstant zu sein: Wird die Systemgrenze z. B. durch die elastische Haut eines Ballons, das thermodynamische System durch die im Ballon vorhandenen Gasmoleküle dargestellt, so wird sich das Ballonvolumen verändern, wenn sich die Temperatur des Systems oder der Druck in der „Umgebung“ ändern. (Technische Erscheinungsform z. B. Wetterballon der Meteorologen während des Aufstieges).

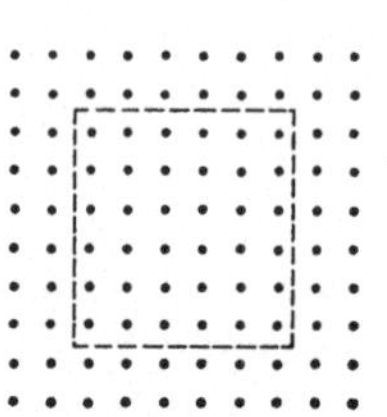

Abb. 1.1 Als thermodynamisches System bezeichnet man die innerhalb der Systemgrenze ---- vorhandenen Moleküle oder Atome.

Ist die Systemgrenze wie die Ballonhülle für die eingeschlossene Materie undurchlässig, so bezeichnet man das System als *geschlossen.*

Abgeschlossen ist ein System dann, wenn über die Systemgrenze weder Materie noch Energie transportiert werden kann.

Ist die Systemgrenze dagegen sowohl für Energie als auch für Materie durchlässig, so handelt es sich um ein *offenes* System.

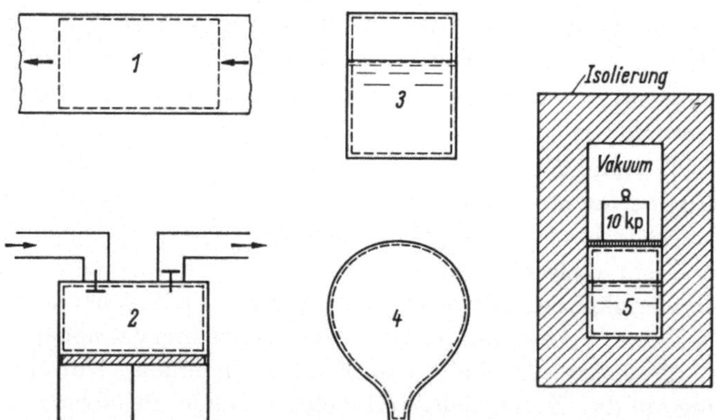

Abb. 1.2 Beispiele für verschiedene Systeme (Systemgrenze ----).
Offene Systeme: *1* Rohrleitung, die z. B. von einer Flüssigkeit durchströmt wird. Das System wird durch die innerhalb der Systemgrenze vorhandene Flüssigkeit gebildet; *2* Kompressor. Das System wird durch das innerhalb der Systemgrenze vorhandene Gas gebildet.
Geschlossene Systeme: *3* Konservendose. Das System wird durch die innerhalb der Systemgrenze vorhandene Substanz gebildet; *4* Ballon. Das System wird durch das innerhalb der Systemgrenze vorhandene Gas gebildet.
Abgeschlossenes System: *5* Die das System bildende Materie befindet sich in einem Zylinder, der durch einen reibungsfrei verschiebbaren und mit einem Gewicht belasteten Kolben verschlossen und gegenüber der Umgebung so gut isoliert ist, daß kein Energieaustausch über die Systemgrenze stattfinden kann.

Abb. 1.2 zeigt einige Beispiele, wobei besonders darauf hinzuweisen ist, daß sich ein abgeschlossenes System technisch nur unvollkommen realisieren läßt.

1.2.2 Zustandsgrößen

Überläßt man ein abgeschlossenes System sich selbst, so erreicht es nach hinreichend langer Zeit einen Zustand, in dem seine Eigenschaften unabhängig von der Zeit werden: „es befindet sich im Gleichgewicht". In diesem Zustand, der auch von offenen und geschlossenen Systemen eingenommen werden kann, lassen sich seine thermodynamischen Eigenschaften durch Größen beschreiben, die *Zustandsgrößen* genannt werden. Da diese Zustandsgrößen den jeweiligen Zustand eines Systems, nicht aber seine Geschichte eindeutig kennzeichnen sollen, müssen sie unabhängig von dem Weg sein, auf dem das System den momentanen Zustand erreicht hat. Mathematisch gesprochen bedeutet dies, daß Zustandsgrößen z der Bedingung

$$\text{rot grad } z = 0^1 \tag{1.1}$$

genügen müssen.

In einigen Fällen ist diese Bedingung trivial. Betrachtet man z. B. die potentielle Energie eines Steines (thermodynamisches System genannt Stein) im Schwerefeld der Erde, so besitzt der Stein in der Höhe z über dem Erdboden die potentielle Energie $E_{\text{pot}} = m\, g_0\, z$, wenn m die Masse des Steines, g_0 die Erdbeschleunigung sind und E_{pot} an der Erdoberfläche gleich null ist. Wendet man Gl. (1.1) auf diesen Ausdruck an, so erkennt man sofort, daß wegen $\text{grad}\,(E_{\text{pot}}) = m\, g_0 = \text{const}$ der Ausdruck $\text{rot grad}\,(E_{\text{pot}}) = 0$ wird, daß also die potentielle Energie im Schwerefeld der Erde den Charakter einer Zustandsgröße besitzt. In der Regel interessiert man sich in der Thermodynamik aber weniger für die durch äußere Koordinaten des Gesamtsystems wie Ortskoordinaten oder Impulskoordinaten beschriebenen Eigenschaften, sondern mehr für den „inneren" Zustand des Systems, z. B. seine Temperatur, sein Volumen, seinen Druck usw. Ob diese Größen Zustandsgrößen sein können, läßt sich stets mit Hilfe von Gl. (1.1) prüfen, sobald man festgestellt hat, von welchen Variablen sie abhängig sind.

Häufig kommt man auch mit einer einfacheren Betrachtung zum Ziel: Vorgegeben sei eine Preßluftflasche; der Flascheninhalt (Luft) sei das thermodynamische System, die Flaschenwand die Systemgrenze.

Durch welche Zustandsgrößen werden die Eigenschaften des Flascheninhaltes beschrieben? Die Erfahrung zeigt, daß zur eindeutigen Beschreibung des Zustandes unseres Systems 3 Größen genügen: z. B. Druck p, Temperatur T, Gesamtvolumen V. Diese Größen sind unabhängig von der Geschichte der Flasche. Man kann aus ihnen z. B. nicht

---

[1] Für eine Funktion von 2 Veränderlichen $z = z(x,y)$ ist diese Bedingung erfüllt, wenn

$$\frac{\partial^2 z}{\partial x\, \partial y} = \frac{\partial^2 z}{\partial y\, \partial x} \tag{1.2}$$

ist. Von dieser Beziehung wird später Gebrauch gemacht werden.

erkennen, ob die Flasche vor kurzer oder sehr langer Zeit gefüllt oder ob aus der Flasche schon einmal Luft entnommen wurde: Sie beschreiben den momentanen Zustand des Systems unabhängig von dem Weg, auf dem das System diesen Zustand erreicht hat; sie sind daher alle Zustandsgrößen. Allerdings sollte man in komplizierten Fällen nie versäumen, diesen Schluß durch Anwendung von Gl. (1.1) zu überprüfen.

Ersetzt man die betrachtete Preßluftflasche durch zwei Flaschen, die – über eine kurze, dünne Rohrleitung miteinander verbunden – zusammen das gleiche Gesamtvolumen V wie die einzelne Flasche besitzen, so hat sich an den Eigenschaften des thermodynamischen Systems „Preßluft" nichts verändert: Druck, Temperatur und Gesamtvolumen V sind konstant geblieben. Lediglich die Form der Systemgrenze ist anders. Trennt man beide Flaschen voneinander, spaltet man das betrachtete System also in zwei Teilsysteme auf, so bleiben Druck und Temperatur von diesem Vorgang unbeeinflußt. Das Volumen der beiden Teilsysteme verhält sich zum Volumen des Gesamtsystems jedoch wie die innerhalb der entsprechenden Systemgrenzen vorhandenen Luftmengen. Daraus folgt: Ein Teil der Zustandsgrößen (z. B. p, T) ist unabhängig von der betrachteten Menge. Diese Größen werden als *intensive Größen* oder *Intensitätsgrößen* bezeichnet. Die restlichen Zustandsgrößen (z. B. das Gesamtvolumen V) sind proportional zur betrachteten Menge. Sie sollen daher *extensive Größen* oder *Quantitätsgrößen* genannt werden.

Der von der betrachteten Menge unabhängige Quotient aus einer Quantitätsgröße und der Menge heißt *spezifische Größe*. Als Beispiel sei das spezifische Volumen $v = V/m$ angeführt. Spezifische Größen werden durch kleine Buchstaben gekennzeichnet und zwar mit lateinischen Buchstaben, wenn als Maß für die Menge die Masse m benutzt wird, und in der Regel mit deutschen Buchstaben, wenn auf die Zahl der im System vorhandenen Mole n bezogen wird ($\mathfrak{v} = V/n$). Zwischen Molzahl n und Masse m besteht die bekannte Beziehung

$$m = M\,n, \tag{1.3}$$

in der M die Masse eines Moles (Molmasse) bedeutet.

Beispiel 1.1. In einem verschlossenen Behälter (Konservendose) von 1000 cm^3 Inhalt befindet sich 1 kg einer Substanz mit der Molmasse $M = 18$ g/mol.

a) Was für ein thermodynamisches System stellt diese Substanz dar, wenn die Systemgrenze mit der Behälterwand zusammenfällt?

b) Was für ein thermodynamisches System ist vorhanden, wenn die Systemgrenze innerhalb des Behälters verläuft und nicht an jeder Stelle mit der Behälterwand zusammenfällt?

c) Wie groß ist das spezifische Volumen der Substanz?

Lösung.

a) Es wird ein geschlossenes System betrachtet, da über die Systemgrenze „Behälterwand" keine Substanz, wohl aber Energie fließen kann.

b) Es wird ein offenes System betrachtet, da an den Stellen, an denen die

Systemgrenze nicht mit der Behälterwand zusammenfällt, außer Energie auch Materie die Systemgrenze überschreiten kann.

c) $$v = \frac{V}{m} = \frac{1000\,\text{cm}^3}{1000\,\text{g}} = 1\,\text{cm}^3/\text{g}$$

$$\mathfrak{v} = \frac{V}{n} = \frac{V}{m} M = \frac{1000\,\text{cm}^3}{1000\,\text{g}} \cdot 18\,\frac{\text{g}}{\text{mol}} = 18\,\text{cm}^3/\text{mol}\,.$$

1.2.3 Zustandsgleichungen

Zustandsgleichungen sind ein mathematischer Zusammenhang zwischen verschiedenen Zustandsgrößen. Da die Zustandsgrößen definitionsgemäß den Gleichgewichtszustand eines Systems beschreiben, kann die Zustandsgleichung auch nur für Gleichgewichtszustände gültig sein. Enthält eine Zustandsgleichung nur die Zustandsgrößen p (Druck), T (Temperatur), v (spezifisches Volumen) und — bei Gemischen — die Konzentrationen, so wird sie als *thermische Zustandsgleichung* bezeichnet. Treten hingegen andere Zustandsgrößen, wie zum Beispiel die spezifische Enthalpie oder die spezifische Entropie auf, heißt die Gleichung *kalorische Zustandsgleichung*.

1.2.3.1 Die thermische Zustandsgleichung idealer Gase. Abb. 1.3 zeigt einen zylindrischen Behälter vom Querschnitt F, der von einem

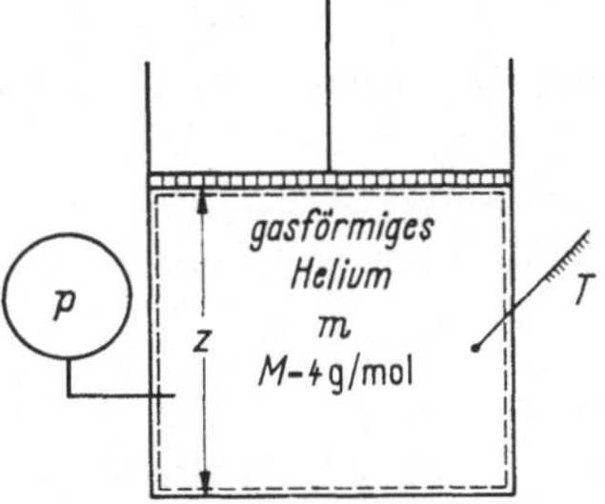

Abb. 1.3 Behälter mit gasförmigem Helium. Behälterquerschnitt F, Behälterhöhe z, Behältervolumen $V = Fz$. Das Helium besitzt die Temperatur T, den Druck p, das spezifische Volumen $v = V/m$, die Dichte $\varrho = m/V$ und die Molmasse $M = 4$ g/mol.

beweglichen Kolben verschlossen wird. In diesem Behälter mögen sich m kg eines Gases mit der Molmasse M befinden, z. B. Helium ($M = 4$ g/mol). Hat sich in dem durch die Behälterwand abgegrenzten System das Gleichgewicht eingestellt, so sind der Druck und die Temperatur des Heliums unabhängig von der Zeit und vom Ort im Behälter[1]. Sie können mit Hilfe eines Thermometers und eines Manometers gemessen werden. Verändert man durch Verschieben des Kolbens das

[1] Vom Einfluß der Schwerkraft kann abgesehen werden, solange der Behälter nicht sehr hoch ist, da die durch das „Gewicht" des Heliums erzeugte Druckdifferenz zwischen Boden und Kolben $\Delta p = mg_0/F = \varrho V g_0/F = \varrho g_0 z$ sehr klein ist (g_0 Erdbeschleunigung, z Höhe des Behälters, F Behälterquerschnitt, ϱ Dichte des Heliums).

spezifische Volumen des Heliums $v = V/m = F\,z/m$ bei konstanter Temperatur, mißt den jeweils zugehörigen Druck p und trägt die Meßergebnisse in einem Diagramm mit p als Abszisse und $p\,v/T$ als Ordinate auf, erhält man den in Abb. 1.4 schematisch dargestellten Verlauf der

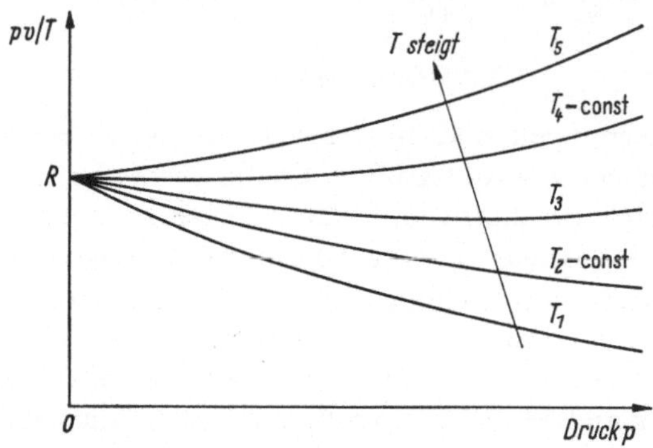

Abb. 1.4 Verlauf der Isothermen eines Gases im $p\,v/T$, p-Diagramm.

„Isothermen“[1]: Für hinreichend kleine Werte des Druckes nähern sich alle Isothermen einem konstanten Wert R. Es gilt also

$$\lim_{p\to 0}\left(\frac{p\,v}{T}\right) = R\,, \tag{1.4}$$

wobei die Konstante R als spezielle *Gaskonstante* bezeichnet wird. Ihr Wert hängt von der Art des betrachteten Gases ab.

Verwendet man statt des spezifischen Volumens $v = V/m$ das auf die Molzahl n bezogene spezifische Volumen $\mathfrak{v} = V/n$, so gilt analog

$$\lim_{p\to 0}\left(\frac{p\,\mathfrak{v}}{T}\right) = \mathfrak{R}\,, \tag{1.5}$$

wobei $\mathfrak{R}$ die *allgemeine Gaskonstante* ist, die – *unabhängig von der Art des Stoffes* – den Wert $\mathfrak{R} = 8{,}3147$ J/mol °K besitzt. Zwischen der speziellen Gaskonstanten R und der allgemeinen Gaskonstanten $\mathfrak{R}$ besteht ein einfacher Zusammenhang:

$$\mathfrak{R} = \lim_{p\to 0}\left(\frac{p\,\mathfrak{v}}{T}\right) = \lim_{p\to 0}\left(\frac{p\,V}{T\,n}\right) = \lim_{p\to 0}\left(\frac{p\,V}{T\,m}\,M\right) = M\lim_{p\to 0}\left(\frac{p\,v}{T}\right) = M\,R \tag{1.6}$$

[1] An dieser Stelle möge auf folgende Vereinbarungen hingewiesen werden:
Verläuft ein Vorgang bei konstanter Temperatur T, so heißt er *isotherm*.
Verläuft ein Vorgang bei konstantem Druck p, so heißt er *isobar*.
Verläuft ein Vorgang bei konstantem spezifischem Volumen v (oder $\mathfrak{v}$), so heißt er *isochor*.
Verläuft ein Vorgang bei konstanter spezifischer Entropie s, so heißt er *isentrop*.
Verläuft ein Vorgang bei konstanter spezifischer Enthalpie h, so heißt er *isenthalp*.
Verläuft ein Vorgang ohne Austausch von Wärme, so heißt er *adiabat*.

Die mathematische Formulierung des in Abb. 1.4 dargestellten Zusammenhanges zwischen den Zustandsgrößen p, v und T, also die Gleichung

$$0 = f(p, v, T) \tag{1.7}$$

wird als thermische Zustandsgleichung des betrachteten Gases bezeichnet. Der sich beim Grenzübergang $p \to 0$ aus Gl. (1.7) ergebende Sonderfall

$$p\,v = R\,T \quad \text{bzw.} \quad p\mathfrak{v} = \mathfrak{R}\,T \quad \text{oder} \tag{1.8a}$$

$$p\,V = m\,R\,T \quad \text{bzw.} \quad p\,V = n\,\mathfrak{R}\,T \tag{1.8b}$$

heißt *thermische Zustandsgleichung des idealen Gases*. Ideale Gase gibt es in Wirklichkeit nicht. Dennoch kann das Verhalten zahlreicher technisch interessanter Gase in einem großen, technisch wichtigen Bereich mit sehr guter Näherung durch die Gln. (1.8) beschrieben werden.

Welche Eigenschaften müßte nun ein ideales Gas besitzen? Zur Beantwortung dieser Frage betrachte man den in Abb. 1.5 dargestellten würfelförmigen Behälter mit der Kantenlänge a. Er besitzt das Volumen $V = a^3$. In diesem Behälter mögen sich N Moleküle eines Gases mit der Molmasse M befinden. Hat das durch die Behälterwand begrenzte System der N Moleküle den Gleichgewichtszustand erreicht, so sollen innerhalb des Systems alle Zustandsgrößen unabhängig von Zeit und Ort sein.

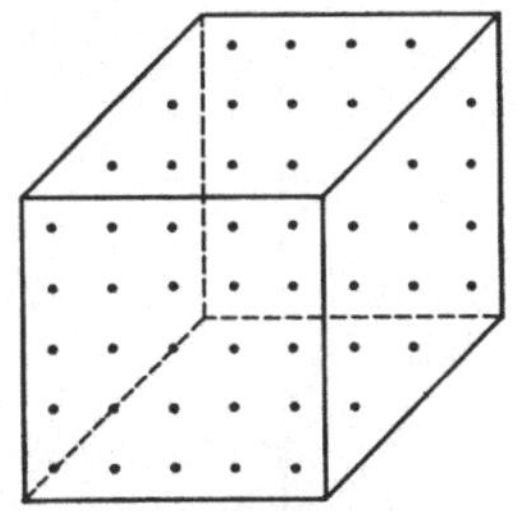

Abb. 1.5 Würfelförmiger Behälter mit der Kantenlänge a, in dem sich N Moleküle eines idealen Gases • befinden. Die Systemgrenze fällt mit der Behälterwand zusammen.

Tatsächlich setzt sich das System aber aus N einzelnen Molekülen zusammen, die mit unterschiedlicher Geschwindigkeit und in verschiedenen Richtungen durch den Behälter fliegen, an der Behälterwand reflektiert werden und gegebenenfalls untereinander zusammenstoßen. Deswegen kann mikroskopisch gesehen keine Rede davon sein, daß im Gleichgewicht alle Größen unabhängig von Zeit und Ort sind. Diese Behauptung bezieht sich vielmehr nur auf statistische Mittelwerte, die makroskopisch, also in hinreichend großen Bereichen gebildet wurden. Somit gilt: *Zustandsgrößen sind makroskopische Größen*. Sie ergeben sich als statistischer Mittelwert aus den Eigenschaften der in einem hinreichend großen Volumen vorhandenen Moleküle. Am Wert dieser Zustandsgrößen kann sich nichts ändern, wenn man sie aus geeigneten anderen statistischen Mittelwerten desselben Systems berechnet.

Beschränkt man dementsprechend die Aussagekraft der folgenden Überlegungen auf makroskopische Größen, z. B. auf Zustandsgrößen und die aus ihnen gebildete thermische Zustandsgleichung, so kann das Resultat der Rechnung nicht verändert werden, wenn man annimmt, daß

1. alle Moleküle sich mit der aus dem statistischen Mittelwert der kinetischen Energie eines Moleküls zu berechnenden Geschwindigkeit $\sqrt{\overline{w^2}}$ durch den Behälter bewegen und daß

2. in jeder Richtung gleich viele Moleküle fliegen.

Unter diesen Voraussetzungen sind im Gleichgewichtszustand des in Abb. 1.5 dargestellten Systems aus N Molekülen eines Stoffes mit der Molmasse M folgende Aussagen möglich: Jedes Molekül fliegt mit der Geschwindigkeit $w = \sqrt{\overline{w^2}}$ durch den Behälter und besitzt daher den Impuls $J = m\,w = M/N_L \cdot \sqrt{\overline{w^2}}$. Hierbei ist N_L die Zahl der Moleküle pro Mol (Loschmidtsche Zahl).

Stößt ein Molekül, ohne daß es von anderen Molekülen beeinflußt wird, unter dem Winkel α auf die Behälterwand, so wird es reflektiert

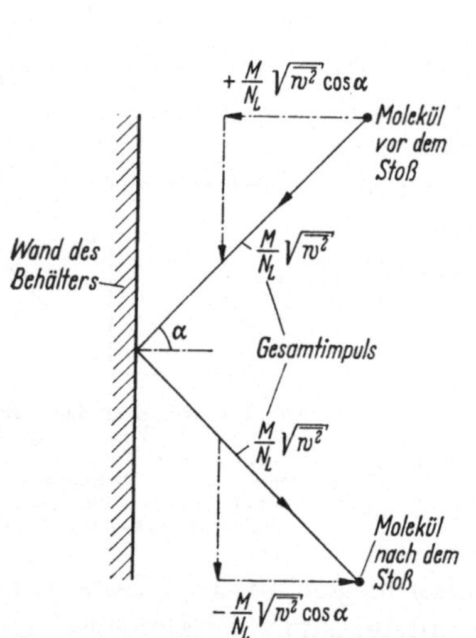

Abb. 1.6 Das auf die Behälterwand stoßende Molekül wird reflektiert, wobei sich sein Impuls dem Betrage nach nicht ändert. Die Impulsänderung während des Zusammenstoßes mit der Behälterwand liefert einen Beitrag zum Druck des Gases.

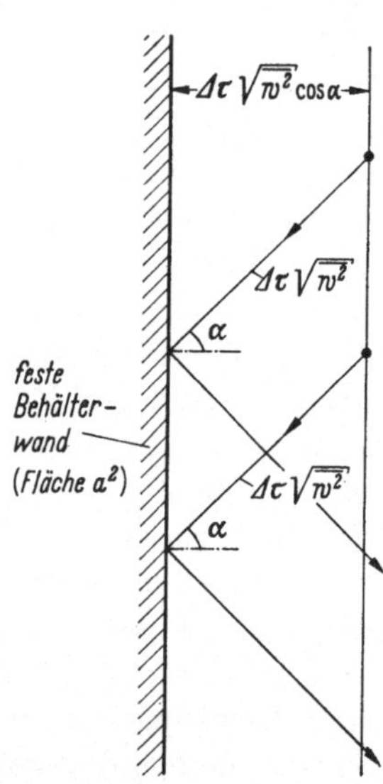

Abb. 1.7 Zur Bestimmung der in der Zeit $\Delta\tau$ unter dem Winkel α auf die Behälterwand treffenden Moleküle. Jedes Molekül fliegt mit der mittleren Geschwindigkeit $\sqrt{\overline{w^2}}$.

und der senkrecht zur Wand stehende Teil des Impulsvektors ändert sein Vorzeichen[1] (Abb. 1.6). Während des Stoßes entsteht somit eine Impulsänderung ΔJ von

$$(\Delta J)_{1\ \text{Stoß}} = 2\,M/N_L \cdot \sqrt{\overline{w^2}} \cos\alpha\,. \tag{1.9}$$

[1] Durch den Stoß darf sich die Geschwindigkeit des Moleküles im statistischen Mittel dem Betrage nach nicht ändern, weil sich sonst auch die mittlere Geschwindigkeit aller Moleküle mit der Zahl der Stöße, also mit fortschreitender Zeit ändern würde. Diese Änderung würde aber zu einer im Gleichgewicht unzulässigen zeitlichen Änderung der Zustandsgrößen führen, wie z. B. Gl. (1.15) zeigt.

Dieser Impulsänderung entspricht eine Kraft, die das Molekül während des Stoßes auf die Behälterwand ausübt. Summiert über alle innerhalb einer vorgegebenen Zeit auf die Wand treffenden Moleküle und bezogen auf die Flächeneinheit ergibt sich daraus der vom Gas auf den Behälter ausgeübte Druck p:

$$p = \frac{\text{Kraft}}{\text{Fläche}} = \frac{\text{Impulsänderung pro Stoß} \cdot \text{Zahl der Stöße innerhalb der Zeit } \Delta\tau}{\text{Zeit } \Delta\tau \cdot \text{Fläche}}$$

Die Impulsänderung pro Stoß ist aus Gl. (1.9) bekannt. Die Zahl der innerhalb der Zeit $\Delta\tau$ auftretenden Stöße läßt sich mit Hilfe von Abb. 1.7 ermitteln: Von den in der Richtung α auf die Wand zu fliegenden Molekülen treffen nämlich innerhalb der Zeit $\Delta\tau$ alle diejenigen Moleküle auf die Wand, deren Abstand von der Wand kleiner ist als der in der Zeit $\Delta\tau$ zurückgelegte Weg $\Delta\tau\,\sqrt{\overline{w^2}}$. Das sind aber alle diejenigen Moleküle, die sich im Volumen $\Delta\tau\,\sqrt{\overline{w^2}}\cos\alpha \cdot a^2$ vor der Wand befinden und in der richtigen Richtung fliegen. Da sich im betrachteten Behälter vom Volumen V N Moleküle befinden, sind im Volumen $\Delta\tau\, a^2\,\sqrt{\overline{w^2}}\cos\alpha$ gerade $\Delta\tau\, a^2\,\sqrt{\overline{w^2}}\cos\alpha \cdot N/V$ Moleküle vorhanden. Nur ein Bruchteil von ihnen hat aber eine Flugrichtung, die unter dem Winkel α gegen die Senkrechte zur Wand geneigt ist. Da nun keine Flugrichtung bevorzugt ist, ist die Zahl der unter einem Winkel zwischen $\alpha - (\mathrm{d}\alpha)/2$ und $\alpha + (\mathrm{d}\alpha)/2$ fliegenden Moleküle identisch mit dem Quotienten

$$\frac{\Delta\tau\,\sqrt{\overline{w^2}}\,\mathrm{d}\alpha \cdot 2\pi\sqrt{\overline{w^2}}\,\Delta\tau \cdot \sin\alpha}{2\pi\left(\sqrt{\overline{w^2}}\right)^2 (\Delta\tau)^2} = \sin\alpha \cdot \mathrm{d}\alpha\,, \tag{1.10}$$

bei dem im Nenner die Oberfläche einer Halbkugel vom Radius $\sqrt{\overline{w^2}}\,\Delta\tau$ und im Zähler die Fläche steht, die aus dieser Halbkugel von den beiden Kegeln mit den Öffnungswinkeln $\alpha - (\mathrm{d}\alpha)/2$ bzw. $\alpha + (\mathrm{d}\alpha)/2$ herausgeschnitten wird. Soll die Zahl der Moleküle pro Volumeneinheit innerhalb und außerhalb der Halbkugel im statistischen Mittel unabhängig von der Zeit sein, so müssen jederzeit ebenso viele Moleküle in die Halbkugel hinein, also auf die Wand zufliegen, wie aus ihr herauskommen. Somit treffen innerhalb der Zeit $\Delta\tau$

$$\frac{1}{2}\,\frac{N}{V}\,a^2\,\Delta\tau\,\sqrt{\overline{w^2}}\,\cos\alpha \cdot \sin\alpha \cdot \mathrm{d}\alpha \tag{1.11}$$

Moleküle unter einem Winkel zwischen $\alpha - (\mathrm{d}\alpha)/2$ und $\alpha + (\mathrm{d}\alpha)/2$ auf die Wand der Fläche a^2. Sie erzeugen innerhalb der Zeit $\Delta\tau$ eine Impulsänderung von

$$\Delta J_\alpha = 2\,\frac{M}{N_L}\,\sqrt{\overline{w^2}}\,\cos\alpha \cdot \frac{1}{2}\,\frac{N}{V}\,a^2\,\Delta\tau\,\sqrt{\overline{w^2}}\,\cos\alpha \cdot \sin\alpha \cdot \mathrm{d}\alpha \tag{1.12}$$

entsprechend

$$\Delta J_\alpha = a^2\,\Delta\tau \cdot \frac{1}{2}\,\frac{M}{N_L}\,\overline{w^2} \cdot 2\,\frac{N}{V} \cdot \cos^2\alpha \cdot \sin\alpha \cdot \mathrm{d}\alpha\,. \tag{1.13}$$

Integriert man schließlich den Ausdruck ΔJ_α über alle Öffnungswinkel α zwischen 0 und $\pi/2$, dann findet man für die gesamte, innerhalb der Zeit $\Delta\tau$ durch Stöße auf die Wand erzeugte Impulsänderung

$$\Delta J = a^2 \Delta\tau \cdot \frac{1}{2} \frac{M}{N_L} \overline{w^2} \cdot \frac{2}{3} \frac{N}{V} . \tag{1.14}$$

Damit ergibt sich ein Gasdruck von

$$p = \frac{\Delta J}{a^2 \Delta\tau} = \frac{1}{2} \frac{M}{N_L} \overline{w^2} \cdot \frac{2}{3} \frac{N}{V} . \tag{1.15}$$

Bis zu dieser Stelle sind nur Begriffe der Mechanik verwendet worden. Will man den Anschluß an die Thermodynamik gewinnen, so muß ein neuer, der Mechanik fremder Begriff, genannt Temperatur T, eingeführt werden. Er ergibt sich durch Vergleich der Gl. (1.15) mit dem empirisch gewonnenen Ausdruck Gl. (1.8b). Beide Gleichungen werden identisch, wenn man unter Berücksichtigung der Identität $n = N/N_L$ die mittlere kinetische Energie eines Moleküls nach Gl. (1.16) mit der Temperatur koppelt.

$$\frac{1}{2} \frac{M}{N_L} \overline{w^2} = \frac{3}{2} \frac{\mathfrak{R}}{N_L} T . \tag{1.16}$$

Dabei ist T die *absolute Temperatur* (thermodynamische Temperaturskala). Sie wird z. B. mit Hilfe eines Gasthermometers in Grad Kelvin gemessen[1] und im übrigen unabhängig von der Art des betrachteten Stoffes mit Hilfe des zweiten Hauptsatzes definiert (Abschn. 1.5 u. 1.2.9).

Aus den bei der Ableitung der Gl. (1.15) gemachten Voraussetzungen und der daraus mit Gl. (1.16) folgenden thermischen Zustandsgleichung idealer Gase [Gl. (1.8b)] findet man schließlich.

1. *Die Moleküle eines idealen Gases müssen so beschaffen sein, daß sie aufeinander keine Kräfte ausüben.* Nur dann ist es möglich, daß der Stoß eines Moleküls auf die Wand unbeeinflußt von den anderen Molekülen des Systems bleibt. (Siehe auch Nr. 1.2.3.2).

2. *Die Moleküle eines idealen Gases dürfen kein Eigenvolumen besitzen.* Nur dann steht das Systemvolumen $V = a^3$ vollständig für die freie Bewegung der Moleküle zur Verfügung. (Siehe auch Nr. 1.2.3.2.)

Weiter erkennt man: *Der Druck, den die Gasmoleküle auf die Behälterwand ausüben, ergibt sich als Folge der Zusammenstöße der Moleküle mit der Wand.*

Beispiel 1.2. In einer Preßluftflasche von 0,1 m³ Inhalt befindet sich Luft (Molmasse 29 g/mol) bei einer Temperatur von $T = 300$ °K und einem Druck von $p = 100$ at. Die Luft möge sich wie ein ideales Gas verhalten.

a) Wie groß ist die Gaskonstante der Luft?

---

[1] Vergleiche z. B. F. Kohlrausch: Praktische Physik, Bd. 1, Stuttgart: B. G. Teubner 1968, S. 232.

b) Wieviel Luft befindet sich in der Flasche? (Angabe in kg und kmol).

c) Wie hoch wird der Druck, wenn die Luft in der Flasche auf 400 °K erwärmt wird? (Annahme: Das Flaschenvolumen bleibt bei der Erwärmung konstant).

d) Wie wird eine Zustandsänderung, die bei konstantem Volumen abläuft. thermodynamisch bezeichnet?

Lösung.

a)
$$R = \frac{8{,}315 \text{ J/mol °K}}{29 \text{ g/mol}} = 0{,}287 \text{ J/g °K}$$

b) Die thermische Zustandsgleichung idealer Gase

$$pv = RT = p\frac{V}{m} \text{ ergibt } m = \frac{pV}{RT} = \frac{100 \text{ at} \cdot 0{,}1 \text{ m}^3}{0{,}287 \text{ J/g °K} \cdot 300 \text{ °K}}.$$

Dabei gilt

$$1 \text{ at} = \frac{1 \text{ kp}}{\text{cm}^2} = \frac{1 \text{ kg} \cdot 9{,}81 \text{ m/sec}^2}{\text{cm}^2} = \frac{9{,}81 \, N}{\text{cm}^2} = 0{,}98 \cdot 10^5 \frac{N}{\text{m}^2} = 0{,}98 \cdot 10^5 \text{ J/m}^3.$$

Somit findet man:

$$m = \frac{10 \text{ at m}^3 \text{ g}}{86{,}1 \text{ J}} \; \frac{0{,}98 \cdot 10^5 \text{ J}}{\text{m}^3 \cdot \text{at}} \; \frac{10^{-3} \text{ kg}}{\text{g}} = 11{,}39 \text{ kg, entsprechend}$$

$$n = \frac{m}{M} = \frac{11{,}39 \text{ kg}}{29 \text{ kg/kmol}} = 0{,}393 \text{ kmol}$$

c) $p_1 V = m\,RT_1$; $p_2 V = m\,RT_2$. Daraus folgt:

$$p_2 = p_1 \frac{T_2}{T_1} = 100 \text{ at} \cdot \frac{400 \text{ °K}}{300 \text{ °K}} = 133{,}33 \text{ at}$$

d) Eine Zustandsänderung, die bei konstantem Volumen abläuft, heißt isochor.

Setzt man bei Beantwortung der Fragen *b*) und *c*) die wahren Stoffwerte der Luft ein (vgl. z. B. Baehr/Schwier[1]), so findet man $m = 11{,}46$ kg bzw. $p_2 = 135{,}33$ at. Die Unterschiede zu den mit Hilfe der thermischen Zustandsgleichung idealer Gase berechneten Werten sind technisch durchaus noch tragbar.

1.2.3.2 Die thermische Zustandsgleichung von van der Waals[2]. Ideale Gase sind physikalisch nicht realisierbar. Alle Atome und Moleküle besitzen nämlich nicht nur eine bestimmte Masse, sondern beanspruchen auch einen gewissen Platz: ihr Eigenvolumen ist von null verschieden. Außerdem üben alle Atome und Moleküle schon allein deswegen Kräfte aufeinander aus, weil sie eine Masse besitzen. Allerdings nehmen diese Kräfte mit wachsendem Abstand zwischen den betrachteten Teilchen rasch ab. Daraus folgt: Bei hinreichend großem spezifischen Volumen eines Gases, d. h. bei hinreichend kleiner Anzahl von Atomen oder Molekülen pro Volumeneinheit werden die Anziehungskräfte im Mittel vernachlässigbar klein. Außerdem wird dann auch das kleine Eigenvolumen der Moleküle oder Atome vernachlässigbar gegenüber dem spezifischen

[1] Baehr, H. D., u. K. Schwier: Die thermodynamischen Eigenschaften der Luft, Berlin/Göttingen/Heidelberg: Springer 1961.

[2] Johannes Diderik van der Waals, niederländischer Physiker, 1837–1923, erforschte das Verhalten von Gasen und Flüssigkeiten in Abhängigkeit von Druck und Temperatur; Nobelpreis 1910.

Volumen des Gases, so daß sich ein realer Stoff wie ein ideales Gas verhalten wird.

$$\lim_{v \to \infty} (\text{realer Stoff}) = \text{ideales Gas} \qquad \text{und}$$

$$\lim_{v \to \infty} (\text{therm. Zustandsgl. realer Stoff}) \to pv = RT$$

Mit Hilfe dieser Überlegungen wird eine erste Korrektur der Zustandsgleichung (1.8a) möglich. Gl. (1.8a) lautete

$$p = \frac{\Re T}{\mathfrak{v}}$$

Bei einem realen Stoff, dessen Moleküle oder Atome pro Mol Substanz das Eigenvolumen b[1] besitzen, steht für die Molekülbewegung (Translationsbewegung) nicht mehr das gesamte spezifische Volumen $\mathfrak{v}$, sondern nur noch das Volumen $(\mathfrak{v} - b)$ zur Verfügung. Daher lautet die hinsichtlich des endlichen Eigenvolumens der Atome oder Moleküle korrigierte thermische Zustandsgleichung

$$p = \frac{\Re T}{\mathfrak{v} - b} \tag{1.17}$$

Auch die Wirkung der Anziehungskräfte zwischen den Teilchen läßt sich summarisch berücksichtigen. Wie Abb. 1.8 zeigt, muß sich die Wirkung dieser Kräfte im Inneren eines Systems im statistischen Mittel gerade aufheben, da im Mittel ein betrachtetes Teilchen in jeder Richtung von

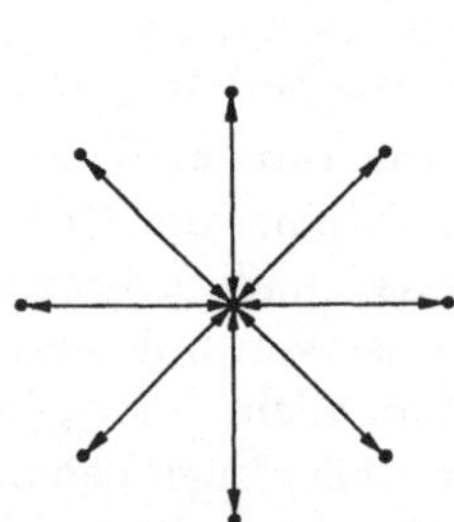

Abb. 1.8 Im Inneren eines Gases kompensieren sich die Anziehungskräfte zwischen den Molekülen im statistischen Mittel, so daß auf das zentrale Molekül keine resultierende Kraft ausgeübt wird.

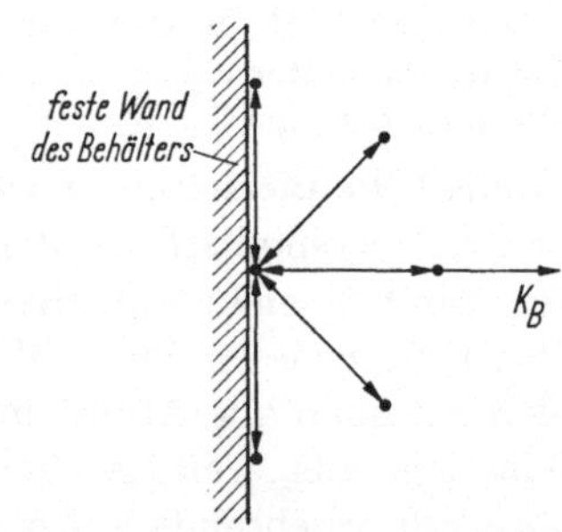

Abb. 1.9 Die Nachbarmoleküle üben auf das an der Behälterwand befindliche zentrale Molekül eine resultierende Kraft K_B aus, da jenseits der Wand die zur Kompensation erforderlichen Nachbarmoleküle fehlen. Die Wand selbst möge auf das betrachtete Molekül keine Kraft ausüben.

der gleichen Anzahl gleichmäßig verteilter Nachbarmoleküle umgeben sein wird. Anders liegen die Dinge an einer Systemgrenze, die für die betrachteten Atome oder Moleküle undurchlässig ist, aber ihrerseits auf die Atome oder Moleküle keine Kräfte ausübt (Abb. 1.9). Jetzt fehlt ein

[1] Pro Atom oder Molekül beträgt das Eigenvolumen dann b/N_L.

Teil der zur Kompensation der Anziehungskräfte erforderlichen Teilchen, so daß eine resultierende Kraft K_B entsteht, die ein an der festen Systemgrenze befindliches Atom oder Molekül in das Innere des Systems zieht. Da aber gerade die auf die feste Systemgrenze aufprallenden Teilchen den Druck des realen Stoffes erzeugen, wird diese nach innen wirkende Kraft K_B den Druck um p_B vermindern. Als neue thermische Zustandsgleichung ergibt sich somit

$$p = \frac{\Re T}{\mathfrak{v} - b} - p_B, \tag{1.18}$$

wobei p_B als *Binnendruck* bezeichnet wird. Die Kraft K_B ist nun offenbar um so größer, je mehr Moleküle nach innen ziehen (Abb. 1.9). Sie ist damit proportional zur Zahl der Moleküle pro Volumeneinheit:

$$K_B \sim \frac{N}{V} = \frac{N_L}{\mathfrak{v}} \tag{1.19}$$

Der Druck ist proportional zur Zahl der pro Zeit- und Flächeneinheit auf die feste Systemgrenze prallenden Teilchen (Nr. 1.2.3.1). Diese Zahl ist nach Gl.(1.11) proportional zur Zahl der Atome oder Moleküle pro Volumeneinheit, also proportional zu $(N_L/\mathfrak{v})$. Auf jedes dieser aufprallenden Teilchen wirkt die Kraft K_B. Somit ist der Binnendruck p_B proportional zu K_B und zu $N_L/\mathfrak{v}$:

$$p_B \sim K_B \cdot \frac{N_L}{\mathfrak{v}} \sim \left(\frac{N_L}{\mathfrak{v}}\right)^2 \tag{1.20}$$

Bezeichnet man den Proportionalitätsfaktor mit a/N_L^2, so kann man schreiben

$$p_B = \frac{a}{\mathfrak{v}^2}, \tag{1.21}$$

woraus als thermische Zustandsgleichung folgt

$$p = \frac{\Re T}{\mathfrak{v} - b} - \frac{a}{\mathfrak{v}^2} \tag{1.22}$$

Diese nach VAN DER WAALS benannte thermische Zustandsgleichung für reale Stoffe, in der a und b von der Art des Stoffes abhängige Konstanten sind, gibt das Verhalten von realen Flüssigkeiten und realen Gasen qualitativ richtig wieder. Sie ist ihres einfachen Aufbaues wegen vorzüglich dazu geeignet, sich einen Überblick über das Verhalten realer Stoffe zu verschaffen. Für quantitative Rechnungen kann man die thermische Zustandsgleichung von VAN DER WAALS jedoch nur in Ausnahmefällen verwenden, da sie gegenüber den tatsächlichen Stoffwerten in weiten Bereichen Fehler liefert, die auch bei technischen Überlegungen nicht mehr zu vernachlässigen sind.

1.2.3.3 Die Virialform der thermischen Zustandsgleichung. VAN DER WAALS hat den Unterschied zwischen den thermischen Zustandsgleichungen realer Stoffe und idealer Gase summarisch mit Hilfe des Binnendrucks (Konstante a) und des Eigenvolumens (Konstante b) berücksichtigt. Seine Gl. (1.22) lieferte zwar qualitativ richtige Aussagen, war jedoch bei numerischen Rechnungen auch für technische Zwecke in der Regel zu ungenau. Man hat daher einen anderen Weg gewählt, um das pvT-Verhalten realer Stoffe formelmäßig zu beschreiben. Dieser Weg geht wieder von der thermischen Zustandsgleichung der idealen Gase aus, die letzten Endes nur das Verhalten einzelner Moleküle beschreibt, da Wechselwirkungen zwischen verschiedenen Molekülen verboten waren. Bei realen Stoffen müssen an dieser Gleichung $p = \mathfrak{R}T/\mathfrak{v}$ Korrekturen angebracht werden, welche gerade die bisher vernachlässigte Wechselwirkung berücksichtigen. Solche Wechselwirkungen können zwischen jeweils 2, 3, 4 oder mehr Atomen bzw. Molekülen auftreten, die sich zu einem bestimmten Zeitpunkt gerade einander soweit genähert haben, daß sie sich gegenseitig merkbar beeinflussen. Die Chance, zu einer bestimmten Zeit an einem bestimmten Ort ein Teilchen anzutreffen, ist proportional zur Zahl der Teilchen pro Volumeneinheit, also proportional zu $N_L/\mathfrak{v}$. Die Wahrscheinlichkeit dafür, an dieser Stelle nicht nur ein Teilchen, sondern gleichzeitig noch ein zweites Teilchen anzutreffen, ist dann nach den Gesetzen der Wahrscheinlichkeitsrechnung proportional zu $(N_L/\mathfrak{v}) \cdot (N_L/\mathfrak{v}) = (N_L/\mathfrak{v})^2$. Diese Zweiergruppen verhalten sich der Wechselwirkung wegen anders als einzelne Moleküle oder Atome. Sie liefern daher auch einen anderen Beitrag zur thermischen Zustandsgleichung, der in Gl. (1.8a) durch ein Korrekturglied berücksichtigt wird, das proportional zur Wahrscheinlichkeit für die Existenz solcher Gruppen ist. Die korrigierte Gleichung lautet somit

$$p = \mathfrak{R}T\left[\frac{1}{\mathfrak{v}} + \frac{B_2}{\mathfrak{v}^2}\right], \tag{1.23}$$

wobei das N_L^2 im Proportionalitätsfaktor B_2 enthalten ist. Dieser Proportionalitätsfaktor B_2 wird als *zweiter Virialkoeffizient* bezeichnet, da man ihn — unter Vernachlässigung des Eigenvolumens — aus den Anziehungskräften zwischen den Teilchen berechnen kann[1].

Außer den Zweiergruppen können nun auch Gruppen aus 3, 4 und mehr Teilchen auftreten. Die Wahrscheinlichkeit für ihre Existenz ist proportional zu $(N_L/\mathfrak{v})^3$, $(N_L/\mathfrak{v})^4$ usw. Sie liefern daher ähnlich aufgebaute Korrekturglieder der Form $B_j/\mathfrak{v}^j$, in denen B_j, der Virialkoeffizient Nummer j, das Verhalten einer Gruppe aus j Teilchen berücksichtigt. Somit ergibt sich als *Virialform* der thermischen Zustandsgleichung realer Stoffe der Ausdruck

$$p = \mathfrak{R}T\left[\frac{1}{\mathfrak{v}} + \frac{B_2}{\mathfrak{v}^2} + \frac{B_3}{\mathfrak{v}^3} + \frac{B_4}{\mathfrak{v}^4} + \frac{B_5}{\mathfrak{v}^5} + \cdots\cdots\right] \tag{1.24}$$

[1] Einzelheiten findet man z. B. bei K. Schäfer: Statistische Theorie der Materie, Bd. I, Göttingen: Vandenhoeck & Ruprecht 1960.

In einem Mol Substanz befinden sich N_L Atome oder Moleküle, so daß maximal eine Gruppe aus N_L Molekülen gebildet werden könnte. Nun nehmen die Wechselwirkungskräfte aber mit wachsendem Abstand zwischen den betrachteten Molekülen rasch ab. Man kann daher die Gl. (1.24) sicher mit einem Virialkoeffizienten abbrechen, dessen Ordnungszahl wesentlich kleiner als N_L ist. Tatsächlich zeigt die Erfahrung, daß in der Regel nicht mehr als sechs Virialkoeffizienten benötigt werden, sofern man die restlichen Glieder durch einen Korrektursummanden ersetzt. Auf diese Weise erhält man thermische Zustandsgleichungen, die allen praktischen Anforderungen hinsichtlich Genauigkeit und Rechenaufwand genügen. Gelegentlich wird auch analog zu Gl. (1.17) noch $\mathfrak{v}$ durch $(\mathfrak{v} - b)$ ersetzt.

Die Zahl solcher technisch brauchbarer thermischer Zustandsgleichungen ist so groß, daß auf die Literatur verwiesen werden muß[1].

1.2.3.4 Kalorische Zustandsgleichungen. In den vorangegangenen Betrachtungen ist deutlich geworden, daß die thermischen Zustandsgleichungen

$$0 = f(p, v, T) \tag{1.25}$$

die Translationsbewegung der Atome oder Moleküle sowie den Einfluß der gegenseitigen Anziehung und des Eigenvolumens beschreiben. Bei Gemischen treten zusätzlich die Konzentrationen als Variable auf. Eine vollständige Aussage über den Zustand der einzelnen Atome oder Moleküle fehlt bisher aber. (Die Moleküle können z. B. rotieren; ihre Bausteine können gegeneinander schwingen, sie können dissoziieren usw. Abb. 1.10.) Berücksichtigt man den Einfluß dieser Eigenschaften auf den Zustand des Gesamtsystems, so gelangt man von der thermischen zur *kalorischen Zustandsgleichung*. Mathematisch bedeutet dies, daß in der thermischen Zustandsgleichung (1.25) eine der Variablen durch eine *kalorische Zustandsgröße* wie etwa die spezifische innere Energie u, die spezifische Enthalpie h, die spezifische Entropie s usw. ersetzt wird. Die Grundform der kalorischen Zustandsgleichung lautet somit für reine Stoffe

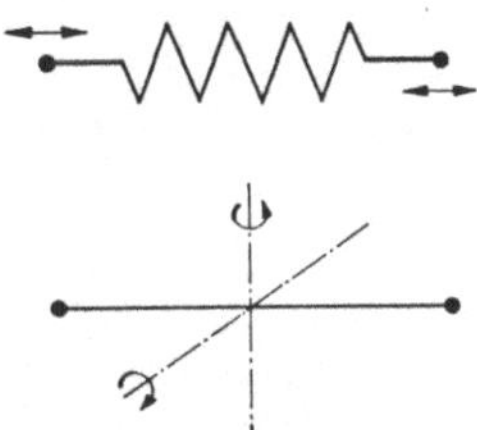

Abb. 1.10 Symbolische Darstellung der Schwingung und Rotation eines zweiatomigen Moleküls.

$$0 = f(u, p, T); \; 0 = f(h, p, T); \; 0 = f(s, p, T) \text{ usw.} \tag{1.26}$$

[1] Zusammenfassende Darstellungen findet man z. B. im Handbuch der Kältetechnik, Bd. II, Berlin/Göttingen/Heidelberg: Springer 1953; bei HIRSCHFELDER, CURTISS and BIRD: Molecular theory of gases and liquids, New York: J. Wiley & Sons 1954; oder bei G. THODOS and K.K. SHAH: A comparison of equations of state. Industrial and Engineering Chemistry 57 (1965) 3, 30-37.

Bei Gemischen treten wieder die Konzentrationen als zusätzliche Variable auf.

Der Aufbau dieser kalorischen Zustandsgleichungen ist selbst für ideale Gase kompliziert, wie Gl. (1.27) für die spezifische freie Enthalpie g^0 eines reinen idealen Gases deutlich zeigt (Nr. 1.3)

$$g^0 = \int_{T_0}^{T} c_p^0 \, \mathrm{d}T - T \int_{T_0}^{T} \frac{c_p^0}{T} \, \mathrm{d}T + RT \ln \frac{p}{p_0} + \mathrm{const}\,(T_0, p_0) \qquad (1.27)$$

In diesem Ausdruck beschreiben die ersten beiden Glieder der rechten Seite mit Hilfe der spezifischen Wärmekapazität des idealen Gases den Einfluß des Zustandes der einzelnen Atome oder Moleküle, während im dritten Glied der Einfluß von Translation, Wechselwirkung und Eigenvolumen, also der Anteil der thermischen Zustandsgleichung enthalten ist.

1.2.4 Der Begriff „quasistatisch"

Bei der Diskussion der Begriffe Zustandsgröße und Zustandsgleichung war stets vorausgesetzt worden, daß sich das betrachtete System im Gleichgewicht befindet, wobei unter Gleichgewicht der Zustand zu verstehen war, der sich in einem abgeschlossenen System nach hinreichend langer Zeit einstellt. In diesem Zustand sind bei Vernachlässigung äußerer Einflüsse (Schwerkraft, Zentrifugalkraft usw.) innerhalb des (homogenen) Systems alle Zustandsgrößen unabhängig vom Ort und von der Zeit. Solche Systeme sind aber technisch uninteressant. Technisch interessieren fast ausschließlich Systeme, die mit anderen Systemen Stoff und Energie austauschen, wie es zum Beispiel der durch eine Turbine strömende Wasserdampf tut. (Er gibt dabei an ein anderes System, etwa einen Generator, eine Leistung ab; Abb. 1.11). In einem solchen System sind die Zustandsgrößen selbst im Beharrungszustand Funktionen des Ortes. Der Dampf tritt zum Beispiel mit hohem Druck und hoher Temperatur in die Turbine ein und verläßt sie mit kleinem Druck und niedriger Temperatur. Das ist nur durch eine Veränderung des Dampfzustandes möglich, die stets mit einer Abweichung vom Gleichgewicht verbunden ist. Streng genommen ist es daher nicht möglich, die Zustandsänderung des Dampfes in der Turbine mit Hilfe einer – an die Existenz des Gleichgewichtes gebundenen – Zustandsgleichung zu beschreiben. Die Erfahrung zeigt jedoch, daß dieser Weg mit hinrei-

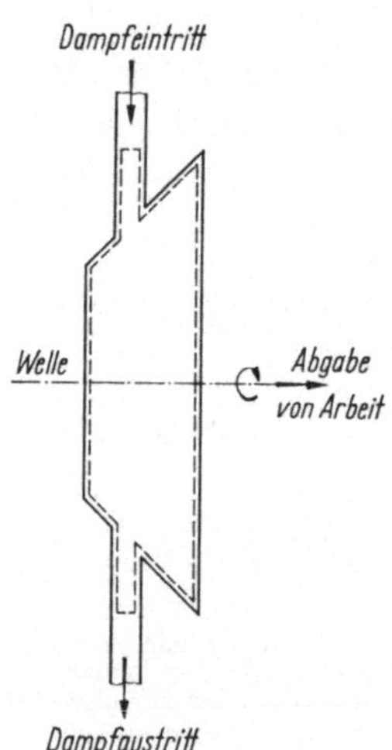

Abb. 1.11 Turbine, die von Wasserdampf durchströmt wird. Die dabei über die Systemgrenze ---- fließende Arbeit wird mit Hilfe der Turbinenwelle z. B. einem Generator zugeführt.

chend hoher Genauigkeit in sehr vielen Fällen dennoch beschritten werden kann, *weil die Abweichungen vom Gleichgewicht vernachlässigbar klein sind*. Solche Zustandsänderungen werden als *quasistatisch* bezeichnet. Bleiben die *Abweichungen vom Gleichgewicht* hingegen *nicht vernachlässigbar* klein, heißt die Zustandsänderung *nicht statisch*. Derartige Zustandsänderungen können nicht mehr mit Hilfe einer Zustandsgleichung verfolgt werden.

Es erhebt sich die Frage, unter welchen Voraussetzungen eine Zustandsänderung noch als quasistatisch angesehen werden darf. Zur Beantwortung betrachte man ein System, das aus den Molekülen eines idealen Gases der Molmasse M besteht und in dem – begrenzt durch die festen Wände eines Zylinders und eines Kolbens – ein Mol Substanz, also N_L Moleküle vorhanden sind (Abb. 1.12). Dieses System möge sich zunächst im Gleichgewicht befinden. Seine Eigenschaften werden dann z. B. durch die thermische Zustandsgleichung Gl. (1.8a) beschrieben. Die Moleküle fliegen mit verschiedener

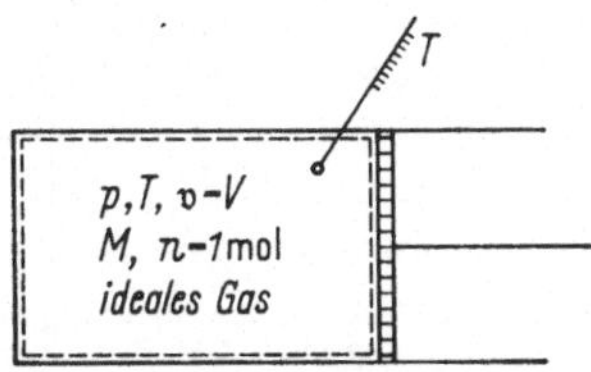

Abb. 1.12 Im Gleichgewicht läßt sich der Zustand des innerhalb der Systemgrenze ---- vorhandenen idealen Gases durch die Gleichung $pv = \Re T$ beschreiben. Das Thermometer zeigt die durch Gl. (1.16) definierte Temperatur an.

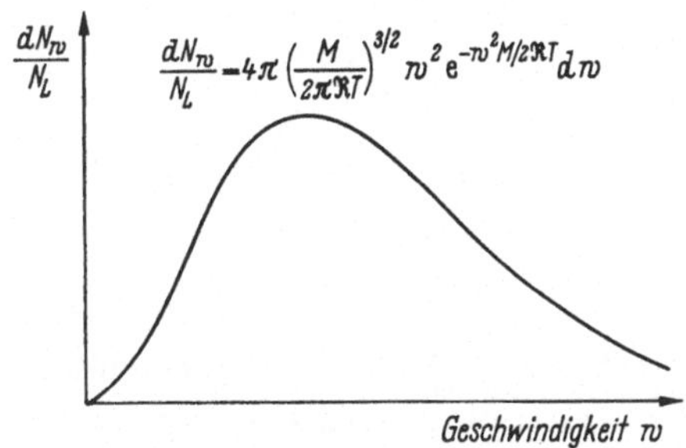

Abb. 1.13 Maxwellsche Geschwindigkeitsverteilung in einem idealen Gas (Gleichgewichtsverteilung). $\mathrm{d}N_w$ ist der Anteil derjenigen Moleküle an der Gesamtmolekülezahl N_L, die eine Geschwindigkeit zwischen w und $w + \mathrm{d}w$ besitzen.

Durch Integration findet man:

$$N_L = \int_{w=0}^{\infty} \mathrm{d}N_w \qquad \text{und} \qquad \frac{1}{2}\frac{M}{N_L}\overline{w^2} = \frac{1}{2}\frac{M}{N_L^2}\int_{w=0}^{\infty} w^2\,\mathrm{d}N_w = \frac{3}{2}\frac{\Re T}{N_L}$$

(Wegen Einzelheiten siehe K. Schäfer: Statistische Theorie der Materie, Bd. I, Göttingen: Vandenhoeck & Ruprecht 1960.)

Geschwindigkeit (Abb. 1.13) im System umher, wobei sich gemäß Gl. (1.16) eine mittlere kinetische Energie

$$\frac{1}{2}\frac{M}{N_L}\overline{w^2} = \frac{3}{2}\frac{\Re}{N_L}T$$

einstellt. Ein Thermometer zeigt die so definierte Temperatur T richtig an.

Zieht man jetzt den Kolben rasch nach rechts (Abb. 1.14), so strömen bevorzugt die schnellen Moleküle in das freigegebene Volumen. Daher wird sich dort selbst dann zunächst eine andere Geschwindigkeitsverteilung einstellen als in Abb. 1.13, wenn die Temperatur des Systems durch Wärmezufuhr konstant gehalten wird. Zu dieser neuen Geschwindigkeitsverteilung (Abb. 1.15) gehört ein anderer Mittelwert für die kinetische Energie eines Moleküls, so daß die Anzeige eines Thermometers nicht mehr mit der durch Gl. (1.16) definierten Gleichgewichtstemperatur übereinstimmen kann. Die Zustandsänderung ist mit einer Abweichung vom Gleichgewicht verbunden; sie ist nicht mehr durch die Zustandsgleichung $p\mathfrak{v} = \mathfrak{R}T$ verfolgbar, da die in dieser Gleichung verwendete Temperatur mit Hilfe der jetzt ungültigen Gl. (1.16) definiert worden war.

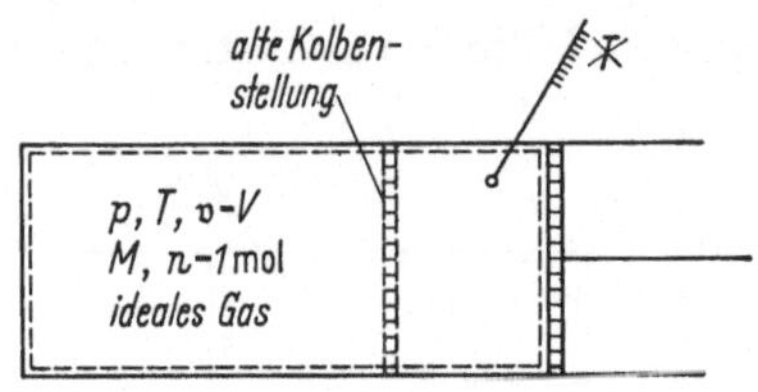

Abb. 1.14 Nach der Verschiebung des Kolbens vergeht eine gewisse Zeit, bevor sich der neue Gleichgewichtszustand eingestellt hat. Erst dann zeigt das Thermometer wieder die durch Gl. (1.16) definierte Temperatur an.

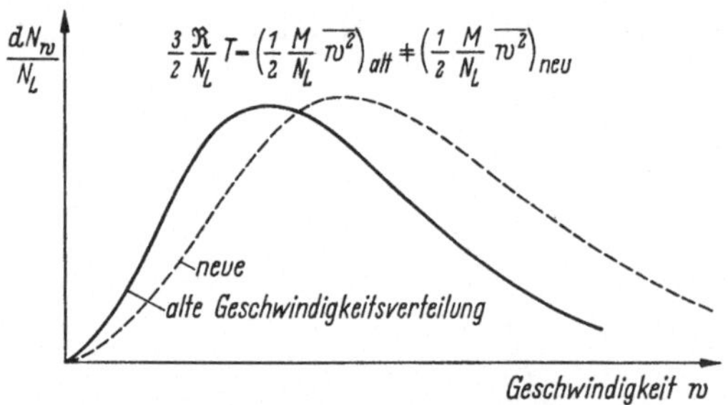

Abb. 1.15 Während der Verschiebung des Kolbens strömen in das freigegebene Volumen bevorzugt die schnellen Moleküle ein, so daß sich zunächst eine andere Geschwindigkeitsverteilung als die in Abb. 1.13 dargestellte Gleichgewichtsverteilung einstellt.

Die Entscheidung darüber, ob die durch die neue Geschwindigkeitsverteilung wiedergegebene Abweichung vom Gleichgewicht vernachlässigbar klein ist oder nicht, hängt somit von der Geschwindigkeit der Kolbenbewegung ab. Je höher die Kolbengeschwindigkeit wird, desto schlechter können die langsamen Moleküle dem Kolben folgen, desto größer wird die Abweichung von der im Gleichgewicht vorhandenen Verteilung werden. Die Größe der unmittelbar vor dem zurückweichenden Kolben auftretenden Abweichung läßt sich mit Hilfe der in Abb. 1.13 angegebenen Verteilungsfunktion abschätzen, wenn man davon ausgeht, daß im ersten Moment nur solche Moleküle dem Kolben zu folgen vermögen, deren Geschwindigkeit senkrecht zum Kolben mindestens so groß ist wie die Kolbengeschwindigkeit. Diese Abschätzung ist jedoch umständlich und zeitraubend. Praktisch brauchbar ist eine andere, viel gröbere Abschätzung. Sie geht davon aus, daß sich die Kolbenbewegung wie eine Störung auswirkt, und daß sich solche Störungen (z. B. auch ein Knall) mit einer Geschwindigkeit ausbreiten, die als Schallgeschwindigkeit bezeichnet wird. Weicht der Kolben schneller als mit Schallgeschwindigkeit nach rechts zurück, so können ihm die vom Kolben erzeugten Störungen nicht mehr folgen: die Moleküle an der Kolbenoberfläche sind nicht mehr dazu in der Lage, vom Verhalten der anderen Moleküle Kenntnis zu nehmen; die Abweichungen vom Gleichgewicht sind so groß geworden, daß sich erst dann wieder ein Gleichgewicht einstellen kann, wenn der Kolben angehalten wird. Solche Abweichungen sind sicher nicht mehr vernachlässigbar klein. Daraus ergibt sich: Vernachlässigbar kleine Abweichungen vom Gleichgewicht sind nur zu erwarten, wenn der Kolben sehr viel langsamer als mit Schallgeschwindigkeit bewegt wird. Dann und nur dann kann die Zustandsänderung im Zylinder quasistatisch sein. Da die Schallgeschwindigkeit in den meisten Substanzen einige 100 m/sec beträgt, ist diese Bedingung in der überwiegenden Mehrzahl aller technisch interessanten Fälle erfüllt. Deswegen kann die Gleichgewichtsthermodynamik auch mit hinreichender Genauigkeit auf einen weiten technisch interessanten Bereich angewendet werden.

Nach Abschluß der Kolbenverschiebung stellt sich das neue Gleichgewicht durch Energieaustausch beim Zusammenstoß zwischen den Molekülen allerdings rasch wieder ein. Als Anhaltspunkt mögen folgende Werte gelten:[1] Das Gleichgewicht der Translations- und Rotationsbewegung stellt sich nach einigen 10 Zusammenstößen, das der innermolekularen Schwingungen nach einigen 1000 Zusammenstößen ein. Zwischen zwei Stößen vergehen beim N_2 bei 1 atm, 300 °K im Mittel etwa 10^{-10} sec.

1.2.5 Die Phasenregel von Gibbs

Will man die inneren Eigenschaften eines im Gleichgewicht befindlichen Systems beschreiben, so erhebt sich stets die Frage, wieviele unabhängige Veränderliche (Zustandsgrößen) zur eindeutigen Beschreibung benötigt werden. Häufig läßt sich diese Frage auf Grund der Erfahrung beantworten. Vielfach erscheint es aber als sinnvoll, sich der *Phasenregel von* GIBBS zu bedienen. Sie lautet im einfachsten Fall (keine chemischen Reaktionen, einziger Arbeitskoeffizient ist der Druck):

$$Z = \mathrm{St} + 2 - \mathrm{Ph} \tag{1.28}$$

Darin ist Z die gesuchte Zahl der unabhängigen Zustandsgrößen eines

[1] HIRSCHFELDER, CURTISS and BIRD: Molecular theory of Gases and Liquids, New York: J. Wiley & Sons 1954.

Systems, St die Zahl der im System vorhandenen Stoffe und Ph die Zahlen der Phasen[1].

Einige Beispiele mögen den Gebrauch dieser Regel erläutern. In Abb. 1.16a ist ein Behälter dargestellt worden, in dem sich ein reines

Abb. 1.16 Zur Erläuterung der Abzählung der unabhängigen Zustandsgrößen mit Hilfe der Phasenregel von GIBBS. ---- Systemgrenze.

ideales Gas befindet. Zur Beschreibung der Gaseigenschaften sind (St = 1 Stoff, Ph = 1 Phase)

$Z = 1 + 2 - 1 = 2$ unabhängige Zustandsgrößen (z. B. p, T)

erforderlich.

Abb. 1.16b zeigt einen Behälter, in dem ein Gemisch aus gasförmigem Stickstoff und gasförmigem Sauerstoff vorhanden ist.

Die Eigenschaften dieses Gemisches werden durch

$Z = 2 + 2 - 1 = 3$ unabhängige Zustandsgrößen (z. B. Druck p, Temperatur T und Konzentration ξ)

eindeutig beschrieben.

In dem in Abb. 1.16c dargestellten Behälter befindet sich reines Wasser in einem Zustand, in welchem Wasserdampf, flüssiges Wasser und Eis koexistent sind. Die Eigenschaften dieses Systems werden durch

$Z = 1 + 2 - 3 = 0$ unabhängige Zustandsgrößen beschrieben.

Da dann also gar keine Variablen mehr vorhanden sind, kann dieser Zustand nur an einem einzigen Punkt, genannt *Tripelpunkt des Wassers*, existieren.

Beispiel 1.3. Kann ein Zweistoffgemisch einen Tripelpunkt besitzen?

Lösung. Nein, da auch dann, wenn die drei Phasen „gasförmig", „flüssig", „fest" koexistent sind, noch immer $Z = 2 + 2 - 3 = 1$ unabhängige Variable vorhanden ist.

Ein dem Tripelpunkt analoger Zustand könnte sich jedoch dann einstellen, wenn z. B. in der festen Phase eine Mischungslücke auftritt, wie man sie in einem Gemisch aus Wasser und einem Salz beobachten kann. Dort bilden sich gegebenen-

[1] Eine Phase ist ein homogener Teil eines Systems, der sich in einer oder mehreren physikalischen Eigenschaften von anderen Teilen des Systems unterscheidet, obwohl zwischen allen Teilen Gleichgewicht besteht. Beispiel: in einer verschlossenen Bierflasche befinden sich 2 Phasen, nämlich eine flüssige (das Bier) und eine gasförmige (Luft, Kohlendioxyd, Wasserdampf . . .).

falls neben Eiskristallen auch Salzkristalle. Damit gibt es 2 feste Phasen und somit $Z = 2 + 2 - 4 = 0$ unabhängige Variable.

Dieser Zustand wird bei der *eutektischen Temperatur* erreicht.

Sind außer dem Druck noch andere Arbeitskoeffizienten X_i (Tab. 1.1 Nr. 1.2.8.1) wirksam oder haben sich innerhalb des betrachteten Systems Reaktionsgleichgewichte eingestellt (Bd. II), dann lautet die Phasenregel von GIBBS

$$Z = \mathrm{St} + 1 + A - R - \mathrm{Ph} \tag{1.29}$$

Hierbei ist A die Zahl der Arbeitskoeffizienten einschließlich des Druckes und R die Zahl der Reaktionsgleichgewichte.

1.2.6 Definition der kalorischen Zustandsgrößen

1.2.6.1 Die innere Energie. Abb. 1.17 zeigt ein abgeschlossenes System, in dem sich N Moleküle eines reinen Stoffes befinden. Jedes dieser Moleküle besitzt eine bestimmte Energie ε. Diese Energie setzt sich aus verschiedenen Anteilen zusammen. So gilt zum Beispiel für ein beliebiges Molekül j:

Abb. 1.17 Abgeschlossenes System, in dem sich N Moleküle befinden. Die schraffierte Isolierung verhindert, daß Energie über die Systemgrenze ---- fließt; die mit der Systemgrenze zusammenfallende Behälterwand ist für die betrachteten Moleküle undurchlässig.

$$\varepsilon_j = \varepsilon_{j,\,\mathrm{kin}} + \varepsilon_{j,\,\mathrm{Schw}} + \varepsilon_{j,\,\mathrm{Rot}} + \varepsilon_{j,\,\mathrm{pot}} + \varepsilon_{j,\,\mathrm{chem}} + \varepsilon_{j,\,\mathrm{Elektronen}} + \varepsilon_{j,\,\mathrm{Kern}} \tag{1.30}$$

Dabei ist $\varepsilon_{j,\,\mathrm{kin}}$ die kinetische Energie, welche dieses Molekül infolge seiner Translationsbewegung besitzt. Der Anteil $\varepsilon_{j,\,\mathrm{Schw}}$ beschreibt die Energie, welche in den Schwingungen der Atome eines Moleküls im „Molekül" genannten Atomverband enthalten ist. Sie möge symbolisch durch zwei Kugeln, die mit einer Feder miteinander verbunden sind, dargestellt werden (Abb 1.10). Ein mehratomiges Molekül kann um seine Hauptträgheitsachsen rotieren. Auch in dieser Drehbewegung steckt Energie, die durch den Anteil $\varepsilon_{j,\,\mathrm{Rot}}$ wiedergegeben wird. Die Moleküle realer Stoffe üben Kräfte aufeinander aus. Will man das Molekül j aus dem System herausholen, so müssen diese Kräfte überwunden werden. Dazu ist eine Arbeit erforderlich, die mit der Arbeit verglichen werden kann, welche aufzuwenden ist, um einen Körper aus dem Anziehungsbereich der Erde zu entfernen. Diese Arbeit läßt sich bekanntlich unter Vernachlässigung aller Verluste stets als Differenz zweier potentieller Energien berechnen, wobei der Nullpunkt der potentiellen Energie willkürlich gewählt werden darf. Aus diesem Grunde muß auch dem Molekül j, das sich zusammen mit den $N-1$ übrigen Molekülen im System aufhält, eine potentielle Energie $\varepsilon_{j,\,\mathrm{pot}}$ zugeschrieben werden. Ihr Wert kann nach Wahl eines Nullpunktes der potentiellen Energie aus den Kräften berechnet werden, welche die $N-1$ restlichen Moleküle auf das Molekül j ausüben. In diesem Ausdruck ist somit diejenige potentielle Energie nicht enthalten, welche das Molekül j in einem äußeren Kraftfeld – etwa dem Schwerefeld der Erde – besitzt.

Will man ein oder mehrere Atome aus dem „Molekül" genannten Atomverband herauslösen oder in ein Molekül einbauen, so ist auch hierzu ein Umsatz von Energie erforderlich. Solche Vorgänge laufen bei chemischen Reaktionen ab, wobei der Energieumsatz als *Wärmetönung* (Verbrennung!) bzw. Bildungsenthalpie (Bd. II) in Erscheinung tritt. Deswegen soll dieser Anteil der Energie eines Moleküls als chemische Energie $\varepsilon_{j,\,\mathrm{chem}}$ bezeichnet werden.

Weitere Energieanteile sind in den Atomen selbst enthalten. So besitzen bekanntlich die um den Atomkern „kreisenden" Elektronen eine bestimmte Energie, welche von Elektronenbahn zu Elektronenbahn verschieden ist. Durch den Wechsel von einer Bahn zur nächsten auftretende Änderungen dieser Energie sind z. B. mit einer Emission von Strahlung verbunden. Die momentan vorhandene Energie aller Elektronen der Atome des Moleküls j soll mit $\varepsilon_{j,\,\mathrm{Elektronen}}$ bezeichnet werden. Daß auch die Atomkerne des Moleküls j eine Energie besitzen, genannt $\varepsilon_{j,\,\mathrm{Kern}}$, bedarf keiner besonderen Erläuterung. Der Hinweis auf die bekannten Atomreaktionen und die damit verbundene Energieumwandlung genügt vollkommen.

Summiert man die durch Gl. (1.30) gegebene Energie des beliebigen Moleküls j über alle im System vorhandenen Moleküle, so hat man den Energieinhalt des Systems, seine *innere Energie U*, berechnet. Es gilt also:

$$U = \sum_{1}^{N} \varepsilon_j \tag{1.31}$$

Bezogen auf die Mengeneinheit ergibt sich unter Benutzung von Gl. (1.3) und der Idendität $n = N/N_L$ die spezifische innere Energie u bzw. $\mathfrak{u}$:

$$u = \frac{U}{m} = \frac{1}{N \cdot \frac{M}{N_L}} \cdot \sum_{1}^{N} \varepsilon_j \qquad \text{(1.32a) bzw.}$$

$$\mathfrak{u} = \frac{U}{n} = \frac{N_L}{N} \sum_{1}^{N} \varepsilon_j = u \cdot M \tag{1.32b}$$

Für den praktischen Gebrauch ist Gl. (1.31) zu kompliziert. Man faßt daher die einzelnen Summanden wie folgt zusammen: Finden keine chemischen oder Atom-Reaktionen statt und verzichtet man auf die Beschreibung von Emissions- und Absorptionsvorgängen in den Elektronenhüllen, so gilt

$$\sum_1^N (\varepsilon_{j,\,\mathrm{chem}} + \varepsilon_{j,\,\mathrm{Elektronen}} + \varepsilon_{j,\,\mathrm{Kern}}) = U_0 = \mathrm{const} \qquad (1.33\mathrm{a})$$

Ferner vereinbart man die Abkürzungen

$$\sum_1^N \varepsilon_{j,\,\mathrm{pot}} = U_{\mathrm{pot}} \qquad (1.33\mathrm{b})$$ sowie

$$\sum_1^N (\varepsilon_{j,\,\mathrm{kin}} + \varepsilon_{j,\,\mathrm{Schw}} + \varepsilon_{j,\,\mathrm{Rot}}) = M \frac{N}{N_L} \int_{T_0}^{T} c_v^0 \,\mathrm{d}T + \mathrm{const}\,(T_0)\,, \qquad (1.33\mathrm{c})$$

wobei sich die formal eingeführte neue Größe c_v^0 später als *spezifische Wärmekapazität* des betrachteten Stoffes mit den Nebenbedingungen „bei konstantem Volumen", „beim Druck $p \to 0$" und „mit der Masse als Bezugsmenge" erweisen wird. Der Zahlenwert der Konstanten hängt von der Wahl der Temperatur T_0 und der Wahl des Energienullpunktes ab. Mit diesen Abkürzungen ergeben sich handliche Ausdrücke für die innere Energie und die spezifische innere Energie:

$$U = m\,u = m\left[\int_{T_0}^{T} c_v^0 \,\mathrm{d}T + \frac{U_{\mathrm{pot}}}{m} + \mathrm{const}\right]. \qquad (1.34)$$

Für ideale Gase ist U_{pot} gleich null, da die Atome bzw. Moleküle idealer Gase keine Kräfte aufeinander ausüben (Nr. 1.2.3.1). Daraus folgt

$$U^0 = m\,u^0 = m\left[\int_{T_0}^{T} c_v^0 \,\mathrm{d}T + \mathrm{const}\right]. \qquad (1.35)$$

Beispiel 1.4. Wie groß sind die spezifische innere Energie und die spezifische Wärmekapazität c_v^0 eines einatomigen idealen Gases?

Lösung. Da die „Moleküle" eines einatomigen Gases nur aus einem Atom bestehen, werden in Gl. (1.33c) die Glieder $\varepsilon_{j,\,\mathrm{Schw}}$ und $\varepsilon_{j,\,\mathrm{Rot}}$ zu null (Rotationen eines einzelnen Atomes sind des zu kleinen Trägheitsmomentes wegen verboten). Die verbleibende Summe $\sum_1^N \varepsilon_{j,\,\mathrm{kin}}$ ist identisch mit $N \cdot \overline{\varepsilon_{j,\,\mathrm{kin}}}$, wenn $\overline{\varepsilon_{j,\,\mathrm{kin}}}$ die mittlere kinetische Energie eines Atomes ist, für die unter 1.2.3.1 geschrieben wurde [Gl. (1.16)] $\frac{1}{2}\frac{M}{N_L}\overline{w^2} = \overline{\varepsilon_{j,\,\mathrm{kin}}} = \frac{3}{2}\frac{\Re}{N_L}T$. Da die potentielle Energie U_{pot} [Gl. (1.33b)] verschwindet, weil die Atome eines idealen Gases keine Kräfte aufeinander ausüben, ergibt sich [Gln. (1.6), (1.33c), (1.34) und (1.35)]:

$$u^0 = \int_{T_0}^{T} c_v^0 \,\mathrm{d}T + \mathrm{const} = \frac{N_L}{MN} \cdot N \cdot \frac{3}{2}\frac{\Re}{N_L}\,T + \mathrm{const} = \frac{3}{2} R\,T + \mathrm{const}\,.$$

Aus Gl. (1.35) folgt formal $\frac{\mathrm{d}u^0}{\mathrm{d}T} = c_v^0$, so daß $c_v^0 = \frac{3}{2} R + f(T)$ wird.

1.2.6.2 Die Enthalpie. Für verschiedene Anwendungen erweist es sich als praktisch, mit Hilfe der Definitionsgleichung

$$H = U + p\,V + \cdots = U + \Sigma X_i\,x_i \tag{1.36}$$

eine neue Größe einzuführen, die als Enthalpie bezeichnet wird. Dabei sind X_i die in Nr. 1.2.8.1 (Tab. 1.1) definierten Arbeitskoeffizienten, x_i die Arbeitskoordinaten. Für die spezifische Enthalpie gilt

$$h = \frac{H}{m} = \frac{U}{m} + p\frac{V}{m} + \cdots = u + pv + \cdots \qquad \text{(1.37a) bzw.}$$

$$\mathfrak{h} = \frac{H}{n} = \frac{U}{n} + p\frac{V}{n} + \cdots = \mathfrak{u} + p\mathfrak{v} + \cdots \tag{1.37b}$$

Beispiel 1.5. Wie groß ist die spezifische Entalphie eines einatomigen idealen Gases? (Annahme: $X_1 = p$, $x_1 = V$; alle anderen X_i und $x_i = 0$.)

Lösung. Aus Gl. (1.37a) folgt unter Verwendung des Resultates des Beispieles 1.4

$$h = u + pv = \frac{3}{2}RT + \text{const} + RT = \frac{5}{2}RT + \text{const}.$$

Mit Hilfe der Gln. (1.35), (1.8a) und (1.37a) folgt speziell für ideale Gase

$$h^0 = \int_{T_0}^{T} c_v^0\,\mathrm{d}T + RT + \text{const} = \int_{T_0}^{T} (c_v^0 + R)\,\mathrm{d}T + \text{const} = \int_{T_0}^{T} c_p^0\,\mathrm{d}T + {} + \text{const}, \tag{1.38}$$

wenn man die Summe $c_v^0 + R$ formal mit c_p^0 bezeichnet und *spezifische Wärmekapazität des idealen Gases bei konstantem Druck* nennt. (Bezugsmenge war im betrachteten Beispiel wieder die Masse).

1.2.6.3 Die Entropie. Abb. 1.18 zeigt wiederum ein abgeschlossenes System, in dem sich N Moleküle eines reinen Stoffes befinden mögen.

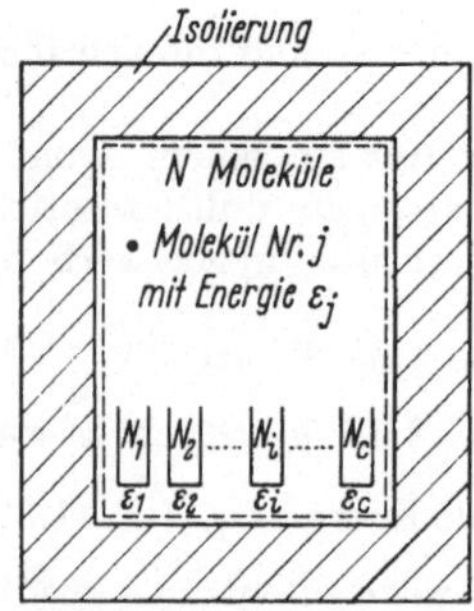

Abb. 1.18 Abgeschlossenes System, in dem sich N Moleküle befinden. Jedes Molekül besitzt eine bestimmte Energie ε_j sowie ein Kennzeichen (Nrn. 1, 2, ... j, ... N). Es soll möglich sein, die Moleküle nach ihrer Energie zu sortieren.

Außerdem soll das System den Gleichgewichtszustand erreicht haben. Jedes dieser N Moleküle besitzt eine bestimmte Energie ε_j. Sortiert man die Moleküle derart nach ihrer Energie, daß man alle Moleküle der Energie ε_1 in einem kleinen Topf Nr. 1, alle Moleküle der Energie ε_2 im Topf

Nr. 2 ... und alle Moleküle der höchsten vorkommenden Energie ε_c im Topf Nr. c sammelt, so werden sich nach Abschluß des Sortiervorganges N_1, N_2 ... bzw. N_c Moleküle im entsprechenden Topf befinden (Abb. 1.18). Gleichzeitig gelten die Beziehungen

$$\sum_1^c N_i = N \qquad (1.39\text{a}) \text{ und}$$

$$\sum_1^c \varepsilon_i N_i = U = \sum_1^N \varepsilon_j \qquad (1.39\text{b})$$

Es leuchtet unmittelbar ein, daß man die Bedingung (1.39b) auf sehr viele verschiedene Arten erfüllen kann, und es erhebt sich die Frage: Welche Besetzungszahlen N_1, N_2 ... N_c werden im Gleichgewichtszustand tatsächlich vorhanden sein?

Zur Beantwortung dieser Frage zählt man zunächst die Zahl der Möglichkeiten ab, auf die man N gleiche, durch eine Numerierung voneinander unterscheidbare Teilchen auf c Behälter so verteilen kann, daß hinterher eine bestimmte Verteilung N_1, N_2 ... N_c vorhanden ist. Die Zahl der Möglichkeiten, aus N Teilchen N_1 Teilchen für den Topf Nr. 1 auszusuchen, ist bekanntlich[1]

$$\frac{N(N-1)(N-2)\cdot\dots\cdot(N-N_1+1)}{N_1!} = \frac{N!}{N_1!\cdot(N-N_1)!}, \qquad (1.40\text{a})$$

wenn man alle die Möglichkeiten ausschließt, die sich nur durch die Reihenfolge, mit der die Teilchen in den Topf gelangt sind, voneinander unterscheiden.

Zum Füllen des Topfes Nr. 2 mit N_2 Teilchen stehen dann noch $(N - N_1)$ Teilchen zur Verfügung, so daß es

$$\frac{(N-N_1)!}{N_2!\,(N-N_1-N_2)!} \qquad (1.40\text{b})$$

Möglichkeiten gibt, diesen Topf in beliebiger Reihenfolge mit N_2 Teilchen zu füllen. Für die Töpfe i und c gilt analog

$$\text{Topf } i\text{:} \quad \frac{\left(N - \sum_1^{i-1} N_i\right)!}{N_i!\left(N - \sum_1^{i} N_i\right)!} \quad \text{Möglichkeiten} \qquad (1.40\text{c})$$

$$\text{Topf } c\text{:} \quad \frac{\left(N - \sum_1^{c-1} N_i\right)!}{N_c!\left(N - \sum_1^{c} N_i\right)!} = \frac{\left(N - \sum_1^{c-1} N_i\right)!}{N_c!\,0!} \qquad (1.40\text{d})$$

Die Zahl der Möglichkeiten, die gewünschte Gesamtverteilung zu er-

[1] Siehe z. B. v. MANGOLDT/KNOPP: Einführung in die höhere Mathematik, 9. Aufl., Bd. 1, Leipzig: Hirzel 1950, S. 26-28.

reichen, also sowohl den Topf 1 mit N_1 Teilchen als auch den Topf 2 mit N_2 Teilchen ... als auch den Topf c mit N_c Teilchen zu füllen, ist dann bekanntlich

$$\frac{N!}{N_1!\,(N-N_1)!}\cdot\frac{(N-N_1)!}{N_2!\,(N-N_1-N_2)!}\cdots\frac{\left(N-\sum\limits_1^{i-1}N_i\right)!}{N_i!\left(N-\sum\limits_1^{i}N_i\right)!}\cdots\frac{\left(N-\sum\limits_1^{c-1}N_i\right)!}{N_c!\,0!}=$$

$$=\frac{N!}{N_1!\,N_2!\,N_3!\ldots N_i!\ldots N_c!}=\frac{N!}{\prod\limits_1^c N_i!}=W\,. \tag{1.41}$$

Setzt man nun voraus, daß in der Natur alle Vorgänge so ablaufen, daß schließlich der *wahrscheinlichste* Zustand erreicht wird, so muß dies auch für das betrachtete abgeschlossene System der N Moleküle gelten. Dieser Endzustand wurde bisher als Gleichgewichtszustand bezeichnet (Nr. 1.2.2). Im Gleichgewicht stellt sich daher die wahrscheinlichste Verteilung der N Moleküle auf die c Behälter ein. Sie ist durch ein Maximum von W [Gl. (1.41)] gekennzeichnet, denn am wahrscheinlichsten ist die Verteilung, die sich auf die größte Anzahl verschiedener Arten realisieren läßt. Wo liegt dieses Maximum?

Gesucht ist der Maximalwert von $W = N!/\prod\limits_1^c N_i!$ in Abhängigkeit von den Besetzungszahlen N_i unter Wahrung der Nebenbedingungen

$$N=\sum_1^c N_i=\text{const} \quad \text{und} \quad U=\sum_1^c \varepsilon_i N_i=\text{const}.$$

Da ln W das Maximum an derselben Stelle erreicht wie W, das Maximum von ln W unter Benutzung der Stirlingschen Formel[1] für große N_i

$$\ln N_i! = N_i \ln N_i - N_i \tag{1.42}$$

aber leichter zu ermitteln ist, rechnet man mit ln W. Es gilt dann:

$$0=\mathrm{d}(\ln W)=\sum_1^c \ln N_i\,\mathrm{d}N_i=0 \tag{1.43a}$$

sowie

$$\mathrm{d}N=\sum_1^c \mathrm{d}N_i \qquad =0 \tag{1.43b}$$

und

$$\mathrm{d}U=\sum_1^c \varepsilon_i\,\mathrm{d}N_i \qquad =0 \tag{1.43c}$$

Alle drei Bedingungen müssen gleichzeitig erfüllt werden. Dieser Forderung wird man am leichtesten dadurch gerecht, daß man alle 3 Glei-

[1] Siehe z. B. v. MANGOLDT/KNOPP: Einführung in die höhere Mathematik, 9. Aufl., Bd. 3, Leipzig: Hirzel 1951, S. 150.

chungen – nach Multiplikation mit den von N_i und ε_i unabhängigen Faktoren 1, a bzw. b – addiert. Dann ergibt sich

$$0 = \sum_1^c \{1 \ln N_i + a + b\,\varepsilon_i\}\,\mathrm{d}N_i = 0\,. \tag{1.44}$$

Wählt man a und b derart, daß für zwei beliebige Werte der Laufzahl i gilt

$$\ln N_i + a + b\,\varepsilon_i = 0\,, \tag{1.45}$$

so muß diese Bedingung auch für alle anderen i gültig bleiben, da sich die zugehörigen $\mathrm{d}N_i$ beliebig wählen lassen. Dann wird aber nicht nur die an die Stelle von Gl. (1.43a) getretene Gl. (1.44) für beliebige $\mathrm{d}N_i$ erfüllt. Auch die Gln. (1.43b) und (1.43c) lassen sich durch entsprechende Wahl der beiden zuerst genannten $\mathrm{d}N_i$ zu null machen. Das Maximum von W, also die gesuchte Gleichgewichtsverteilung ist somit erreicht für

$$N_i = \mathrm{e}^{-a}\,\mathrm{e}^{-b\varepsilon_i}\,. \tag{1.46}$$

Wegen $N = \sum_1^c N_i = \mathrm{e}^{-a} \sum_1^c \mathrm{e}^{-b\varepsilon_i}$ gilt für den Faktor e^{-a}

$$\mathrm{e}^{-a} = \frac{N}{\sum_1^c \mathrm{e}^{-b\varepsilon_i}}\,. \tag{1.47}$$

Die Größe b läßt sich aus der zweiten Nebenbedingung ermitteln. Es muß gelten

$$U = \sum_1^c \varepsilon_i N_i = N \frac{\sum_1^c \varepsilon_i\,\mathrm{e}^{-b\varepsilon_i}}{\sum_1^c \mathrm{e}^{-b\varepsilon_i}} \equiv -N \frac{\mathrm{d}}{\mathrm{d}b}\left(\ln \sum_1^c \mathrm{e}^{-b\varepsilon_i}\right). \tag{1.48}$$

Gl. (1.48) ist für ein abgeschlossenes System aus einer beliebigen Art von Molekülen gültig. Sie muß daher auch für ein System aus N_L gleichartigen einatomigen Molekülen eines idealen Gases gelten, für das man die *Zustandssumme* $\sum_1^c \mathrm{e}^{-b\varepsilon_i}$ leicht berechnen kann. Dazu betrachtet man noch einmal den in Abb. 1.5 dargestellten würfelförmigen Behälter mit der Kantenlänge a, in dem sich N_L Moleküle eines idealen Gases mit der Molmasse M befinden und der gegenüber der Umgebung so gut isoliert ist, daß er ein abgeschlossenes System umschließt. Bekanntlich kann man nun jedem bewegten Molekül eine Welle[1] zuordnen, welche die *De-Broglie-Wellenlänge*[2]

$$\lambda = \frac{\hbar}{w}\,\frac{N_L}{M} \tag{1.49}$$

---

[1] Siehe z. B. R. W. POHL: Einführung in die Optik, 7. u. 8. Aufl., Berlin/Göttingen/Heidelberg: Springer 1948.

[2] LOUIS DE BROGLIE, französischer Physiker, geb. 1892, Nobelpreis 1929, stellte diese Beziehung 1925 auf.

besitzt, wobei $\hbar$ das Plancksche Wirkungsquantum, M/N_L die Masse und w die Geschwindigkeit des betrachteten Moleküls sind. Diese Materiewellen können das System ebensowenig verlassen wie die Moleküle. Sie werden wie die Moleküle an der festen Systemgrenze reflektiert, wobei die Wellenamplitude an der festen Systemgrenze verschwindet. Für senkrecht auf die Behälterwand zufliegende Teilchen bedeutet das, daß nur Teilchen mit einer Geschwindigkeit

$$w = \hbar \frac{N_L}{M} \frac{1}{\lambda} = \hbar \frac{N_L}{M} \frac{\alpha}{2a} \quad \text{mit } \alpha = 1, 2, 3 \ldots \tag{1.50}$$

vorkommen dürfen, denn nur dann verschwindet wegen $\alpha\lambda/2 = a$ die Wellenamplitude an der festen Behälterwand.

Fliegt ein Teilchen nicht senkrecht auf die Behälterwand zu, so kann man seine Geschwindigkeit und seinen Impuls stets in die senkrecht zur Behälterwand stehenden x-, y- und z-Komponenten zerlegen. Dann gilt für das Quadrat des Gesamtimpulses nach Multiplikation mit $\frac{1}{2}\frac{N_L}{M}$

$$\frac{1}{2}\frac{N_L}{M}\left\{\left(w_x \frac{M}{N_L}\right)^2 + \left(w_y \frac{M}{N_L}\right)^2 + \left(w_z \frac{M}{N_L}\right)^2\right\} = \frac{1}{2}\frac{\hbar^2}{4a^2}\frac{N_L}{M}(\alpha^2+\beta^2+\gamma^2), \tag{1.51}$$

wobei die in Gl. (1.50) auftretende Laufzahl für die x-Richtung mit α und für die y- bzw. z-Richtung mit β bzw. γ bezeichnet wurde.

Die linke Seite der Gl. (1.51) stellt nun gerade die kinetische Energie des betrachteten Teilchens dar, die im Falle des einatomigen idealen Gases mit der Gesamtenergie ε_j eines Teilchens j identisch ist[1]. Man findet daher für die zugelassenen Energiestufen ε_i

$$\varepsilon_i = \frac{1}{2}\frac{\hbar^2}{4a^2}\frac{N_L}{M}(\alpha^2+\beta^2+\gamma^2) \quad \text{mit } \alpha, \beta, \gamma, = 1, 2 \ldots \infty \tag{1.52}$$

Die in Gl. (1.48) auftretenden Werte von ε_i sind damit bekannt, so daß sich b berechnen läßt, wenn man für die innere Energie den im Beispiel 1.4 ermittelten Wert einsetzt. Für das betrachtete System aus N_L Molekülen gilt dann

$$U = \frac{3}{2}\Re T = -N_L \frac{\mathrm{d}}{\mathrm{d}b}\left\{\ln \sum \mathrm{e}^{-b\cdot\frac{1}{2}\frac{\hbar^2}{4a^2}\frac{N_L}{M}(\alpha^2+\beta^2+\gamma^2)}\right\}$$
$$\text{mit } \alpha, \beta, \gamma = 1, 2 \ldots \infty \tag{1.53}$$

Glücklicherweise kann man sich die in Gl. (1.53) vorgeschriebene Summation dadurch erleichtern, daß man die Zustandssumme näherungsweise durch ein Zustandsintegral ersetzt. Gl. (1.52) stellt nämlich in einem rechtwinkligen α,β,γ-Koordinatensystem die Gleichung für die Oberfläche einer Kugel vom Radius

$$r_i = \left(\frac{8a^2}{\hbar^2}\frac{M}{N_L}\varepsilon_i\right)^{1/2} = (\alpha^2+\beta^2+\gamma^2)^{1/2} \tag{1.54}$$

[1] Die Elektronen mögen sich bei den betrachteten Temperaturen im Grundzustand befinden, so daß sie keinen Beitrag zur Gesamtenergie liefern.

dar, auf der alle durch ganzzahlige und positive Werte von α, β und γ gekennzeichneten Kombinationen liegen, die zum gleichen Wert von ε_i führen. Für hinreichend große Werte von α, β und γ wird nun die „Schrittweite" $\Delta\alpha = \Delta\beta = \Delta\gamma = 1$ so klein gegenüber α, β und γ, daß die durch positive und ganzzahlige Werte von α, β und γ auf der Kugeloberfläche gekennzeichneten Punkte so dicht beieinander liegen, daß sie „die gesamte Kugeloberfläche bedecken". Sie bilden mit guter Näherung ein Kontinuum. Die Zahl der Kombinationen ganzzahliger Werte α, β, γ, die zu Energiestufen zwischen ε_i und $\varepsilon_i + \mathrm{d}\varepsilon_i$ führen, wird dann identisch mit dem Volumen einer Kugelschale, die im Bereich positiver Werte von α, β und γ zwischen den Radien r_i und $r_i + \mathrm{d}r_i$ liegt. Da der Bereich positiver Werte von α, β und γ gerade 1/8 der gesamten Kugeloberfläche bedeckt, beträgt dieses Volumen

$$\frac{4\pi\, r_i^2}{8}\,\mathrm{d}r_i = \frac{4\pi\, a^2 M\, \varepsilon_i}{\hbar^2 N_L}\,\mathrm{d}r_i = 4\pi\,\sqrt{2}\left(\frac{M}{N_L}\right)^{3/2}\frac{a^3}{\hbar^3}\,\varepsilon_i^{1/2}\,\mathrm{d}\varepsilon_i \qquad (1.55)$$

Jedes Glied $\mathrm{e}^{-b\varepsilon_i}$ der Summe in Gl. (1.48) bzw. (1.53) kommt daher mit der durch Gl. (1.55) angegebenen Häufigkeit vor. Deswegen kann man näherungsweise schreiben

$$\sum_{i=1}^{c} \mathrm{e}^{-b\varepsilon_i} = \sum_{\alpha,\beta,\gamma=1}^{\infty} \mathrm{e}^{-b\cdot\frac{1}{2}\frac{\hbar^2}{4a^2}\frac{N_L}{M}(\alpha^2+\beta^2+\gamma^2)} =$$

$$= \int_0^\infty 4\pi\,\sqrt{2}\left(\frac{M}{N_L}\right)^{3/2}\frac{a^3}{\hbar^3}\,\varepsilon_i^{1/2}\,\mathrm{e}^{-b\varepsilon_i}\,\mathrm{d}\varepsilon_i =$$

$$= 4\pi\,\sqrt{2}\left(\frac{M}{N_L b}\right)^{3/2}\frac{a^3}{\hbar^3}\int_0^\infty (b\,\varepsilon_i)^{1/2}\,\mathrm{e}^{-b\varepsilon_i}\,\mathrm{d}(b\,\varepsilon_i) =$$

$$= \left(\frac{2\pi M}{b\,N_L \hbar^2}\right)^{3/2}\cdot a^3\,. \qquad (1.56)$$

Setzt man statt a^3 noch das N_L Molekülen zur Verfügung stehende Volumen $\mathfrak{v}$ ein, so findet man schließlich für die Zustandssumme der kinetischen Energie des einatomigen idealen Gases den Ausdruck

$$\sum_{i=1}^{c} \mathrm{e}^{-b\varepsilon_i} = \left(\frac{2\pi M}{N_L \hbar^2}\right)^{3/2}\frac{\mathfrak{v}}{b^{3/2}} \qquad (1.57)$$

und daraus mit Gl. (1.53) für die innere Energie U der N_L Moleküle

$$U = \frac{3}{2}\,\Re T = -N_L\frac{\mathrm{d}}{\mathrm{d}b}\left\{\ln\left(\frac{2\pi M}{N_L\hbar^2}\right)^{3/2} + \ln\mathfrak{v} + \left(-\frac{3}{2}\right)\ln b\right\} = +\frac{3}{2}\frac{N_L}{b} \qquad (1.58)$$

oder

$$b = \frac{N_L}{\Re T}\,. \qquad (1.59)$$

Damit ist auch die zweite der in Gl. (1.44) eingeführten neuen Größen bestimmt worden und man kann zusammenfassend sagen:

1. Es gibt eine Größe W, genannt *statistisches Gewicht*, die man unter der Voraussetzung, daß die Moleküle eines reinen Stoffes voneinander unterscheidbar sind (Boltzmann-Statistik[1]) nach Gl. (1.41) berechnen kann. Bezogen auf 1 mol Substanz gilt

$$W_{1\,\text{mol}} = \frac{N_L!}{\prod\limits_1^c N_i!}. \tag{1.60}$$

2. In einem abgeschlossenen System strebt das statistische Gewicht dem wahrscheinlichsten Wert (Maximalwert) zu, der im *Gleichgewicht* erreicht wird. Im Falle der Boltzmann-Statistik besitzen dann gemäß Gln. (1.46), (1.47) u. (1.59)

$$N_i = \frac{N}{\sum\limits_1^c \mathrm{e}^{-\frac{N_L \varepsilon_i}{\Re T}}} \cdot \mathrm{e}^{-\frac{N_L \varepsilon_i}{\Re T}} \tag{1.61}$$

der insgesamt vorhandenen N Moleküle die Energie ε_i.

3. Da sich das statistische Gewicht im abgeschlossenen System stets in Richtung wahrscheinlicherer Zustände, also in Richtung steigender statistischer Gewichte verändert, gilt:

$$\mathrm{d}\,W \geq 0 \text{ im abgeschlossenen System} \tag{1.62}$$

4. Das Gleichheitszeichen in Gl. (1.62) ist dann zu setzen, wenn der Maximalwert von W, das heißt der Gleichgewichtszustand, erreicht ist.

5. Da das statistische Gewicht ein Maß für die Wahrscheinlichkeit eines Zustandes ist und damit nur vom momentan vorhandenen Zustand, nicht aber von seiner Vorgeschichte abhängt, ist W eine Zustandsgröße.

6. Besteht ein System aus mehreren Teilsystemen I, II, III . . ., so ist das statistische Gewicht des Gesamtsystems aus dem Produkt der statistischen Gewichte der Teilsysteme zu berechnen. Es muß nämlich sowohl die gewünschte Verteilung im Teilsystem I realisiert werden als auch die gewünschte Verteilung im Teilsystem II usw.

$$W = W_{\mathrm{I}} \cdot W_{\mathrm{II}} \cdot W_{\mathrm{III}} \cdots \tag{1.63}$$

Alle 6 Aussagen wurden unter zwei unbewiesenen Annahmen gewonnen:

1. daß ein gegenüber allen äußeren Einflüssen abgeschirmtes, sich selbst überlassenes System seinen Zustand stets in Richtung auf wahrscheinlichere Zustände hin verändert und

2. daß man die Moleküle eines reinen Stoffes voneinander unterscheiden kann.

Die erste Annahme wird durch die Erfahrung immer wieder bestätigt. Die zweite Annahme ist hingegen einwandfrei falsch. Dennoch entsteht

[1] LUDWIG BOLTZMANN, Physiker, 1844—1906, beschäftigte sich vor allem mit Fragen der kinetischen Gastheorie. Nach ihm ist die Boltzmann-Konstante $k = \Re/N_L$ benannt.

durch diese falsche Annahme in der Regel *erst bei sehr tiefen Temperaturen* ein merkbarer Fehler. Ausnahmen sind Elektronen und Lichtquanten, deren Verhalten auch bei Zimmertemperatur nur durch die Quantenstatistiken von FERMI-DIRAC bzw. BOSE-EINSTEIN richtig beschrieben wird. Wegen Einzelheiten muß auf K. SCHÄFER[1] verwiesen werden.

Für technische Rechnungen ist der Umgang mit dem statistischen Gewicht zu umständlich. Man definiert deswegen mit Hilfe der Gleichung

$$S = \frac{\Re}{N_L} \ln W + \text{const} = \frac{\Re}{N_L} \ln(W_\text{I} \cdot W_\text{II} \cdot W_\text{III} \ldots) + \text{const} = \\ = S_\text{I} + S_\text{II} + S_\text{III} \ldots \tag{1.64}$$

eine neue Größe S, die als Entropie bezeichnet wird[1]. Da der natürliche Logarithmus eine stetige Funktion ist, können die Eigenschaften des statistischen Gewichtes leicht auf die neue Größe S übertragen werden:

1. Es gibt eine Zustandsgröße S, genannt *Entropie*, die durch Gl. (1.64) definiert ist.

2. In einem abgeschlossenen System strebt die Entropie einem Maximalwert zu, der im Gleichgewichtszustand erreicht wird. Es gilt somit

$$\mathrm{d}S \geq 0 \text{ im abgeschlossenen System.} \tag{1.65a}$$

Setzt sich das System aus mehreren Teilsystemen zusammen, so ist über alle Teilsysteme zu summieren:

$$\sum_j \mathrm{d}S_j \geq 0 \text{ im abgeschlossenen System.} \tag{1.65b}$$

3. Das Gleichheitszeichen in Gl. (1.65a, b) ist dann zu setzen, wenn das Gesamtsystem den Gleichgewichtszustand erreicht hat ($S = S_\text{Maximum}$, entsprechend $\mathrm{d}S = 0$).

Auf Nr. 1.2.9 wird verwiesen.

1.2.6.4 Freie Energie und Freie Enthalpie. Für manche Rechnungen ist es praktisch, aus den bisher genannten Zustandsgrößen zwei neue Zustandsgrößen zu definieren, nämlich

$$\text{die Freie Energie} \quad F = U - TS \quad \text{und} \tag{1.66}$$

$$\text{die Freie Enthalpie} \quad G = H - TS. \tag{1.67}$$

1.2.7 Der Begriff „reversibel“

Abb. 1.19 zeigt ein Auto, das auf einer guten Straße an einem Berg geparkt wurde (Anfangszustand 1). Löst man Kupplung und Handbremse, dann wird das Auto den Berg herunterrollen und schließlich in

---

[1] Betrachtet man 1 mol einer reinen, homogenen Substanz, so wird nach K. SCHÄFER: Statistische Theorie der Materie, Bd. I, Göttingen: Vandenhoeck & Ruprecht 1960: const $= -k \ln N_L!$ und $s_{1\,\text{mol}}^{\text{absolut}} = k \ln(W_{1\,\text{mol}}/N_L!)$. Dabei gilt $k = \Re/N_L$.

der Ebene stehen bleiben (Endzustand 2). Prinzipiell ist es möglich, das Auto mit Hilfe seines Motors in die Ausgangsstellung zurückzufahren, das hierbei verbrauchte Benzin nachzufüllen und den Motor auskühlen zu lassen, so daß der Anfangszustand vollkommen wiederhergestellt

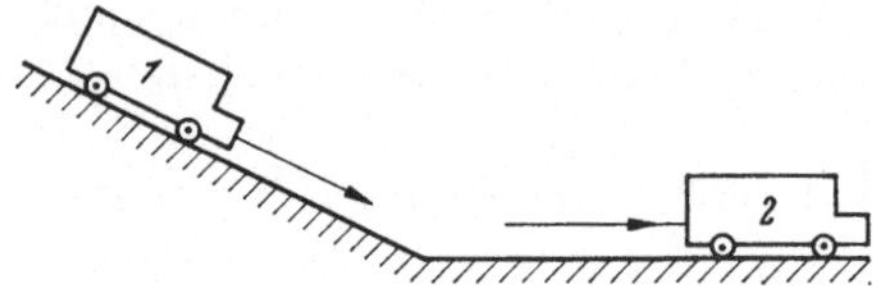

Abb. 1.19 Zum Begriff „reversibel". Anfangszustand 1: Das Auto steht an einem Berg geparkt. Endzustand 2: Das Auto ist ohne Antrieb den Berg heruntergerollt und in der Ebene stehen geblieben.

worden ist. Dennoch ist irgendwo eine Veränderung zurückgeblieben: das nachgefüllte Benzin war einem Vorratsbehälter zu entnehmen und vom Motor sind Wärme und Abgase in die Umgebung geflossen. Solche Vorgänge, die sich nur dadurch rückgängig machen lassen, daß nach Herstellung des Anfangszustandes irgendwo eine Veränderung zurückbleibt, sollen als *irreversibel* bezeichnet werden. *Reversibel* war ein Vorgang nur dann, wenn er rückgängig gemacht werden kann, *ohne daß irgendwo eine Veränderung zurückbleibt.*

Zwei weitere Beispiele mögen den neuen Begriff näher erläutern: Eine wertvolle Vase fällt zu Boden und zerbricht in zwei Teile. Bei diesem Vorgang ist offenbar ein „Verlust" entstanden. Dennoch kann man den Vorgang wenigstens theoretisch wieder rückgängig machen. Man kann die Vase nämlich mit einem geeigneten Klebstoff so sorgfältig zusammenkleben, daß man den Sprung „nicht mehr sieht". Trotzdem war dieser Vorgang typisch irreversibel. Er konnte nämlich nicht rückgängig gemacht werden, ohne daß „irgendwo" eine Veränderung zurückbleibt: Es ist Klebstoff verbraucht worden, der jetzt im Vorratsgefäß des Klebstoffes fehlt.

Das in Abb. 1.19 beschriebene Auto möge vollkommen reibungsfrei den Berg herab- und in der Ebene weiterrollen. Die durch Umwandlung seiner potentiellen Energie gewonnene kinetische Energie soll mit Hilfe eines verlustfrei arbeitenden Generators in elektrische Energie verwandelt und verlustfrei in einer außerhalb des Autos aufgestellten Batterie gespeichert werden. Nachdem das Auto zum Stillstand gekommen ist, kann es mit Hilfe eines verlustfrei arbeitenden Elektromotors wieder zum Ausgangspunkt zurücktransportiert werden. Der Elektromotor hat lediglich die in der Batterie gespeicherte elektrische Energie wieder in kinetische Energie zu verwandeln, die dann am Berg in potentielle Energie umgesetzt wird. Jetzt war es möglich, den Anfangszustand wiederherzustellen, ohne daß irgendwo eine Veränderung zurückgeblieben ist. Dieser Vorgang, der sich natürlich technisch nicht realisieren läßt, war reversibel.

Schon aus diesen drei Beispielen erkennt man:

1. Alle technischen und von selbst ablaufenden Vorgänge sind irreversibel, da sie stets mit Verlusten behaftet sind (Reibung usw.!). Will man nämlich einen verlustbehafteten Vorgang rückgängig machen, so muß man nicht nur die von ihm bewirkte Zustandsänderung rückgängig machen, sondern muß außerdem die Verluste kompensieren. Das kann aber nur dadurch geschehen, daß irgendwo eine Veränderung zurückbleibt (z. B. in Form des Klebstoffverbrauches).

2. Reversibel können nur solche Vorgänge sein, bei denen keine Verluste auftreten. Da nach Nr. 8 jede Abweichung vom Gleichgewicht zu einem Verlust führt, müssen reversible Vorgänge im Gleichgewicht oder wenigstens bei vernachlässigbar kleinen Abweichungen vom Gleichgewicht ablaufen.

3. Gleiche Zustandsänderungen können auf verschiedene Arten bewirkt werden. So hat das in Abb. 1.19 behandelte Auto seinen Anfangszustand 1 auf einer bestimmten Bahn in einen Endzustand 2 verwandelt. Diese Zustandsänderung wird eindeutig durch Angabe von Anfangs- und Endzustand sowie der durchlaufenen Zwischenzustände beschrieben. Einmal wurde dabei aber potentielle Energie in Reibungsarbeit verwandelt, das andere Mal in elektrische Energie, die außerhalb des Systems „Auto“ gespeichert wurde.

4. Zur eindeutigen Beschreibung des abgelaufenen Vorganges oder *Prozesses* sind umfangreichere Angaben als zur eindeutigen Beschreibung einer Zustandsänderung erforderlich. Außer der Zustandsänderung selbst muß beschrieben werden, wie sie bewirkt wurde (z. B. ist auf die Existenz und Verwendung von Generator, Batterie und Elektromotor hinzuweisen).

1.2.8 Arbeit und Wärme

Unter den Nrn. 1.2.2, 1.2.3 und 1.2.6 sind bisher Größen behandelt worden, die in irgendeiner Form auf die Eigenschaften der in einem System vorhandenen Atome oder Moleküle zurückgeführt werden konnten. So war z. B. die innere Energie eines Systems die Summe der Energien aller im System vorhandenen Moleküle; der Druck wurde als Wirkung von Zusammenstößen der im System vorhandenen Teilchen mit einer festen Wand erkannt; selbst das Systemvolumen läßt sich als der für die Bewegung aller im System vorhandenen Teilchen zur Verfügung stehende Raum deuten. Nun kann man aber über die Grenze eines geschlossenen Systems Energie transportieren, ohne gleichzeitig Materie über diese Grenze fließen zu lassen. Ein Kupferwürfel, der warm in eine kalte Umgebung gestellt und sich selbst überlassen wird, kühlt langsam ab. Über die Systemgrenze „Oberfläche des Kupferwürfels" fließt offenbar Energie in die Umgebung. Im normalen Sprachgebrauch sagt man, „der Würfel gibt an die Umgebung Wärme ab". Als zweites Beispiel möge ein System betrachtet werden, das aus einem Gas besteht, welches sich unter hohem Druck in einem Zylinder befindet. Ist der Zylinder mit einem verschiebbaren Kolben verschlossen, so muß man den Kolben (Abb. 1.20) mit einem Gewicht belasten, damit er in einer bestimmten Stellung stehen bleibt. Nimmt man einen Teil des Gewichtes herunter, so dehnt sich das Gas aus und hebt dabei das auf dem Kolben zurückgebliebene Restgewicht bis zur neuen Gleichgewichtslage an. Dazu muß eine Arbeit verrichtet werden, die nur dem System selbst entnommen werden kann: Es ist Arbeit über die Systemgrenze geflossen, ohne daß Materie diese Grenze überschritten hat. Im normalen Sprachgebrauch sagt man, „das Gas hat eine Arbeit verrichtet (Anheben des Gewichtes)".

Beide Begriffe – Wärme und Arbeit – müssen noch näher erläutert werden. Schon jetzt leuchtet es aber ein,

1. daß sich beide Größen nicht unmittelbar auf die Eigenschaften der in einem System vorhandenen Atome oder Moleküle zurückführen lassen, denn Arbeit und Wärme können eine Systemgrenze überschreiten, ohne daß damit ein Materietransport verbunden ist, und

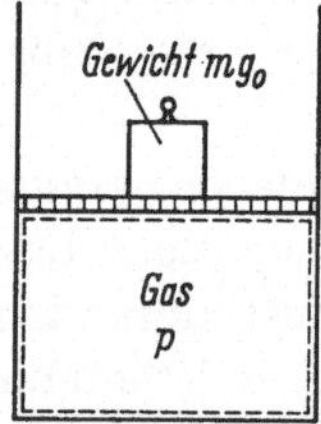

Abb. 1.20 Ein Gas befindet sich in einem Zylinder, der von einem reibungsfrei verschiebbaren Kolben verschlossen wird. Der Kolben bleibt in der Stellung stehen, für die das Produkt aus Druck und Kolbenfläche gleich dem Gewicht des Kolbens plus $m\,g_0$ ist.

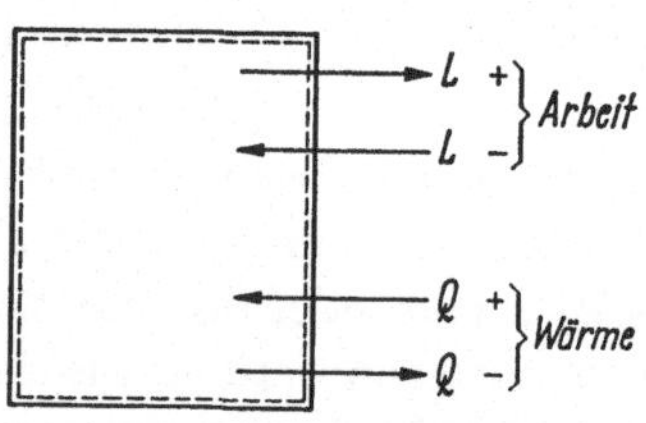

Abb. 1.21 Zur Vorzeichenvereinbarung der Größen Wärme Q und Arbeit L. Wärme und Arbeit können nur auftreten, wenn Energie die Systemgrenze überschreitet.

2. daß Arbeit und Wärme keine Zustandsgrößen sein können, eben weil sie nicht unmittelbar an die den momentanen Zustand eines Systems kennzeichnenden Eigenschaften der im System vorhandenen Atome und Moleküle gebunden sind.

Außerdem entsteht der Eindruck, daß Wärme und Arbeit immer nur dann auftreten, wenn Energie eine Systemgrenze überschreitet. Dieser Eindruck wird sich später als richtig erweisen. Deswegen soll schon an dieser Stelle eine Vorzeichenvereinbarung getroffen werden (Abb. 1.21).

Arbeit wird positiv gerechnet, wenn das System Arbeit abgibt.
Arbeit wird demzufolge negativ gerechnet, wenn das System Arbeit aufnimmt.

Wärme wird negativ gerechnet, wenn das System Wärme abgibt. Wärme wird demzufolge positiv gerechnet, wenn dem System Wärme zugeführt wird.

Beide Vorzeichenvereinbarungen sind willkürlich; sie können deswegen auch anders getroffen werden. So ist es z. B. in der physikalischen Chemie üblich, die bei chemischen Reaktionen ausgetauschten Wärmen mit der umgekehrten Vorzeichenvereinbarung zu behandeln. In der Regel können dadurch jedoch bei technischen Rechnungen nur selten Schwierigkeiten entstehen, da es sich ja meist nicht um die Frage handelt, ob Wärme oder Arbeit zu- oder abzuführen sind, sondern darum, die Beträge dieser Größen zu ermitteln.

1.2.8.1 Die Arbeit. Die Definition der Arbeit L ist von der Mechanik her bekannt. Sie lautet[1]

$$L = \int \mathrm{d}L = \int \boldsymbol{K} \cdot \boldsymbol{n} \, \mathrm{d}x, \tag{1.68}$$

wobei $\boldsymbol{K}$ der Vektor einer Kraft, $\boldsymbol{n}$ der Einheitsvektor in Wegrichtung x, $\mathrm{d}x$ das Differential des Weges und $\boldsymbol{K} \cdot \boldsymbol{n}$ das skalare Produkt beider Vektoren sein sollen. Für manche Zwecke, z. B. für die Definition der Enthalpie, ist es praktisch, den Integranden von Gl. (1.68) zu schreiben als

$$\mathrm{d}L = \sum \mathrm{d}L_{i,\,\mathrm{innen}} + \sum \mathrm{d}L_{i,\,\mathrm{außen}} + \sum \mathrm{d}L_{i,\,\mathrm{Verlust}}\,. \tag{1.69}$$

Hierbei enthält das Glied $\Sigma \mathrm{d}L_{i,\,\mathrm{innen}}$ solche Arbeitsdifferentiale, die reversibel verrichtet werden und zu Veränderungen innerhalb des Systems führen, z. B. zur Veränderung von Druck und Volumen. Jedes Differential $\mathrm{d}L_{i,\,\mathrm{innen}}$ wird durch das Produkt aus einem *Arbeitskoeffizienten* X_i und dem Differential einer *Arbeitskoordinate* x_i gebildet. Ein Beispiel möge diesen Sachverhalt erläutern (Abb. 1.22):

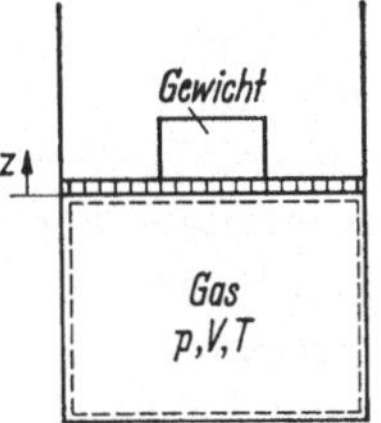

Abb. 1.22 Zur Berechnung der Volumenänderungsarbeit. In einem Zylinder befindet sich ein Gas, das den Druck p und die Temperatur T besitzt. Der Zylinder wird von einem reibungsfrei verschiebbaren Kolben verschlossen, dessen Gewicht zusammen mit einer aufgelegten Masse die vom Gas ausgeübte Kraft kompensiert.

Innerhalb eines Zylinders, der von einem reibungsfrei verschiebbaren Kolben verschlossen wird, befindet sich ein Gas. Das Gas besitzt den Druck p und die Temperatur T. Es übt auf den Kolben eine Kraft K aus, die vom Gewicht des Kolbens und der darauf liegenden Masse kompen-

[1] Siehe z. B. R. W. Pohl: Einführung in die Physik, Bd. I, Mechanik, Akustik und Wärmelehre, 16. Aufl., Berlin/Göttingen/Heidelberg: Springer 1964.

siert wird. Im Gleichgewicht gilt

$$K = p\,F = m\,g_0, \tag{1.70}$$

wenn F die Fläche des Kolbens ist, g_0 die Erdbeschleunigung sowie m die Masse des Kolbens und des darauf liegenden Gewichtes. Soll der Kolben um das Wegdifferential dz verschoben werden, dann ist die Arbeit

$$\mathrm{d}L = K\,\mathrm{d}z + \mathrm{d}L_{\text{Verlust}} = p\,F\,\mathrm{d}z + \mathrm{d}L_{\text{Verlust}} = p\,\mathrm{d}V + \mathrm{d}L_{\text{Verlust}} \tag{1.71}$$

zu verrichten. Wurde der Kolben reibungsfrei verschoben und sind auch sonst keine Verluste aufgetreten (etwa durch Wirbelbildung im Gas), dann gilt

$$\mathrm{d}L = \mathrm{d}L_{\text{innen}} + 0 + 0 = p\,\mathrm{d}V, \tag{1.72}$$

denn die äußeren Koordinaten des Gesamtsystems blieben unverändert. Die durch Gl. (1.72) definierte, bei einer Änderung des Systemvolumens über die Systemgrenze fließende Arbeit wird als *Volumenänderungsarbeit* bezeichnet. Sie ist bei einer Expansion ($d\,V > 0$) positiv, so daß gemäß der Vorzeichenvereinbarung vom System Arbeit abgegeben wird, was vollkommen mit der Anschauung übereinstimmt. Vergleicht man schließlich mit dem Ansatz

$$\mathrm{d}L_{i,\,\text{innen}} = X_i\,\mathrm{d}x_i\,, \tag{1.73}$$

so findet man

$p = X_i$ (Arbeitskoeffizient) und $V = x_i$ (Arbeitskoordinate).

Weitere Beispiele für Arbeitsdifferentiale $d\,L_{i,\,\text{innen}}$ und deren Zerlegung in Arbeitskoeffizienten X_i und Differentiale der Arbeitskoordinaten x_i enthält die Tab. 1.1, S. 231.

Das zweite Glied in Gl. (1.69), $\Sigma\,d\,L_{i,\,\text{außen}}$, betrifft solche Arbeitsdifferentiale, die reversibel verrichtet werden, jedoch nur zu Veränderungen der äußeren Koordinaten des Gesamtsystems, wie Orts- und Impulskoordinaten, führen. Ein Beispiel soll auch diese Art der Arbeitsdifferentiale näher erläutern:

Ein System (fester Körper) möge die elektrische Ladung Q_{el} tragen. Das gesamte System befindet sich in einem homogenen elektrischen Feld der Feldstärke $\mathfrak{E}_{\text{el}}$. Dieses Feld übt auf das Gesamtsystem bekanntlich[1] eine Kraft aus, deren Richtung mit der Feldrichtung zusammenfällt und deren Betrag durch das Produkt aus der elektrischen Ladung und dem Betrag der elektrischen Feldstärke bestimmt wird. Soll das Gesamtsystem um ein Wegdifferential dz verschoben werden, so wird die Arbeit

$$\mathrm{d}\,L_{\text{el, außen}} = Q_{\text{el}}\,\mathfrak{E}_{\text{el}}\cdot\mathrm{d}z = Q_{\text{el}}\,\mathrm{d}\,U_{\text{el}} \tag{1.74}$$

umgesetzt. Das Produkt aus der Feldstärke und dem zurückgelegten Weg gibt dabei die zwischen dem Anfangs- und Endpunkt liegende elek-

[1] Siehe z. B. R. W. Pohl: Einführung in die Physik, Bd. II, Elektrizitätslehre, 20. Aufl., Berlin/Heidelberg/New York: Springer 1967.

trische Spannung $\mathrm{d}U_{\mathrm{el}}$ an. Weitere Beispiele können der Tab. 1.1 entnommen werden.

Das letzte Glied der Gl. (1.69) enthält schließlich alle Verluste, da das Differential $\mathrm{d}L$ die tatsächlich über die Systemgrenze fließende Arbeit angeben soll. Solche Verluste können z. B. durch *dissipative Effekte* innerhalb des Systems – etwa durch Reibung, Hystereseerscheinungen bei der Magnetisierung oder Elektrisierung der Materie, durch Wärmeentwicklung beim Stromfluß infolge der Wirkung äußerer Stromquellen usw. – entstehen. Allerdings sind die dissipativen Effekte nicht notwendigerweise mit den insgesamt auftretenden Arbeitsverlusten identisch. Sie alle wandeln nämlich Energie in Wärme um, die neben der Arbeit über die Systemgrenze fließt, so daß sie mit Hilfe einer Wärmekraftmaschine prinzipiell wenigstens zum Teil wieder in Arbeit verwandelt werden kann. Wie in Nr. 4.2 gezeigt werden wird, läßt sich im günstigsten Fall nur der Anteil

$$\mathrm{d}L_{\mathrm{Verlust},\,Q} = \frac{T_{\mathrm{umg}}}{T} Q \tag{1.75}$$

nicht mehr in Arbeit verwandeln, wobei T die Temperatur ist, bei der die Wärme Q an der Systemgrenze zur Verfügung gestellt wird.

Beispiel 1.6. Ein geschlossenes System enthält 1 kg eines idealen Gases mit der Molmasse $M = 8{,}315$ g/mol bei der Temperatur $T_1 = 300$ °K und dem Druck $p_1 = 10$ bar. Die Systemgrenze wird gebildet von einem Zylinder, der durch einen von der (veränderlichen) Kraft K festgehaltenen Kolben verschlossen ist.

a) Man skizziere die Anordnung.

b) Man berechne das Systemvolumen unter der Voraussetzung, daß sich das System im Gleichgewicht befindet.

c) Wieviel Arbeit muß über die Systemgrenze fließen, wenn der Kolben reversibel durch eine quasistatische, isotherme Expansion des Gases angehoben werden soll, bis der Gasdruck auf 1 bar gesunken ist?

Lösung. a) Siehe Abb. 1.23;

b) Da es sich um ein ideales Gas handelt, wird das Systemvolumen im Gleichgewicht durch Gl. (1.8a) beschrieben, die lautete:

$$p\,v = R\,T = p\,\frac{V}{m}\,.$$

Mit Gl. (1.6) ergibt sich durch Einsetzen der angegebenen Größen

$$V = \frac{m\mathfrak{R}}{M}\,\frac{T}{p} = \frac{1\,\mathrm{kg}\cdot 8{,}315\ \mathrm{J/mol\,°K}}{8{,}315\ \mathrm{g/mol}}\cdot\frac{300\ \mathrm{°K}}{10\ \mathrm{bar}}\cdot\frac{10^3\ \mathrm{g}}{\mathrm{kg}}\cdot$$

$$\cdot\,\frac{1\ \mathrm{bar}}{10^5\ \mathrm{Nm^{-2}}}\cdot\frac{1\ \mathrm{Nm}}{\mathrm{J}} = 0{,}3\ \mathrm{m^3}\,.$$

c) Die Angabe „quasistatisch“ bedeutet, daß während des Vorganges im System nur vernachlässigbar kleine Abweichungen vom Gleichgewicht auftreten sollen. Daher kann die Zustandsänderung des Gases mit Hilfe der thermischen Zustandsgleichung (1.8a) verfolgt werden. Außerdem ist die Kraft K im Gleichgewicht identisch mit dem Produkt aus Gasdruck und Kolbenfläche. Die Angabe reversibel bedeutet, daß während des gesamten Vorganges keine Verluste (z. B. durch Reibung) auftreten dürfen. Die bei der Verschiebung des Kolbens um $\mathrm{d}z$ über die Systemgrenze fließende Arbeit $\mathrm{d}L$ wird daher durch die Gl. (1.72) wiedergegeben. Die Angabe isotherm bedeutet, daß die Temperatur des Gases konstant bleibt. Dann gilt:

$$\mathrm{d}L = p\,\mathrm{d}V = m\,p\,\mathrm{d}\left(\frac{V}{m}\right) = 1\,\mathrm{kg}\,p\,\mathrm{d}v = 1\,\mathrm{kg}\,RT\frac{\mathrm{d}v}{v} = 1\,\mathrm{kg}\,RT_1\frac{\mathrm{d}v}{v}$$

$$L = \int_{\text{Anfang}}^{\text{Ende}} p\,\mathrm{d}V = 1\,\mathrm{kg}\,RT_1\int_{\text{Anfang}}^{\text{Ende}}\frac{\mathrm{d}v}{v} = 1\,\mathrm{kg}\,RT_1\ln\frac{v_{\text{Ende}}}{v_{\text{Anfang}}} =$$

$$= 1\,\mathrm{kg}\,RT_1\ln\left(\frac{RT_1}{p_{\text{Ende}}}\cdot\frac{p_{\text{Anfang}}}{RT_1}\right)$$

$$L = \frac{1\,\mathrm{kg}\cdot 8{,}315\,\mathrm{J/mol\,°K}}{8{,}315\,\mathrm{g/mol}}\cdot 300\,°\mathrm{K}\cdot 10^3\frac{\mathrm{g}}{\mathrm{kg}}\cdot 10^{-3}\frac{\mathrm{kJ}}{\mathrm{J}}\ln 10 = 690{,}8\,\mathrm{kJ}\,.$$

Diese Arbeit läßt sich in einem p, V-Diagramm des im System vorhandenen Gases als Fläche darstellen (Abb. 1.24). Zu diesem Zweck trägt man den Anfangs- und Endzustand sowie den Verlauf der Zustandsänderung in das Diagramm ein. Die

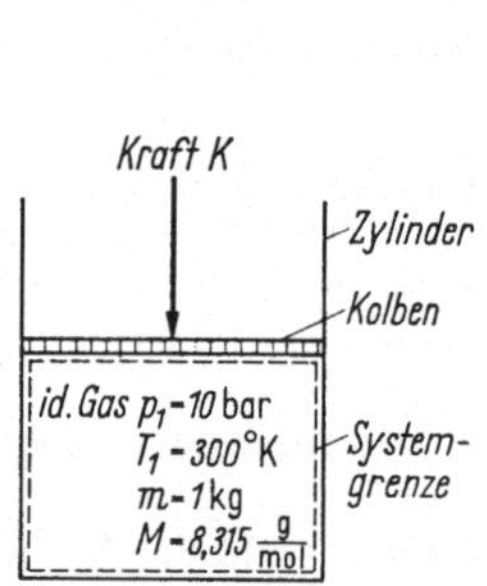

Abb. 1.23 Lösung der Aufgabe 1.6a.

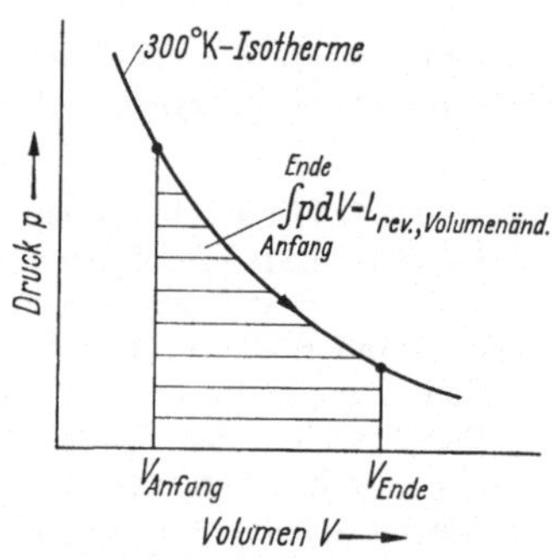

Abb. 1.24 Darstellung der (reversiblen) Volumenänderungsarbeit als Fläche im p, V-Diagramm.

Fläche zwischen der eingetragenen Zustandsänderung und der Abszisse stellt dann die über die Systemgrenze geflossene Arbeit dar, denn diese Fläche ist identisch mit dem Ausdruck $L = \int_{\text{Anfang}}^{\text{Ende}} p\,\mathrm{d}V$. Wegen $V = v\,m$ und $L = m\int_{\text{Anfang}}^{\text{Ende}} p\,\mathrm{d}v$ wird die analoge Fläche im p,v-Diagramm identisch mit der auf die Mengeneinheit bezogenen Arbeit $l = L/m$.

In der Praxis liegen fast immer offene Systeme vor, denn allen Maschinen muß laufend Materie zugeführt und wieder entzogen werden (z. B. Dampf und Abdampf bei der Dampfturbine oder Brennstoff, Luft und Abgase beim Verbrennungsmotor). Diese Stoffe strömen nicht von allein durch die Maschine, sie müssen vielmehr unter Aufwand von Arbeit in die Maschine hinein und wieder aus ihr heraus transportiert werden. Diese Transportarbeit ist bei der Berechnung der über die Systemgrenze fließenden Arbeit zu berücksichtigen. Das geschieht am einfachsten durch Einführung eines neuen Begriffes *technische Arbeit* in der Form

$$L_{\text{techn}} = L + L_{\text{Materietransport}} \tag{1.76}$$

Dabei ist L die Arbeit, die verrichtet worden wäre, wenn das System nicht offen sondern geschlossen wäre.

Abb. 1.25 erläutert diese Definition ohne Bezugnahme auf eine bestimmte Maschine.

Da mit diesem Begriff fast ausschließlich Beharrungszustände in offenen Systemen beschrieben werden, erscheint es als sinnvoll, auch die Leistung anzugeben, die solch ein System abgibt. Mit der Grunddefinition ($\tau =$ Zeit)

$$\dot{L}_{\text{techn}} = \frac{\mathrm{d}L_{\text{techn}}}{\mathrm{d}\tau} = \frac{\mathrm{d}(m\,l_{\text{techn}})}{\mathrm{d}\tau} \tag{1.77}$$

ergibt sich für stationäre, also im Beharrungszustand ablaufende Vorgänge

$$\dot{L}_{\text{techn}} = \dot{m}\,l_{\text{techn}} \tag{1.78}$$

In vielen Fällen wird die zum Materietransport benötigte Arbeit ausschließlich durch die Verdrängungsarbeit gegeben, wie Abb. 1.26 am Beispiel eines Luftkompressors zeigt, dessen Saug- und Druckleitung

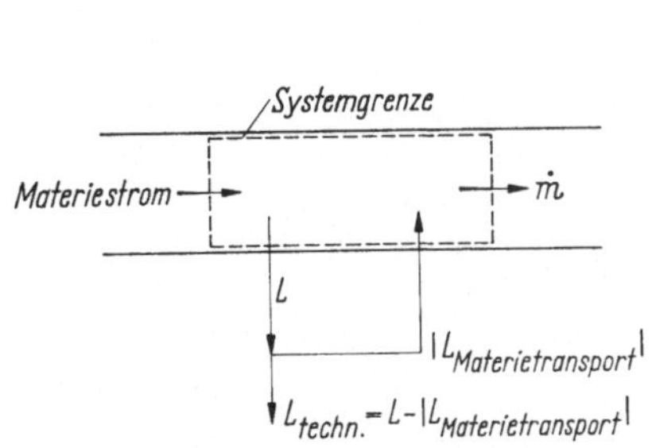

Abb. 1.25 Zur Definition der technischen Arbeit. Die frei verfügbare Arbeit L_{techn} ist $L_{\text{techn}} = L - |L_{\text{Materietransport}}| = L + L_{\text{Materietransport}}$ (zugeführte Arbeit besitzt ein negatives Vorzeichen!)

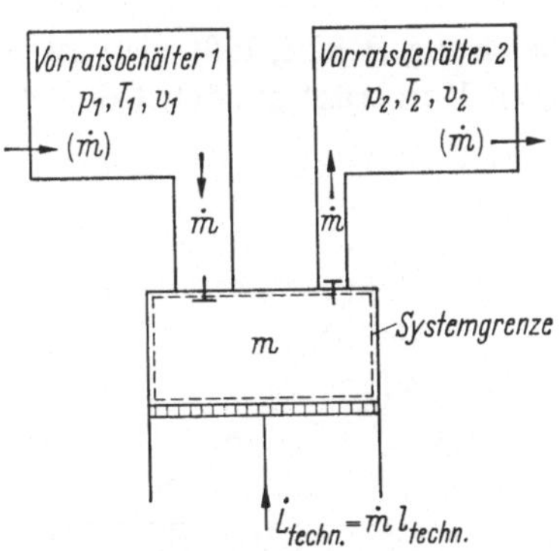

Abb. 1.26 Zur Berechnung der Transportarbeit (Beispiel: Kompressor). Während einer Zeit $\Delta\tau$, in der der Kompressor $m = \Delta\tau\,\dot{m}$ kg Luft ansaugt, verdichtet und in den Behälter 2 schiebt, mögen beide Vorratsbehälter nur mit dem Kompressor verbunden sein.

jeweils mit einem Vorratsbehälter verbunden sind. Beide Vorratsbehälter sollen so groß sein, daß der dort vorhandene Druck p_1 und p_2 auch dann mit guter Näherung konstant bleibt, wenn der Kompressor beim Druck p_1 m kg ansaugt, auf den Druck p_2 komprimiert und in den Behälter 2 schiebt. Während des Ansaugens vergrößert sich das Systemvolumen infolge der Kolbenbewegung beim Druck p_1 um das Volumen V_1. Das System gibt dabei die Arbeit $p_1 V_1$ ab. Nach der Kompression wird die Luft beim Druck p_2 vom Kolben in den Behälter 2 geschoben, wobei sich das Systemvolumen um V_2 vermindert und die Arbeit $-p_2 V_2$ aufgenommen wird. Der Materietransport hat somit eine Verdrängungsarbeit

$$L_{\text{Materietransport}} = +p_1 V_1 - p_2 V_2 = m(p_1 v_1 - p_2 v_2) \qquad (1.79)$$

verursacht. Die zur Kompression von m kg Luft dem Kompressor insgesamt zuzuführende Arbeit beträgt daher im Beharrungszustand

$$L_{\text{techn}} = L_{\text{Kompression}} + (+p_1 V_1 - p_2 V_2). \qquad (1.80)$$

Verläuft der gesamte Kompressionsvorgang reversibel, so kann man die eigentliche Kompressionsarbeit leicht berechnen. Es handelt sich dann nämlich genau um die durch Gl. (1.72) beschriebene reversible Volumenänderung und es gilt:

$$L_{\text{Kompr}} = \int_{\text{Anfang}}^{\text{Ende}} p \, \mathrm{d}V \qquad (1.81)$$

woraus mit Gl. (1.79) folgt

$$L_{\text{techn, rev}}^{\text{Volumenänderung}} = \int_{p_1}^{p_2} p \, \mathrm{d}V + p_1 V_1 - p_2 V_2 \equiv - \int_{p_1}^{p_2} V \, \mathrm{d}p \qquad (1.82\text{a})$$

Gleichung (1.82a) läßt sich im p, V-Diagramm der Luft darstellen (Abb. 1.27). Man trägt zunächst den Anfangspunkt 1 und den Endpunkt 2 der

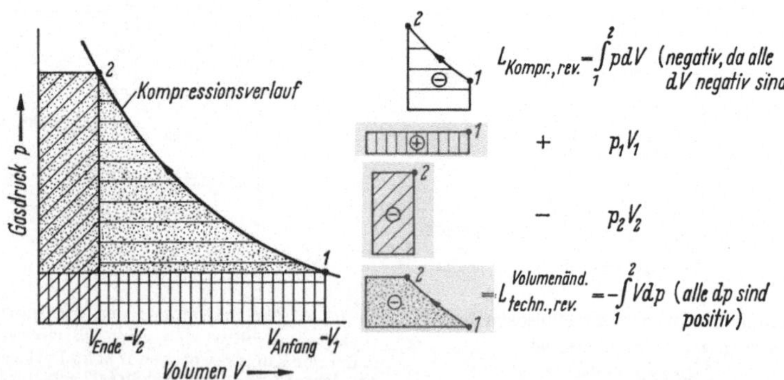

Abb. 1.27 Darstellung der reversiblen technischen Volumenänderungsarbeit als Fläche im p, V-Diagramm. Einzige Transportarbeit ist die Verdrängungsarbeit. Das System befindet sich im Beharrungszustand.

Kompression sowie den Kompressionsverlauf ein. Dann erkennt man, daß die reversible technische Volumenänderungsarbeit mit der Fläche identisch ist, die zwischen der Zustandsänderung von 1 nach 2 und der Ordinate liegt. Auch das Vorzeichen der rechten Seite von Gl. (1.82a) wird richtig berücksichtigt. Alle Flächenelemente $V\,\mathrm{d}p$ sind positiv, da der Druck während der Kompression ansteigt. Die dargestellte Fläche ist somit ebenfalls positiv, so daß ein negatives Vorzeichen notwendig wird, um die (zugeführte) Arbeit mit dem richtigen (negativen) Vorzeichen zu erhalten.

Selbstverständlich kann man die analoge Fläche auch in einem p,v-Diagramm darstellen. Man erhält dann die auf die Mengeneinheit bezogene technische Arbeit

$$l_{\text{techn, rev}}^{\text{Volumenänd.}} = \frac{L_{\text{techn, rev}}^{\text{Volumenänd.}}}{m} \tag{1.82b}$$

Treten neben der Verdrängungsarbeit auch andere Transportarbeiten auf, so gilt

$$L_{\text{techn}} = L + \sum_{\text{Eintritt}} X_i x_i - \sum_{\text{Austritt}} X_i x_i \tag{1.83}$$

Gl. (1.83) ist eine Erweiterung der für einen Arbeitskoeffizienten $X_i = p$ und eine Arbeitskoordinate $x_i = V$ gültigen Gl. (1.80) auf andere X_i und x_i. Sie ergibt sich unmittelbar aus der Definitionsgleichung der Enthalpie [Gl. (1.36)].

Beispiel 1.7. In einem Kompressor wird kontinuierlich ein ideales Gas der Molmasse $M = 8{,}315$ g/mol vom Anfangszustand 1 ($p_1 = 1$ at, $T_1 = 300$ °K) zum Endzustand 2 ($p_2 = 10$ at, $T_2 = 300$ °K) komprimiert. Der Gesamtprozeß möge reversibel und im Beharrungszustand ablaufen. Alle durch ihn bewirkten Zustandsänderungen sollen isotherm sein.

a) Dürfen bei irgendeinem Teilvorgang des beschriebenen Prozesses Verluste auftreten?

b) Warum muß der Kolben des Kompressors reibungsfrei verschiebbar sein?

c) Warum spielt es keine Rolle, welcher Druck auf der dem idealen Gas abgewandten Kolbenseite herrscht?

d) Warum darf die Zustandsänderung 1 → 2 mit Hilfe der Zustandsgleichung (1.8a) beschrieben werden?

e) Wie groß ist die Transportarbeit pro Kilogramm komprimiertem Gas?

f) Wie groß muß die Antriebsleistung des Kompressors sein, wenn pro Stunde 100 kg des Gases komprimiert werden sollen?

Lösung. a) Nein, denn wenn bei einem Teilprozeß Verluste auftreten, kann der Gesamtprozeß nicht reversibel sein.

b) Weil sonst bei der Verschiebung infolge der Reibung Arbeit in Wärme verwandelt wird (Reibungsverluste).

c) Weil der Kolben periodisch hin- und herläuft; ein eventueller Arbeitsgewinn beim Kompressionshub geht beim Ansaugen (Zurückwandern des Kolbens in die Anfangsstellung) wieder verloren.

d) Weil vorausgesetzt wurde, daß der Gesamtprozeß reversibel verläuft. Dann darf auch bei der Kompression von 1 → 2 kein Verlust entstehen, was nur möglich ist, wenn Gleichgewicht herrscht oder wenn die Abweichungen vom Gleichgewicht wenigstens vernachlässigbar klein sind. (*Quasistatischer* Ablauf der Kompression 1 → 2). Nur so kann man z. B. die Bildung von Wirbeln in der Luft verhindern.

e) Da der Gesamtprozeß reversibel sein soll, dürfen keine Strömungsverluste auftreten. Somit wird nach Gl. (1.79) $l_{\text{Transport}} = +p_1 v_1 - p_2 v_2 = R(+T_1 - T_2) = 0$ für isotherme Kompression.

f) $$\dot{L}_{\text{techn}} = \dot{m}\, l_{\text{techn}} = -\dot{m}\int_1^2 v\,\mathrm{d}p = -\dot{m}\int_1^2 RT_1 \frac{\mathrm{d}p}{p} = -\dot{m}\, RT_1 \ln\frac{p_2}{p_1} =$$

$$= -100\,\frac{\text{kg}}{\text{h}} \cdot \frac{8{,}315\ \text{J/mol °K}}{8{,}315\ \text{g/mol}} \cdot 300\ \text{°K} \cdot \ln 10 \cdot 10^3\ \text{g/kg} \cdot$$

$$\cdot \frac{10^{-3}\ \text{kJ}}{\text{J}} = -6{,}908 \cdot 10^4\ \text{kJ/h} =$$

$$= -6{,}908 \cdot 10^4\,\frac{\text{kJ}}{\text{h}} \cdot \frac{10^3\ \text{W sec}}{1\ \text{kJ}} \cdot \frac{1\ \text{h}}{3600\ \text{sec}} \cdot \frac{10^{-3}\ \text{kW}}{\text{W}} = -19{,}2\ \text{kW}$$

1.2.8.2 Die Energieform Wärme. In der Regel glaubt jeder, auf Grund der eigenen Erfahrung zu wissen, „was Wärme ist". Dennoch ist es sinnvoll, diese persönliche Erfahrung mit den Erfahrungen anderer zu vergleichen und in Form eines allgemein anerkannten Satzes festzuhalten, der als 1. Hauptsatz der Thermodynamik bezeichnet wird. Dieser

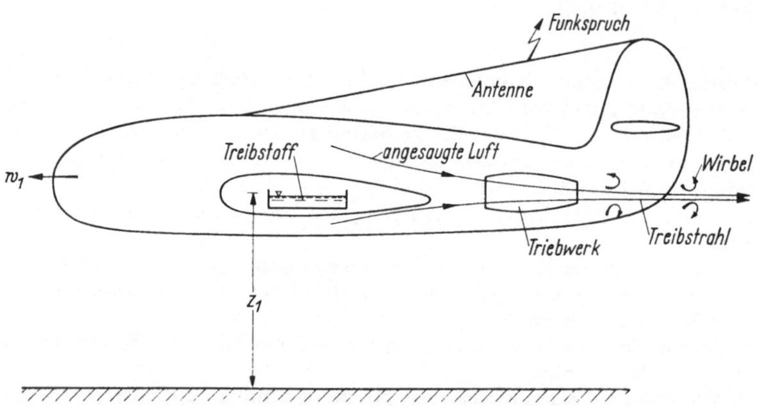

Abb. 1.28 Zur formelmäßigen Erfassung des ersten Hauptsatzes. Bei dem betrachteten Flugzeug handelt es sich um ein offenes System, denn die Systemgrenze wird von Energie- und Materieströmen überschritten.

1. Hauptsatz der Thermodynamik lautet: *Wärme ist eine Energieform. Sie kann wie jede Energieform aus anderen Energieformen erzeugt und in andere Energieformen verwandelt werden* (Satz von der Erhaltung der Energie).

Um diesen Erfahrungssatz quantitativ zu formulieren, betrachte man das in Abb. 1.28 dargestellte Flugzeug, das zur Zeit τ_1 mit der Geschwindigkeit w_1 in der Höhe z_1 fliegt.

Dieses Flugzeug stellt thermodynamisch ein offenes System dar, denn über seine Systemgrenze fließt sowohl Materie (verbrauchter Treibstoff) als auch Energie (z. B. Wärme aus den Brennkammern der Triebwerke, elektromagnetische Energie in Form eines Funkspruches und Arbeit zur Überwindung des Luftwiderstandes).

Zu einer Zeit $\tau_2 > \tau_1$ hat sich der Zustand des Flugzeuges verändert. Es besitzt z. B. eine andere Geschwindigkeit w_2 und eine andere Ortshöhe z_2. Es hat Treibstoff verbraucht, wodurch sich nicht nur seine Masse geändert hat, sondern auch seine innere Energie U, die nach Gl. (1.31) durch die Summe der Energien aller im System vorhandenen Moleküle bestimmt wird, usw. Für den Zeitraum $\tau_2 - \tau_1$ sagt der erste Hauptsatz aus: „Wärme ist eine Energieform. Die während der Zeit $\tau_2 - \tau_1$ über die Systemgrenze geflossene Wärme Q_{12} ist aus anderen Energieformen erzeugt oder in sie verwandelt worden.“ Mathematisch bedeutet das:

$$Q_{12} = (U_2 - U_1) + \frac{1}{2}(m_2 w_2^2 - m_1 w_1^2) + g_0 (m_2 z_2 - m_1 z_1) + \sum_i \Delta E_i +$$

$$+ L_{12} - \int_1^2 \sum_j \left\{ \left(\frac{\partial H}{\partial m_j}\right)_{T,\, X_i,\, m_{k \neq j}} + \frac{w_j^2}{2} + g_0 z_j + \sum_i \left(\frac{\partial E_i}{\partial m_j}\right) \right\} \mathrm{d} m_j \tag{1.84}$$

Hierin beschreibt $U_2 - U_1$ die Änderung der inneren Energie des Systems, $1/2 \cdot (m_2 w_2^2 - m_1 w_1^2)$ die durch Änderung von Masse und Geschwindigkeit verursachte Änderung der kinetischen Energie, $g_0 (m_2 z_2 - m_1 z_1)$ die durch Änderung von Masse und Ortshöhe verursachte Änderung der potentiellen Energie im Schwerefeld der Erde. Mit $\Sigma \Delta E_i = \Sigma (E_2 - E_1)_i$ sind die Änderungen anderer Energieformen des Gesamtsystems gemeint, etwa die potentielle Energie im elektrischen oder magnetischen Feld der Erde. L_{12} berücksichtigt die über die Systemgrenze geflossene Arbeit, während der letzte Ausdruck die mit der Massenänderung verbundene Änderung der inneren Energie des Systems und seines Volumens (pV) bzw. der kinetischen, potentiellen und anderen Energien des Gesamtsystems berücksichtigt. Dabei ist m_j die Masse der von der Komponente j im System vorhandenen Substanz, $\int \mathrm{d} m_j$ die Änderung dieser Masse infolge von Materieaustausch mit anderen Systemen oder der Umgebung.

Gl. (1.84) ist die mathematische Formulierung des ersten Hauptsatzes der Thermodynamik. Werden nur quasistatisch ablaufende Vorgänge betrachtet, dann lassen sich die inneren Eigenschaften des Systems durch eine differenzierbare Zustandsgleichung beschreiben. In diesem Fall ist es oft zweckmäßig, Gl. (1.84) in Differentialform aufzuschreiben. Sie lautet dann:

$$\mathrm{d}Q = \mathrm{d}U + \frac{1}{2}\mathrm{d}(mw^2) + g_0 \mathrm{d}(mz) + \sum_i \mathrm{d}E_i + \mathrm{d}L - \sum_j \left\{ \left(\frac{\partial H}{\partial m_j}\right)_{X_i,\, T,\, m_{k \neq j}} + \right.$$

$$\left. + \frac{w_j^2}{2} + g_0 z_j + \sum_i \left(\frac{\partial E_i}{\partial m_j}\right) \right\} \mathrm{d} m_j \tag{1.85}$$

In den für Ingenieure verfaßten Lehrbüchern der Thermodynamik fehlt das Glied mit dm_j in der Regel, da die Gln. (1.85), (1.84) entweder nur für geschlossene Systeme ($dm_j = 0$) oder für stationäre Vorgänge in offenen Systemen (formal $dm_j = 0$, da alle m_j konstant sind. Index 1 „Eintritt" statt bisher „Anfang"; Index 2 „Austritt" statt „Ende") angeschrieben werden. Ein einfaches Beispiel macht jedoch deutlich, daß dieses Glied tatsächlich benötigt wird. Abb. 1.29 zeigt ein abgeschlossenes System, das

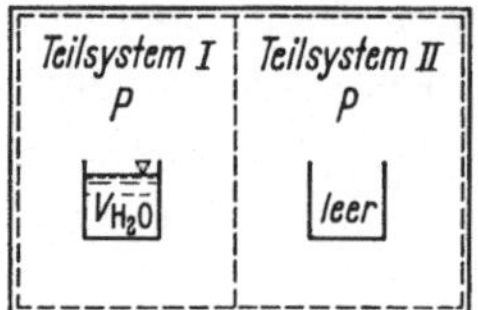

Abb. 1.29 Ein Gesamtsystem besteht aus den Teilsystemen I und II, die miteinander im Gleichgewicht stehen. Das Teilsystem I enthält ein mit Wasser gefülltes Glas. Im Teilsystem II steht ein leeres Glas.

aus zwei Teilsystemen besteht. Im Teilsystem I steht ein Glas mit Wasser, im Teilsystem II ein leeres Glas. Das gesamte System möge sich im Gleichgewicht befinden; Temperatur und Druck sind also unabhängig von der Zeit und vom Ort. Jetzt wird das gefüllte Glas in das Teilsystem II, das leere Glas in das Teilsystem I geschoben. Erfolgt die Verschiebung reibungsfrei und ist die Wirkung äußerer Felder im Gesamtsystem als konstant anzusehen, so ist hierzu keine Arbeit erforderlich. Für das Gesamtsystem sagt Gl. (1.84) aus:

$$Q_{12} = 0, \tag{1.86}$$

denn durch die Verschiebung hat sich weder die Masse der Wassergläser noch deren Energie verändert. Dieses Resultat ist richtig und plausibel.

Schreibt man die Gl. (1.84) jedoch für beide Teilsysteme getrennt auf, so ergibt sich unter den oben angegebenen Voraussetzungen beim Systemdruck p mit der Verdrängungsarbeit $-p\,V_{H_2O}$ für das Teilsystem I:

$$Q_{12}^{I} = -m_{H_2O}\,u_{H_2O} + 0 + 0 + 0 - p\,m_{H_2O}\,v_{H_2O} - \\ -(u_{H_2O} + p\,v_{H_2O})(-m_{H_2O}) = 0.^{1} \tag{1.87a}$$

Für das Teilsystem II gilt analog

$$Q_{12}^{II} = +m_{H_2O}\,u_{H_2O} + 0 + 0 + 0 + p\,m_{H_2O}\,v_{H_2O} - \\ -(u_{H_2O} + p\,v_{H_2O})(+m_{H_2O}) = 0.^{1} \tag{1.87b}$$

Das ist ebenso plausibel und richtig wie die Aussage von Gl. (1.86). Würde jeweils das letzte Glied der Gln. (1.87a, b) fehlen, so hätte man

[1] Im „leeren" Glas befindet sich Gas vom Druck p, z. B. Wasserdampf. Für dieses Gas, das vom System II in das System I transportiert wird, könnte man analoge Gleichungen aufschreiben.

die wenig einleuchtende Behauptung gewonnen, daß durch das Verschieben der Wassergläser dem System I eine Wärme entzogen wurde, die dem System II mit dem Wasser wieder zugeführt worden ist.
Ersetzt man schließlich in Gl. (1.84) die innere Energie mit Hilfe der Gl. (1.36) und berücksichtigt Gl. (1.83), so ergibt sich im Beharrungszustand offener Systeme (formal $dm_j = 0$ und Index 1 „Eintritt", Index 2 „Austritt"; Anfangszustand des Systems = Endzustand):

$$Q_{1\,2} = (H_2 - H_1) + \frac{1}{2} m (w_2^2 - w_1^2) + g_0 m (z_2 - z_1) +$$

$$+ \sum_i (E_2 - E_1)_i + L_{\text{techn},1\,2} \tag{1.88}$$

Selbstverständlich kann Gl. (1.88) ebenso in Differentialform geschrieben werden wie Gl. (1.84):

$$\mathrm{d}Q = \mathrm{d}H + m\,w\,\mathrm{d}w + m\,g_0\,\mathrm{d}z + \sum_i \mathrm{d}E_i + \mathrm{d}L_{\text{techn}} \tag{1.89}$$

1.2.9 Der 2. Hauptsatz der Thermodynamik

Für ein einatomiges ideales Gas wurden bisher folgende Gleichungen hergeleitet

$$pV = n\,\Re T = N \frac{\Re}{N_L} T \qquad \text{(Gl. 1.8b)}$$

$$\sum \mathrm{e}^{-\frac{N_L}{\Re}\frac{\varepsilon_i}{T}} = \left(\frac{2\pi M \Re}{N_L^2 \hbar^2}\right)^{3/2} \mathfrak{v}\, T^{3/2} \qquad \text{Gln. (1.57), (1.59)}$$

$$N_i = N \left(\frac{N_L^2 \hbar^2}{2\pi M \Re}\right)^{3/2} \frac{1}{\mathfrak{v}\, T^{3/2}} \mathrm{e}^{-\frac{N_L}{\Re T}\varepsilon_i} \qquad \text{Gln. (1.61), (1.59), (1.57)}$$

$$U = n \cdot \frac{3}{2} \Re T = \frac{3}{2} N \frac{\Re}{N_L} T = \sum \varepsilon_i N_i =$$

$$= N \left(\frac{N_L^2 \hbar^2}{2\pi M \Re}\right)^{3/2} \frac{1}{\mathfrak{v}\, T^{3/2}} \sum \varepsilon_i\, \mathrm{e}^{-\frac{N_L}{\Re T}\varepsilon_i}$$

Gln. (1.39b), (1.57), (1.59), (1.61) u. Aufgabe 1.4.

Mit Hilfe dieser Ausdrücke sowie der Gln. (1.41), (1.42) und (1.64) kann die Entropie dieses Gases wie folgt ermittelt werden:

$$S = \frac{\Re}{N_L} \ln W + \text{const} = -\frac{\Re}{N_L} \sum \ln N_i! + \text{const} =$$

$$= \frac{\Re}{N_L} \sum N_i (1 - \ln N_i) + \text{const}$$

$$S = \frac{\Re}{N_L} N \left(\frac{N_L^2 \hbar^2}{2\pi M \Re}\right)^{3/2} \frac{1}{\mathfrak{v}\, T^{3/2}} \sum \left\{ \mathrm{e}^{-\frac{N_L}{\Re T}\varepsilon_i} \left(1 - \ln N - \frac{3}{2} \ln \frac{N_L^2 \hbar^2}{2\pi M \Re} + \right.\right.$$

$$\left.\left. + \ln \mathfrak{v} + \frac{3}{2} \ln T + \frac{N_L}{\Re T} \varepsilon_i \right)\right\} + \text{const}$$

$$S = \frac{\Re}{N_L} N\left(1 - \ln N - \frac{3}{2} \ln \frac{N_L^2 \hbar^2}{2\pi M \Re} + \ln \mathfrak{v} + \frac{3}{2} \ln T\right) + \\ + \frac{U}{T} + \text{const} \tag{1.90}$$

Da die innere Energie als Funktion von T und $\mathfrak{v}$ aufgeschrieben wurde, muß nach Gl. (1.90) auch die Entropie eine Funktion dieser Zustandsgrößen sein. Deswegen gilt für das vollständige Differential der Entropie

$$\mathrm{d}S = 0 + \frac{\Re N}{N_L} \frac{\mathrm{d}\mathfrak{v}}{\mathfrak{v}} + \frac{3}{2} \frac{\Re N}{N_L} \frac{\mathrm{d}T}{T} - \frac{U}{T^2} \mathrm{d}T + \frac{\mathrm{d}U}{T}, \tag{1.91}$$

woraus sich nach Multiplikation mit T unter Berücksichtigung der Gl. (1.8b), des oben angeführten Ausdruckes für die innere Energie und der Bedingung $V = n\,\mathfrak{v}$ ergibt

$$T\,\mathrm{d}S = \mathrm{d}U + p\,\mathrm{d}V. \tag{1.92}$$

Selbstverständlich läßt sich Gl. (1.92) auch auf andere Arbeitskoordinaten als $x_i = V$ und andere Arbeitskoeffizienten als $X_i = p$ erweitern. Dann findet man mit Gl. (1.36)

$$T\,\mathrm{d}S = \mathrm{d}U + \Sigma\, X_i\,\mathrm{d}x_i = \mathrm{d}H - \Sigma\, x_i\,\mathrm{d}X_i. \tag{1.93}$$

Die für einatomige ideale Gase hergeleitete Gl. (1.93) gilt auch für sämtliche anderen Stoffe. Sie wird in der Regel statt Gl. (1.64) als Definitionsgleichung der Entropie benutzt. Dann treten folgende Aussagen an die Stelle der mit den Gln. (1.64) und (1.65a, b) verknüpften Sätze:

1. Es gibt eine Zustandsgröße S, genannt *Entropie*. Sie wird durch Gl. (1.93) definiert.

2. In einem abgeschlossenen System strebt die Entropie einem Maximalwert zu, der im Gleichgewicht erreicht wird. Es gilt somit

$$\mathrm{d}S \geq 0 \text{ im abgeschlossenen System.} \tag{1.94a}$$

Setzt sich das System aus mehreren Teilsystemen zusammen, so ist über alle Teilsysteme zu summieren:

$$\sum_j \mathrm{d}S_j \geq 0 \text{ im abgeschlossenen System.} \tag{1.94b}$$

3. Das Gleichheitszeichen in den Gln. (1.94a) und (1.94b) ist dann zu setzen, wenn das Gesamtsystem den Gleichgewichtszustand erreicht hat ($S = S_{\text{Maximum}}$, entsprechend $\mathrm{d}S = 0$).

Diese drei Aussagen werden als *zweiter Hauptsatz der Thermodynamik* bezeichnet. Sie beruhen letzten Endes auf der Erfahrungstatsache, daß ein sich selbst überlassenes abgeschlossenes System dem wahrscheinlichsten Zustand zustrebt. Ein eigentlicher Beweis dieses Satzes ist unmöglich.

In der Regel wird der zweite Hauptsatz für ein geschlossenes, thermisch unendlich gut isoliertes (adiabates) System und nicht für ein abgeschlossenes System ausgesprochen. Man läßt also den Transport von Arbeit über die Systemgrenze zu. Da jedoch mit dem Transport von Arbeit kein Entropietransport verbunden sein kann, ist es meist einfacher, ein abgeschlossenes System zu betrachten und den Verbraucher oder Spender der erforderlichen Arbeit mit in das System einzubeziehen.

Diese Behauptung kann man sich leicht plausibel machen. In der unter Nr. 1.2.6.3 gegebenen Definition der Entropie kommt nämlich die Ortshöhe im Schwerefeld der Erde nicht vor. Die spezifische Entropie einer reinen Substanz (z. B. flüssiges Wasser) muß daher von der Ortshöhe unabhängig sein. Man kann also innerhalb eines Systems Arbeit ohne Änderung der Systementropie z. B. dadurch speichern, daß man Wasser reversibel (verlustlos) auf ein höheres Ortsniveau („Staubecken") pumpt. Die gespeicherte potentielle Energie kann bei Bedarf reversibel in Arbeit zurückverwandelt werden.

Selbstverständlich läßt sich der zweite Hauptsatz auch ohne Verwendung statistischer Begriffe und ohne Bezugnahme auf ein einatomiges ideales Gas formulieren. Neben der Entropie wird dann zugleich die absolute Temperatur eingeführt. Wegen Einzelheiten soll auf die Bücher von H. D. BAEHR[1] und R. HAASE verwiesen werden.

1.2.10 Entropieströmung und Entropieerzeugung

Gemäß Nr. 1.2.6.3 wird die Entropie eines Systems durch die Eigenschaften der im System vorhandenen Moleküle bestimmt. Setzt man daher in den Gln. (1.69), (1.73) und (1.85) alle diejenigen Glieder gleich 0, die ihrer Struktur wegen keinen Zusammenhang mit der Entropie haben können, so gilt

$$\mathrm{d}Q = \mathrm{d}U + \sum X_i\,\mathrm{d}x_i + \mathrm{d}L_{\text{Verlust}} - \sum \left(\frac{\partial H}{\partial m_j}\right)_{X_i,\,T,\,m_{k \neq j}} \mathrm{d}m_j\,. \tag{1.95}$$

Die Glieder mit g_0, E_i und $\mathrm{d}L_{\text{außen}}$ entfallen, weil sie sich auf das Gesamtsystem beziehen (z. B. auf seinen Ort oder seine Orientierung in einem äußeren Feld). Die Glieder mit w fallen weg, da eine Vorzugsrichtung der Geschwindigkeit (Strömungsgeschwindigkeit, Geschwindigkeit des Gesamtsystems) keinen Einfluß auf die Entropiedefinition hatte.

Erweitert man Gl. (1.93) auf den Fall, daß sich die Entropie auch infolge eines Materietransportes über die Systemgrenze ändert, so gilt

$$T\,\mathrm{d}S = \mathrm{d}U + \sum X_i\,\mathrm{d}x_i + T \sum \left(\frac{\partial S}{\partial m_j}\right)_{U,\,x_i,\,m_{k \neq j}} \mathrm{d}m_j\,, \tag{1.96}$$

---

[1] BAEHR, H. D.: Thermodynamik, 2. Aufl., Berlin/Heidelberg/New York: Springer 1966; HAASE, R.: Thermodynamik der irreversiblen Prozesse, Darmstadt: Steinkopff 1963.

was unmittelbar einleuchtet, wenn man $\mathrm{d}m_j$ bei Materiezufuhr positiv rechnet[1].

Berücksichtigt man ferner, daß aus Gl. (1.67) folgt

$$\left(\frac{\partial G}{\partial m_j}\right)_{T,X_i,m_{k\neq j}} = \left(\frac{\partial H}{\partial m_j}\right)_{T,X_i,m_{k\neq j}} - T\left(\frac{\partial S}{\partial m_j}\right)_{T,X_i,m_{k\neq j}} \tag{1.97}$$

und daß gilt[2]

$$\left(\frac{\partial G}{\partial m_j}\right)_{T,X_i,m_{k\neq j}} = -T\left(\frac{\partial S}{\partial m_j}\right)_{U,x_i,m_{k\neq j}}, \tag{1.98}$$

dann liefert der Vergleich von Gl. (1.95) und (1.96)

$$T\,\mathrm{d}S = \mathrm{d}Q - \mathrm{d}L_{\text{Verlust}} + T\sum\left(\frac{\partial S}{\partial m_j}\right)_{T,X_i,m_{k\neq j}}\mathrm{d}m_j\,. \tag{1.99}$$

Für einen verlustfreien Vorgang folgt nun aus Gl. (1.99)

$$T\,\mathrm{d}S^{\text{rev}} = \mathrm{d}Q + T\sum\left(\frac{\partial S}{\partial m_j}\right)_{T,X_i,m_{k\neq j}}\cdot\mathrm{d}m_j\,. \tag{1.100}$$

Mit der Definition

$$\mathrm{d}S = \mathrm{d}S^{\text{rev}} + \mathrm{d}S^{\text{irr}} \tag{1.101}$$

findet man daher schließlich [Gln. (1.99) und (1.100)]

$$T\,\mathrm{d}S^{\text{irr}} = -\mathrm{d}L_{\text{Verlust}}\,. \tag{1.102}$$

Aus diesen Überlegungen ergeben sich folgende Aussagen:

1. Die Entropie eines Systems kann sich reversibel dadurch ändern, daß Wärme und/oder Materie über die Systemgrenze fließen [Gl. (1.100)]. Man bezeichnet daher den Quotienten $\mathrm{d}S^{\text{rev}}/\mathrm{d}\tau$ häufig auch als *Entropieströmung*.

2. Treten bei einem Prozeß innerhalb eines Systems Verluste auf, dann führen sie nach Gl. (1.102) zu einer Vermehrung der Entropie um $\mathrm{d}S^{\text{irr}}$, denn das Differential $\mathrm{d}L_{\text{Verlust}}$ ist nach der Vorzeichenvereinbarung

[1] Benutzt man zur Kennzeichnung der Menge statt der Masse m_j die Molzahlen n_j, dann bezeichnet man Gl. (1.96) als verallgemeinerte Gibbssche Hauptgleichung.

[2] Aus

$$H = U + \Sigma X_i x_i \qquad \text{Gl. (1.36)}$$

$$G = H - TS \qquad \text{Gl. (1.67)}$$

$$T\,\mathrm{d}S = \mathrm{d}U + \Sigma X_i\,\mathrm{d}x_i + T\,\Sigma\left(\frac{\partial S}{\partial m_j}\right)_{U,x_i,m_{k\neq j}}\cdot\mathrm{d}m_j \qquad \text{Gl. (1.96)}$$

folgt

$$\mathrm{d}G = \mathrm{d}H - T\,\mathrm{d}S - S\,\mathrm{d}T = \mathrm{d}U + \Sigma X_i\,\mathrm{d}x_i + \Sigma x_i\,\mathrm{d}X_i - T\,\mathrm{d}S - S\,\mathrm{d}T$$

$$\mathrm{d}G = -T\,\Sigma\left(\frac{\partial S}{\partial m_j}\right)_{U,x_i,m_{k\neq j}}\cdot\mathrm{d}m_j + \Sigma x_i\,\mathrm{d}X_i - S\,\mathrm{d}T$$

und

$$\left(\frac{\partial G}{\partial m_j}\right)_{T,X_i,m_{k\neq j}} = -T\left(\frac{\partial S}{\partial m_j}\right)_{U,x_i,m_{k\neq j}}$$

von Nr. 1.2.8 stets negativ. Der Quotient $\mathrm{d}S^{\mathrm{irr}}/\mathrm{d}\tau$ wird deswegen häufig als *Entropieerzeugung* bezeichnet.

3. Da über die Grenze eines abgeschlossenen Systems weder Wärme noch Materie fließen kann, ergibt sich aus den Gln. (1.100) und (1.102) für reversible Prozesse

$$\mathrm{d}S^{\mathrm{rev}} = 0 \quad \text{im abgeschlossenen System} \tag{1.103}$$

und für irreversible Prozesse

$$\mathrm{d}S^{\mathrm{irr}} > 0 \quad \text{im abgeschlossenen System.} \tag{1.104}$$

Als Ergänzung der dritten Aussage des zweiten Hauptsatzes findet man daher: Alle im Gleichgewicht ablaufenden Prozesse sind reversibel.

4. Für reversible Prozesse, die in geschlossenen Systemen ablaufen, gilt nach Gl. (1.100)

$$T\,\mathrm{d}S^{\mathrm{rev}} = \mathrm{d}Q\,, \tag{1.105}$$

da alle $\mathrm{d}m_j$ verschwinden.

1.2.11 Absolute Entropie, Standardentropie, dritter Hauptsatz

Betrachtet man die Definitionsgleichungen der Entropie (1.64) und (1.93), so zeigt es sich, daß sie die Entropie nur bis auf eine nicht näher erläuterte Konstante festlegen. Diese Tatsache besitzt auf das Resultat thermodynamischer Rechnungen solange keinen Einfluß, wie die Massen aller im betrachteten System vorhandenen Stoffe konstant bleiben. Ist diese Voraussetzung nicht erfüllt oder zweifelt man an der Richtigkeit obiger Behauptung, dann muß man die Entropiekonstante eindeutig festlegen. Dies geschieht in Übereinstimmung mit der Erfahrung durch den *dritten Hauptsatz* der Thermodynamik (Nernstsches[1] Wärmetheorem). Er lautet: *Die Entropie jedes festen, kristallisierten, aus lauter gleichartigen Bestandteilen bestehenden Körpers, der sich im ungehemmten Gleichgewicht befindet, nähert sich bei Annäherung an den absoluten Nullpunkt $T = 0\,°K$ unbegrenzt dem Wert Null.*

Der dritte Hauptsatz legt also die Entropie eines Stoffes am absoluten Nullpunkt der thermodynamischen Temperaturskala (Nr. 1.5) zahlenmäßig fest. Ausgehend vom absoluten Nullpunkt lassen sich dann mit Hilfe von Gl. (1.93) Entropiewerte berechnen, die als *absolute Entropie* bezeichnet werden. Für konstante Arbeitskoeffizienten gilt

$$\int_{0\,°\mathrm{K}}^{T} \mathrm{d}S_{X_i = \mathrm{const}} = S(T, X_i) - \underbrace{S(0\,°\mathrm{K}, X_i)}_{0} = S^{\mathrm{abs}}(T, X_i) = \int_{0\,°\mathrm{K}}^{T} \frac{\mathrm{d}H}{T} \tag{1.106}$$

Die zahlenmäßige Auswertung von Gl. (1.106) bleibt allerdings auch dann kompliziert, wenn man sich auf einen einzigen Arbeitskoeffizienten

[1] Walter Nernst, deutscher Physiker, 1864—1941; Nobelpreis 1920.

$X_i = p$ beschränkt und das Integral in mehrere Abschnitte zerlegt (fester Stoff, Schmelzen bei konstanter Temperatur, Flüssigkeit, Verdampfen bei konstanter Temperatur, gasförmiger Bereich). Mit den Gln. (1.114b), (2.25a, c) ergibt sich nämlich pro Mengeneinheit durch Integration bei konstantem Druck

$$\overset{\text{abs}}{s}(T, p) = \int_{0\,°\mathrm{K}}^{T} \frac{\mathrm{d}h}{T} = \int_{0\,°\mathrm{K}}^{T_{\text{Schm}}(p)} \frac{c_p^{\text{fest}}}{T} \mathrm{d}T + \frac{q_{\text{Schm}}(p)}{T_{\text{Schm}}} + \int_{T_{\text{Schm}}(p)}^{T_{\text{Siede}}(p)} \frac{c_p^{\text{flüssig}}}{T} \mathrm{d}T +$$

$$+ \frac{r(p)}{T_{\text{Siede}}} + \int_{T_{\text{Siede}}(p)}^{T} \frac{c_p^{\text{gasförmig}}}{T} \mathrm{d}T \qquad (1.107)$$

Nach Gl. (1.107) müssen vor allem die spezifischen Wärmekapazitäten c_p zwischen 0 °K und T bekannt sein. Diese Werte sind nur selten leicht zugänglich. Für praktische Rechnungen erweist es sich deswegen als bequemer, zur Bestimmung der absoluten Entropie vom Begriff der *Standardentropie* auszugehen. Unter diesem Begriff versteht man die absolute Entropie an einem willkürlich vereinbarten Bezugspunkt T_0, p_0. Es gilt daher [Gl. (1.93)]

$$\overset{\text{abs}}{s}(T, p) = \overset{\text{Standard}}{s}(T_0, p_0) + \int_{T_0}^{T} \left(\frac{\mathrm{d}h}{T}\right)_{p = p_0} + \int_{p_0}^{p} \left(\frac{\mathrm{d}h - v\,\mathrm{d}p}{T}\right)_{T = \text{const}} \qquad (1.108)$$

und

$$\overset{\text{Standard}}{s}(T_0, p_0) = \overset{\text{absolut}}{s}(T_0, p_0) \qquad (1.109)$$

Als Bezugsgrößen T_0 und p_0 vereinbart man normalerweise $T_0 = 298{,}15$ °K und $p_0 = 1$ atm bei idealen Gasen bzw. $p_0 = p_{\text{Sättigung}, 298{,}15\,°\mathrm{K}}$ bei Flüssigkeiten und festen Stoffen. Zahlenwerte sind z. B. im Landolt-Börnstein[1] aufgeführt. Die Angaben für reale Gase werden normalerweise bei $p_0 = 1$ atm, $T_0 = 298{,}15$ °K auf den Grenzfall „im Zustand idealer Gase" bezogen, so daß gegebenenfalls in Gl. (1.108) bzw. Gl. (1.109) noch eine Realgaskorrektur erforderlich wird.

Der dritte Hauptsatz der Thermodynamik läßt sich ebensowenig im eigentlichen Sinne beweisen wie der zweite Hauptsatz. Die aus ihm hergeleitete Vorschrift zur Berechnung der absoluten Entropie führt aber zu Resultaten, die mit der Erfahrung übereinstimmen. Solche Werte der absoluten Entropie werden z. B. benötigt, um die maximale Arbeit zu ermitteln, die bei einer chemischen Reaktion über die Systemgrenze fließen kann. (Brennstoffelemente, Nr. 7.1.8, Beispiel 7.3; Bd. II.)

[1] Landolt-Börnstein: Zahlenwerte und Funktionen aus Physik, Chemie, Astronomie, Geophysik und Technik, II. Bd, Eigenschaften der Materie in ihren Aggregatzuständen, 4. Teil, Kalorische Zustandsgrößen, Berlin/Göttingen/Heidelberg: Springer 1961.

Beispiel 1.8. Man berechne aus den folgenden Angaben die spezifische Standardentropie des Stickstoffes im gasförmigen Zustand:

Eigenschaften des gasförmigen Stickstoffes (ideales Gas):
Mittlere spezifische Wärmekapazität zwischen 298,15 °K und 77,36 °K bei 1 atm $c^0_{p,\,\mathrm{Mittel}} = 29{,}11$ J/mol grd = const.

Eigenschaften des flüssigen Stickstoffes:
Siedepunkt bei 1 atm 77,36 °K; Verdampfungsenthalpie bei 1 atm 5593,1 J/mol.
Mittlere spezifische Wärmekapazität zwischen 77,36 °K und 63,14 °K
$c_{p,\,\mathrm{Mittel}}^{\mathrm{flüssig}} = 56{,}67$ J/mol grd.

Eigenschaften des festen Stickstoffes:
Schmelzpunkt 63,14 °K; Schmelzenthalpie 707,8 J/mol.
Mittlere spezifische Wärmekapazität zwischen 35,6 °K und 63,14 °K
$c_{p,\,\mathrm{Mittel}}^{\mathrm{fest}} = 41{,}05$ J/mol grd.
Umwandlungspunkt 35,6 °K; Umwandlungsenthalpie 229,6 J/mol.

$$\int_0^{35{,}6\,°\mathrm{K}} c_p^{\mathrm{fest}}(T)\,\frac{\mathrm{d}T}{T} = 27{,}07 \text{ J/mol °K}$$

Lösung. Aus Gl. (1.107) folgt unter Berücksichtigung des Umwandlungspunktes in der festen Phase

$$\overset{\mathrm{Standard}}{s}(298{,}15°\,\mathrm{K}, 1\,\mathrm{atm}) = \int_{0\,°\mathrm{K}}^{T_{\mathrm{Umw}}} c_p^{\mathrm{fest}}\frac{\mathrm{d}T}{T} + \frac{q_{\mathrm{Umw}}}{T_{\mathrm{Umw}}} + \int_{T_{\mathrm{Umw}}}^{T_{\mathrm{Schm}}} c_p^{\mathrm{fest}}\frac{\mathrm{d}T}{T} +$$

$$+ \frac{q_{\mathrm{Schm}}}{T_{\mathrm{Schm}}} + \int_{T_{\mathrm{Schm}}}^{T_{\mathrm{Siede}}} c_p^{\mathrm{flüssig}}\frac{\mathrm{d}T}{T} + \frac{r}{T_{\mathrm{Siede}}} + \int_{T_{\mathrm{Siede}}}^{298{,}15\,°\mathrm{K}} c_p^{\mathrm{Gas}}\frac{\mathrm{d}T}{T} =$$

$$= 27{,}07 \text{ J/mol °K} + 6{,}45 \text{ J/mol °K} + 23{,}52 \text{ J/mol °K} +$$

$$+ 11{,}21 \text{ J/mol °K} + 11{,}51 \text{ J/mol °K} + 72{,}30 \text{ J/mol °K} +$$

$$+ 39{,}27 \text{ J/mol °K} =$$

$$= 191{,}3 \text{ J/mol °K (statt 191,5 J/mol °K im Landolt-Börnstein).}$$

1.2.12 Die spezifische Wärmekapazität

Als spezifische Wärmekapazität wird der Ausdruck

$$c = \frac{1}{m}\left(\frac{\partial Q}{\partial T}\right)_{\mathrm{innen,\ reversibel},\ m_j} \tag{1.110}$$

bezeichnet, wobei $\mathrm{d}Q$ aus Gl. (1.85) zu berechnen ist, indem nur innere Variable berücksichtigt werden. Wegen $\mathrm{d}E_i = \mathrm{d}z = \mathrm{d}w = \mathrm{d}L_{\mathrm{außen}} = \mathrm{d}L_{\mathrm{Verlust}} = \mathrm{d}m_j = 0$ verbleibt dann mit den Gln. (1.36), (1.69) und (1.73) der Ausdruck

$$\mathrm{d}Q^{\mathrm{innen,\ rev.,\ d}m_j=0} = \mathrm{d}U + \sum X_i\,\mathrm{d}x_i \equiv \mathrm{d}H - \sum x_i\,\mathrm{d}X_i\,, \tag{1.111}$$

so daß es möglich wird, zwei Arten von spezifischen Wärmekapazitäten zu definieren: Erstens die spezifische Wärmekapazität bei konstanten Arbeitskoordinaten

$$c_x = \left(\frac{\partial u}{\partial T}\right)_{x_i,\ m_j} \tag{1.112a}$$

sowie zweitens eine spezifische Wärmekapazität bei konstanten Arbeitskoeffizienten

$$c_X = \left(\frac{\partial h}{\partial T}\right)_{X_i,\, m_j} \tag{1.112b}$$

Beide Definitionsgleichungen lassen sich mit Hilfe von Gl. (1.96) wegen $\mathrm{d}m_j = 0$ auch in der Form

$$c_x = T\left(\frac{\partial s}{\partial T}\right)_{x_i,\, m_j} \quad \text{und} \quad c_X = T\left(\frac{\partial s}{\partial T}\right)_{X_i,\, m_j} \tag{1.113}$$

schreiben.

Treten als Arbeitskoeffizient nur der Druck p und als Arbeitskoordinate nur das spezifische Volumen v auf, dann erhält man aus den Gln. (1.112) und (1.113) die schon früher benutzten Größen
spez. Wärmekapazität bei konstantem Volumen

$$c_v = \left(\frac{\partial u}{\partial T}\right)_v = T\left(\frac{\partial s}{\partial T}\right)_v \tag{1.114a}$$

und spez. Wärmekapazität bei konstantem Druck

$$c_p = \left(\frac{\partial h}{\partial T}\right)_p = T\left(\frac{\partial s}{\partial T}\right)_p \tag{1.114b}$$

Gelegentlich wird für reine, feste Stoffe auch die spezifische Wärmekapazität bei konstantem Magnetfeld benötigt, für die nach den Gln. (1.112b), (1.113) und (1.36) sowie Tab. 1.1 gilt

$$c_{H_\mathrm{magn}} = \left(\frac{\partial h}{\partial T}\right)_{H_\mathrm{magn}} = T\left(\frac{\partial s}{\partial T}\right)_{H_\mathrm{magn}} \equiv \tag{1.115a}$$

$$\equiv \left(\frac{\partial u}{\partial T}\right)_{H_\mathrm{magn}} - H_\mathrm{magn}\left(\frac{\partial m_\mathrm{magn}}{\partial T}\right)_{H_\mathrm{magn}} \tag{1.115b}$$

Von besonderem Interesse ist schließlich noch die Differenz $c_p - c_v$. Sie kann aus dem vollständigen Differential der spezifischen Entropie eines reinen Stoffes berechnet werden. Nach der Phasenregel von Gibbs, Gl. (1.28), lassen sich nämlich die Eigenschaften eines reinen Stoffes, der in einer Phase vorliegt, durch 2 unabhängige Variable beschreiben. Wählt man als unabhängige Variable den Druck und die Temperatur, so gilt wegen $s = s(p, T)$ und Gl. (1.114b)

$$\mathrm{d}s = \left(\frac{\partial s}{\partial T}\right)_p \mathrm{d}T + \left(\frac{\partial s}{\partial p}\right)_T \mathrm{d}p = \frac{c_p}{T}\,\mathrm{d}T + \left(\frac{\partial s}{\partial p}\right)_T \mathrm{d}p\,. \tag{1.116}$$

Analog läßt sich mit $p = p(T, v)$ schreiben

$$\mathrm{d}p = \left(\frac{\partial p}{\partial T}\right)_v \mathrm{d}T + \left(\frac{\partial p}{\partial v}\right)_T \mathrm{d}v\,, \tag{1.117}$$

so daß man durch Einsetzen in Gl. (1.116) zunächst findet

$$\mathrm{d}s = \frac{c_p}{T}\,\mathrm{d}T + \left(\frac{\partial s}{\partial p}\right)_T\left(\frac{\partial p}{\partial T}\right)_v \mathrm{d}T + \left(\frac{\partial s}{\partial p}\right)_T\left(\frac{\partial p}{\partial v}\right)_T \mathrm{d}v\,. \tag{1.118}$$

Für $\mathrm{d}v = 0$ erhält man unter Berücksichtigung von Gl. (1.114a) schließlich

$$\left(\frac{\partial s}{\partial T}\right)_v = \frac{c_p}{T} + \left(\frac{\partial s}{\partial p}\right)_T \left(\frac{\partial p}{\partial T}\right)_v = \frac{c_v}{T} \quad \text{und} \tag{1.119}$$

$$c_p - c_v = -T\left(\frac{\partial s}{\partial p}\right)_T \left(\frac{\partial p}{\partial T}\right)_v. \tag{1.120}$$

In Gl. (1.120) stört noch der Differentialquotient $(\partial s/\partial p)_T$. Ihn kann man wie folgt eliminieren. Nach den Gln. (1.67) und (1.93) lautet das vollständige Differential der spezifischen freien Enthalpie mit $X_i = p$ und $x_i = v$

$$\mathrm{d}g = \mathrm{d}h - s\,\mathrm{d}T - T\,\mathrm{d}s = \mathrm{d}h - s\,\mathrm{d}T - \mathrm{d}h + v\,\mathrm{d}p = v\,\mathrm{d}p - s\,\mathrm{d}T \tag{1.121}$$

Daraus ergibt sich unmittelbar

$$\left(\frac{\partial g}{\partial p}\right)_T = v \quad \text{und} \quad \left(\frac{\partial g}{\partial T}\right)_p = -s \tag{1.122}$$

Nun ist die freie Enthalpie eine Zustandsgröße, die nach Gl. (1.2) die Bedingung

$$\left(\frac{\partial^2 g}{\partial p\,\partial T}\right) = \left(\frac{\partial^2 g}{\partial T\,\partial p}\right) \tag{1.123}$$

erfüllen muß. Wendet man die Gl. (1.122) auf Gl. (1.123) an, dann findet man bereits den gesuchten Zusammenhang:

$$\left(\frac{\partial^2 g}{\partial p\,\partial T}\right) = \left(\frac{\partial v}{\partial T}\right)_p = \left(\frac{\partial^2 g}{\partial T\,\partial p}\right) = -\left(\frac{\partial s}{\partial p}\right)_T, \tag{1.124}$$

so daß man für Gl. (1.120) schließlich schreiben kann

$$c_p - c_v = T\left(\frac{\partial v}{\partial T}\right)_p \left(\frac{\partial p}{\partial T}\right)_v. \tag{1.125}$$

Mit der thermischen Zustandsgleichung Gl. (1.8a) lautet diese Differenz für ideale Gase in Übereinstimmung mit Gl. (1.38)

$$c_p^0 - c_v^0 = T \cdot \frac{R}{p} \cdot \frac{R}{v} = R. \tag{1.126}$$

1.2.13 Differentialbeziehungen zwischen den Zustandsgrößen, chemisches Potential

Aus Gl. (1.96)

$$T\,\mathrm{d}S = \mathrm{d}U + \sum X_i\,\mathrm{d}x_i + T\sum\left(\frac{\partial S}{\partial m_j}\right)_{U,\,x_i,\,m_{k\neq j}} \mathrm{d}m_j \tag{1.96}$$

ergeben sich weitere, häufig benötigte Differentialbeziehungen zwischen den Zustandsgrößen, deren Vergleich mit anderen Ausdrücken zur Definition des *chemischen Potentiales* μ_j einer Komponente j führt. Man formt hierzu Gl. (1.96) mit Hilfe der Definitionsgleichungen

$$H = U + \Sigma X_i x_i \tag{1.36}$$

$$F = U - TS \tag{1.66}$$

$$G = H - TS \tag{1.67}$$

um zu

$$\mathrm{d}U = T\,\mathrm{d}S - \sum X_i\,\mathrm{d}x_i - T\sum\left(\frac{\partial S}{\partial m_j}\right)_{U,\,x_i,\,m_{k \neq j}} \mathrm{d}m_j \tag{1.127}$$

$$\mathrm{d}H = T\,\mathrm{d}S + \sum x_i\,\mathrm{d}X_i - T\sum\left(\frac{\partial S}{\partial m_j}\right)_{U,\,x_i,\,m_{k \neq j}} \mathrm{d}m_j \tag{1.128}$$

$$\mathrm{d}F = -S\,\mathrm{d}T - \sum X_i\,\mathrm{d}x_i - T\sum\left(\frac{\partial S}{\partial m_j}\right)_{U,\,x,\,m_{k \neq j}} \mathrm{d}m_j \tag{1.129}$$

$$\mathrm{d}G = -S\,\mathrm{d}T + \sum x_i\,\mathrm{d}X_i - T\sum\left(\frac{\partial S}{\partial m_j}\right)_{U,\,x_i,\,m_{k \neq j}} \mathrm{d}m_j \tag{1.130}$$

Die Ausdrücke (1.128), (1.129) und (1.130) müssen nun formal identisch sein mit den vollständigen Differentialen, die sich aus Gl. (1.36), (1.66) und (1.67) unter Berücksichtigung von Gl. (1.93) ergeben, wenn man wie in Gl. (1.96) zusätzlich die Tatsache berücksichtigt, daß sich die betrachtete Zustandsgröße auch durch einen Transport von Materie über die Systemgrenze ändern kann. Dann ergibt sich

$$\mathrm{d}U = T\,\mathrm{d}S - \sum X_i\,\mathrm{d}x_i + \sum\left(\frac{\partial U}{\partial m_j}\right)_{S,\,x_i,\,m_{k \neq j}} \mathrm{d}m_j \tag{1.131}$$

$$\mathrm{d}H = T\,\mathrm{d}S + \sum x_i\,\mathrm{d}X_i + \sum\left(\frac{\partial H}{\partial m_j}\right)_{S,\,X_i,\,m_{k \neq j}} \mathrm{d}m_j \tag{1.132}$$

$$\mathrm{d}F = -S\,\mathrm{d}T - \sum X_i\,\mathrm{d}x_i + \sum\left(\frac{\partial F}{\partial m_j}\right)_{T,\,x_i,\,m_{k \neq j}} \mathrm{d}m_j \tag{1.133}$$

$$\mathrm{d}G = -S\,\mathrm{d}T + \sum x_i\,\mathrm{d}X_i + \sum\left(\frac{\partial G}{\partial m_j}\right)_{T,\,X_i,\,m_{k \neq j}} \mathrm{d}m_j \tag{1.134}$$

Ein Vergleich entsprechender Differentiale führt zu der Identität

$$-T\sum\left(\frac{\partial S}{\partial m_j}\right)_{U,\,x_i,\,m_{k \neq j}} = \sum\left(\frac{\partial U}{\partial m_j}\right)_{S,\,x_i,\,m_{k \neq j}} = \sum\left(\frac{\partial H}{\partial m_j}\right)_{S,\,X_i,\,m_{k \neq j}} =$$

$$= \sum\left(\frac{\partial F}{\partial m_j}\right)_{T,\,x_i,\,m_{k \neq j}} = \sum\left(\frac{\partial G}{\partial m_j}\right)_{T,\,X_i,\,m_{k \neq j}}, \tag{1.135}$$

die auch für jede Komponente j getrennt erfüllt sein muß, da man die Mengen m_j innerhalb des Systems unabhängig voneinander variieren kann.

Wählt man als Einheit der Menge nicht die Masse m, sondern die Molzahl n, dann ergibt sich aus Gl. (1.135) unmittelbar eine Identität von Differentialquotienten, die alle als *chemisches Potential* μ_j der Komponente j bezeichnet werden.

$$-T\left(\frac{\partial S}{\partial n_j}\right)_{U,\, x_i,\, n_k \neq j} = \left(\frac{\partial U}{\partial n_j}\right)_{S,\, x_i,\, n_k \neq j} = \left(\frac{\partial H}{\partial n_j}\right)_{S,\, X_i,\, n_k \neq j} =$$

$$= \left(\frac{\partial F}{\partial n_j}\right)_{T,\, x_i,\, n_k \neq j} = \left(\frac{\partial G}{\partial n_j}\right)_{T,\, X_i,\, n_k \neq j} = \mu_j \qquad (1.136)$$

Das Beiwort *chemisch* soll darauf hinweisen, daß die in Gl. (1.136) dargestellte Identität mit einer Änderung der Menge einer Komponente j verknüpft ist, wie man sie z. B. durch eine chemische Reaktion auch im Inneren eines geschlossenen Systems hervorrufen kann. Dieser neue Begriff wird in der Thermodynamik der Gemische und der Thermodynamik chemischer Reaktionen (Bd. II) eine wichtige Rolle spielen. Er gestattet es auch, die Gln. (1.131) bis (1.134) einfacher zu schreiben.

$$\mathrm{d}U = T\,\mathrm{d}S - \Sigma X_i\,\mathrm{d}x_i + \Sigma \mu_j\,\mathrm{d}n_j \qquad (1.137)$$

$$\mathrm{d}H = T\,\mathrm{d}S + \Sigma x_i\,\mathrm{d}X_i + \Sigma \mu_j\,\mathrm{d}n_j \qquad (1.138)$$

$$\mathrm{d}F = -S\,\mathrm{d}T - \Sigma X_i\,\mathrm{d}x_i + \Sigma \mu_j\,\mathrm{d}n_j \qquad (1.139)$$

$$\mathrm{d}G = -S\,\mathrm{d}T + \Sigma x_i\,\mathrm{d}X_i + \Sigma \mu_j\,\mathrm{d}n_j{}^1 \qquad (1.140)$$

Beispiel 1.9. *a*) Wie lauten die vollständigen Differentiale der freien Energie F und der freien Enthalpie G bei gasförmigen Systemen mit konstanter Masse bei Abwesenheit äußerer Felder?

b) Welche Ausdrücke ergeben sich aus *a*) für das Volumen V, den Druck p und die Entropie S?

c) Wie lauten die vollständigen Differentiale der inneren Energie U und der Enthalpie H bei gasförmigen Stoffen mit konstanter Masse bei Abwesenheit äußerer Felder?

d) Welche Ausdrücke ergeben sich aus *c*) für das Volumen V, den Druck p und die Temperatur T?

Lösung. a) In gasförmigen Stoffen sind Oberflächenspannung und Zugspannungen vernachlässigbar klein bzw. nicht vorhanden. Da äußere Felder fehlen, verbleibt als Arbeitskoordinate nur das Volumen V und als Arbeitskoeffizient der Druck p. Ferner verschwinden wegen n_j = const alle Glieder mit den Faktoren $d\,n_j$. Die Gln. (1.139) und (1.140) lauten daher

$$\mathrm{d}F = -S\,\mathrm{d}T - p\,\mathrm{d}V$$

$$\mathrm{d}G = -S\,\mathrm{d}T + V\,\mathrm{d}p\,;$$

b) Für T = const folgt: $(\partial F/\partial V)_T = -p$ und $(\partial G/\partial p)_T = V$,

für V = const bzw. p = const folgt: $-S = (\partial F/\partial T)_v = (\partial G/\partial T)_p$;

[1] Kalorische Zustandsgleichungen, die alle Informationen über die thermodynamischen Eigenschaften eines reinen Stoffes enthalten, bezeichnet man als Fundamentalgleichung oder thermodynamisches Potential. Ihre unabhängigen Variablen lassen sich unmittelbar aus den Gln. (1.137) bis (1.140) ablesen. Beispiel: $h = h(s,p)$.

c) Analog zu *a*) lauten die Gln. (1.137) und (1.138)

$$\mathrm{d}U = T\,\mathrm{d}S - p\,\mathrm{d}V,$$

$$\mathrm{d}H = T\,\mathrm{d}S + V\,\mathrm{d}p;$$

d) Für $S = \text{const}$ ergibt sich: $(\partial H/\partial p)_S = V$ und $(\partial U/\partial V)_S = -p$,
für $p = \text{const}$ bzw. $V = \text{const}$ ergibt sich: $T = (\partial H/\partial S)_p = (\partial U/\partial S)_V$.

Beispiel 1.10. Zustandsgrößen, die nur von zwei unabhängigen Veränderlichen abhängen, sind dadurch gekennzeichnet, daß ihre gemischt partiellen Ableitungen gleich groß sind. Zum Beispiel gilt mit

$$U = U(V, S): \qquad \frac{\partial^2 U}{\partial V\,\partial S} = \frac{\partial^2 U}{\partial S\,\partial V}.$$

Setzt man die in Beispiel 1.9 gewonnenen Resultate ein, so kann man entsprechende Differentialbeziehungen („Maxwell-Relationen") gewinnen. Zum Beispiel gilt

$$\frac{\partial^2 U}{\partial V\,\partial S} = +\left\{\frac{\partial}{\partial S}\left(\frac{\partial U}{\partial V}\right)_S\right\}_V = -\left(\frac{\partial p}{\partial S}\right)_V = \frac{\partial^2 U}{\partial S\,\partial V} = \left(\frac{\partial T}{\partial V}\right)_S.$$

Wie lauten die aus den Differentialen für H, F und G folgenden Beziehungen?

Lösung.

$$\frac{\partial^2 H}{\partial S\,\partial p} = \left(\frac{\partial T}{\partial p}\right)_S = \frac{\partial^2 H}{\partial p\,\partial S} = \left(\frac{\partial V}{\partial S}\right)_p$$

$$\frac{\partial^2 F}{\partial V\,\partial T} = -\left(\frac{\partial p}{\partial T}\right)_V = \frac{\partial^2 F}{\partial T\,\partial V} = -\left(\frac{\partial S}{\partial V}\right)_T$$

$$\frac{\partial^2 G}{\partial p\,\partial T} = \left(\frac{\partial V}{\partial T}\right)_p = \frac{\partial^2 G}{\partial T\,\partial p} = -\left(\frac{\partial S}{\partial p}\right)_T$$

Beispiel 1.11. Die Definitionsgleichungen

$$G = H - TS,$$

$$F = U - TS \quad \text{und}$$

$$H = U + pV$$

lassen sich mit Hilfe der Ergebnisse der Beispiele 1.9 und 1.10 umformen. Zum Beispiel gilt

$$F = U - (\partial U/\partial S)_V\, S.$$

Wie lauten die analogen Beziehungen für
F (gegeben U, Variable S, V oder gegeben G, Variable p, T),
G (gegeben H, Variable S, p oder gegeben F, Variable V, T),
H (gegeben U, Variable S, V oder gegeben G, Variable p, T),
U (gegeben H, Variable S, p oder gegeben F, Variable V, T)?

Lösung.

$$G = H - TS = F + pV \qquad F = U - TS = G - pV$$
$$G = H - (\partial H/\partial S)_p\, S \qquad F = U - (\partial U/\partial S)_V\, S$$
$$G = F - (\partial F/\partial V)_T\, V \qquad F = G - (\partial G/\partial p)_T\, p$$
$$H = U + pV = G + TS \qquad U = H - pV = F + TS$$
$$H = U - (\partial U/\partial V)_S\, V \qquad U = H - (\partial H/\partial p)_S\, p$$
$$H = G - (\partial G/\partial T)_p\, T \qquad U = F - (\partial F/\partial T)_V\, T$$

1.2.14 Der Begriff „Normkubikmeter“

Bei stöchiometrischen Rechnungen wird als Mengeneinheit vorhandener gasförmiger Substanz gelegentlich der *Normkubikmeter* verwendet[1]. Vereinbarungsgemäß ist ein Normkubikmeter diejenige Gasmenge, die bei einem Druck von 760 mm Hg und einer Temperatur von 0 °C (entsprechend 273,15 °K) in einem Volumen $V = 1\ \mathrm{m}^3$ vorhanden ist. Diese Gasmenge läßt sich für ideale Gase leicht berechnen: Aus der thermischen Zustandsgleichung (1.8b) für ideale Gase

$$p\,V = m\,T\,\mathfrak{R}/M$$

folgt:

$$\frac{m}{M} = \frac{760\ \mathrm{mm\,Hg}\cdot 1\ \mathrm{m}^3}{8{,}315\ \mathrm{J/mol\,^\circ K}\cdot 273{,}15\ \mathrm{^\circ K}}\cdot\frac{1{,}01325\cdot 10^5\ \mathrm{N/m^2}}{760\ \mathrm{mm\,Hg}}\cdot\frac{1\ \mathrm{Ws}}{1\ \mathrm{Nm}}\cdot\frac{1\ \mathrm{J}}{1\ \mathrm{Ws}} = \frac{1000}{22{,}414}\ \mathrm{mol}\,.$$

Das bedeutet: In einem Normkubikmeter sind

$$n = \frac{m}{M} = \frac{1\ \mathrm{kmol}}{22{,}414} \quad \text{Kilomol bzw.} \tag{1.141}$$

$$m = M\cdot\frac{1\ \mathrm{kmol}}{22{,}414} \quad \text{Kilogramm} \tag{1.142}$$

Substanz (ideales Gas) enthalten.

1.3 Die Berechnung kalorischer Zustandsgrößen aus der thermischen Zustandsgleichung und der spezifischen Wärmekapazität

Treten als Arbeitskoeffizient X_i nur der Druck und als Arbeitskoordinate x_i nur das Volumen V auf, so bereitet es keine Schwierigkeiten, die kalorischen Zustandsgrößen eines idealen Gases zu berechnen. Sie ergeben sich unmittelbar aus den Definitionsgleichungen (1.34), (1.36), (1.66), (1.67), (1.93) sowie Gl. (1.8a) und lauten

$$u^0 = \int_{T_0}^{T} c_v^0\,\mathrm{d}T + \mathrm{const}\,(T_0) \tag{1.35}$$

$$h^0 = \int_{T_0}^{T} c_p^0\,\mathrm{d}T + \mathrm{const}\,(T_0) \tag{1.38}$$

$$s^0 = \int \mathrm{d}s^0 = \int \frac{\mathrm{d}u}{T} + \int \frac{p\,\mathrm{d}v}{T} = \int_{T_0}^{T} \frac{c_v^0}{T}\,\mathrm{d}T + R\ln\frac{v}{v_0} + \mathrm{const}\,(T_0, v_0) \tag{1.143}$$

$$s^0 = \int \mathrm{d}s^0 = \int \frac{\mathrm{d}h}{T} - \int \frac{v\,\mathrm{d}p}{T} = \int_{T_0}^{T} \frac{c_p^0}{T}\,\mathrm{d}T - R\ln\frac{p}{p_0} + \mathrm{const}(T_0, p_0) \tag{1.144}$$

[1] Diese Bezeichnung ist nicht sehr sinnvoll. Vergleiche hierzu U. Grigull: Normvolumen und Normkubikmeter. BWK 19 (1967) H. 12, 561—563.

$$f^0 = u^0 - T s^0 = \int_{T_0}^{T} c_v^0 \, \mathrm{d}T - T \int_{T_0}^{T} \frac{c_v^0}{T} \, \mathrm{d}T - RT \ln \frac{v}{v_0} + \mathrm{const}(T_0, v_0) \quad (1.145)$$

$$g^0 = h^0 - T s^0 = \int_{T_0}^{T} c_p^0 \, \mathrm{d}T - T \int_{T_0}^{T} \frac{c_p^0}{T} \, \mathrm{d}T + RT \ln \frac{p}{p_0} + \mathrm{const}(T_0, p_0) \quad (1.146)$$

Bei realen Stoffen ist ein größerer Rechenaufwand erforderlich. Man geht von der Tatsache aus, daß sich die Eigenschaften eines reinen Stoffes, der in einer einzigen Phase vorliegt, nach der Phasenregel von GIBBS [Gl. (1.28)] mit Hilfe von zwei unabhängigen Variablen eindeutig beschreiben lassen. Wählt man z. B. die Temperatur und das Volumen als unabhängige Veränderliche, so gilt für die innere Energie und die Entropie

$$u = u(T, v), \text{ entsprechend } \mathrm{d}u = (\partial u/\partial T)_v \, \mathrm{d}T + (\partial u/\partial v)_T \, \mathrm{d}v \quad (1.147)$$

sowie $s = s(T, v)$, entsprechend $\mathrm{d}s = (\partial s/\partial T)_v \, \mathrm{d}T + (\partial s/\partial v)_T \, \mathrm{d}v$. (1.148)

Durch Einsetzen in Gl. (1.93) ($X_i = p$, $x_i = V$) erhält man zunächst

$$T \, \mathrm{d}s = T[(\partial s/\partial T)_v \, \mathrm{d}T + (\partial s/\partial v)_T \, \mathrm{d}v] = \mathrm{d}u + p \, \mathrm{d}v =$$
$$= (\partial u/\partial T)_v \, \mathrm{d}T + [(\partial u/\partial v)_T + p] \, \mathrm{d}v \quad (1.149)$$

Gl. (1.149) ergibt angewendet auf $\mathrm{d}T = 0$

$$\left(\frac{\partial s}{\partial v}\right)_T = \frac{1}{T}\left(\frac{\partial u}{\partial v}\right)_T + \frac{p}{T} \quad (1.150a)$$

und angewendet auf $\mathrm{d}v = 0$

$$\left(\frac{\partial s}{\partial T}\right)_v = \frac{1}{T}\left(\frac{\partial u}{\partial T}\right)_v. \quad (1.150b)$$

Die spezifische Entropie ist nun eine Zustandsgröße, für die nach Gl. (1.2) gelten muß

$$\left(\frac{\partial^2 s}{\partial v \, \partial T}\right) = \left(\frac{\partial^2 s}{\partial T \, \partial v}\right),$$

so daß man durch Einsetzen der Gln. (1.150a, b) findet

$$-\frac{1}{T^2}\left(\frac{\partial u}{\partial v}\right)_T - \frac{p}{T^2} + \frac{1}{T}\left(\frac{\partial^2 u}{\partial v \, \partial T}\right) + \frac{1}{T}\left(\frac{\partial p}{\partial T}\right)_v = \frac{1}{T}\left(\frac{\partial^2 u}{\partial T \, \partial v}\right). \quad (1.151)$$

Da auch die spezifische innere Energie eine Zustandsgröße ist, vereinfacht sich Gl. (1.151) zu

$$\left(\frac{\partial u}{\partial v}\right)_T = T\left(\frac{\partial p}{\partial T}\right)_v - p \equiv T^2\left(\frac{\partial \{p/T\}}{\partial T}\right)_v. \quad (1.152)$$

Dieser partielle Differentialquotient läßt sich bei konstanter Temperatur integrieren. Allerdings kann dadurch die innere Energie nur bis auf einen noch näher zu bestimmenden Ausdruck $u(T, v_0)$ wiedergegeben werden, denn eine Temperaturfunktion wird im Differentialquotienten Gl. (1.152) wie eine Konstante behandelt.

$$u = \int_{v_0}^{v} T^2 \left(\frac{\partial \{p/T\}}{\partial T}\right)_v \mathrm{d}v_T + u(T, v_0) \tag{1.153}$$

$u(T, v_0)$ hängt definitionsgemäß nur vom Bezugsvolumen v_0 und von T ab. Man kann diesen Ausdruck deswegen z. B. für hinreichend große Werte von v_0 und v berechnen, bei denen auch ein reales Gas der thermischen Zustandsgleichung (1.8a) für ideale Gase gehorcht. Dann fällt nämlich das Integral in Gl. (1.153) weg, weil der Integrand verschwindet, und man erhält mit Gl. (1.35)

$$u(T; v, v_0 \to \infty) = u^{\text{id. Gas}} = u^0 = \int_{T_0}^{T} c_v^0 \,\mathrm{d}T + \text{const} = 0 + u(T, v_0 \to \infty) \tag{1.154}$$

Damit ist aber der gesuchte Zusammenhang zwischen der inneren Energie, der thermischen Zustandsgleichung $p = p(T, v)$ des betrachteten Stoffes und der spezifischen Wärmekapazität c_v^0 dieses Stoffes „im Zustand idealer Gase" ($v_0 \to \infty$ bzw. $p_0 \to 0$) gefunden worden. Er lautet

$$u = \int_{T_0}^{T} c_v^0 \,\mathrm{d}T + T^2 \int_{v_0 \to \infty}^{v} \left(\frac{\partial \{p/T\}}{\partial T}\right)_v \mathrm{d}v_T + \text{const}\,. \tag{1.155}$$

Man kann $u(T, v_0)$ natürlich auch für einen beliebigen Wert von v_0 bestimmen. Aus Gl. (1.114a) folgt nämlich durch Integration bei $v = v_0 = \text{const}$.

$$u(T, v_0) = \int_{T_0}^{T} c_v \,\mathrm{d}T_{v=v_0} + u(T_0, v_0)\,, \tag{1.155a}$$

so daß man mit Gl. (1.153) findet

$$u(T, v) = \int_{T_0}^{T} c_v \,\mathrm{d}T_{v=v_0} + T^2 \int_{v_0}^{v} \left(\frac{\partial \{p/T\}}{\partial T}\right)_v \mathrm{d}v_T + \text{const}\,. \tag{1.155b}$$

Hinsichtlich der anderen kalorischen Zustandsgrößen geht man analog vor. Falls es erforderlich ist, greift man auch auf die Definitionsgleichungen zurück, z. B. bei

$$u(T, p) = h(T, p) - p\,v \quad \text{oder} \quad c_p = (\partial h/\partial T)_p = T(\partial s/\partial T)_p\,.$$

Auf diesem Wege erhält man schließlich die nachstehend aufgeführten Ausdrücke:

$$u(T, v) = \int_{T_0}^{T} c_v^0 \,\mathrm{d}T + T^2 \int_{v_0 \to \infty}^{v} \left(\frac{\partial \{p/T\}}{\partial T}\right)_v \mathrm{d}v_T + \text{const}\,, \tag{1.155}$$

$$u(T,p)=\int_{T_0}^{T} c_p^0\,\mathrm{d}T - T^2\int_{p_0\to 0}^{p}\left(\frac{\partial\{v/T\}}{\partial T}\right)_p \mathrm{d}p_T - pv + \text{const}\,, \tag{1.156}$$

$$h(T,v)=\int_{T_0}^{T} c_v^0\,\mathrm{d}T + T^2\int_{v_0\to\infty}^{v}\left(\frac{\partial\{p/T\}}{\partial T}\right)_v \mathrm{d}v_T + pv + \text{const}\,, \tag{1.157}$$

$$h(T,p)=\int_{T_0}^{T} c_p^0\,\mathrm{d}T - T^2\int_{p_0\to 0}^{p}\left(\frac{\partial\{v/T\}}{\partial T}\right)_p \mathrm{d}p_T + \text{const}\,, \tag{1.158}$$

$$s(T,v)=\int_{T_0}^{T} c_v^0\frac{\mathrm{d}T}{T} + \int_{v_0}^{v}\left(\frac{\partial p}{\partial T}\right)_v \mathrm{d}v_T + \text{const} + \int_{T_0}^{T}\left\{\int_{\infty}^{v_0}\left(\frac{\partial^2 p}{\partial T^2}\right)_v \mathrm{d}v_T\right\}\mathrm{d}T\,, \tag{1.159}$$

$$s(T,p)=\int_{T_0}^{T} c_p^0\frac{\mathrm{d}T}{T} - \int_{p_0}^{p}\left(\frac{\partial v}{\partial T}\right)_p \mathrm{d}p_T + \text{const} - \int_{T_0}^{T}\left\{\int_{0}^{p_0}\left(\frac{\partial^2 v}{\partial T^2}\right)_p \mathrm{d}p_T\right\}\mathrm{d}T\,, \tag{1.160}$$

$$s(T,p)=\int_{T_0}^{T} c_p(T,p_0)\frac{\mathrm{d}T}{T} - \int_{p_0}^{p}\left(\frac{\partial v}{\partial T}\right)_p \mathrm{d}p_T + \text{const}\,, \tag{1.160a}$$

$$f(T,v)=\int_{T_0}^{T} c_v\,\mathrm{d}T_{v=v_0} - T\int_{T_0}^{T} c_v(T,v_0)\frac{\mathrm{d}T}{T} - \int_{v_0}^{v} p\,\mathrm{d}v_T + u(T_0,v_0) - Ts(T_0,v_0) \tag{1.161}$$

$$f(T,p)=\int_{T_0}^{T} c_p\,\mathrm{d}T_{p=p_0} - T\int_{T_0}^{T} c_p(T,p_0)\frac{\mathrm{d}T}{T} + \int_{p_0}^{p} v\,\mathrm{d}p_T - pv + u(p_0,T_0) - Ts(p_0,T_0)\,, \tag{1.162}$$

$$g(T,v)=\int_{T_0}^{T} c_v\,\mathrm{d}T_{v=v_0} - T\int_{T_0}^{T} c_v(T,v_0)\frac{\mathrm{d}T}{T} - \int_{v_0}^{v} p\,\mathrm{d}v_T + pv + h(T_0,v_0) - Ts(T_0,v_0)\,, \tag{1.163}$$

$$g(T,p)=\int_{T_0}^{T} c_p\,\mathrm{d}T_{p=p_0} - T\int_{T_0}^{T} c_p(T,p_0)\frac{\mathrm{d}T}{T} + \int_{p_0}^{p} v\,\mathrm{d}p_T + h(p_0,T_0) - Ts(p_0,T_0)\,. \tag{1.164}$$

Mit Rücksicht auf die Definitionsgleichungen (1.36), (1.66), (1.67) sind nur maximal 2 der in den Gln. (1.155) bis (1.164) auftretenden Konstanten frei wählbar. In diesem Fall setzt man normalerweise willkürlich fest:

1. Bei 0 °C sei die spezifische Enthalpie der siedenden Flüssigkeit gleich 100 kcal/kg, die des zugehörigen gesättigten Dampfes also nach Gl. (2.25a) gleich 100 kcal/kg + r.

2. Bei 0 °C sei die spezifische Entropie der siedenden Flüssigkeit gleich 1 kcal/kg °K, die des zugehörigen gesättigten Dampfes nach Gl. (2.41 a) also gleich 1 kcal/kg °K + $r/273{,}15$ °K.

Nach Nr. 1.2.11 und Nr. 7.1.8 ist die willkürliche Wahl der Konstanten allerdings nur dann zulässig, wenn die Masse aller in einem Prozeß auftretenden Stoffe konstant bleibt. Diese Voraussetzung ist nicht mehr erfüllt, sobald chemische Reaktionen ablaufen.

Beispiel 1.12. Die thermische Zustandsgleichung eines realen reinen Stoffes laute mit $B = \text{const}$

$$p\,V = m\,R\,T(1 + m\,B \cdot T/V).$$

Seine spezifische Wärmekapazität c_v^0 im Zustand idealer Gase ($p \to 0$) möge durch den Ausdruck

$$c_v^0 = A + C\,T \quad \text{mit } C = \text{const},\ A = \text{const}$$

wiedergegeben werden. Äußere Felder seien nicht vorhanden.

a) Wie groß ist seine spezifische innere Energie?

b) Wie groß ist seine spezifische Entropie?

c) Wie groß ist seine spezifische freie Energie?

Lösung. a) Aus Gl. (1.155) findet man unmittelbar

$$u(T, v) = A(T - T_0) + C(T^2 - T_0^2)/2 - T^2 R B/v + u(T_0, \infty) =$$
$$= A(T - T_0) + C(T^2 - T_0^2)/2 - T^2 R B/v + T_0^2 R B/v_0 + u(T_0, v_0).$$

b) Aus Gl. (1.159) ergibt sich

$$s(T, v) = A \ln (T/T_0) + C(T - T_0) + R \ln (v/v_0) - 2 R T B/v + s(T_0, v_0) +$$
$$+ 2 R T_0 B/v_0.$$

c) Aus der Definitionsgleichung $f = u - T s$ findet man

$$f = A(T - T_0) + C(T^2 - T_0^2)/2 - A\,T \ln (T/T_0) - C\,T(T - T_0) + T^2 R B/v -$$
$$- R T \ln (v/v_0) - 2 R T T_0 B/v_0 + T_0^2 R B/v_0 + u(T_0, v_0) - T s(T_0, v_0).$$

Dieses Resultat kann man mit der Definitionsgleichung $c_v = (\partial u/\partial T)_v = A + C T - 2 R T B/v$ auch aus der Gl. (1.161) gewinnen.

1.4 Die reversibel adiabate Zustandsänderung idealer Gase

Vorgegeben sei ein geschlossenes System, in dem sich m kg eines reinen idealen Gases befinden. Das Gas besitzt die Molmasse M und die spezifische Wärmekapazität c_p^0. Einziger Arbeitskoeffizient soll der Druck sein, einzige Arbeitskoordinate das Volumen V. Ändert man das Systemvolumen reversibel und adiabat, dann kann man den Zusammenhang zwischen Druck, Temperatur und Volumen ermitteln, wenn man auf folgende Gleichungen zurückgreift:

$$pV = m\,R\,T \qquad (1.8\text{b})$$

$$\mathrm{d}U^0 = m\,c_v^0\,\mathrm{d}T \qquad (1.35)$$

$$T\,\mathrm{d}S^0 = \mathrm{d}U^0 + p\,\mathrm{d}V \qquad (1.93)$$

$T\,\mathrm{d}S^0 = \mathrm{d}Q = 0$ (reversibel, adiabate Zustandsänderung eines idealen Gases in einem geschlossenen System) (1.105) sowie

$$c_p^0 = c_v^0 + R \tag{1.126}$$

Die Kombination dieser Gleichungen ergibt zunächst

$$T\,\mathrm{d}S^0 = 0 = m\,c_v^0\,\mathrm{d}\,T + m\,(c_p^0 - c_v^0)\,\frac{\mathrm{d}V}{V}\,T\,, \tag{1.165}$$

woraus durch eine einfache Umformung folgt

$$\frac{\mathrm{d}\,T}{T} = \left(1 - \frac{c_p^0}{c_v^0}\right)\frac{\mathrm{d}\,V}{V}\,. \tag{1.166}$$

Definiert man zur Abkürzung einen *Exponenten der reversiblen Adiabaten*[1]

$$\varkappa = c_p^0/c_v^0 \tag{1.167}$$

und setzt voraus, daß c_v^0 und damit auch c_p und $\varkappa$ konstant sind, dann läßt sich Gl. (1.166) leicht integrieren. Man erhält

$$\ln\frac{T}{T_0} = (1-\varkappa)\ln\frac{V}{V_0}\,, \tag{1.168}$$

bzw.

$$T\,V^{\varkappa-1} = T_0\,V_0^{\varkappa-1}\,. \tag{1.169}$$

Das ist der gesuchte Zusammenhang zwischen der Temperatur und dem Volumen V bei der reversibel adiabaten Volumenänderung eines geschlossenen Systems, in dem sich m kg eines idealen Gases befinden.

---

[1] Für reale Stoffe ergibt sich der Exponent der reversiblen Adiabaten $\varkappa^{\mathrm{real}}$ aus Gl. (1.93) mit $x_i = V$, $X_i = p$, alle übrigen x_i und X_i gleich 0 wie folgt [Gln. (1.114a, 1.150a); Gl. (1.114b), analoger Ausdruck zu Gl. (1.150a)]:

$$T\,\mathrm{d}S = 0 = \mathrm{d}U + p\,\mathrm{d}V = \left(\frac{\partial U}{\partial T}\right)_V \mathrm{d}T + \left\{\left(\frac{\partial U}{\partial V}\right)_T + p\right\}\mathrm{d}V =$$

$$= m c_v\,\mathrm{d}T + T\left(\frac{\partial s}{\partial v}\right)_T m\,\mathrm{d}v\,,$$

$$T\,\mathrm{d}S = 0 = \mathrm{d}H - V\,\mathrm{d}p = \left(\frac{\partial H}{\partial T}\right)_p \mathrm{d}T + \left\{\left(\frac{\partial H}{\partial p}\right)_T - V\right\}\mathrm{d}p =$$

$$= m c_p\,\mathrm{d}T + T m\left(\frac{\partial s}{\partial p}\right)_T \mathrm{d}p$$

und $-\mathrm{d}T = \dfrac{T}{c_v}\left(\dfrac{\partial s}{\partial v}\right)_T \mathrm{d}v = \dfrac{T}{c_p}\left(\dfrac{\partial s}{\partial p}\right)_T \mathrm{d}p$ für $\mathrm{d}s = 0$ sowie

$$\left(\frac{\partial p}{\partial v}\right)_s = \left(\frac{\partial s}{\partial v}\right)_T\left(\frac{\partial p}{\partial s}\right)_T c_p/c_v = \left(\frac{\partial p}{\partial v}\right)_T c_p/c_v = -\frac{p}{v}\,\varkappa^{\mathrm{real}}$$

Diese Definition stimmt für ideale Gase mit Gl. (1.167) überein und führt bei konstantem $\varkappa^{\mathrm{real}}$ durch Integration zu dem Gl. (1.171) entsprechenden Ausdruck

$$p v^{(\varkappa^{\mathrm{real}})} = \mathrm{const}\,.$$

Der Isentropenexponent wird also nur bei idealen Gasen identisch mit dem Quotienten aus der isobaren und der isochoren spezifischen Wärmekapazität.

Die speziellen Eigenschaften dieses Gases sind dabei im Exponenten $\varkappa$ enthalten. Ersetzt man in Gl. (1.169) die Temperatur oder das Volumen V durch Gl. (1.8b), so findet man die zur Gl. (1.169) analogen Ausdrücke

$$T p^{\frac{1-\varkappa}{\varkappa}} = T_0 p_0^{\frac{1-\varkappa}{\varkappa}}, \tag{1.170}$$

und

$$p V^{\varkappa} = p_0 V_0^{\varkappa}. \tag{1.171}$$

1.5 Die Temperaturskalen

Durch Gl. (1.16)

$$\frac{1}{2} \frac{M}{N_L} \overline{w^2} = \frac{3}{2} \frac{\Re}{N_L} T$$

war die *absolute Temperatur* T zunächst am Beispiel der idealen Gase definiert worden. Diese Definition führte zur thermischen Zustandsgleichung

$$p V = n \Re T. \tag{1.8b}$$

Damit ist zugleich eine Vorschrift zur Messung dieser bisher in allen Gleichungen benutzten Temperatur T gewonnen worden. Es muß lediglich die von der Erfahrung bestätigte Voraussetzung gemacht werden, daß zwei – wärmeleitend miteinander verbundene – Systeme im Gleichgewicht die gleiche Temperatur annehmen (0. Hauptsatz der Thermodynamik). Will man nämlich die Temperatur eines Systems kennenlernen, so hat man es nur mit einem zweiten System in wärmeleitenden Kontakt zu bringen und als zweites System ein *Gasthermometer* zu verwenden. Ist die Masse des Gasthermometers so klein, daß die Temperatur des zu untersuchenden Systems auch dann nicht merklich verändert wird, wenn beide Systeme zunächst unterschiedliche Temperaturen besitzen, und verwendet man als Gasthermometer einen Behälter, der mit einer bekannten Menge eines idealen Gases gefüllt und dessen Volumen bekannt ist, dann kann man die gesuchte Temperatur aus Gl. (1.8b) berechnen, nachdem man den Gasdruck im Gleichgewichtszustand gemessen hat[1].

Die soeben beschriebene Temperaturskala des idealen Gasthermometers ist identisch mit der thermodynamischen Temperaturskala, die mit Hilfe des zweiten Hauptsatzes definiert wird und unabhängig von der Art des verwendeten Stoffes ist. Das leuchtet schon allein deswegen

[1] Wegen Einzelheiten wird z. B. auf F. KOHLRAUSCH: Praktische Physik, Bd. 1, Stuttgart: B. G. Teubner 1968, S. 232 verwiesen. Ob man auf diesem Weg die Kelvin-Skala oder die Rankine-Skala realisiert, hängt von der Festlegung der allgemeinen Gaskonstanten ab.

$$\Re = 8{,}315\ \mathrm{J/mol\ ^\circ K} = (9/5)^{-1} \cdot 8{,}315\ \mathrm{J/mol\ ^\circ R}$$

ein, weil nicht nur der Aufbau der im zweiten Hauptsatz benutzten Definitionsgleichung der Entropie am Beispiel des einatomigen idealen Gases unter Verwendung der Temperaturdefinition nach Gl. (1.16) begründet worden war, sondern auch die übrigen Aussagen des 2. Hauptsatzes. Neu war lediglich die Erweiterung des Anwendungsbereiches auf alle anderen Stoffe.

Unter Nr. 4.2 wird aus dem ersten und zweiten Hauptsatz hergeleitet werden, daß von einer Wärme Q, die bei einer Temperatur T zur Verfügung gestellt wird, mit Hilfe einer Wärmekraftmaschine selbst bei reversibler Prozeßführung nur der Anteil

$$L = Q\left(1 - \frac{T_0}{T}\right) = Q - |Q_0| \tag{1.172}$$

in Arbeit umgewandelt werden kann. Der Rest

$$|Q_0| = Q\,\frac{T_0}{T} \tag{1.173}$$

fließt bei der Temperatur T_0 als Abwärme aus der Maschine heraus. Verwendet man diese Wärmekraftmaschine als Thermometer, so kann die gesuchte Temperatur T_0 nach Gl. (1.173) berechnet werden, wenn man die Wärmekraftmaschine reversibel zwischen der Temperatur T_0 und einer willkürlich festgelegten Bezugstemperatur T arbeiten läßt und das Verhältnis der Wärmen Q_0/Q mißt (*thermodynamische Temperaturskala*). Für $T_0 = 0$ ergibt sich $Q_0 = 0$; nach Gl. (1.172) wird dann alle der Maschine in Form von Wärme zugeführte Energie in Arbeit verwandelt. Da eine Abwärme Q_0 definitionsgemäß nicht negativ werden kann, dürfen negative Werte von T_0 nicht auftreten: Bei $T_0 = 0$ Grd ist der *absolute Nullpunkt* der thermodynamischen Temperaturskala erreicht worden. Wählt man schließlich zur Festlegung der Bezugstemperatur T den Tripelpunkt des Wassers (Nr. 1.2.5) und ordnet ihm die Temperatur $273{,}1600\bar{0}$ ... °K bzw. $491{,}68200\bar{0}$ ... °R zu, dann hat man die *Grad Kelvin-Skala* bzw. die in den angelsächsischen Ländern noch benutzte *Grad Rankine-Skala* realisiert. Beide Skalen sind durch die Umrechnungsbeziehung

$$\frac{T^{\text{Kelvin}}_{\text{Tripelpunkt } H_2O} - 0\,°\text{K}}{T^{\text{Rankine}}_{\text{Tripelpunkt } H_2O} - 0\,°\text{R}} = \frac{273{,}16\,°\text{K}}{491{,}682\,°\text{R}} = \frac{5}{9}\,\frac{°\text{K}}{°\text{R}} \tag{1.174}$$

entsprechend

$$\frac{T}{1\,°\text{K}} = \frac{5}{9}\,\frac{T}{1\,°\text{R}} \tag{1.175}$$

miteinander verknüpft.

Früher hat man empirische Temperaturskalen verwendet, z. B. die mit Hilfe der Ausdehnung von flüssigem Quecksilber definierte „Celsius-Skala“ oder die „Fahrenheitskala“. Beide Skalen besitzen zwei willkürlich festgelegte Fixpunkte. Celsius[1] wählte 1742 als Fixpunkte den Gefrierpunkt und den Siedepunkt des Wassers jeweils bei 1 atm und ordnete ihnen die Werte 0 °C bzw. 100 °C zu. Dann definierte er

$$1\ \text{Grad Celsius} = \frac{t_{\text{Sdpkt. } H_2O\ 1\,\text{atm}} - t_{\text{Schmp. } H_2O\ 1\,\text{atm}}}{100} \tag{1.176}$$

und unterteilte die Skala des Quecksilberthermometers linear in den durch Gl. (1.176) gegebenen Abständen. Ein Vergleich der so definierten empirischen Grad-Celsius-Skala mit der Grad-Kelvin-Skala liefert mit befriedigender Genauigkeit

$$\Delta t/1\,°\text{C} = \Delta T/1\,°\text{K}, \tag{1.177}$$

so daß 1954 international als neue Definition der Celsius-Skala vereinbart werden konnte

$$\frac{t}{1\,°\text{C}} = \frac{T}{1\,°\text{K}} - 273{,}15000\ldots \tag{1.178}$$

Der Schmelzpunkt des Eises wurde damit bei 1 atm zu 273,1500 . . . °K, entsprechend 0 °C festgelegt. Er ist nicht mit dem Tripelpunkt des Wassers identisch, weil $p_{\text{Tripelpunkt}, H_2O} \ll 1$ atm ist (Nr. 2.1.2).

G. D. Fahrenheit (1686–1736) ging analog vor, ordnete jedoch dem Schmelzpunkt des Eises bei 1 atm den Wert 32 °F und dem Siedepunkt des Wassers bei 1 atm den Wert 212 °F zu, definierte

$$1\ \text{Grad Fahrenheit} = \frac{t_{\text{Sdpkt., } H_2O\ 1\,\text{atm}} - t_{\text{Schmp., } H_2O\ 1\,\text{atm}}}{180} \tag{1.179}$$

und unterteilte die Skala des Quecksilberthermometers linear in den durch Gl. (1.179) gegebenen Abständen. Die so festgelegte empirische Grad-Fahrenheit-Skala stimmt hinreichend genau mit der Grad-Rankine-Skala überein. Außerdem ergibt sich aus Gln. (1.176) und (1.179)

$$\frac{\Delta t}{1\,°\text{F}} = \frac{9}{5}\,\frac{\Delta t}{1\,°\text{C}}. \tag{1.180}$$

Weitere Umrechnungsbeziehungen sind in Tab. 1.2 enthalten.

Für den praktischen Gebrauch ist die Verwendung eines Gasthermometers zu umständlich. Man nähert daher die thermodynamische Temperaturskala durch meßtechnische Vereinbarungen an, die zum Gesetz erhoben worden sind (*internationale Temperaturskala*)[2]. Hierzu wählt man einige, leicht reproduzierbare Fixpunkte aus, legt deren Zahlenwert nach der thermodynamischen Temperaturskala fest und interpoliert die

[1] Anders Celsius, schwedischer Astronom 1701–1744.

[2] Wegen Einzelheiten wird z. B. auf F. Kohlrausch: Praktische Physik, Bd. 1, Stuttgart: B. G. Teubner 1968, S. 227 verwiesen.

dazwischen liegenden Temperaturen mit Hilfe elektrischer Widerstandsthermometer (– 183 °C bis + 630,5 °C), mit Hilfe von Thermoelementen (630,5 °C bis 1063 °C) oder mit Hilfe des Planckschen Strahlungsgesetzes für schwarze Körper ($t > 1063$ °C).

2. Thermodynamische Eigenschaften reiner Stoffe

2.1 Zustandsdiagramme

Die thermischen und kalorischen Zustandsgleichungen realer Stoffe müssen in der Regel sehr kompliziert aufgebaut sein, wenn sie die Stoffeigenschaften mit hinreichender Genauigkeit wiedergeben sollen. Kann man routinemäßig schnelle elektronische Rechenanlagen einsetzen, so spielt diese Tatsache oft keine große Rolle. Solche Fälle kommen z. B. im Kraftwerksbau vor. Häufig ist dieser Weg aber heute noch zu aufwendig oder zu unübersichtlich, so daß man auf graphische Darstellungen der Zustandsgleichungen – genannt *Zustandsdiagramme* – oder auf entsprechende Tabellen angewiesen ist. Im folgenden werden Aufbau und Eigenschaften solcher Zustandsdiagramme diskutiert. Alle Angaben gelten für Gleichgewichtszustände, da auch die Zustandsgleichungen nur im Gleichgewicht gültig sind (Nr. 1.2.3).

2.1.1 Das p,v-Diagramm

Das p,v-Diagramm eines reinen realen Stoffes ist die graphische Darstellung seiner thermischen Zustandsgleichung. Den prinzipiellen Aufbau dieses Diagrammes kann man im Bereich der flüssigen und gasförmigen Zustände am einfachsten mit Hilfe der thermischen Zustandsgleichung nach VAN DER WAALS [Gl. (1.22)]

$$\left(p + \frac{a}{v^2}\right)(v - b) = R\,T \tag{2.1}$$

kennenlernen, in der a, b und R Konstanten sind.

Für große Werte des spezifischen Volumens und hinreichend hohen Druck können b gegenüber v und a/v^2 gegenüber p vernachlässigt werden, so daß für den Verlauf der Isothermen gilt

$$p\,v = R\,T = \text{const}\,.$$

Das sind Hyperbeln, die in Abb. 2.1 um so mehr in Richtung höherer Werte von p und v verschoben sind, je höher die Temperatur ist.

Gelangt man mit sinkenden Werten von p, v und T in den Bereich, in welchem die oben angeführten Vernachlässigungen nicht mehr zulässig sind, weichen die Isothermen immer stärker von der Hyperbelform ab und weisen schließlich ein Maximum und ein Minimum auf. Im Punkt 1, der zwischen dem Maximum und dem Minimum auf der Isothermen T_6 liegt, gilt rein formal

$$\left(\frac{\partial p}{\partial v}\right)_T > 0\,, \tag{2.2}$$

das heißt: in diesem Punkt führt eine isotherme Steigerung des Druckes ($\mathrm{d}p > 0$) zu einer Expansion des betrachteten Stoffes ($\mathrm{d}v > 0$). Gl. (2.2) steht in völligem Widerspruch zur Erfahrung, die für alle Gase und

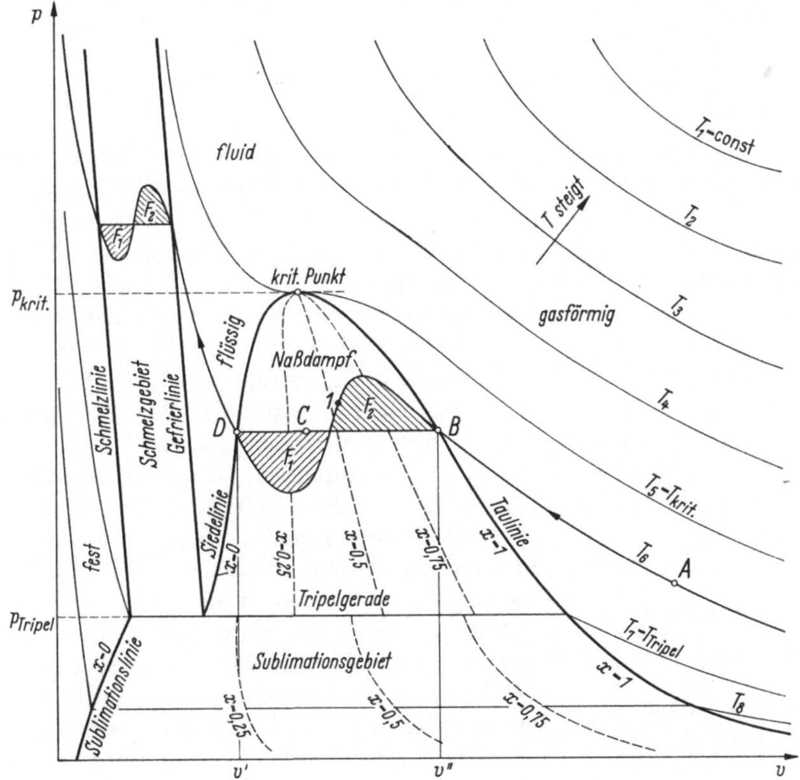

Abb. 2.1 Prinzipieller Aufbau des p,v-Diagrammes eines realen reinen Stoffes.

Flüssigkeiten eine isotherme Drucksteigerung mit einer Kompression verbindet. Dieser Widerspruch zeigt, daß die thermische Zustandsgleichung (2.1) offenbar nicht dazu in der Lage ist, das Verhalten des Stoffes im Punkt 1 richtig wiederzugeben[1]. Wodurch muß man sie dann ersetzen?

In Abb. 2.2 ist ein einfaches Gedankenexperiment dargestellt worden. Man betrachtet ein geschlossenes System, dessen Systemgrenzen von der

[1] Die Stabilitätsgrenze wurde überschritten.

festen Wand eines Zylinders und eines verschiebbaren Kolbens gebildet werden. Im System mögen sich 1 kg des in Abb. 2.1 behandelten realen Stoffes befinden, und zwar zunächst in einem Zustand A, der zur Temperatur T_6 und zu einem so großen spezifischen Volumen v gehört, daß der

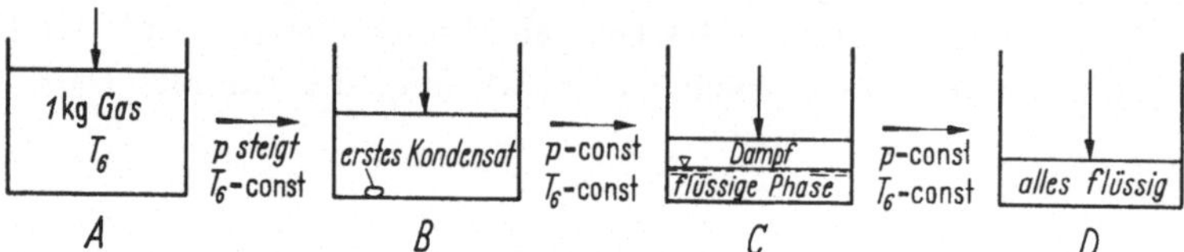

Abb. 2.2 Zum Verhalten eines realen Stoffes im Naßdampfgebiet.

Stoff eindeutig gasförmig vorliegt. Komprimiert man dieses Gas isotherm, so steigt der Druck gemäß Abb. 2.1 und Gl. (2.1) an. Die Erfahrung zeigt nun, daß dieser Druckanstieg in einem Punkt B endet: dort bildet sich nämlich der erste Tropfen Kondensat (siedende Flüssigkeit) und jede weitere isotherme Verminderung des Systemvolumens führt zunächst nicht mehr zu einer Steigerung des Druckes sondern zu einer Vermehrung des Anteiles der flüssigen Phase im System (Punkt C). Erst wenn im Punkt D die gasförmige Phase völlig verschwunden ist, führt eine weitere Volumenverminderung zu einer Kompression der entstandenen Flüssigkeit und damit zu einem erneuten Druckanstieg:

In dem Bereich, in dem 2 Phasen auftreten, ist die thermische Zustandsgleichung nicht mehr gültig. An ihre Stelle tritt eine neue Aussage: Alle Zustandsgrößen setzen sich im Zweiphasengebiet additiv aus den für die beteiligten Phasen gültigen Größen zusammen.

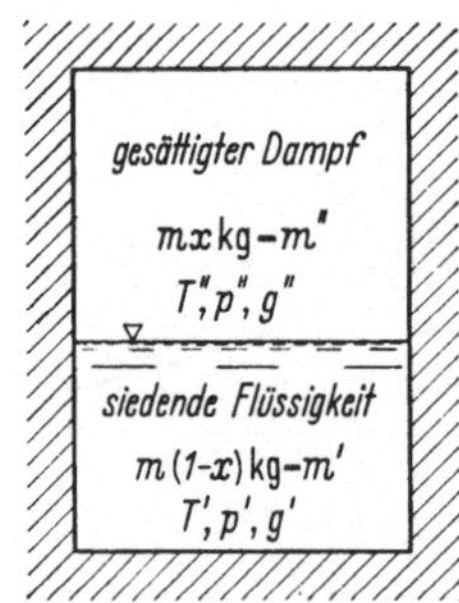

Abb. 2.3 Zur Definition der Zustandsgrößen im Zweiphasengebiet.

Abb. 2.3 erläutert diesen Sachverhalt: Betrachtet wird ein abgeschlossenes System, das m Kilogramm einer reinen Substanz enthält. Das System möge sich im Gleichgewicht befinden und $m\,x$ kg der Substanz sollen dampfförmig, $m\,(1-x)$ kg flüssig vorliegen. Beide Phasen besitzen dann die gleiche Temperatur, denn sie stehen miteinander in wärmeleitendem Kontakt (0. Hauptsatz). Da sich zwischen beiden Phasen keine feste Wand befindet, die eine Druckdifferenz aufnehmen könnte, müssen sie auch den gleichen Druck haben (mechanisches Gleichgewicht). Zur eindeutigen Kennzeichnung solcher Phasengleichgewichte dienen nun zunächst folgende Vereinbarungen:

1. Steht eine Flüssigkeit mit einem Dampf im Phasengleichgewicht, dann wird sie als *siedende Flüssigkeit* bezeichnet. Ihre Zustandsgrößen werden mit dem Index $'$ versehen (z. B. v'). Der Dampf heißt *gesättigter*

Dampf. Seine Zustandsgrößen tragen den Index $''$ (z. B. s''). Die Menge des Dampfes wird durch den *Naßdampfgehalt* x gekennzeichnet

$$x = \frac{m_{\text{Dampf}}}{m_{\text{Dampf}} + m_{\text{Flüssigkeit}}}. \tag{2.3a}$$

Alle Zustände der siedenden Flüssigkeit liegen in Abb. 2.1 auf der *Siedelinie*, alle Zustände des gesättigten Dampfes auf der *Taulinie*.

2. Steht eine Flüssigkeit mit einem festen Stoff im Phasengleichgewicht, dann wird sie *gefrierende Flüssigkeit* genannt. Ihre Zustandsgrößen besitzen den Index** (z. B. v^{**}). Der feste Stoff heißt *schmelzender Feststoff*. Seine Zustandsgrößen tragen den Index * (z. B. s^*). Die Menge der Flüssigkeit wird durch eine Größe

$$x = \frac{m_{\text{Flüssigkeit}}}{m_{\text{Flüssigkeit}} + m_{\text{Feststoff}}} \tag{2.3b}$$

gekennzeichnet. Alle Zustände der gefrierenden Flüssigkeit liegen in Abb. 2.1 auf der *Gefrierlinie*, alle Zustände des schmelzenden Feststoffes auf der *Schmelzlinie*.

3. Steht ein fester Stoff mit einem Dampf im Phasengleichgewicht, so wird er als *sublimierender Feststoff* bezeichnet. Seine Zustände liegen in Abb. 2.1 auf der *Sublimationslinie*; seine Zustandsgrößen tragen wie die Größen des schmelzenden Feststoffes den Index *. Der Dampf heißt gesättigter Dampf. Seine Zustandsgrößen tragen den Index $''$, seine Menge wird durch

$$x = \frac{m_{\text{Dampf}}}{m_{\text{Dampf}} + m_{\text{Feststoff}}} \tag{2.3c}$$

gekennzeichnet.

Mit diesen Vereinbarungen wird es möglich, die Zustandsgrößen eines Systems im Phasengleichgewicht auf die Größen der beteiligten Phasen zurückzuführen. Das Gesamtsystem setzt sich nämlich additiv aus den einzelnen Phasen zusammen, wobei alle Phasen den gleichen Druck (mechanisches Gleichgewicht) und die gleiche Temperatur (thermisches Gleichgewicht) besitzen. Daher ergeben sich unmittelbar folgende Beziehungen:

$$V = V''\,(p;\,T;\,m'') + V'\,(p;\,T;\,m') = \\ = m\,x\,v''\,(p;\,T) + m\,(1-x)\,v'\,(p;\,T), \tag{2.4a}$$

$$U = U''\,(p;\,T;\,m'') + U'\,(p;\,T;\,m') = \\ = m\,x\,u''\,(p;\,T) + m\,(1-x)\,u'\,(p;\,T), \tag{2.4b}$$

$$H = H''\,(p;\,T;\,m'') + H'\,(p;\,T;\,m') = \\ = m\,x\,h''\,(p;\,T) + m\,(1-x)\,h'\,(p;\,T), \tag{2.4c}$$

$$S = S''\,(p;\,T;\,m'') + S'\,(p;\,T;\,m') = \\ = m\,x\,s''\,(p;\,T) + m\,(1-x)\,s'\,(p;\,T) \tag{2.4d}$$

usw. Für andere Phasengleichgewichte gelten analoge Beziehungen, z.B.

$$V = m\,x\,v''\,(p;\,T) + m\,(1 - x)\,v^*\,(p;\,T) \tag{2.5}$$

oder $H = m\,x\,h^{**}\,(p;\,T) + m\,(1 - x)\,h^*\,(p;\,T)$. (2.6)

Treten mehr als zwei Phasen auf, so ist natürlich über alle Phasen zu summieren. Die Eigenschaften der einzelnen Phasen ergeben sich dabei stets aus der Zustandsgleichung, denn die *Phasengrenzkurven* (Taulinie, Siedelinie usw.) kennzeichnen definitionsgemäß Zustände, in denen der betrachtete Stoff nur in einer Phase vorliegt. Sie grenzen den Gültigkeitsbereich der Zustandsgleichung gegenüber dem Bereich ab, in dem die Gln. (2.4), (2.5) bzw. (2.6) verwendet werden müssen. Abb. 2.1 läßt diesen Sachverhalt am Beispiel des spezifischen Volumens klar erkennen. Offen ist bisher lediglich die Frage geblieben, wo die Phasengrenzkurven eigentlich verlaufen, wo also z. B. die Pkte. B und D in Abb. 2.1 liegen. Die Forderung nach der Existenz des thermischen und des mechanischen Gleichgewichtes läßt sich nämlich von allen Punkten B und D erfüllen, die einerseits auf der Isothermen T_6 liegen ($T_B = T_D = T_6$), andererseits auf einer Isobaren ($p_B = p_D$; horizontale Gerade in Abb. 2.1). Erst die Erfüllung des *stofflichen Gleichgewichtes* führt zur eindeutigen Fixierung dieser Punkte. Es wird erreicht, wenn das in Abb. 2.3 dargestellte abgeschlossene System seinen durch $S = S_{\text{Max}}$ gekennzeichneten wahrscheinlichsten Zustand eingenommen hat. Damit läßt sich das Phasengleichgewicht in Abb. 2.3 durch folgende Bedingungen festlegen:
thermisches Gleichgewicht $T = \text{const}$ im gesamten System,

$$\text{entsprechend } \mathrm{d}T = 0; \tag{2.7a}$$

mechanisches Gleichgewicht $p = \text{const}$ im gesamten System,

$$\text{entsprechend } \mathrm{d}p = 0; \tag{2.7b}$$

stoffliches Gleichgewicht $S = S_{\text{Max}}$,

$$\text{entsprechend } \mathrm{d}S = 0. \tag{2.7c}$$

Aus Gl. (1.93) ergibt sich mit $X_i = p$, $x_i = V$ und $\mathrm{d}p = \mathrm{d}S = 0$ zunächst

$$T\,\mathrm{d}S = \mathrm{d}H - V\,\mathrm{d}p = 0 = \mathrm{d}H. \tag{2.8}$$

Außerdem gilt wegen $\mathrm{d}S = \mathrm{d}T = 0$ rein formal

$$\mathrm{d}S = 0 = T\,\mathrm{d}S = \mathrm{d}(TS) = 0. \tag{2.9}$$

Subtrahiert man die Gln. (2.8) und (2.9) voneinander und verwendet Gl. (1.67), folgt

$$\mathrm{d}H - \mathrm{d}(TS) = 0 = \mathrm{d}(H - TS) = \mathrm{d}G = 0 \text{ für } \mathrm{d}T = \mathrm{d}p = \mathrm{d}S = 0. \tag{2.10a}$$

Nach Gl. (2.10a) soll der Ausdruck

$$\mathrm{d}G = \mathrm{d}\{mxg'' + m(1-x)g'\} = m\mathrm{d}\{xg'' + (1-x)g'\} =$$
$$= \{(g''-g')\mathrm{d}x + x\mathrm{d}g'' + (1-x)\mathrm{d}g'\}m = 0 \tag{2.10b}$$

sein. Da die spezifische freie Enthalpie eines reinen Stoffes, der in einer Phase vorliegt, nach der Phasenregel von GIBBS Gl. (1.28) nur von 2 Variablen abhängig sein kann, z. B. von p und T, muß wegen Gl. (2.7a, b) und Gl. (1.140) mit $x_i = V$, $X_i = p$, $\mathrm{d}n_j = 0$

$$\mathrm{d}T = \mathrm{d}p = \mathrm{d}g'' = \mathrm{d}g' = 0$$

gelten. Deswegen findet man aus Gl. (2.10b) als neue Bedingung für das stoffliche Gleichgewicht den Ausdruck

$$g'' = g'\,. \tag{2.11a}$$

Die Bedeutung von Gl. (2.11a) wird offenkundig, wenn man sie mit Hilfe von Gl. (1.163) explizit aufschreibt. Voraussetzung ist dabei, daß die thermische Zustandsgleichung formal auch im Naßdampfgebiet eindeutige Werte liefert (Abb. 2.1), obwohl diese Werte nicht mit den tatsächlich auftretenden Werten für das spezifische Volumen übereinstimmen.

$$g' = \int_{T_0}^{T'} c_v(T,v_0)\,\mathrm{d}T - T'\int_{T_0}^{T'} c_v(T,v_0)\frac{\mathrm{d}T}{T} - \int_{v_0}^{v'} p\,\mathrm{d}v_T + p'v' +$$
$$+ h(T_0,v_0) - T's(T_0,v_0) =$$

$$= g'' = \int_{T_0}^{T''} c_v(T,v_0)\,\mathrm{d}T - T''\int_{T_0}^{T''} c_v(T,v_0)\frac{\mathrm{d}T}{T} - \int_{v_0}^{v''} p\,\mathrm{d}v_T + p''v'' +$$
$$+ h(T_0,v_0) - T''s(T_0,v_0) \tag{2.11b}$$

Daraus folgt wegen $T' = T'' = T$ und $p'' = p' = p$

$$pv'' - pv' = \int_{v'}^{v''} p\,\mathrm{d}v_T \tag{2.12}$$

Wie Abb. 2.4 zeigt, läßt sich Gl. (2.12) unmittelbar im p,v-Diagramm darstellen. Der Ausdruck $p\,v'' - p\,v'$ ist nämlich geometrisch identisch mit dem Inhalt des Rechteckes $12\,BD$, während das Integral der rechten Seite von Gl. (2.12) geometrisch den Flächeninhalt unter der Isothermen zwischen den Punkten B und D darstellt. Sollen beide Flächen gleich groß sein, so muß die Fläche F_1, welche von der Isothermen aus dem Rechteck $12\,BD$ herausgeschnitten wird, ebenso groß sein wie die Fläche F_2. Damit ist die einfache Vorschrift für die Konstruktion der Punkte B

und D gegeben: Das Phasengleichgewicht flüssig-dampfförmig wird bei der vorgegebenen Temperatur T dadurch ermittelt, daß man im p,v-Diagramm eine horizontale Gerade so einfügt, daß $F_1 = F_2$ wird (Max-

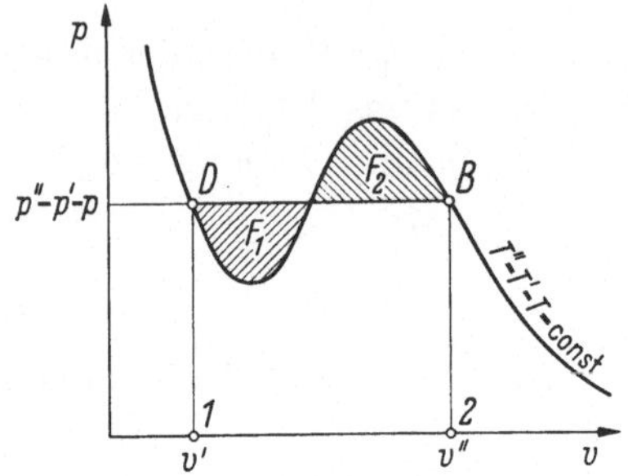

Abb. 2.4 Konstruktion der Maxwellschen Geraden im p,v-Bild. Sie liefert bei vorgegebener Temperatur T den Gleichgewichtsdruck p sowie das spezifische Volumen v' bzw. v''.

wellsche Gerade). Der Punkt B gibt dann die Eigenschaften des gesättigten Dampfes $v''(T)$, der Punkt D die Eigenschaften der zugehörigen siedenden Flüssigkeit $v'(T)$ an, während die Maxwellsche Gerade den Dampfdruck der siedenden Flüssigkeit $p(T)$ festlegt.

Wiederholt man die beschriebene Konstruktion für verschiedene Temperaturen, so ergeben sich in Abb. 2.1 weitere Punkte B bzw. D, die man zur Taulinie bzw. Siedelinie verbinden kann.

Mit steigender Temperatur (und steigendem Druck) wird die Verbindungsgerade $D\,B$ immer kürzer, da die Form der Isothermen die zugehörigen Flächen F_1 und F_2 immer mehr zusammenschrumpfen läßt. Schließlich besteht die Gerade nur noch aus einem einzigen Punkt. Wie aus der Konstruktion der Maxwellschen Geraden klar hervorgeht, fällt dieser Punkt mit dem Wendepunkt derjenigen Isothermen zusammen, die an dieser Stelle eine horizontale Tangente besitzt. Hier gehen Siede- und Taulinie mit einer gemeinsamen horizontalen Tangente ineinander über und auf der Isothermen gilt

$$\left(\frac{\partial p}{\partial v}\right)_T = \left(\frac{\partial^2 p}{\partial v^2}\right)_T = 0\,. \tag{2.13}$$

Diese Stelle heißt *kritischer Punkt*; die zugehörige Temperatur wird *kritische Temperatur* genannt, der zugehörige Druck *kritischer Druck*. Am kritischen Punkt besitzen die siedende Flüssigkeit und der zugehörige gesättigte Dampf die gleichen Eigenschaften, da die Punkte B und D zusammenfallen. Insbesondere gilt

$$v'' = v' = v_{\text{krit}} \tag{2.14}$$

Abb. 2.1 zeigt deutlich, daß oberhalb der kritischen Temperatur keine Phasengleichgewichte zwischen einer siedenden Flüssigkeit und einem gesättigten Dampf mehr auftreten können. Vereinbart man als

Kennzeichen einer Flüssigkeit, daß man sie durch isobare Steigerung der Temperatur zum Sieden bringen kann, so liegen die flüssigen Zustände in Abb. 2.1 links von der Siedelinie. Oberhalb der kritischen Isobaren kann dieses Kriterium nicht mehr erfüllt werden. Da die Substanz hier aber Eigenschaften aufweist, die den Eigenschaften einer Flüssigkeit sehr ähnlich sind, wird das oberhalb der kritischen Isobaren gelegene Gebiet als *fluider* Bereich bezeichnet. Eine eindeutige Abgrenzung gegenüber dem rechts von der Taulinie gelegenen Bereich gasförmiger Zustände ist nicht vorhanden.

Die bisher geschilderten Verhältnisse lassen sich unmittelbar aus der Zustandsgleichung von VAN DER WAALS ableiten. Die Erfahrung zeigt jedoch, daß neben dem als *Naßdampfgebiet* gekennzeichneten Bereich der Phasengleichgewichte flüssig-dampfförmig noch zwei weitere Gebiete mit Phasengleichgewichten vorhanden sind, nämlich das *Sublimationsgebiet* für die Phasengleichgewichte fest-dampfförmig und das *Schmelzgebiet* für die Phasengleichgewichte fest-flüssig. Die speziellen Eigenschaften der in diesen Bereichen miteinander im Gleichgewicht stehenden Phasen lassen sich ebenso bestimmen wie dies für das Naßdampfgebiet beschrieben worden ist, denn bei der Ableitung der Gleichgewichtsbedingungen wurde nirgends auf die Art der betrachteten Phasen Bezug genommen. Für das Sublimationsgebiet gilt somit

$$T^* = T'', \tag{2.15a}$$

$$p^* = p'', \tag{2.15b}$$

$$g^* = g''. \tag{2.15c}$$

Für das Schmelzgebiet erhält man analog

$$T^* = T^{**}, \tag{2.16a}$$

$$p^* = p^{**}, \tag{2.16b}$$

$$g^* = g^{**}. \tag{2.16c}$$

Die Lage dieser Bereiche ist aus Abb. 2.1 ersichtlich.

Kühlt man eine siedende Flüssigkeit isobar ab, so beginnt sie schließlich zu gefrieren. Das Schmelzgebiet liegt somit links von der Siedelinie. Es wird gegenüber den flüssigen Zuständen von der Gefrierlinie abgegrenzt. Führt man diesen Abkühlvorgang bei kleineren Drücken aus, so wird der Temperaturunterschied zwischen Siedelinie und Gefrierlinie geringer. Am Tripelpunkt verschwindet er vollständig. Dort sind die flüssige, die feste und die gasförmige Phase koexistent. Die zugehörige Temperatur heißt *Tripeltemperatur*, der zugehörige Druck *Tripeldruck*. Die zur Tripeltemperatur gehörige Isotherme grenzt in Abb. 2.1 als *Tripelgerade* das Naßdampfgebiet und das Schmelzgebiet gegen das Sublimationsgebiet ab. Links von der Schmelzlinie und der Sublimationslinie liegen dann die festen Zustände.

Häufig ergänzt man ein p,v-Diagramm dadurch, daß in das Naßdampf- und das Sublimationsgebiet Linien konstanten Dampfgehaltes x eingetragen werden. Wegen Gl. (2.4a) gilt im Naßdampfgebiet

$$x = \frac{v - v'(T;p)}{v''(T;p) - v'(T;p)} \tag{2.17}$$

und im Sublimationsgebiet [Gl. (2.5)]

$$x = \frac{v - v^*(T;p)}{v''(T;p) - v^*(T;p)}, \tag{2.18}$$

so daß diese Linien am einfachsten durch Unterteilung der zwischen Siede- und Taulinie bzw. Sublimations- und Taulinie liegenden horizontalen Isothermen im Verhältnis $x/(1-x)$ gewonnen werden. An der Tripelgeraden besitzen alle Linien $x = \text{const}$ einen Sprung, der durch die auch am Tripelpunkt vorhandenen Unterschiede zwischen dem spezifischen Volumen des schmelzenden Feststoffes und der siedenden bzw. gefrierenden Flüssigkeit hervorgerufen wird.

Beispiel 2.1. Die thermische Zustandsgleichung von VAN DER WAALS lautet für einen reinen Stoff

$$(p + a/v^2)(v - b) = RT.$$

Wo liegt der kritische Punkt dieses Stoffes?

Lösung. Der kritische Punkt ist durch die Bedingungen $(\partial p/\partial v)_T = (\partial^2 p/\partial v^2)_T = 0$ gekennzeichnet. Im vorliegenden Fall findet man mit

$$\left(\mathrm{d}p - \frac{2a}{v^3}\,\mathrm{d}v\right)(v-b) + \left(p + \frac{a}{v^2}\right)\mathrm{d}v = R\,\mathrm{d}T$$

$$\left(\frac{\partial p}{\partial v}\right)_T = \frac{-RT}{(v-b)^2} + \frac{2a}{v^3} = 0 \qquad \text{und}$$

$$\left(\frac{\partial^2 p}{\partial v^2}\right)_T = +\frac{2RT}{(v-b)^3} - \frac{6a}{v^4} = 0$$

Eliminiert man aus der letzten Gleichung das letzte Glied durch den aus $(\partial p/\partial v)_T = 0$ folgenden Ausdruck, so ergibt sich für den kritischen Punkt ($v = v_{\text{krit}}$, $T = T_{\text{krit}}$, $p = p_{\text{krit}}$)

$$v_{\text{krit}} = 3b$$

Setzt man dieses Resultat in die Gleichung von VAN DER WAALS und den Ausdruck für $(\partial p/\partial v)_T = 0$ ein, so ergibt sich am kritischen Punkt

$$\left(p_{\text{krit}} + \frac{a}{9b^2}\right)2b = RT_{\text{krit}} \qquad \text{bzw.} \qquad RT_{\text{krit}} = \frac{8a}{27b},$$

woraus folgt

$$p_{\text{krit}} = \frac{a}{27b^2} \qquad \text{und} \qquad T_{\text{krit}} = \frac{8a}{27bR}$$

Beispiel 2.2. Man ersetze in der thermischen Zustandsgleichung von VAN DER WAALS die Stoffkonstanten a, b und R durch die „kritischen Daten" T_{krit}, p_{krit}, v_{krit}. Die dabei auftretenden Größen

$$T/T_{\text{krit}} = \vartheta,\ p/p_{\text{krit}} = \pi \text{ und } v/v_{\text{krit}} = \varphi$$

heißen *normierte* Zustandsgrößen.

Lösung. Durch formale Umformungen findet man die gesuchte Gleichung $(\pi + 3/\varphi^2)(3\varphi - 1) = 8\vartheta$, in der keine Größen mehr vorkommen, die auf einen speziellen Stoff hinweisen. Sie müßte daher mit den Variablen π, ϑ, φ für alle diejenigen Stoffe gelten, die der normalen thermischen Zustandsgleichung von VAN DER WAALS gehorchen. Bekanntlich liefert die Gleichung von VAN DER WAALS keine quantitativ richtigen Werte. Es lag daher nahe, nach einer anderen, beliebig kompliziert gebauten thermischen Zustandsgleichung

$$f(\pi, \vartheta, \varphi) = 0$$

zu suchen, die dann – tabellarisch durch sehr genaue Messungen an einem geeigneten Stoff festgelegt – für alle anderen Stoffe gültig sein müßte. Diese als „Korrespondenzprinzip" bezeichnete Überlegung ist durch die Erfahrung widerlegt worden. Erst durch Hinzunahme eines vom Stoff abhängigen Parameters α_{krit} konnte eine für viele Stoffe gültige thermische Zustandsgleichung der Form

$$f(\pi, \vartheta, \varphi; \alpha_{krit}) = 0$$

gefunden und tabelliert werden: „Erweitertes Korrespondenzprinzip"[1].

2.1.2 Das p,T-Diagramm der Phasengrenzkurven

Mit Hilfe von Abb. 2.1 war gezeigt worden, wie sich die Gleichgewichtsbedingungen für die Zweiphasengleichgewichte graphisch in Form der Phasengrenzkurven darstellen lassen.

Überträgt man diese Grenzkurven formal in ein p,T-Diagramm, so fallen jeweils zwei der Kurven zusammen: Aus der am Tripelpunkt beginnenden und am kritischen Punkt endenden Siedelinie ergibt sich zusammen mit dem entsprechenden Teil der Taulinie im p,T-Bild eine Grenzkurve 1, die den flüssigen vom gasförmigen Bereich trennt (Abb. 2.5). Sie wird als *Dampfdruckkurve der siedenden Flüssigkeit* be-

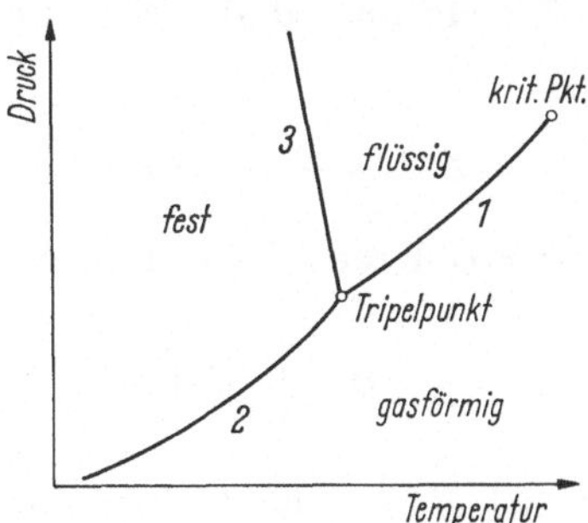

Abb. 2.5 p,T-Diagramm der Phasengrenzkurven eines reinen Stoffes.

zeichnet. Aus der Sublimationslinie und dem unterhalb des Tripelpunktes liegenden Teil der Taulinie ergibt sich die Phasengrenzkurve 2. Sie wird als *Dampfdruckkurve des sublimierenden Feststoffes* bezeichnet

[1] RIEDEL: Kältetechnik 9 (1957) H. 5, 127–134; PITZER, u. a.: J. Am. Chem. Soc. 77 (1955) 3433–3440; Ind. Engg. Chem. 50 (1958) 265–274; LÖFFLER: Kältetechnik 20 (1968) 72–77.

und grenzt den Bereich der festen Zustände gegen den gasförmigen Bereich ab. Aus der Gefrierlinie und der Schmelzlinie ergibt sich schließlich die vom Tripelpunkt ausgehende Phasengrenzkurve 3, welche die Grenze zwischen dem festen und dem flüssigen Zustandsgebiet bildet.

Es leuchtet unmittelbar ein, daß der Verlauf dieser drei Grenzkurven für technische Berechnungen von großer Bedeutung sein kann. Deswegen sollen die zugehörigen Differentialgleichungen ermittelt werden. Man betrachte dazu in Abb. 2.5 zwei benachbarte Punkte auf der Kurve 1. Bei einer Temperatur T hat der Dampfdruck den Wert p. Er kann aus den Gleichgewichtsbedingungen

$$\begin{aligned} T'' &= T' \\ p'' &= p' \\ g'' &= g' \end{aligned} \tag{2.19a}$$

ermittelt werden. Für einen um $\mathrm{d}T$ verschobenen Nachbarpunkt gelten diese Aussagen sinngemäß:

$$\begin{aligned} T'' + \mathrm{d}T'' &= T' + \mathrm{d}T', \text{ entsprechend } \mathrm{d}T'' = \mathrm{d}T' = \mathrm{d}T \\ p'' + \mathrm{d}p'' &= p' + \mathrm{d}p', \text{ entsprechend } \mathrm{d}p'' = \mathrm{d}p' = \mathrm{d}p \\ g'' + \mathrm{d}g'' &= g' + \mathrm{d}g', \text{ entsprechend } \mathrm{d}g'' = \mathrm{d}g' \end{aligned} \tag{2.19b}$$

Entwickelt man die Ausdrücke $g'' + \mathrm{d}g''$ bzw. $g' + \mathrm{d}g'$ in eine Taylorreihe, so ergibt sich für kleine ΔT und Δp unter Vernachlässigung höherer Glieder:

$$g''(T + \Delta T; p + \Delta p) = g''(T; p) + \left(\frac{\partial g}{\partial T}\right)_p'' \Delta T + \left(\frac{\partial g}{\partial p}\right)_T'' \Delta p + \cdots \tag{2.20a}$$

sowie

$$g'(T + \Delta T; p + \Delta p) = g'(T; p) + \left(\frac{\partial g}{\partial T}\right)_p' \Delta T + \left(\frac{\partial g}{\partial p}\right)_T' \Delta p + \cdots \tag{2.20b}$$

Aus der Differenz der Gln. (2.20a, b)

$$g'' - g' = 0 = 0 + \left\{\left(\frac{\partial g}{\partial T}\right)_p'' - \left(\frac{\partial g}{\partial T}\right)_p'\right\} \Delta T + \left\{\left(\frac{\partial g}{\partial p}\right)_T'' - \left(\frac{\partial g}{\partial p}\right)_T'\right\} \Delta p \tag{2.21}$$

läßt sich dann unmittelbar die Steigung der Dampfdruckkurve 1 berechnen zu:

$$\lim_{\Delta T \to 0} \left(\frac{\Delta p}{\Delta T}\right) = \frac{\mathrm{d}p}{\mathrm{d}T} = -\frac{\left(\frac{\partial g}{\partial T}\right)_p'' - \left(\frac{\partial g}{\partial T}\right)_p'}{\left(\frac{\partial g}{\partial p}\right)_T'' - \left(\frac{\partial g}{\partial p}\right)_T'}. \tag{2.22}$$

Der Ausdruck 2.22 ist jedoch für den praktischen Gebrauch zu unhandlich. Man formt ihn daher unter Verwendung der Resultate des Beispieles 1.9

$$\left(\frac{\partial g}{\partial T}\right)_p = -s; \quad \left(\frac{\partial g}{\partial p}\right)_T = v \tag{2.23a}$$

sowie Gl. (1.93) $\mathrm{d}h = T\,\mathrm{d}s + v\,\mathrm{d}p \qquad (X_i = p,\ x_i = v)$ (2.23b)

um. Gl. (2.23b) liefert dabei wegen der im Phasengleichgewicht gültigen Beziehung $\mathrm{d}T = \mathrm{d}p = 0$ durch Integration den Ausdruck

$$(h'' - h') = T(s'' - s'). \tag{2.23c}$$

Setzt man die Gln. (2.23a, c) in Gl. (2.22) ein, dann ergibt sich für die Steigung der Dampfdruckkurve 1 im p,T-Bild die nach CLAUSIUS-CLAPEYRON benannte Differentialgleichung

$$\frac{\mathrm{d}p}{\mathrm{d}T} = \frac{1}{T}\,\frac{h'' - h'}{v'' - v'} \quad \text{(Phasengrenze flüssig-dampfförmig, Kurve 1)} \tag{2.24a}$$

Analog gilt:

$$\frac{\mathrm{d}p}{\mathrm{d}T} = \frac{1}{T}\,\frac{h'' - h^*}{v'' - v^*} \quad \text{(Phasengrenze fest-dampfförmig, Kurve 2)} \tag{2.24b}$$

und

$$\frac{\mathrm{d}p}{\mathrm{d}T} = \frac{1}{T}\,\frac{h^{**} - h^*}{v^{**} - v^*} \quad \text{(Phasengrenze fest-flüssig, Kurve 3)} \tag{2.24c}$$

In der Regel trifft man in diesem Zusammenhang noch folgende Vereinbarungen:
Die Differenz $h'' - h'$ heißt „Verdampfungsenthalpie r“, (2.25a)
die Differenz $h'' - h^*$ „Sublimationsenthalpie q_s“ und (2.25b)
die Differenz $h^{**} - h^*$ „Schmelzenthalpie q“. (2.25c)

Aus $$h = u + p\,v \tag{1.37a}$$

findet man schließlich durch Differenzbildung des im Phasengleichgewicht konstanten Druckes wegen

$$h'' - h' = r = (u'' - u') + p(v'' - v'). \tag{2.25d}$$

In Gl. (2.25d) wird
die Differenz $u'' - u'$ „innere Verdampfungsenthalpie“ genannt. (2.25e)
Die Differenz $p(v'' - v')$ heißt „äußere Verdampfungsenthalpie“ (2.25f)
(Verdrängungsarbeit).
Mit Hilfe dieser Vereinbarungen folgt für die Summe von Schmelz- und Verdampfungsenthalpie:

$$q + r = (h^{**} - h^*) + (h'' - h'). \tag{2.26}$$

Am Tripelpunkt verschwindet nun der Unterschied zwischen der gefrierenden und der siedenden Flüssigkeit, denn dort sind Dampf, Flüssigkeit und feste Substanz im Phasengleichgewicht koexistent.

An diesem besonderen Punkt gilt daher

$$h^{**} = h' \tag{2.27}$$

und

$$q + r = h'' - h^* = q_s. \tag{2.28}$$

Am Tripelpunkt ist die Sublimationsenthalpie gleich der Summe aus Schmelzenthalpie und Verdampfungsenthalpie.

Die Differentialgleichungen von CLAUSIUS-CLAPEYRON [Gl. (2.24)] lassen sich normalerweise nicht geschlossen integrieren. Für manche Zwecke ist es jedoch ausreichend, in Gl. (2.24a) folgende Vereinfachungen vorzunehmen

$$v'' \gg v' \tag{2.29a}$$

$$v'' = \frac{RT}{p} \tag{2.29b}$$

$$r = h'' - h' = \text{const}. \tag{2.29c}$$

Dann erhält Gl. (2.24a) die einfache Form

$$\frac{\mathrm{d}p}{\mathrm{d}T} = \frac{r}{R}\frac{p}{T^2}, \tag{2.30}$$

aus der sich durch Integration zwischen einem Bezugspunkt p_0, T_0 und einer beliebigen Stelle p, T die einfachste Form einer Dampfdruckgleichung gewinnen läßt:

$$\frac{p}{p_0} = \mathrm{e}^{+\frac{r}{RT_0}(1 - T_0/T)}. \tag{2.31}$$

Diese Gleichung stellt im $\ln(p/p_0)$, $1/T$-Diagramm eine Gerade mit der Steigung $\arctan(-r/R)$ dar.

Wendet man die Gln. (2.29a, c) sinngemäß auch auf Gl. (2.24b) an, dann ergibt sich am Tripelpunkt mit Gl. (2.28)

$$\left(\frac{\mathrm{d}p}{\mathrm{d}T}\right)_{\text{Kurve 1}} = \frac{r}{(T v'')_{\text{Tripelpunkt}}} < \left(\frac{\mathrm{d}p}{\mathrm{d}T}\right)_{\text{Kurve 2}} = \frac{q + r}{(T v'')_{\text{Tripelpunkt}}} \tag{2.32}$$

Im p, T-Diagramm (Abb. 2.5) ist die Steigung der Dampfdruckkurve des sublimierenden Feststoffes (Kurve 2) am Tripelpunkt größer als die Steigung der Dampfdruckkurve der siedenden Flüssigkeit (Kurve 1).

Die Steigung der Phasengrenzkurve flüssig-fest (Kurve 3 in Abb. 2.5) wird schließlich wegen $h^{**} - h^* = q > 0$ und $T > 0$ durch das Vorzeichen von $v^{**} - v^*$ festgelegt. Bei Stoffen, deren feste Substanz spezifisch leichter als die im Gleichgewicht stehende Flüssigkeit ist, besitzt die Kurve 3 im p, T-Bild daher eine negative Steigung. Dieser Effekt tritt bei Wasser auf. Er ist dafür verantwortlich, daß Eis „glatt" ist. Abb. 2.6 erläutert diesen Sachverhalt. Ein Schlittschuh, der z. B. mit einer Kraft $K = 100$ kp belastet wird, berührt die Eisoberfläche der Unebenheiten wegen nur an einigen Stellen. Die Auflagefläche sei F.

An diesen Stellen entsteht ein Überdruck $\Delta p = K/F$. Wird der Zustandspunkt des unbelasteten Eises durch Punkt 1 gegeben (p, T), dann besitzt das Eis an den Auflagestellen des Schlittschuhes den veränderten Zustand 2 $(p + \Delta p,\ T)$. Der Punkt 2 liegt normalerweise im Gebiet der flüssigen Zustände. Das Eis schmilzt also unter dem Schlittschuh und

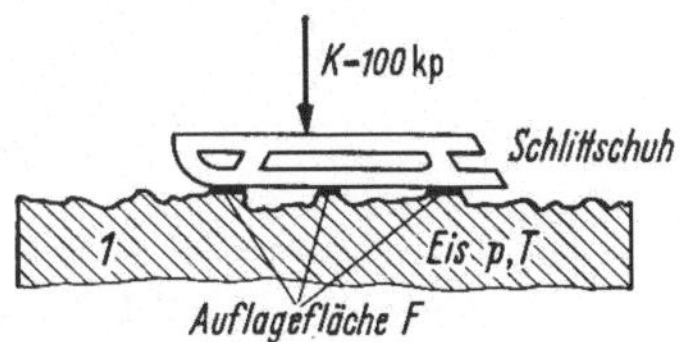

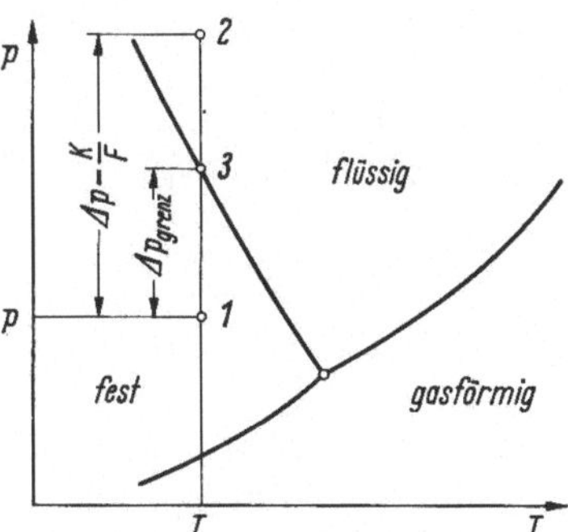

Abb. 2.6 Warum ist Eis glatt? Antwort: Das Eis schmilzt unter der Last des Schlittschuhes und das Schmelzwasser bildet einen Schmierfilm.

das Schmelzwasser bildet einen Schmierfilm. Gleichzeitig vergrößert sich aber die Auflagefläche F solange, bis der Punkt 2 mit dem Punkt 3 auf der Phasengrenzkurve zusammenfällt. Dann ist ein Grenzwert erreicht worden, bei dem kein Eis mehr schmelzen kann. Abb. 2.6 zeigt auch, daß sehr kaltes Eis „stumpf" ist, da sich die Menge des Schmelzwassers mit sinkender Eistemperatur vermindert. Bei hinreichend kaltem Eis kann der Punkt 2 sogar im Bereich der festen Zustände liegen, so daß kein „Schmierfilm" gebildet wird.

Beispiel 2.3. Aus den Angaben: Luftdruck 1 at, Schmelztemperatur des Eises 273 °K, Schmelzenthalpie q rd. 80 kcal/kg, spezifisches Volumen des Eises $v^* = 1{,}09\ \mathrm{cm^3/g}$, spezifisches Volumen des gefrierenden Wassers $v^{**} = 1\ \mathrm{cm^3/g}$ schätze man den Überdruck Δp ab, der Eis von -7 °C zum Schmelzen bringt.

Lösung. Aus den Gln. (2.24c) und (2.25c) ergibt sich

$$\frac{\Delta p}{\Delta T} = \frac{1}{T}\,\frac{q}{v^{**} - v^{*}}\,,\ \text{woraus wegen } \Delta t = \Delta T = -7\,°\mathrm{C} - 0\,°\mathrm{C} = -7\,\mathrm{grd}\ \text{folgt}$$

$$\Delta p = \frac{-7\,\mathrm{grd}}{273\,°\mathrm{K}} \cdot \frac{80\,\mathrm{kcal/kg}}{-0{,}09\,\mathrm{cm^3/g}} \cdot \frac{427\,\mathrm{mkp/kcal}}{10^{-2}\,\mathrm{m/cm}} \cdot \frac{10^{-3}\,\mathrm{kg}}{\mathrm{g}} \approx 1000\,\frac{\mathrm{kp}}{\mathrm{cm^2}} = 10^3\,\mathrm{at}\,.$$

Beispiel 2.4. Dampfdruckmessungen für einen Stoff mit der Molmasse $M = 18$ g/mol haben folgende Werte ergeben:
$t_1 = 96{,}18\,°\mathrm{C}$, $p_1 = 0{,}9$ at; $t_2 = 101{,}76\,°\mathrm{C}$, $p_2 = 1{,}1$ at.
Man schätze aus diesen Angaben die Verdampfungsenthalpie bei 1 at ab.

Lösung. Die Gln. (2.24a), (2.25a) ergeben mit $v'' \gg v'$, $v'' \approx RT/p$ und $\Delta t = \Delta T = 5{,}58$ grd den Ausdruck

$$h'' - h' = r \approx \frac{\Delta p}{\Delta T} \cdot R \cdot \frac{T^2}{p} = \frac{0{,}2\,\mathrm{at}}{5{,}58\,\mathrm{grd}} \cdot \frac{8{,}315\,\mathrm{J/mol\,°K}}{18\,\mathrm{g/mol}} \cdot \frac{(372{,}12\,°\mathrm{K})^2}{1\,\mathrm{at}} \cdot 0{,}2389\,\frac{\mathrm{cal}}{\mathrm{J}} = 548\,\frac{\mathrm{cal}}{\mathrm{g}} .$$

2.1.3 Das T,s-Diagramm

Das T,s-Diagramm eines realen reinen Stoffes ist die graphische Darstellung der kalorischen Zustandsgleichung

$$s = \int_{T_0}^{T} c_v^0 \frac{\mathrm{d}T}{T} + \int_{v_0}^{v} \left(\frac{\partial p}{\partial T}\right)_v \mathrm{d}v_T + \mathrm{const} + \int_{T_0}^{T} \left\{ \int_{\infty}^{v_0} \left(\frac{\partial^2 p}{\partial T^2}\right)_v \mathrm{d}v_T \right\} \mathrm{d}T \tag{1.159}$$

oder
$$s = \int_{T_0}^{T} c_p^0 \frac{\mathrm{d}T}{T} - \int_{p_0}^{p} \left(\frac{\partial v}{\partial T}\right)_p \mathrm{d}p_T + \mathrm{const} - \int_{T_0}^{T} \left\{ \int_{0}^{p_0} \left(\frac{\partial^2 v}{\partial T^2}\right)_p \mathrm{d}p_T \right\} \mathrm{d}T . \tag{1.160}$$

Im ersten Summanden werden die Eigenschaften der einzelnen Moleküle jeweils mit Hilfe der spezifischen Wärmekapazitäten berücksichtigt, während im zweiten und vierten Summanden der Einfluß der thermischen Zustandsgleichung zum Ausdruck kommt. Für den Zustandsbereich, in dem sich auch reale Stoffe wie ideale Gase verhalten, so daß die thermische Zustandsgleichung (1.8a) gültig wird, vereinfacht sich die kalorische Zustandsgleichung zu

$$s^0 = \int_{T_0}^{T} c_v^0 \frac{\mathrm{d}T}{T} + R \ln \frac{v}{v_0} + \mathrm{const} \tag{1.143}$$

und
$$s^0 = \int_{T_0}^{T} c_p^0 \frac{\mathrm{d}T}{T} - R \ln \frac{p}{p_0} + \mathrm{const} . \tag{1.144}$$

T_0, v_0, p_0 sind dabei Zustandsgrößen eines Bezugspunktes, der im Bereich des idealen Verhaltens liegt ($p_0 \to 0$, $v_0 \to \infty$). Beide Gleichungen lassen sich leicht im T,s-Diagramm Abb. 2.7 darstellen, wenn man das spezifische Volumen v (Isochoren) bzw. den Druck p (Isobaren) konstant hält. Dabei verlaufen die Isobaren in jedem Punkt des Diagrammes flacher als die Isochoren. Nach den Gln. (1.114a, b) gilt nämlich

$$\left(\frac{\partial s}{\partial T}\right)_p = \frac{c_p}{T} \quad \text{und} \quad \left(\frac{\partial s}{\partial T}\right)_v = \frac{c_v}{T} . \tag{2.33}$$

Die spezifischen Wärmekapazitäten c_p und c_v entsprechen also im T,s-Bild den Subtangenten unter den Isobaren bzw. Isochoren. Führt man diese Konstruktion im Bereich des idealen Verhaltens durch, so

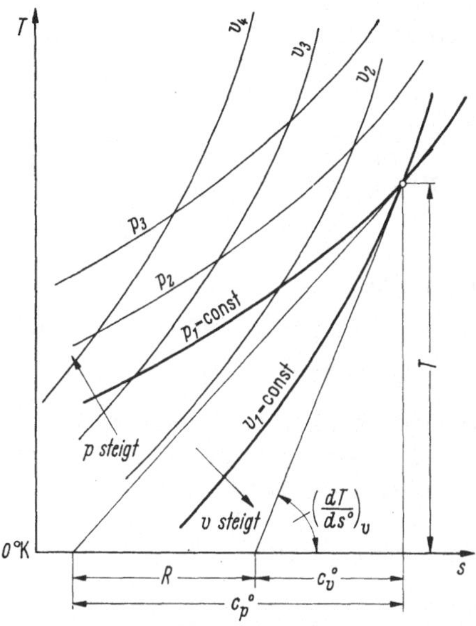

Abb. 2.7 Verlauf der Isobaren und Isochoren im T,s-Diagramm eines idealen Gases. Die spezifischen Wärmekapazitäten c_p^0 und c_v^0 entsprechen den Subtangenten unter den Isobaren bzw. Isochoren.

wird die Aussage über die Steigung von Isobaren und Isochoren wegen Gl. (1.126)

$$c_p^0 - c_v^0 = R > 0$$

unmittelbar bewiesen (Abb. 2.7).

Beispiel 2.5. Wie groß ist die spezifische Wärmekapazität c_p eines Naßdampfes?

Lösung. Ein Naßdampf besteht aus 2 Phasen, die miteinander im Gleichgewicht stehen. Beide Phasen besitzen nach Gl. (2.7a, b) die gleiche Temperatur und den gleichen Druck. Eine Änderung des Volumens führt bei vorgegebener Temperatur nicht zu einer Änderung des Druckes sondern zu einer Veränderung der mengenmäßigen Anteile beider Phasen und damit auch zu einer Änderung der Entropie, denn nach Gl. (2.4d) gilt $s = x\, s''(T; p) + (1 - x)\, s'(T; p)$. Die Isobaren verlaufen demnach im Naßdampfgebiet des T,s-Bildes horizontal (p = const; T = const), so daß die nach Gl. (2.33) als Subtangente unter der Isobaren erkannte spezifische Wärmekapazität c_p unendlich groß wird.

Im flüssigen und festen Zustand spielt der Druck eine wesentlich kleinere Rolle als im gasförmigen Bereich. Setzt man deswegen voraus, daß Flüssigkeiten und feste Stoffe wenigstens näherungsweise inkompressibel sind, dann hängt das Volumen nur von der Temperatur ab. Für eine *inkompressible* Substanz gilt nämlich definitionsgemäß

$$\mathrm{d}v = \left(\frac{\partial v}{\partial T}\right)_p \mathrm{d}T + \left(\frac{\partial v}{\partial p}\right)_T \mathrm{d}p = \left(\frac{\partial v}{\partial T}\right)_p \mathrm{d}T, \text{ entsprechend } v = v(T). \quad (2.34)$$

Daraus ergibt sich mit den Gln. (1.156), (1.114b) und (1.37a)

$$\mathrm{d}u = \left(\frac{\partial u}{\partial T}\right)_p \mathrm{d}T + \left(\frac{\partial u}{\partial p}\right)_T \mathrm{d}p \quad \text{und} \quad (2.35\text{a})$$

$$\mathrm{d}u = \left\{c_p - p\left(\frac{\partial v}{\partial T}\right)_p\right\} \mathrm{d}T - T\left(\frac{\partial v}{\partial T}\right)_p \mathrm{d}p \approx c_{fl} \mathrm{d}T^1 \quad (2.35\text{b})$$

$$\text{entsprechend} \quad u_{\text{inkompressibel}} \approx u(T), \quad (2.35\text{c})$$

denn es gilt normalerweise

$$c_{fl} = c_p \approx f(T) \gg p(\partial v/\partial T)_p \quad \text{sowie} \quad (2.36\text{a})$$

$$c_p \Delta T \gg T(\partial v/\partial T)_p \Delta p. \quad (2.36\text{b})$$

Auch die Entropie einer inkompressiblen Substanz erweist sich näherungsweise als reine Temperaturfunktion, denn nach Gl. (1.93) ergibt sich mit $X_i = p$, $x_i = v$ [Gln. (2.34), (2.35b)]

$$T\,\mathrm{d}s = \mathrm{d}u + p\,\mathrm{d}v = c_{\text{fl}}\,\mathrm{d}T - T\left(\frac{\partial v}{\partial T}\right)_p \mathrm{d}p \approx c_{\text{fl}}\,\mathrm{d}T, \quad (2.37)$$

weil in der Regel

$$c_{\text{fl}} \Delta T \gg T\left(\frac{\partial v}{\partial T}\right)_p \Delta p \quad \text{ist.} \quad (2.38)$$

Man kann deswegen schreiben

$$s_{\text{inkompressibel}} \approx \int_{T_0}^{T} \frac{c_{\text{fl}}}{T}\,\mathrm{d}T + \text{const}. \quad (2.39)$$

Nach Gl. (2.39) liegen alle Zustandspunkte einer inkompressiblen Flüssigkeit auf der Siedelinie. Auch die Gefrierlinie fällt mit der Siedelinie zusammen. Alle festen Zustände sind auf der Sublimationslinie bzw. Schmelzlinie zu finden. Aus diesem Grunde erstrecken sich viele T,s-Diagramme auch nur bis zur Siedelinie. Abweichungen sind überall dort zu erwarten, wo Gl. (2.38) ungültig wird oder wo sich die flüssige Phase als kompressibel erweist. Das ist ganz sicher in der Nähe des kritischen Punktes und bei hohen Drücken der Fall, wie Abb. 2.8 zeigt.

In Abb. 2.8 ist auch das Naßdampfgebiet eingetragen worden. Seine Phasengrenzkurven lassen sich am einfachsten dadurch konstruieren,

---

[1] Die spezifischen Wärmekapazitäten c_p und c_v realer Flüssigkeiten brauchen keineswegs gleich groß zu sein. Bei organischen Flüssigkeiten kann der Quotient c_p/c_v z. B. durchaus in der von den Gasen her bekannten Größenordnung liegen. Bei inkompressiblen Flüssigkeiten verliert die Unterscheidung von c_p und c_v jedoch ihren Sinn, weil für endliche Drücke eine isochore Wärmezufuhr nach Gl. (2.34) nur für den Sonderfall $(\partial v/\partial T)_p = 0$ möglich ist.

daß man zunächst die Isobaren des gasförmigen Bereiches [Gl. (1.160] mit der Gleichung für den Dampfdruck der siedenden Flüssigkeit bzw. des sublimierenden Feststoffes zum Schnitt bringt. Diese Gleichung gibt

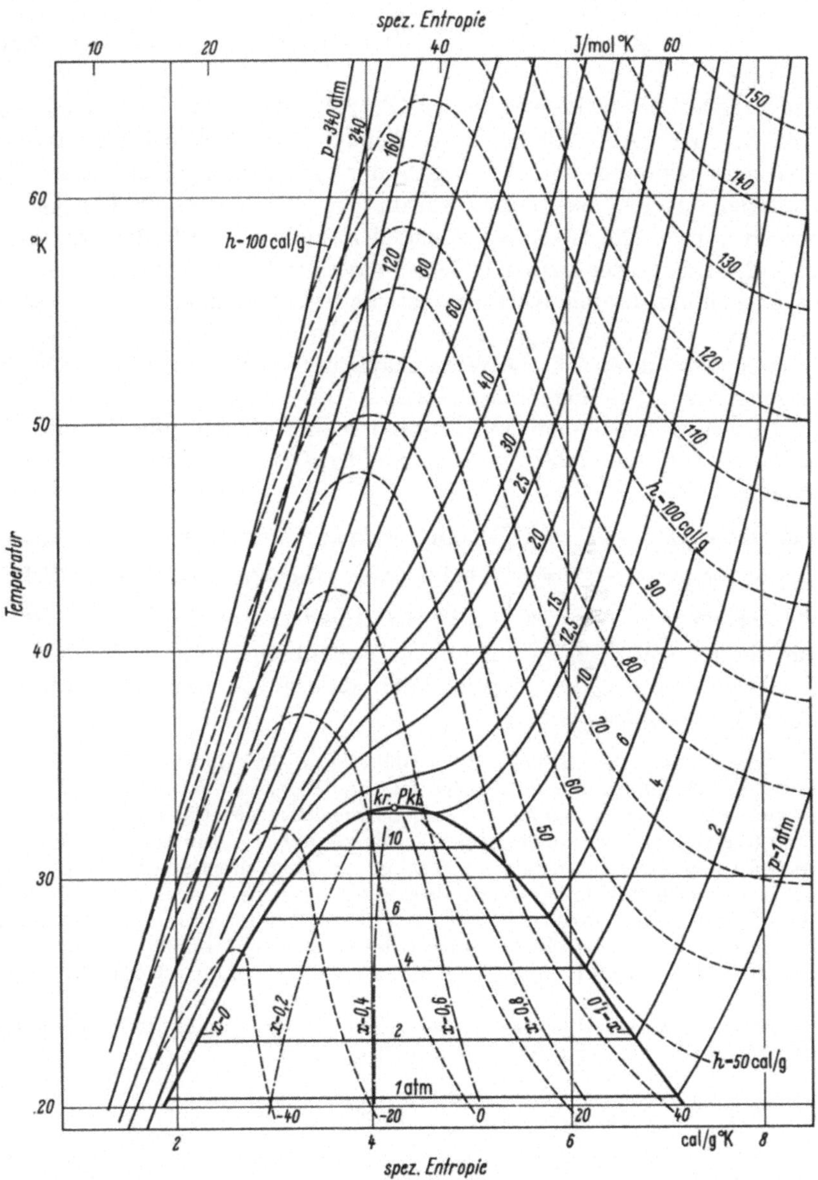

Abb. 2.8 T,s-Diagramm eines realen Stoffes. Das Diagramm entspricht etwa den Stoffwerten von Wasserstoff.

nämlich definitionsgemäß gerade den Zusammenhang zwischen dem vorgegebenen Druck (Isobare) und der Temperatur an, bei der die Kondensation beginnt. (Nr. 2.1.2 und Abb. 2.4.) Damit kennt man den Verlauf der Taulinie. Die Siedelinie kann jetzt leicht mit Hilfe der Gln. (2.23c) und (2.24a) konstruiert werden, nach denen gilt

$$s'' - s' = \frac{h'' - h'}{T} = (v'' - v')\left(\frac{\mathrm{d}p}{\mathrm{d}T}\right)_{\text{Kurve }1}, \qquad (2.40)$$

denn alle auf der rechten Seite von Gl. (2.40) stehenden Größen sind aus Abb. 2.1 bzw. Abb. 2.5 bekannt. Analog geht man bei den übrigen Phasengrenzkurven vor. Innerhalb der Zweiphasengebiete fallen die Isobaren mit den Isothermen zusammen, wie bereits im Beispiel 2.5 gezeigt wurde. Die Isochoren konstruiert man mit Hilfe der Gln. (2.17) und (2.4d) bzw. der analogen Beziehungen, indem man für v einen vorgegebenen konstanten Wert einsetzt. Es ist sofort zu erkennen, daß die Isochoren auch im Zweiphasengebiet steiler als die Isobaren verlaufen. Deswegen ist die spezifische Wärmekapazität c_v im Zweiphasengebiet im Gegensatz zu c_p endlich (Beispiel 2.5).

In diesem Zusammenhang definiert man noch folgende Begriffe, die sich aus den Gln. (2.23c) und (2.25a) bzw. den analogen Ausdrücken ergeben:

Die Differenz $s'' - s' = r/T$ heißt *Verdampfungsentropie*. (2.41a)

Die Differenz $s'' - s^* = q_s/T$ heißt *Sublimationsentropie* und (2.41b)

die Differenz $s^{**} - s^* = q/T$ wird *Schmelzentropie* genannt. (2.41c)

Im übrigen soll noch darauf hingewiesen werden, daß die Taulinie im T,s-Diagramm auch so verlaufen kann, daß sie von manchen Isentropen zweimal geschnitten wird.

Beispiel 2.6. Man skizziere das T,s-Bild eines realen Stoffes in der Umgebung seines Tripelpunktes. Der Stoff möge folgende Eigenschaften besitzen: Die gasförmige Phase verhält sich bis zur Taulinie wie ein ideales Gas mit der Molmasse $M = 18$ g/mol und der spezifischen Wärmekapazität $c_p^0 = 0{,}46$ cal/g grd. Die Verdampfungsenthalpie beträgt $r = 500$ cal/g, die Schmelzenthalpie $q = 100$ cal/g; beide sind im betrachteten Temperaturbereich konstant. Ferner soll im betrachteten Bereich gelten: $RT/p = v'' \gg v'$; $v' \approx v^{**} \approx v^*$. Flüssigkeit und Feststoff sind inkompressibel. Die spezifische Entropie des gesättigten Dampfes soll am Tripelpunkt ($T_{\text{Tripelpkt}} = 300\,°\text{K}$, $p_{\text{Tripelpkt}} = 0{,}01$ at, $v''_{\text{Tripelpkt}} = RT/p = 0{,}141\ \text{m}^3/\text{g}$) gleich null sein.

Lösung. Aus Gl. (1.143) bzw. (1.144) ergibt sich der Verlauf der Isochoren und der Isobaren im Bereich der gasförmigen Zustände zu

$$s = c_v^0 \ln \frac{T}{T_0} + R \ln \frac{v}{v_0} + \text{const} \qquad \text{(Isochoren)}$$

$$\text{und} \quad s = c_p^0 \ln \frac{T}{T_0} - R \ln \frac{p}{p_0} + \text{const} \qquad \text{(Isobaren)}$$

Die Konstanten können in beiden Fällen dadurch ermittelt werden, daß s'' bei $T = 300\,°K$, $v = 0{,}141\ m^3/g$, $p = 0{,}01$ at zu null werden soll:

$$s = c_v^0 \ln \frac{T}{T_0} + R \ln \frac{v}{v_0} + \text{const}$$

$$-\left[0 = c_v^0 \ln \frac{300\,°K}{T_0} + R \ln \frac{0{,}141\ m^3/g}{v_0} + \text{const}\right]$$

$$s = c_v^0 \ln \frac{T}{300\,°K} + R \ln \frac{v}{0{,}141\ m^3/g} \qquad \text{(Isochoren)} \quad (2.42a)$$

$$s = c_p^0 \ln \frac{T}{T_0} - R \ln \frac{p}{p_0} + \text{const}$$

$$-\left[0 = c_p^0 \ln \frac{300\,°K}{T_0} - R \ln \frac{0{,}01\ at}{p_0} + \text{const}\right]$$

$$s = c_p^0 \ln \frac{T}{300\,°K} - R \ln \frac{p}{0{,}01\ at} \qquad \text{(Isobaren),} \quad (2.42b)$$

wobei $c_p^0 = 0{,}46$ cal/g grd und c_v^0 nach Gl. (1.126) gleich

$$c_p^0 - R = 0{,}46 \frac{\text{cal}}{\text{g grd}} - \frac{8{,}315\ \text{J/mol}\,°K}{18\ \text{g/mol}} \cdot 0{,}239 \frac{\text{cal}}{\text{J}} = 0{,}35\ \text{cal/g grd ist.}$$

Der Verlauf der Taulinie wird durch die Schnittpunkte der Gl. (2.42b) mit der Dampfdruckkurve der siedenden Flüssigkeit und des sublimierenden Feststoffes gegeben. Für die Dampfdruckkurven gilt unter den angegebenen Voraussetzungen nach Gl. (2.31)

$$\ln \frac{p}{p_0} = \frac{r}{R T_0}\left(1 - \frac{T_0}{T}\right) \quad \text{und analog} \quad \ln \frac{p}{p_0} = \frac{q_s}{R T_0}\left(1 - \frac{T_0}{T}\right),$$

so daß nach Einsetzen der Stoffwerte und Wahl des Tripelpunktes als Bezugspunkt folgt:
Dampfdruckkurve der siedenden Flüssigkeit

$$\ln \frac{p}{0{,}01\ at} = \frac{500\ \text{cal/g}}{0{,}11\ \text{cal/g}\,°K} \, \frac{1}{300\,°K}\left(1 - \frac{300\,°K}{T}\right) = 15{,}15\left(1 - \frac{300\,°K}{T}\right) \quad (2.43a)$$

Dampfdruckkurve des sublimierenden Feststoffes

$$\ln \frac{p}{0{,}01\ at} = 18{,}19\left(1 - \frac{300\,°K}{T}\right). \quad (2.43b)$$

Wegen Gl. (2.41 a) $(s'' - s') = \frac{r}{T} = \frac{500\ \text{cal/g}}{T}$ und Gl. (2.41 b), (2.28) $s'' - s^* = \frac{q_s}{T} = \frac{600\ \text{cal/g}}{T}$ sind damit auch die Siedelinie und die Sublimationslinie festgelegt, für die bei inkompressiblen Substanzen nach Gl. (2.39) gelten sollte

$$s' = s_{\text{flüssig}} = \int_{T_0}^{T} c_{\text{fl}} \frac{dT}{T} + \text{const} \qquad \text{bzw.}$$

$$s^* = s_{\text{fest}} = \int_{T_0}^{T} c_{\text{fest}} \frac{dT}{T} + \text{const}\,.$$

Die Konstanten dieser Gleichungen sind durch die Wahl des Entropienullpunktes festgelegt. Es gilt am Tripelpunkt

$$s'' - s' = \frac{500\,\mathrm{cal/g}}{T} \triangleq 0 - s' = \frac{500\,\mathrm{cal/g}}{300\,°\mathrm{K}} = -\int\limits_{T_0}^{300°\mathrm{K}} c_{\mathrm{fl}} \frac{\mathrm{d}T}{T} - \mathrm{const} \qquad \text{und}$$

$$s'' - s^* = \frac{600\,\mathrm{cal/g}}{T} \triangleq 0 - s^* = \frac{600\,\mathrm{cal/g}}{300\,°\mathrm{K}} = -\int\limits_{T_0}^{300°\mathrm{K}} c_{\mathrm{fest}} \frac{\mathrm{d}T}{T} - \mathrm{const}\,.$$

Daraus lassen sich die Konstanten berechnen und es folgt für den Verlauf der Siedelinie

$$s' = \int\limits_{300\,°\mathrm{K}}^{T} c_{\mathrm{fl}} \frac{\mathrm{d}T}{T} - 1{,}67\,\frac{\mathrm{cal}}{\mathrm{g}\,°\mathrm{K}} \tag{2.44a}$$

und für den Verlauf der Sublimationslinie ($T < 300\,°\mathrm{K}$)

$$s^* = \int\limits_{300\,°\mathrm{K}}^{T} c_{\mathrm{fest}} \frac{\mathrm{d}T}{T} - 2\,\frac{\mathrm{cal}}{\mathrm{g}\,°\mathrm{K}} \tag{2.44b}$$

Bei einer inkompressiblen Flüssigkeit ist die spezifische Entropie normalerweise mit guter Näherung nur eine Temperaturfunktion [Gl. (2.39)], so daß das gesamte, durch Siede- und Gefrierlinie begrenzte Flüssigkeitsgebiet mit der Siedelinie zusammenfällt. Daher gilt:

$$s_{\mathrm{flüssig}} = s' = s^{**} = \int\limits_{300\,°\mathrm{K}}^{T} c_{\mathrm{fl}} \frac{\mathrm{d}T}{T} - 1{,}67\,\frac{\mathrm{cal}}{\mathrm{g}\,°\mathrm{K}}\,, \tag{2.44c}$$

woraus mit Gl. (2.41c) $s^{**} - s^* = \frac{q}{T} = \frac{100\,\mathrm{cal/g}}{T}$ unmittelbar der Verlauf der Schmelzlinie ($T > 300\,°\mathrm{K}$) folgt.

$$s^* = s^{**} - \frac{100\,\mathrm{cal/g}}{T} = \int\limits_{300\,°\mathrm{K}}^{T} c_{\mathrm{fl}} \frac{\mathrm{d}T}{T} - 1{,}67\,\mathrm{cal/g}\,°\mathrm{K} - \frac{100\,\mathrm{cal/g}}{T} \tag{2.44d}$$

Gl. (2.44b) und Gl. (2.44d) müssen am Tripelpunkt übereinstimmen, denn dort geht die Sublimationslinie ohne Sprung in die Schmelzlinie über. Diese Voraussetzung ist für beliebige Werte von c_{fl} und c_{fest} erfüllt. Da die feste Substanz jedoch inkompressibel sein soll, gelten die Werte von Gl.(2.44b) und (2.44d) auch für den Bereich der festen Zustände. Die Temperaturschranke, die bisher die Schmelzlinie von der Sublimationslinie getrennt hat, entfällt und man muß sinnvollerweise fordern, daß beide Gleichungen für alle Temperaturen das gleiche Resultat liefern. Daher gilt wegen

$$s^* = \int\limits_{300°\mathrm{K}}^{T} c_{\mathrm{fest}} \frac{\mathrm{d}T}{T} - 2\,\frac{\mathrm{cal}}{\mathrm{g}\,°\mathrm{K}} = \int\limits_{300\,°\mathrm{K}}^{T} c_{\mathrm{fl}} \frac{\mathrm{d}T}{T} - 1{,}67\,\frac{\mathrm{cal}}{\mathrm{g}\,°\mathrm{K}} - \frac{100\,\mathrm{cal/g}}{T}$$

$$\int\limits_{300°\mathrm{K}}^{T} c_{\mathrm{fest}} \frac{\mathrm{d}T}{T} = \int\limits_{300\,°\mathrm{K}}^{T} \left[c_{\mathrm{fl}} + \frac{100\,\mathrm{cal/g}}{T}\right] \frac{\mathrm{d}T}{T}$$

und

$$c_{\mathrm{fest}} = c_{\mathrm{fl}} + \frac{100\,\mathrm{cal/g}}{T} \tag{2.45}$$

Aus Gl. (2.45) geht deutlich die enge thermodynamische Koppelung der Stoffwerte hervor. Sie muß unbedingt beachtet werden, wenn das in Abb. 2.9 dargestellte Zustandsdiagramm thermodynamisch „konsistent" sein soll.

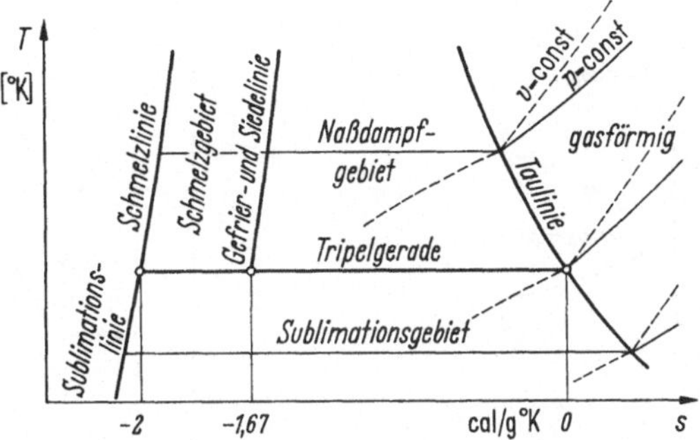

Abb. 2.9 T,s-Diagramm eines realen Stoffes, dessen feste und flüssige Phase inkompressibel ist.

Abb. 2.8 enthält auch Linien konstanter Enthalpie. Ihr Verlauf ist eng an den Verlauf der Isobaren gekoppelt. Durch Integration der Gl. (1.93) mit $X_i = p$ und $x_i = V$ erhält man nämlich

$$\int_1^2 T\,\mathrm{d}S = \int_1^2 \mathrm{d}H - \int_1^2 V\,\mathrm{d}p\,, \text{ entsprechend } \left(\int_1^2 T\,\mathrm{d}S\right)_p = H_2 - H_1 \qquad (2.46)$$

Die Fläche unter einer Isobaren ist im T,s-Diagramm identisch mit einer Enthalpiedifferenz (Abb. 2.10). Ganz analog findet man auch

$$\int_1^2 T\,\mathrm{d}S = \int_1^2 \mathrm{d}U + \int_1^2 p\,\mathrm{d}V\,, \text{ entsprechend } \left(\int_1^2 T\,\mathrm{d}S\right)_V = U_2 - U_1 \qquad (2.47)$$

Die Fläche unter einer Isochoren ist im T,s-Diagramm identisch mit einer Differenz der inneren Energie (Abb. 2.11).

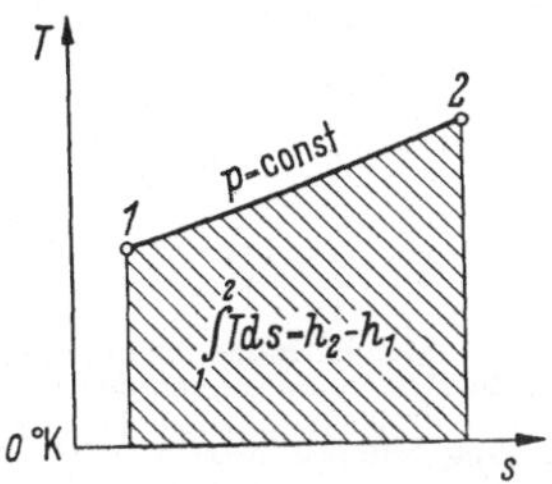

Abb. 2.10 Die Fläche unter einer Isobaren ist im T,s-Diagramm identisch mit einer Enthalpiedifferenz. (Abb. 2.10 gilt für 1 kg Substanz.)

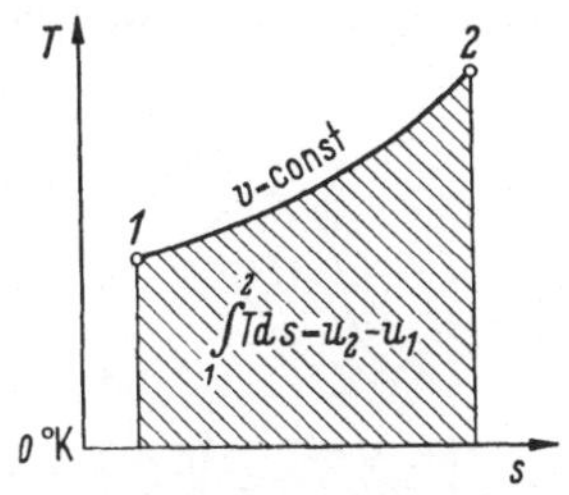

Abb. 2.11 Die Fläche unter einer Isochoren ist im T,s-Diagramm identisch mit einer Differenz der inneren Energie. (Abb. 2.11 gilt für 1 kg Substanz.)

Ebenso leicht lassen sich die Gln. (1.103), (1.104) und (1.105) im T,s-Bild darstellen. Man erkennt, daß Zustandsänderungen in einem abgeschlossenen System nach Gl. (1.103) und (1.104) nur in den Bereich führen können, der rechts vom Anfangszustand 1 liegt (Abb. 2.12). In den links vom Anfangszustand 1 gelegenen Bereich des Diagrammes

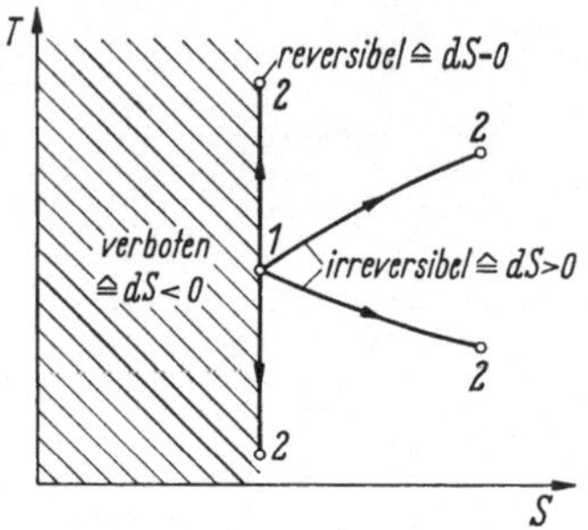

Abb. 2.12 In einem abgeschlossenen System laufen Zustandsänderungen so ab, daß die Entropie konstant bleibt (reversible Zustandsänderungen) oder wächst (irreversible Zustandsänderungen).

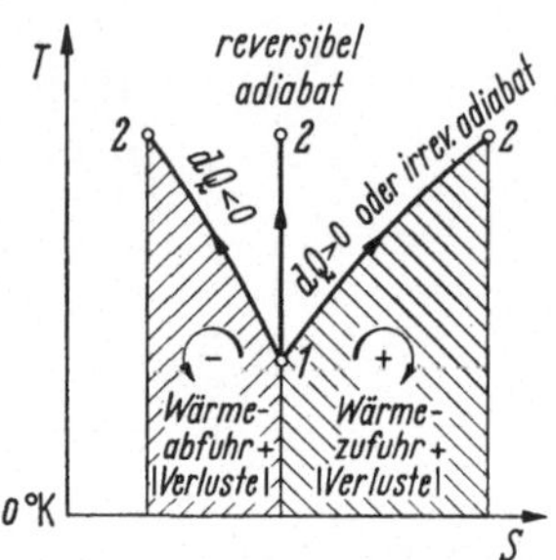

Abb. 2.13 In einem geschlossenen System können durch Wärmeabfuhr auch Zustände erreicht werden, deren Entropie kleiner ist als im Anfangszustand [Gl. (1.105)]. $\mathrm{d}S=0$ entspricht einer reversibel adiabaten Zustandsänderung. $\mathrm{d}S>0$ tritt bei Wärmezufuhr oder irreversibel adiabaten Zustandsänderungen auf. Die Entropievermehrung infolge von Irreversibilitäten kann durch Wärmeabfuhr kompensiert werden [$\mathrm{d}S \gtreqless 0$, Gl. (1.99)].

kann man bei Systemen mit konstanter Masse nur durch Abfuhr von Wärme eindringen [Gl. (1.105), Gl. (1.99) für $\mathrm{d}m_j = 0$, (Abb. 2.13)].

Wird schließlich die Systementropie nur durch Wärmetransport über die Systemgrenze verändert, dann gilt nach Gl. (1.105)

$$\left(\int_1^2 T\,\mathrm{d}S^{\mathrm{rev}}\right) = Q_{12}\,. \tag{2.48}$$

Die Fläche unter einer solchen Zustandsänderung ist im T,s-Diagramm identisch mit der über die Systemgrenze geflossenen Wärme (Abb. 2.14).

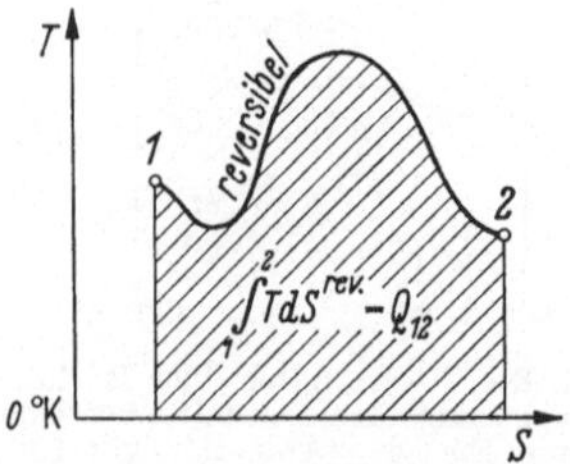

Abb. 2.14 Wird die Systementropie nur durch Wärmetransport über die Systemgrenze verändert, so ist die Fläche unter dem Verlauf der Zustandsänderung identisch mit der transportierten Wärme [Gl. (1.105)].

Tritt dagegen in einem geschlossenen System eine Entropieänderung nicht nur infolge eines Wärmetransportes auf, sondern auch infolge von

Verlusten, die im System entstehen, dann ergibt sich nach Gl. (1.99)

$$\int_1^2 T\,\mathrm{d}S = Q_{1\,2} - L_{\text{Verluste}} = Q_{1\,2} + |L_{\text{Verlust}_{1\,2}}|\,. \tag{2.49}$$

2.1.4 Das h,s-Diagramm

Das h,s-Diagramm ist die graphische Darstellung der kalorischen Zustandsgleichungen (1.157) bzw. (1.158), aus denen mit Hilfe der Gln. (1.159) und (1.160) für die spezifische Entropie die unabhängigen Veränderlichen T, v bzw. p eliminiert worden sind. Für den Zustandsbereich, in dem sich auch reale Stoffe wie ideale Gase verhalten, läßt sich diese Substitution formelmäßig durchführen. Besonders leicht gelingt sie dann, wenn man die spezifischen Wärmekapazitäten als konstant ansieht. Mit

$$h = c_p^0\,(T - T_0) + \text{const} = (c_v^0 + R)\,(T - T_0) + \text{const} \quad (1.38), (1.126)$$

und

$$s = c_v^0 \ln \frac{T}{T_0} + R \ln \frac{v}{v_0} + \text{const} = c_p^0 \ln \frac{T}{T_0} - R \ln \frac{p}{p_0} + \text{const} \quad \begin{matrix}(1.143)\\(1.144)\end{matrix}$$

erhält man

$$s = c_v^0 \ln \left\{ \frac{h}{T_0\,(c_v^0 + R)} + 1 \right\} + R \ln \frac{v}{v_0} = c_p^0 \ln \left\{ \frac{h}{T_0 c_p^0} + 1 \right\} - R \ln \frac{p}{p_0}\,, \tag{2.50}$$

wenn man die Bezugsgrößen T_0, v_0, p_0 so wählt, daß die Konstanten der Gln. (1.38), (1.143)und (1.144) an dieser Stelle gerade verschwinden. Die Isochoren und Isobaren verlaufen also im h,s-Bild idealer Gase wie Exponentialfunktionen, während die Isothermen nach Gl. (1.38) horizontale Geraden sind.

Verläßt man den Zustandsbereich des idealen Gases, so werden die Verhältnisse komplizierter. Dennoch kann man das reale Zustandsgebiet ausgehend vom Naßdampfgebiet wenigstens für $p \leq p_{\text{krit}}$ schematisch leicht skizzieren. Im Naßdampfgebiet sind die Isothermen nämlich nach Gl. (2.4c, d) Geraden. Sie stellen zugleich auch Isobaren dar, denn solange zwei Phasen miteinander im Gleichgewicht stehen, bleibt bei konstanter Temperatur auch der Druck konstant (Abb. 2.2). Die Steigung der Isobaren läßt sich aber aus Gl. (1.93) mit $X_i = p$ und $x_i = v$

$$T\,\mathrm{d}s = \mathrm{d}h - v\,\mathrm{d}p \tag{1.93}$$

leicht zu

$$(\partial h/\partial s)_p = T \tag{2.51}$$

berechnen. Je höher die Temperatur ist, desto steiler verlaufen die geradlinigen Isothermen und Isobaren im Naßdampfgebiet (Abb. 2.15). Am steilsten verläuft die zur kritischen Temperatur gehörende Isotherme, die am kritischen Punkt zugleich die gemeinsame Tangente von Siede- und Taulinie bildet. Der kritische Punkt liegt deswegen im h,s-Diagramm nicht am Maximum der Grenzkurven des Naßdampfgebietes

(Abb. 2.15). Außerdem besitzen die Isobaren im Gegensatz zu den Isothermen an den Phasengrenzkurven nach Gl. (2.51) keinen Knick, da die Temperatur auf der Grenzkurve unabhängig davon ist, ob man sich von

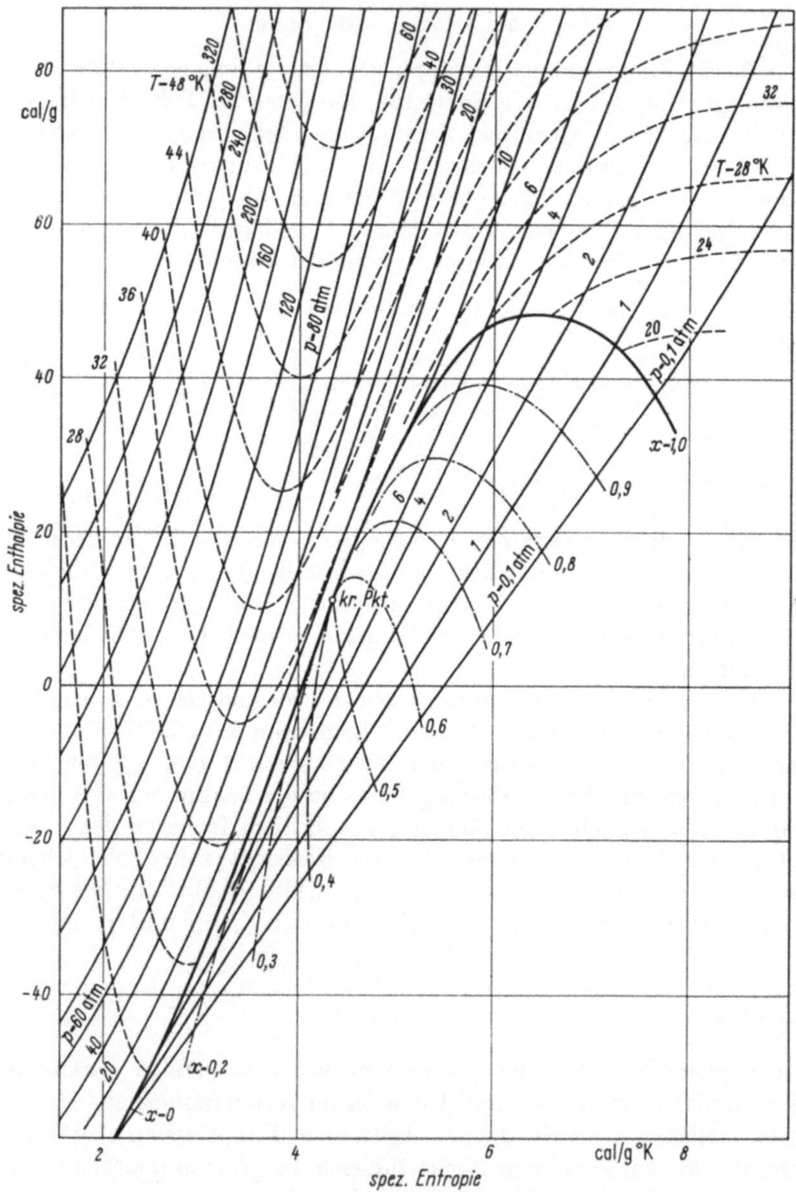

Abb. 2.15 h,s-Diagramm eines realen Stoffes. Das Diagramm entspricht etwa den Werten von Wasserstoff.

der Seite des Zweiphasengebietes oder von der anderen Seite her nähert. Die Isobaren müssen daher nach dem Überschreiten der Taulinie ohne Knick in den exponentiellen Verlauf der Gl. (2.50) übergehen, während die Isothermen in die horizontalen Geraden nach Gl. (1.38) einmünden, wobei an jeder Stelle Gl. (2.51) zu erfüllen ist.

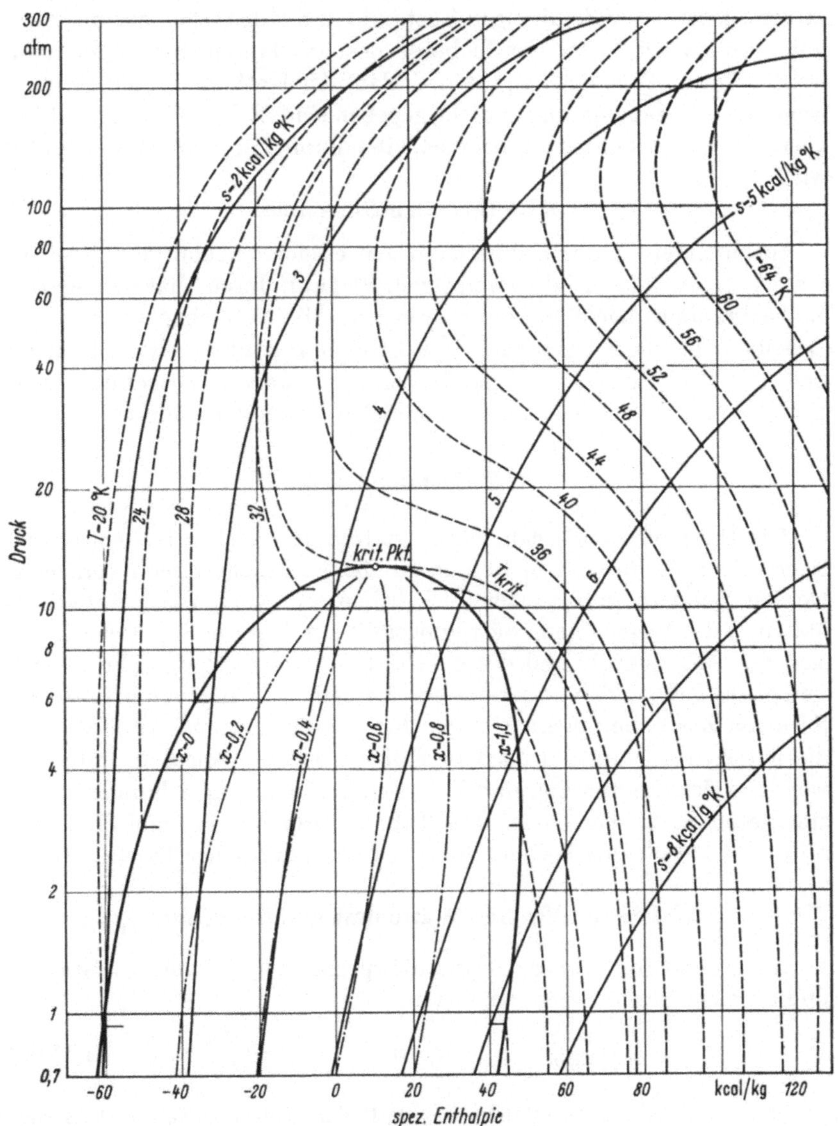

Abb. 2.16 h, $\lg p$-Diagramm eines realen Stoffes. Das Diagramm entspricht etwa den Werten von Wasserstoff.

Für viele technische Anwendungen genügt es, die flüssige Phase als inkompressibel zu betrachten. Normalerweise wird dann die Bedingung

$$\left(\frac{\partial h}{\partial p}\right)_T \Delta p = \left[v - T\left(\frac{\partial v}{\partial T}\right)_p\right] \Delta p \ll \left(\frac{\partial h}{\partial T}\right)_p \Delta T = c_p(T, p_0)\, \Delta T$$

erfüllt, wobei dem Bezugsdruck p_0 kein wesentlicher Einfluß zukommt, so daß die spezifische Enthalpie mit guter Näherung eine reine Temperaturfunktion ist. Alle flüssigen Zustände liegen deswegen auf der Siedelinie, die als Hüllkurve der Isobaren des Naßdampfgebietes gezeichnet werden kann. Abb. 2.15 zeigt den Verlauf der Isothermen und Isobaren, wenn diese Voraussetzungen nicht gegeben sind. Selbst hier erkennt man aber, daß die Siedelinie nur sehr schleifend von den Isobaren geschnitten wird.

2.1.5 Das h,lgp-Diagramm

Insbesondere in der Kältetechnik hat es sich eingebürgert, Kreisprozesse in einem *h,lgp*-Bild zu verfolgen. Es kann durch Umzeichnen eines *h,s*-Diagrammes leicht gewonnen werden. Abb. 2.16 zeigt ein typisches Beispiel. Vor allem bei organischen Stoffen kommt es gelegentlich vor, daß die Taulinie von einigen Isentropen zweimal geschnitten wird. Ein Beispiel hierfür ist das Kältemittel R C 318 (Octafluorcyclobutan).

2.2 Zustandstafeln

Die thermodynamischen Eigenschaften zahlreicher technisch wichtiger reiner Stoffe sind nicht nur zu Zustandsdiagrammen verarbeitet worden, sondern liegen auch in Tabellenform vor[1]. Diese Tafeln enthalten in der Regel einen „Sättigungsteil", in dem die Eigenschaften der siedenden Flüssigkeit und des gesättigten Dampfes aufgeführt werden, und einen Teil für den „überhitzten" Bereich, der Angaben über die gasförmigen Zustände macht. Gelegentlich findet man auch Stoffwerte für die flüssigen Zustände. In jedem Fall wurden die Angaben unter Verwendung der thermischen und kalorischen Zustandsgleichungen der betrachteten Stoffe berechnet. Die Tab. 2.1 gibt am Beispiel des Kältemittels R 114 einen Überblick über den Aufbau solcher Tafeln.

2.3 Die spezifischen Wärmekapazitäten c_p und c_v

Nach den Gln. (1.114a, b) sind die spezifischen Wärmekapazitäten c_p und c_v reiner Stoffe durch die Ausdrücke

$$c_p = \left(\frac{\partial h}{\partial T}\right)_p \qquad \text{sowie} \qquad c_v = \left(\frac{\partial u}{\partial T}\right)_v \qquad (1.114\text{a,b})$$

[1] z. B.: VDI-Wasserdampftafeln, 7. Aufl., Berlin/Heidelberg/New York: Springer 1968.

definiert. Sie lassen sich daher aus den kalorischen Zustandsgleichungen (1.155) und (1.158) berechnen. In diesen Gleichungen sind außer der thermischen Zustandsgleichung des realen Stoffes die spezifischen Wärmekapazitäten c_p^0 und c_v^0 enthalten, die durch Gl. (1.126) miteinander verbunden sind. Es genügt daher, im folgenden c_v^0 zu ermitteln.

2.3.1 Die spezifische Wärmekapazität c_v^0 im Zustand idealer Gase

Aus der Gleichung (1.35) für die spezifische innere Energie eines idealen Gases ergibt sich in Verbindung mit den Gln. (1.33c) und (1.114a)

$$c_v^0 = \left(\frac{\partial u^0}{\partial T}\right)_v = \left[\frac{\partial}{\partial T}\{\sum(\varepsilon_{j,\mathrm{kin}} + \varepsilon_{j,\mathrm{Schw}} + \varepsilon_{j,\mathrm{Rot}})\}\right]_v. \quad (2.52)$$

Die spezifische Wärmekapazität c_v^0 eines idealen Gases setzt sich also aus drei Anteilen zusammen, die von der kinetischen Energie der Moleküle, der Energie aller Schwingungen von Atomen innerhalb der einzelnen Moleküle und der Rotationsenergie bestimmt werden. Gegebenenfalls ist noch ein Elektronenanteil zu berücksichtigen [Gl. (1.33a), hohe Temperaturen]. Am einfachsten läßt sich der Einfluß der kinetischen Energie ermitteln. Nach Gl. (1.16) beträgt nämlich die mittlere kinetische Energie pro Molekül im Gleichgewicht

$$\overline{\varepsilon_{j,\mathrm{kin}}} = \frac{1}{2}\frac{M}{N_L}\overline{w^2} = \frac{3}{2}\frac{\Re}{N_L}T. \quad (1.16)$$

Pro Mol Substanz findet man also unmittelbar

$$\frac{\partial}{\partial T}\sum_1^{N_L}\varepsilon_{j,\mathrm{kin}} = \frac{\partial}{\partial T}\left\{N_L\cdot\frac{3}{2}\frac{\Re}{N_L}T\right\} = \frac{3}{2}\Re. \quad (2.53)$$

Betrachtet man jetzt zunächst einatomige Moleküle, so fällt der Schwingungsanteil fort, da ein schwingungsfähiges Gebilde mindestens aus 2 Atomen bestehen muß („2 Kugeln, die mit einer Feder verbunden sind"). Ein Atom kann nicht gegen sich selbst schwingen. Der Rotationsanteil entfällt ebenfalls, weil das Trägheitsmoment eines einzelnen Atomes so klein ist, daß die Quantentheorie die Rotation um die Figurenachse verbietet. Daraus folgt für das

einatomige ideale Gas: $$c_v^{0;\,1\,\mathrm{mol}} = \frac{3}{2}\Re \neq f(T,p) \quad (2.54\mathrm{a})$$

und wegen Gl. (1.126) $$c_p^{0;\,1\,\mathrm{mol}} = \frac{5}{2}\Re \neq f(T,p) \quad (2.54\mathrm{b})$$

Beim zweiatomigen Molekül liegen die Dinge wesentlich komplizierter. Betrachtet man dieses Molekül als ein schwingungsfähiges Gebilde, das neben seiner Grundfrequenz ν_0 auch mit Oberschwingungen

$$\nu = i\,\nu_0 \quad i = 1, 2, 3 \cdots \infty \quad (2.55)$$

angeregt werden kann, so besitzt jedes schwingende Molekül eine Schwingungsenergie, die sich aus einem Anteil an kinetischer und einem Anteil an potentieller Energie zusammensetzt. Die Schwingung kommt durch periodische Umwandlung von kinetischer in potentielle Energie zustande. Daher ist die Summe beider Anteile unabhängig von Ort und Zeit, solange nicht Verluste entstehen. Für den Energieinhalt einer solchen Schwingung hat M. PLANCK im Jahre 1911 den mit der Quantentheorie in Einklang stehenden Ansatz

$$\varepsilon_i = \hbar\,\nu_0\left(i + \frac{1}{2}\right) \quad \text{mit } i = 0, 1, 2, \ldots \infty \tag{2.56}$$

gemacht ($\hbar$ Plancksches Wirkungsquantum). In einem System aus zweiatomigen Molekülen, deren Atome mit den durch Gl. (2.55) gegebenen Frequenzen gegeneinander schwingen, deren Moleküle daher die durch Gl. (2.56) gegebene Schwingungsenergie besitzen, tragen diese Schwingungen zur inneren Energie des Systems den Anteil

$$U^{1\,\text{mol}}_{\text{Schw.}} = \sum_{1}^{N_L} \varepsilon_{j,\,\text{Schw.}} = \sum_{i=1}^{\infty} N_i\,\varepsilon_i \tag{2.57}$$

bei, wenn N_i die Zahl derjenigen Moleküle ist, die im Gleichgewicht die Schwingungsenergie ε_i besitzen. Für den Schwingungsanteil der inneren Energie gilt somit nach den Gln. (1.48) und (1.59)

$$U^{1\,\text{mol}}_{\text{Schw.}} = -N_L \frac{\mathrm{d}}{\mathrm{d}\,(N_L/\Re\,T)}\left(\ln \sum_{i=1}^{\infty} \mathrm{e}^{-N_L \varepsilon_i/\Re\,T}\right). \tag{2.58}$$

Die in Gl. (2.58) auftretende Summe läßt sich nach Einsetzen von ε_i aus Gl. (2.56) mit der Abkürzung

$$\textit{charakteristische Temperatur } \Theta = \frac{\hbar\,\nu_0\,N_L}{\Re} \tag{2.59}$$

leicht auswerten. Es ergibt sich

$$\sum_{i=0}^{\infty} \mathrm{e}^{-N_L \hbar \nu_0 \left(i+\frac{1}{2}\right)/\Re\,T} = \mathrm{e}^{-\frac{1}{2}\Theta/T} \cdot \frac{1}{1-\mathrm{e}^{\Theta/T}}, \tag{2.60}$$

so daß man für den Schwingungsanteil der inneren Energie mit den Gln. (2.58) und (2.60) schließlich findet

$$U^{1\,\text{mol}}_{\text{Schw.}} = \frac{N_L\,\hbar\,\nu_0}{2}\,\frac{1+\mathrm{e}^{-\Theta/T}}{1-\mathrm{e}^{-\Theta/T}} = \frac{N_L\,\hbar\,\nu_0}{2}\coth\left(\frac{\Theta}{2T}\right) \tag{2.61}$$

Aus Gl. (2.61) kann dann mit Hilfe von Gl. (1.114a) der Schwingungsanteil der spezifischen Wärmekapazität c_v^0 ermittelt werden. Er lautet

$$c^{0;\,1\,\text{mol}}_{v,\,\text{Schw.}} = \Re\left(\frac{\Theta}{2T}\right)^2 / \sinh^2\left(\frac{\Theta}{2T}\right) \tag{2.62}$$

Sind mehrere Grundfrequenzen $\nu_{0,j}$ vorhanden, muß über alle diese Frequenzen bzw. die zugehörigen charakteristischen Temperaturen summiert werden. Wird die Temperatur so groß, daß für die zur Grundfrequenz $\nu_{0,j}$ gehörende charakteristische Temperatur Θ_j gilt

$$\Theta_j \ll 2\,T, \qquad (2.63)$$

dann nähert sich Gl. (2.62) für diese Grundfrequenz asymptotisch dem Wert $\mathfrak{R}$. Diese *voll angeregte* Schwingung der Grundfrequenz $\nu_{0,j}$ trägt also ihren *zwei Freiheitsgraden* (potentielle und kinetische Energie) entsprechend pro Freiheitsgrad den Anteil $\mathfrak{R}/2$ zur spezifischen Wärmekapazität $c_v^{0;\,1\,\mathrm{mol}}$ bei.

Im übrigen läßt sich die Zahl der Grundfrequenzen nach der folgenden Regel bestimmen: Sind in einem Molekül N Atome vorhanden, so besitzt das Molekül neben seinen 3 Translations- und 3 bzw. 2 Rotationsfreiheitsgraden gerade

$$N^{\mathrm{Schwingung}} = 3\,N - 3 - (3\ \mathrm{bzw.}\ 2) \qquad (2.64)$$

Grundfrequenzen. Wegen der Unterscheidung zwischen 3 oder 2 Rotationsfreiheitsgraden wird auf den nächsten Absatz verwiesen.

Die für die Schwingungen angestellten Überlegungen lassen sich auf den Rotationsanteil der inneren Energie und der spezifischen Wärmekapazität übertragen. Dabei ergibt sich, daß die Rotationen im Gegensatz zu den Schwingungen bereits bei sehr tiefen Temperaturen vollständig angeregt sind. Man kann daher im technisch interessierenden Temperaturbereich pro Rotationsfreiheitsgrad einen Beitrag von $\mathfrak{R}/2$ zur spezifischen Wärmekapazität ansetzen. Nun läßt sich die Zahl dieser Rotationsfreiheitsgrade leicht abzählen: Beim einatomigen idealen Gasmolekül war gar keine Rotationsenergie vorhanden, da das Trägheitsmoment zu klein ist. Beim zweiatomigen Molekül liegen die Verhältnisse etwas anders, denn jetzt sind 2 Koordinaten des Raumes gegenüber der dritten — der Verbindungsachse beider Atome — bevorzugt. Das Trägheitsmoment für Drehbewegungen um die Verbindungsachse ist wie beim einatomigen Molekül so klein, daß eine Rotation um diese Achse nicht angeregt wird. Es leuchtet aber unmittelbar ein, daß die Trägheitsmomente um die zur Figurenachse senkrecht stehenden zwei Koordinatenrichtungen erheblich größer sind. Die in diesen Drehbewegungen steckende Energie beträgt dann

$$c_{v,\,\mathrm{Rotation}}^{0;\,1\,\mathrm{mol,\,zweiatomig}} = 2\,\frac{\mathfrak{R}}{2}\,, \qquad (2.65)$$

da zwei voll angeregte Freiheitsgrade (2 Hauptträgheitsachsen senkrecht zur Figurenachse) vorhanden sind. Damit gilt für die spezifische Wärmekapazität des zweiatomigen idealen Gases (j nur $= 1$)

$$c_v^{0;\,1\,\mathrm{mol}} = \underset{\text{Translation}}{\frac{3}{2}\,\Re} + \underset{\text{Rotation}}{\frac{2}{2}\,\Re} + \underset{\text{Schwingung}}{\Re \sum_j \frac{(\Theta_j/2\,T)^2}{\sinh^2(\Theta_j/2\,T)}} \quad \text{mit } \Theta_j = \hbar\,\nu_{0,j}\,N_L/\Re \tag{2.66}$$

und

$$c_p^{0;\,1\,\mathrm{mol}} = c_v^{0;\,1\,\mathrm{mol}} + \frac{2}{2}\,\Re\,. \tag{2.67}$$

Besteht das Molekül aus mehr als zwei Atomen, so sind diese Atome in der Regel nicht auf einer Geraden (Figurenachse) angeordnet. Dann ist auch die Rotationsenergie um die dritte Hauptträgheitsachse zu berücksichtigen, so daß zur Gl. (2.66) noch $\Re/2$ zu addieren ist.

Es leuchtet unmittelbar ein, daß die verschiedenen Schwingungen und Rotationen nicht unabhängig voneinander sein können. So ändert sich z. B. das die Rotationen bestimmende Trägheitsmoment periodisch mit dem durch die Schwingung erzeugten Abstand der betrachteten Atome; diese und ähnliche Erscheinungen werden als *Anharmonizitätseffekte* bezeichnet und können besonders berücksichtigt werden[1]. Sie erhöhen den Betrag der spezifischen Wärmekapazität. Da sich ihr Einfluß jedoch im technisch interessanten Temperaturbereich in der Regel nur wenig bemerkbar macht, wird er häufig vernachlässigt.

Tab. 2.2 enthält Angaben über die c_p^0-Werte einiger technisch wichtiger Stoffe im Zustand idealer Gase.

Beispiel 2.7. Aus spektroskopischen Daten (Ultrarotspektrum, Ramanspektrum) ist bekannt, daß Methan die folgenden Grundfrequenzen $\nu_{0,j}$ bzw. charakteristische Temperaturen Θ_j besitzt, von denen einige aus Symmetriegründen mehrfach auftreten:

$\Theta_1 = \Theta_2 = \Theta_3 = 1876{,}6\ °\mathrm{K}$; $\Theta_4 = \Theta_5 = 2186\ °\mathrm{K}$,
$\Theta_6 = \Theta_7 = \Theta_8 = 4190\ °\mathrm{K}$ und $\Theta_9 = 4343\ °\mathrm{K}$.

Man berechne aus diesen Angaben die spezifische Wärmekapazität c_p^0 des Methans im Zustand idealer Gase bei 200 °K, 400 °K und 600 °K.

Lösung:

$$c_p^{0;\,1\,\mathrm{mol}} = \frac{3}{2}\,\Re + \frac{3}{2}\,\Re + \Re \sum_1^9 \frac{(\Theta_j/2\,T)^2}{\sinh^2(\Theta_j/2\,T)} + \frac{2}{2}\,\Re \quad \text{nach Gln. (2.66, 67)};$$

wobei der Rotationsanteil 3/2 $\Re$ beträgt, da das CH_4-Molekül die Form eines Tetraeders besitzt. Der Schwingungsanteil berechnet sich nach folgender Tabelle:

T [°K]	$\frac{\Theta_{1,2,3}}{T}$	$\Re f\left(\frac{\Theta_1}{2\,T}\right)$	$\Re f\left(\frac{\Theta_2}{2\,T}\right)$	$\Re f\left(\frac{\Theta_3}{2\,T}\right)$	$\frac{\Theta_{4,5}}{T}$	$\Re f\left(\frac{\Theta_4}{2\,T}\right)$	$\Re f\left(\frac{\Theta_5}{2\,T}\right)$
200	9,383	0,062	0,062	0,062	10,930	0,018	0,018
400	4,692	1,709	1,709	1,709	5,465	1,060	1,060
600	3,128	3,898	3,898	3,898	3,643	3,046	3,046

[1] Siehe z. B. K. Schäfer: Statistische Theorie der Materie, Bd. I, Göttingen: Vandenhoeck & Ruprecht 1960.

T [°K]	$\frac{\Theta_{6,7,8}}{T}$	$\Re f\left(\frac{\Theta_6}{2T}\right)$	$\Re f\left(\frac{\Theta_7}{2T}\right)$	$\Re f\left(\frac{\Theta_8}{2T}\right)$	$\frac{\Theta_9}{T}$	$\Re f\left(\frac{\Theta_9}{2T}\right)$	$\Re \Sigma f\left(\frac{\Theta_j}{2T}\right)$
200	20,950	0,000	0,000	0,000	21,715	0,000	0,222
400	10,475	0,026	0,026	0,026	10,858	0,019	7,344
600	6,983	0,377	0,377	0,377	7,238	0,313	19,230

Mit $\Re = 8{,}315$ J/mol °K folgt daraus:

	$c_p^{0;\,1\,\mathrm{mol}} = 4\,\Re + \Re\,\Sigma f\left(\frac{\Theta_j}{2T}\right)$	Richtige Werte nach Landolt-Börnstein
$T = 200$ °K	$c_p^{0;\,1\,\mathrm{mol}} = 33{,}482$ J/mol grd	33,60 J/mol grd
$T = 400$ °K	$c_p^{0;\,1\,\mathrm{mol}} = 40{,}604$ J/mol grd	40,74 J/mol grd
$T = 600$ °K	$c_p^{0;\,1\,\mathrm{mol}} = 52{,}490$ J/mol grd	52,49 J/mol grd

Die maximale Abweichung zwischen den berechneten und den Tabellenwerten beträgt rd. 0,3%. Das ist für technische Zwecke hinreichend genau.

2.3.2 c_p und c_v realer Gase und flüssiger Stoffe

Die spezifische Wärmekapazität realer Gase läßt sich nach dem unter 2.3 angegebenen Verfahren aus der thermischen Zustandsgleichung und den c_p^0- bzw. c_v^0-Werten berechnen. Allerdings muß die thermische Zustandsgleichung dabei zweimal differenziert werden, so daß die Ergebnisse oft nicht sehr genau sind. Man geht daher besser von Meßwerten für die innere Energie oder für die Enthalpie aus. Das gilt auch für Flüssigkeiten.

In den Zweiphasengebieten wird die spezifische Wärmekapazität c_p unendlich groß, während c_v endlich bleibt [Beispiel 2.5, Gl. (2.33) und Abb. 2.9]. Das leuchtet auch anschaulich unmittelbar ein. Im Naßdampfgebiet wird eine isobar zugeführte Wärme bei reinen Stoffen nämlich zum Verdampfen des flüssigen Anteiles und nicht zur Steigerung der Temperatur verwendet. Wegen $\mathrm{d}Q > 0$ und $\mathrm{d}T = 0$ liefert Gl. (1.110) dann $c_p = \infty$. Bei isochorer Wärmezufuhr tritt dagegen ein Temperaturanstieg auf, denn flüssige Substanz kann bei konstantem Volumen nur dadurch in den dampfförmigen Zustand überführt werden, daß die Dampfdichte steigt. Abb. 2.17 zeigt die Abhängigkeit der spezifischen Wärmekapazität c_p eines realen reinen Stoffes von Druck und Temperatur schematisch für das Naßdampfgebiet und die Gasphase.

In der flüssigen Phase wird häufig auf die Unterscheidung von c_p und c_v verzichtet, weil Flüssigkeiten weitgehend inkompressibel sind. Das ist vor allem bei organischen Flüssigkeiten keineswegs immer richtig. Für Methylenchlorid gilt z. B. $c_p \approx 1{,}63\, c_v$; Difluordichlormethan (R 12) besitzt ein Verhältnis c_p/c_v von etwa 1,54 und für Pentafluormonochloräthan (R 115) gilt $c_p/c_v \approx 1{,}52$.

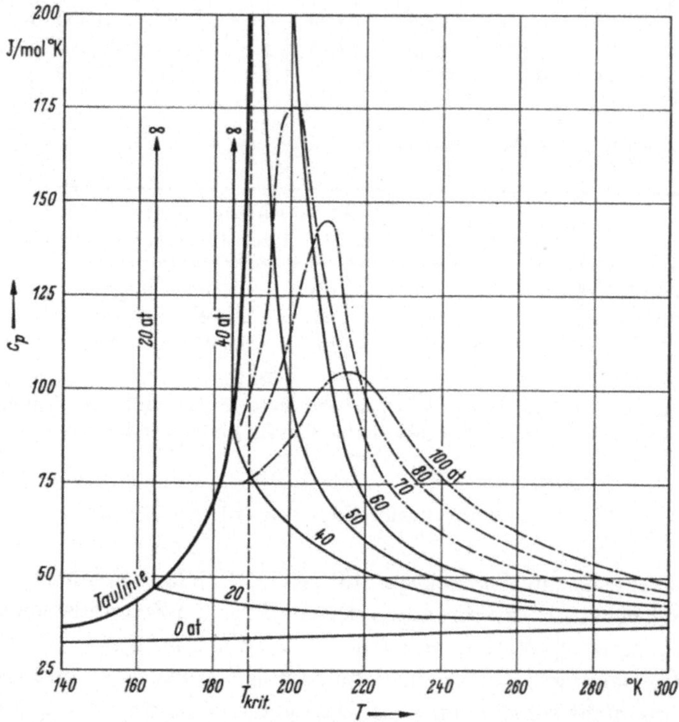

Abb. 2.17 Abhängigkeit der spezifischen Wärmekapazität c_p eines realen reinen Stoffes von Druck und Temperatur im Naßdampfgebiet und in der Gasphase. Die Angaben entsprechen etwa den Werten von Methan.
———— $p < p_{\text{krit}}$; —·—·—·—· $p > p_{\text{krit}}$.

2.3.3 c_p und c_v bei festen Stoffen

Im Bereich fester Stoffe liegen besondere Verhältnisse vor, denn die Bausteine fester Stoffe sind an bestimmte Plätze gebunden und können um ihre Ruhelage schwingen. Allerdings werden diese Schwingungen von den Nachbarbausteinen so stark beeinflußt, daß Wellen entstehen, die durch den (elastischen) festen Körper hindurchlaufen. Dabei können Longitudinalwellen und Transversalwellen auftreten. Gegebenenfalls sind die Transversalwellen in den beiden zur Fortpflanzungsrichtung senkrecht stehenden Richtungen des Raumes polarisiert. Die zugehörigen Frequenzen ν und Fortpflanzungsgeschwindigkeiten $w^{*,\text{trans}}$ und $w^{*,\text{long}}$ werden von der Mechanik berechnet[1].

[1] Einzelheiten sind z. B. bei A. SOMMERFELD: Vorlesungen über theoretische Physik, Bd. II, Mechanik der deformierbaren Medien, Leipzig: Verlag Geest & Portig 1949, zu finden.

Schneidet man aus einem festen Stoff einen Würfel mit der Kantenlänge a und der Masse eines Moles heraus, so ist dieser Würfel von Wellen erfüllt, die an seiner Oberfläche reflektiert werden. Ein sehr ähnliches System war schon in Nr. 1.2.6.3 betrachtet worden. Auch jetzt werden nur solche Wellenlängen bzw. Frequenzen zugelassen, die an der Würfeloberfläche zur Amplitude null führen. In den drei mit den Würfelkanten zusammenfallenden Richtungen des Raumes muß daher analog zu Gl. (1.50) gelten

$$\alpha \frac{\lambda_x}{2} = a; \quad \beta \frac{\lambda_y}{2} = a \quad \text{und} \quad \gamma \frac{\lambda_z}{2} = a \quad \text{mit } \alpha, \beta, \gamma = 1, 2, \ldots \qquad (2.68)$$

Für Wellen, die in einer beliebigen Richtung laufen, ergibt sich dann als Lösung der Schwingungsdifferentialgleichung des (elastischen) festen Körpers[1] mit der durch Gl. (2.68) vorgeschriebenen Einschränkung

$$\nu_1 = \nu_2 = \frac{w^{*,\,\text{trans}}}{2a} \sqrt{\alpha^2 + \beta^2 + \gamma^2} \quad \text{und} \qquad (2.69\text{a})$$

$$\nu_3 = \frac{w^{*,\,\text{long}}}{2a} \sqrt{\alpha^2 + \beta^2 + \gamma^2} \quad \text{mit } \alpha, \beta, \gamma = 1, 2, \ldots \qquad (2.69\text{b})$$

Damit sind alle zugelassenen Frequenzen bekannt. In einem rechtwinkligen α,β,γ-Koordinatensystem liegen nun alle Punkte, die zu ganzzahligen Werten von α,β,γ gehören auf einer Kugel vom Radius

$$r_{\text{trans}} = \frac{2a\,\nu_{1,2}}{w^{*,\,\text{trans}}} \quad \text{bzw.} \quad r_{\text{long}} = \frac{2a\,\nu_3}{w^{*,\,\text{long}}}. \qquad (2.70)$$

Analog zu den bei den Gln. (1.54) und (1.55) angestellten Überlegungen läßt sich daher die Zahl der Kombinationen von ganzzahligen, positiven Werten α, β und γ, die zu Frequenzen zwischen ν und $\nu + \mathrm{d}\nu$ führen, berechnen zu

$$\mathrm{d}N_{\nu,\,\text{long}} = \frac{4\pi}{8} r_{\text{long}}^2 \,\mathrm{d}r_{\text{long}} = \frac{4\pi}{8} \left(\frac{2a}{w^{*,\,\text{long}}}\right)^3 \nu^2 \,\mathrm{d}\nu \quad \text{und} \qquad (2.71\text{a})$$

$$\mathrm{d}N_{\nu,\,\text{trans}} = 2 \cdot \frac{4\pi}{8} r_{\text{trans}}^2 \,\mathrm{d}r_{\text{trans}} = 2 \cdot \frac{4\pi}{8} \left(\frac{2a}{w^{*,\,\text{trans}}}\right)^3 \nu^2 \,\mathrm{d}\nu \qquad (2.71\text{b})$$

Die Gesamtzahl dieser Frequenzen beträgt dann mit $a^3 = \mathfrak{v}$

$$\mathrm{d}N_\nu = \mathrm{d}N_{\nu,\,\text{long}} + \mathrm{d}N_{\nu,\,\text{trans}} =$$

$$= 4\pi \cdot \mathfrak{v}\,\nu^2 \,\mathrm{d}\nu \left\{\frac{2}{(w^{*,\,\text{trans}})^3} + \frac{1}{(w^{*,\,\text{long}})^3}\right\}, \qquad (2.72)$$

während sich die Zahl der unterhalb einer Grenzfrequenz ν_g gelegenen Frequenzen durch Integration von Gl. (2.72) zu

$$N_{\nu_g} = \frac{4\pi}{3} \cdot \mathfrak{v}\,\nu_g^3 \left\{\frac{2}{(w^{*,\,\text{trans}})^3} + \frac{1}{(w^{*,\,\text{long}})^3}\right\} \quad \text{ergibt.} \qquad (2.73)$$

DEBEYE[1] faßte diese Frequenzen zur Berechnung der spezifischen Wärmekapazität als Grundfrequenzen auf. Nach Gl. (2.64) ergibt sich dann für die Zahl der Grundfrequenzen eines aus N_L Bausteinen bestehenden schwingungsfähigen Gebildes

$$N^{\text{Schwingung}} = 3 N_L - 6 \approx 3 N_L = N_{\nu_g}, \tag{2.74}$$

wodurch die Grenzfrequenz ν_g zu

$$\nu_g = \left[\frac{9 N_L}{4\pi \cdot \mathfrak{v}} \Big/ \left\{\frac{2}{(w^{*,\text{trans}})^3} + \frac{1}{(w^{*,\text{long}})^3}\right\}\right]^{1/3} \tag{2.75}$$

und die *Debeyesche charakteristische Temperatur* zu

$$\Theta^* = \frac{\hbar \nu_g N_L}{\Re} \tag{2.76}$$

bestimmt wird. Θ^* beträgt für Metalle einige 100 °K; für harte Stoffe (z. B. Diamant, Quarz) steigt Θ^* auf etwa 2000 °K an. Aus Gl. (2.62) ist nun der Beitrag einer Grundfrequenz zur spezifischen Wärmekapazität c_v für N_L schwingungsfähige Gebilde bekannt. Die zwischen ν und $\nu + \mathrm{d}\nu$ gelegenen $\mathrm{d}N_\nu$ Grundfrequenzen eines schwingungsfähigen Systems liefern daher den Anteil

$$\mathrm{d}\left(c_v^{\text{Schwingung}}\right) = c_v^{\text{Frequenz}\,\nu} \cdot \frac{\mathrm{d}N_\nu}{N_L} =$$

$$= \Re \left(\frac{\Theta^* \nu}{2 T \nu_g}\right)^2 \cdot 9 \left(\frac{\nu}{\nu_g}\right)^2 \mathrm{d}\left(\frac{\nu}{\nu_g}\right) \Big/ \sinh^2\left(\frac{\Theta^* \nu}{2 T \nu_g}\right). \tag{2.77}$$

Die Integration über alle zugelassenen Frequenzen $0 \leq \nu \leq \nu_g$ ergibt dann mit der Abkürzung

$$x = \frac{\Theta^* \nu}{2 T \nu_g} \tag{2.78}$$

den gesuchten Anteil der Schwingungen an der spezifischen Wärmekapazität von 1 Mol fester Substanz

$$c_v^{1\,\text{mol, Schwingung}} = 9 \Re \left(\frac{2T}{\Theta^*}\right)^3 \int\limits_0^{x = \Theta^*/2T} \{x^4 \,\mathrm{d}x / \sinh^2 x\} = 9 \Re \left(\frac{2T}{\Theta^*}\right)^3 f\left(\frac{\Theta^*}{2T}\right). \tag{2.79}$$

Für Nichtleiter ist mit Gl. (2.79) die gesamte spezifische Wärmekapazität gegeben[2], denn die Schwingungen repräsentieren alle im festen Körper

[1] PETER DEBEYE, niederländischer Physiker, geb. 1884, arbeitete u. a. über die Struktur der Materie, Nobelpreis 1936.

[2] Häufig wird statt Gl. (2.79) folgende Identität benutzt:

$$9 \Re \left(\frac{2T}{\Theta^*}\right)^3 \int\limits_0^{\Theta^*/2T} \{x^4 \,\mathrm{d}x / \sinh^2 x\} = 3 \Re \left[4 \cdot \frac{3}{(\Theta^*/T)^3} \int\limits_0^{\Theta^*/T} \{\xi^3 / (e^\xi - 1)\} \,\mathrm{d}\xi - \frac{3\,\Theta^*/T}{e^{\Theta^*/T} - 1}\right]$$

auftretenden und von der Temperatur abhängigen Anteile der inneren Energie. In elektrischen Leitern liefern die frei beweglichen Elektronen einen weiteren Anteil zur spezifischen Wärmekapazität. Da Elektronen jedoch der Fermi-Statistik gehorchen, ist ihr Beitrag zu c_v im technisch interessanten Temperaturbereich außerordentlich klein, so daß er in der Regel vernachlässigt werden kann. Bei 300 °K gilt z. B. für Kupfer[1]

$$c_v^{1\,\mathrm{mol,\,Elektronen}} \approx c_v^{1\,\mathrm{mol,\,Schwingung}}/180. \tag{2.80}$$

Nur bei sehr tiefen Temperaturen muß ein Elektronenanteil berücksichtigt werden, der dann proportional zu T ist[2].

Ist die Temperatur T sehr viel größer als Θ^*, dann wird x sehr klein, so daß $\sinh x \approx x$ gesetzt werden kann. Aus Gl. (2.79) ergibt sich mit dieser Vereinfachung

$$c_v^{1\,\mathrm{mol,\,Schwingung}} = c_v^{1\,\mathrm{mol}} = 3\,\Re\,. \tag{2.81}$$

Das ist ein nach Dulong und Petit benanntes Grenzgesetz.

Von besonderer Bedeutung ist der andere Grenzfall $\Theta^* \gg T$, entsprechend $x \gg 1$. In diesem Fall kann das Integral in Gl. (2.79) von

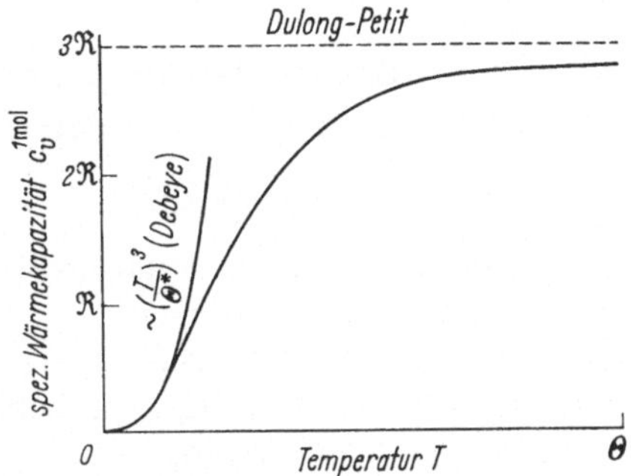

Abb. 2.18 Spezifische Wärmekapazität $c_v^{1\,\mathrm{mol}}$ für einen reinen festen Stoff in Abhängigkeit von der Temperatur. Der Anteil der Elektronen wurde vernachlässigt[3]. Bei $T = \Theta = \Theta^*$ wird die spezifische Wärmekapazität schon nahezu $3\,\Re$.

0 bis ∞ erstreckt werden. Es liefert dann eine reine Zahl, so daß gilt

$$c_v^{1\,\mathrm{mol,\,Schwingung}} = c_v^{1\,\mathrm{mol,\,Nichtleiter}} = A\,\Re\left(\frac{T}{\Theta^*}\right)^3 \text{ mit } A = \left(\frac{12\pi^4}{5}\right) \tag{2.82}$$

---

[1] Wegen Einzelheiten wird z. B. auf A. Sommerfeld: Vorlesungen über theoretische Physik, Bd. V, Thermodynamik und Statistik, Wiesbaden: Dieterichsche Verlagsbuchh. 1952, verwiesen.

[2] Wegen Einzelheiten wird z. B. auf K. Schäfer: Statistische Theorie der Materie, Bd. I, Göttingen: Vandenhoeck & Ruprecht 1960, verwiesen.

[3] Nach Landolt-Börnstein: Zahlenwerte und Funktionen aus Physik, Chemie, Astronomie, Geophysik und Technik, Bd. II, Teil 4, Berlin/Göttingen/Heidelberg: Springer 1961.

Für Metalle wäre in diesem Bereich sehr tiefer Temperaturen zu schreiben

$$c_v^{1\,\mathrm{mol,\,Metall}} = A\,\Re\left(\frac{T}{\Theta^*}\right)^3 + \mathrm{const}\cdot T \tag{2.83}$$

Abb. 2.18 zeigt die prinzipielle Abhängigkeit der spezifischen Wärme-

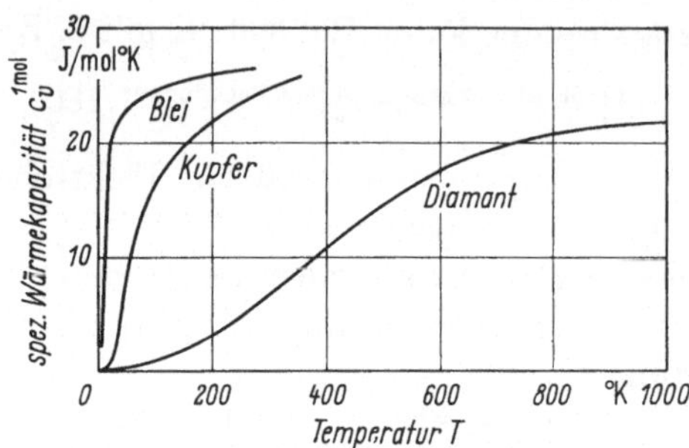

Abb. 2.19 Spezifische Wärmekapazität $c_v^{1\,\mathrm{mol}}$ von Blei, Kupfer und Diamant als Funktion der Temperatur[1].

kapazität c_v eines festen Stoffes von der Temperatur. Abb. 2.19 enthält einige spezielle Beispiele.

3. Anwendung auf stationäre Prozesse ohne chemische Reaktionen

3.1 Vorbemerkungen

Dieser Abschnitt befaßt sich mit stationären Prozessen in offenen Systemen, die folgenden Bedingungen genügen:

a) Chemische Reaktionen treten nicht auf.

b) Von den Arbeitskoordinaten und Arbeitskoeffizienten sind nur $x_i = V$ und $X_i = p$ zu berücksichtigen.

c) Änderungen der kinetischen und potentiellen Energie sollen vernachlässigbar klein sein ($\mathrm{d}w = \mathrm{d}z = 0$).

d) Die in Gl. (1.84) mit $(E_2 - E_1)_i$ bezeichneten Änderungen der Energie des Gesamtsystems mögen nicht auftreten.

e) Mit Ausnahme der Drosselung laufen alle Zustandsänderungen quasistatisch ab.

Da einem System im stationären Fall unter diesen Voraussetzungen von der Komponente j ebenso viel zuströmt wie aus dem System wieder abfließt, dürfen formal alle $\mathrm{d}m_j$ null gesetzt werden (S. 44/45). Die Gln. (1.69); (1.83) bis (1.85); (1.88); (1.89); (1.93) und (1.99) lauten dann

Arbeit: $$\mathrm{d}L = p\,\mathrm{d}V + 0 + \mathrm{d}L_{\mathrm{Verlust}} \tag{3.1}$$

[1] Nach R. W. Pohl: Einführung in die Physik, Bd. I, Mechanik, Akustik und Wärmelehre, 12. Aufl., Berlin/Göttingen/Heidelberg: Springer 1953.

Technische Arbeit: $\mathrm{d}L_{\text{techn}} = \mathrm{d}L - \mathrm{d}(pV) = -V\,\mathrm{d}p + \mathrm{d}L_{\text{Verlust}}$ (3.2)

Wärme: $Q_{12} = U_2 - U_1 + L_{12} = H_2 - H_1 + L_{\text{techn}\,12}$ (3.3a)

$$\mathrm{d}Q = \mathrm{d}U + \mathrm{d}L = \mathrm{d}H + \mathrm{d}L_{\text{techn}} \quad (3.3\text{b})$$

Entropie: $T\,\mathrm{d}S = \mathrm{d}U + p\,\mathrm{d}V = \mathrm{d}H - V\,\mathrm{d}p$ (3.4a)

$$T\,\mathrm{d}S = \mathrm{d}Q - \mathrm{d}L_{\text{Verlust}} \quad (3.4\text{b})$$

Alle Überlegungen dieses Abschnittes gehen von den Gln. (3.1) bis (3.4) aus (Index 1 „Eintritt“, Index 2 „Austritt“). Dabei ist der in Abb. 3.1 skizzierte Sachverhalt zu beachten.

Abb. 3.1 zeigt ein offenes System. Es besteht aus einer „Maschine“, die einen Stoffstrom 1 unter Austausch von Wärme und Arbeit in einen Stoffstrom 2 verwandelt. Läuft dieser Vorgang stationär ab, so sind die

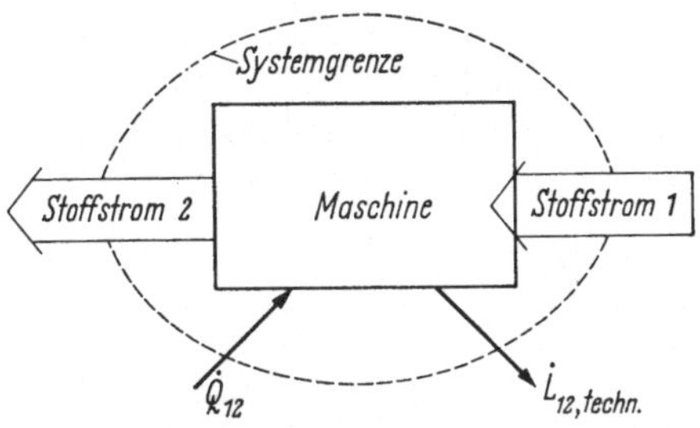

Abb. 3.1 Die thermodynamische Betrachtung eines stationären Prozesses beschränkt sich auf die Zustandsänderung des Stoffstromes. Von der Maschine muß lediglich gefordert werden, daß sie die gewünschte Zustandsänderung zu erzeugen gestattet. Anfangszustand des Systems = Endzustand. Index 1 = Eintritt, Index 2 = Austritt.

Eigenschaften einer beliebigen Stelle des Systems unabhängig von der Zeit. Innerhalb des Systems können deswegen nur solche Stoffe ihren Zustand ändern, die sich bewegen. Kehren sie dabei periodisch an einen bestimmten Ort zurück, so beeinflussen sie die Rechnung nur, wenn durch die Bewegung Verluste entstehen. Als Beispiel wäre etwa der Kolben eines Kompressors zu nennen, der nicht reibungsfrei im Zylinder läuft. Daraus folgt: ortsfeste Teile einer Maschine haben im stationären Fall gar keinen Einfluß auf die thermodynamische Betrachtung eines Systems. Der Einfluß bewegter Maschinenteile beschränkt sich auf die Berücksichtigung von Verlusten (Reibung). Klammert man diese Verluste aus der Berechnung aus, dann beziehen sich alle Gleichungen auf die Eigenschaften des durch die Maschine fließenden Stoffstromes. Am einfachsten läßt man daher die Systemgrenze mit der von der Maschine gegebenen Begrenzung des Stoffstromes zusammenfallen. Die Eigenschaften der Maschine selbst sind thermodynamisch nur wenig interessant. Man hat von ihr lediglich zu fordern, daß sie die gewünschte Zustandsänderung des Stoffstromes zu erzeugen gestattet. Hierin liegt ein großer Vorteil der thermodynamischen Betrachtungsweise: ihre Aussagen werden weitgehend unabhängig von konstruktiven Einzelheiten.

Im folgenden wird daher nie von den Eigenschaften einer speziellen Maschine die Rede sein sondern stets von der Zustandsänderung eines Stoffstromes, die von einer Maschine bewirkt wird.

3.2 Beispiele

3.2.1 Adiabate Expansion (Turbine)

Abb. 3.2 stellt schematisch eine Turbine dar. Durch eine Rohrleitung wird die zu expandierende Substanz im Zustand 1 zugeführt (z. B. überhitzter Dampf). Nach der Expansion verläßt der Stoffstrom im Zustand 2 die Turbine und strömt z. B. als Abdampf in einen Kondensator. Während der Expansion wird Arbeit frei, die an der Turbinenwelle abgenommen werden kann. Der gesamte Vorgang sei stationär und quasistatisch. Soll die Expansion innerhalb der durch die Turbine gegebenen

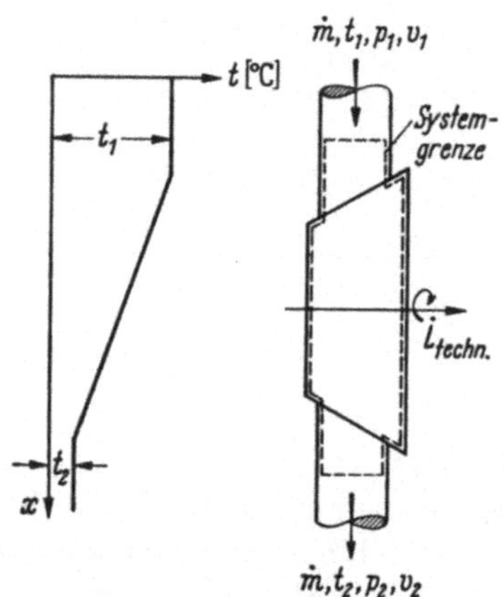

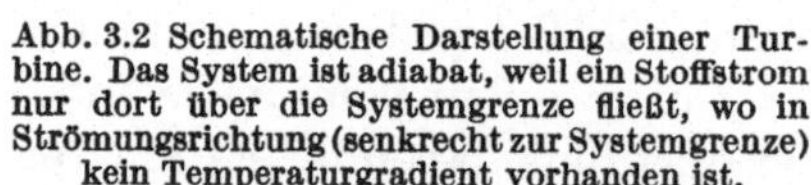
Abb. 3.2 Schematische Darstellung einer Turbine. Das System ist adiabat, weil ein Stoffstrom nur dort über die Systemgrenze fließt, wo in Strömungsrichtung (senkrecht zur Systemgrenze) kein Temperaturgradient vorhanden ist.

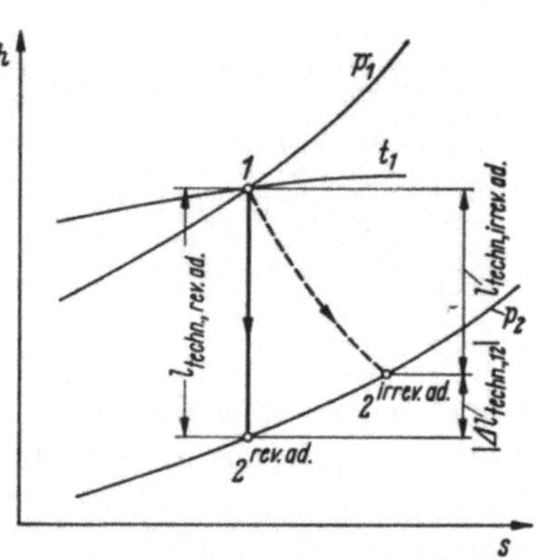

Abb. 3.3 Darstellung der adiabaten Expansion im h, s-Bild.

Systemgrenze adiabat verlaufen, so kann dies überall dort durch eine gute thermische Isolation erreicht werden, wo die Systemgrenze nicht für die beiden Stoffströme durchlässig sein muß. An den durchlässigen Stellen läßt sich ein Wärmestrom nur dadurch unterbinden, daß senkrecht zur Systemgrenze kein Temperaturgefälle vorhanden ist. Diese Forderung kann innerhalb der Anschlußleitungen in genügendem Abstand von der Turbine hinreichend exakt verwirklicht werden. Unter diesen Voraussetzungen folgt aus dem 1. Hauptsatz [Gl. (3.3b)]

$$\mathrm{d}Q = \mathrm{d}H + \mathrm{d}L_{\mathrm{techn}} = 0$$

und

$$L_{\mathrm{techn}\,12} = (H_1 - H_2)\,. \tag{3.5}$$

Der Einfluß der Ortshöhendifferenz $(z_1 - z_2)$ ist bei einer Turbine wohl immer vernachlässigbar. Eine Änderung der kinetischen Energie des Stoffstromes muß durch geeignete Dimensionierung der Rohrleitungen klein gegenüber der Enthalpiedifferenz gehalten werden $(w_1 \approx w_2)$. Aus Gl. (1.78) folgt schließlich für die Turbinenleistung

$$\dot{L}_{\text{techn}\,12} = \dot{m}\, l_{\text{techn}\,12} = (\dot{H}_1 - \dot{H}_2) = \dot{m}\,(h_1 - h_2)\,. \tag{3.6}$$

Die Enthalpiedifferenz $(h_1 - h_2)$ legt man nun am einfachsten mit Hilfe einer Dampftafel oder – wie es Abb. 3.3 zeigt – mit Hilfe eines Zustandsdiagrammes fest. In dieses Diagramm zeichnet man zunächst den durch den Druck p_1 und die Eintrittstemperatur t_1 gekennzeichneten Eintrittszustand 1 ein. Er liegt am Schnittpunkt der Isobaren p_1 mit der Isothermen t_1. Den Endpunkt der Expansion findet man mit Sicherheit auf der zum Druck p_2 gehörigen Isobaren. Die Austrittstemperatur läßt sich jedoch zunächst nur insoweit festlegen, als bei einer reversibel adiabaten Expansion gemäß Gl. (3.4b) gilt

$$T\,\mathrm{d}S = \mathrm{d}Q_{\text{rev}} = 0, \quad \text{entsprechend} \quad s_1 = s_2\,.$$

In diesem Fall liegt der Expansionsendpunkt 2 im h,s-Bild senkrecht unter dem Punkt 1 auf der Isobaren p_2. Treten bei der Expansion Verluste auf, so kann die ihnen äquivalente Energie nur mit dem Stoffstrom 2 abtransportiert werden. Infolge von Verlusten wird nämlich die Turbinenleistung kleiner, was sich gemäß Gl. (3.6) nur über ein anwachsendes h_2 realisieren läßt. Zu einer größeren spezifischen Enthalpie des Stoffstromes 2 gehört aber bei konstantem Gegendruck p_2 eine höhere Temperatur t_2 und damit eine größere innere Energie u_2: Der Expansionsendpunkt einer mit Verlusten behafteten, irreversibel adiabaten Expansion liegt somit rechts vom Punkt $2^{\text{rev ad}}$ auf der Isobaren p_2 (Punkt $2^{\text{irr ad}}$) und es gilt

$$s_{2^{\text{rev ad}}} < s_{2^{\text{irr ad}}}.$$

Gl. (3.4b) liefert wegen $\mathrm{d}Q = 0$ und $\mathrm{d}L_{\text{Verlust}} < 0$ im übrigen das gleiche Resultat.

Zur Kennzeichnung solcher Verluste bedient man sich am einfachsten eines isentropen Wirkungsgrades

$$\eta_{\text{ST}} = \frac{l_{\text{techn irr ad}}}{l_{\text{techn rev ad}}} = \frac{h_1 - h_{2\text{irr ad}}}{h_1 - h_{2\text{rev ad}}} \leq 1\,. \tag{3.7}$$

Es liegt nahe, die bei irreversibel adiabater Expansion auftretenden Verluste thermodynamisch näher zu untersuchen. Zu diesem Zweck verwendet man ein T,s-Bild, in das man eine adiabate Expansion einträgt, die vom Punkt 1 ausgeht und im reversiblen Fall im Pkt. 2′, im irreversiblen Fall im Pkt. 2 endet. Wegen $\mathrm{d}Q = 0$ findet man dann aus Gl. (3.4b) unmittelbar

$$\int_1^2 T\,\mathrm{d}\dot{S} = \int_1^2 |\mathrm{d}\dot{L}_{\text{Verlust}}| = |\dot{L}_{\text{Verlust}}|_{12} = \dot{m}\,|l_{\text{Verlust}}|_{12} = \dot{m}\int_1^2 T\,\mathrm{d}s\,. \tag{3.8}$$

Die während der Expansion im System entstandenen Verluste sind somit bis auf den Faktor $\dot{m}$ identisch mit der in Abb. 3.4 dargestellten Fläche

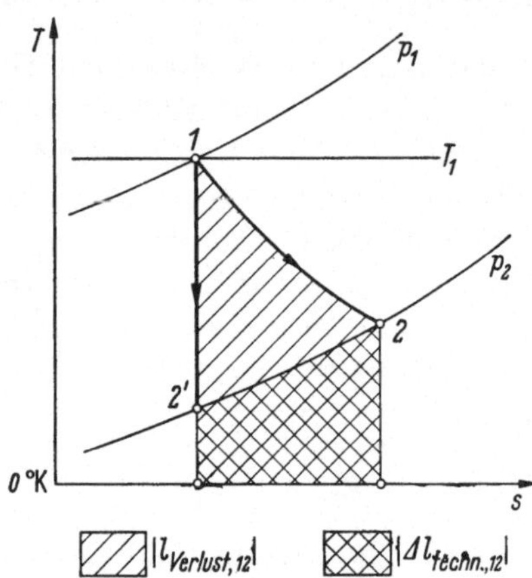

Abb. 3.4 Darstellung der Verluste bei einer adiabaten Expansion.

unter der Expansionskurve 1 → 2. Berechnet man hingegen den Verlust an technischer Arbeit, so findet man aus Abb. 3.3

$$|\Delta l_{\text{techn}}| = l_{\text{techn rev ad}} - l_{\text{techn irr ad}} = h_{2\text{irr ad}} - h_{2\text{rev ad}} \tag{3.9}$$

Diese Enthalpiedifferenz läßt sich mit Hilfe von Gl. (3.4a) in Abb. 3.4 leicht als Fläche unter der Isobaren für den Druck p_2 darstellen. Es gilt

$$\left(\int_{2'}^{2} T\,\mathrm{d}s\right)_{p_2} = \int_{2^{\text{rev ad}}}^{2^{\text{irr ad}}} \mathrm{d}h = |\Delta l_{\text{techn}}|_{12}\,. \tag{3.10}$$

Der an der Turbinenwelle meßbare Verlust an technischer Arbeit ist somit kleiner als der bei der Expansion durch Irreversibilitäten im System aufgetretene Verlust. Die Ursache dieser Differenz ist leicht einzusehen: da das System gegenüber der Umgebung adiabat ist, kann die den im System entstandenen Verlusten äquivalente Energie nicht in Form von Wärme über die Systemgrenze fließen. Sie muß vielmehr noch in der Turbine dem Stoffstrom zugeführt werden, wodurch sich dessen innere Energie erhöht. Ein Teil dieser Energiezufuhr läßt sich in einer „Nachexpansion" wieder in Arbeit verwandeln. Der Rest fließt mit der Enthalpie des Stoffstromes aus dem System heraus. Besonders deutlich werden diese Verhältnisse im Exergieflußbild (Nr. 7.2).

Beispiel 3.1. In einer Dampfturbine wird Wasserdampf mit einem isentropen Wirkungsgrad $\eta_{ST} = 0{,}75$ irreversibel adiabat entspannt. Der Eintrittszustand 1 wird durch folgende Angaben gekennzeichnet: $p_1 = 50$ at; $t_1 = 500$ °C. Im Austrittsquerschnitt herrscht der Druck $p_2 = 1$ at. Außerdem gilt $w_1 = w_2$ und $z_1 = z_2$.

a) Welche Leistung gibt die Turbine ab, wenn sie stationär von 10^4 kg Dampf/h durchströmt wird?

b) Welche Temperatur t_2 besitzt der Wasserdampf am Turbinenaustritt?

Auszug aus der Dampftafel für überhitzten Wasserdampf:

$p_1 = 50$ at

t [°C]	480	490	500	510	520
h [kcal/kg]	808,3	813,9	819,5	825,1	830,7
s [kcal/kg °K]	1,6524	1,6598	1,6671	1,6743	1,6814

$p_2 = 1$ at

t [°C]	100	110	120	130	140
h [kcal/kg]	639,1	644,2	649,1	653,8	658,5
s [kcal/kg °K]	1,7599	1,7736	1,7862	1,7981	1,8096

Sättigungswerte:

$s' = 0{,}3096$ kcal/kg °K $h' = 99{,}1$ kcal/kg bei $p = 1$ at,

$s'' = 1{,}7587$ kcal/kg °K $h'' = 638{,}5$ kcal/kg bei $p = 1$ at.

Lösung. Abb. 3.5 zeigt die Expansion schematisch in einem h,s-Bild, wobei schon die Tatsache berücksichtigt wurde, daß der Endpunkt 2′ der reversibel adia-

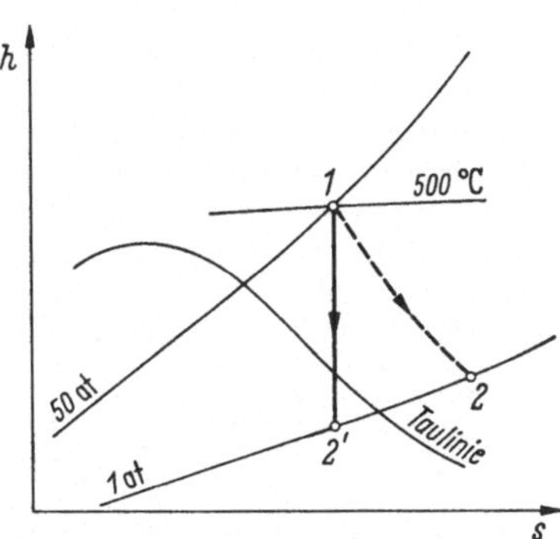

Abb. 3.5 Zur Lösung der Aufgabe 3.1.

baten Expansion wegen $s_1 = 1{,}6671$ kcal/kg °K und $s_1{''}_{\text{at}} = 1{,}7587$ kcal/kg °K im Naßdampfgebiet liegt.

a) Gemäß Gl. (3.6) und (3.7) gilt

$$l_{\text{techn irr ad}} = l_{\text{techn rev ad}} \cdot \eta_{\text{ST}} = (h_1 - h_{2'})\, \eta_{\text{ST}}$$

Die spezifische Enthalpie im Punkt 2′ läßt sich aus der Forderung berechnen, daß

$s_1 = s_{2'} = s_1{'}_{\text{at}}\,(1 - x_{2'}) + s_1{''}_{\text{at}}\,(x_{2'})$ sein soll.

Daraus ergibt sich im Punkt 2′ ein Naßdampfgehalt

$$x_{2'} = \frac{s_1 - s'_{1\,\text{at}}}{s''_{1\,\text{at}} - s'_{1\,\text{at}}} = 0{,}937$$

und eine spezifische Enthalpie $h_{2'} = h_1{'}_{\text{at}}\,(1 - x_{2'}) + h''_{1\,\text{at}}\, x_{2'} = 604{,}5$ kcal/kg.

Somit findet man für die Turbinenleistung

$$\dot{L}_{\text{techn}} = \dot{m}\,\eta_{ST}\,(h_1 - h_{2'}) = 161{,}25 \cdot 10^4\,\text{kcal/h} = 1874{,}8\,\text{kW}\,.$$

b) Der tatsächliche Expansionsendpunkt 2 wird durch die Isobare $p_2 = 1$ at und die spezifische Enthalpie $h_2 = h_1 - l_{\text{techn irr ad}} = h_1 - \eta_{ST}(h_1 - h_{2'}) = 658{,}25$ kcal/kg gegeben. Aus der Tabelle für die überhitzten Zustände beim Druck von 1 at ergibt sich dann durch Interpolation die Austrittstemperatur t_2 zu 139,5 °C.

Beispiel 3.2. Ein Erfinder bietet eine adiabat arbeitende Gasturbine an, die mit einem idealen Gas der Molmasse $M = 16{,}63$ g/mol und der spezifischen Wärmekapazität $c_p^0 = 1{,}5$ J/g grd betrieben werden soll. Die Leistung der Turbine soll ihr Maximum erreichen, wenn das Gas im Zustand 1 ($p_1 = 10$ at, $T_1 = 500$ °K) in die Turbine eintritt und mit dem Zustand 2 ($p_2 = 1$ at; $T_2 = 200$ °K) wieder austritt.

a) Kann die angegebene Zustandsänderung 1 → 2 überhaupt stattfinden?

b) Welche Leistung kann die Turbine maximal abgeben, wenn sie stationär pro Stunde mit 1000 kg des Gases vom Zustand 1 gespeist und adiabat betrieben wird?

Lösung. a) Die maximale Leistung wird erreicht, wenn keine Verluste auftreten. Dann muß aber die Expansion nicht nur adiabat, sondern nach Gl. (3.4b) auch isentrop sein, woraus mit Gl. (1.144) folgt

$$s_1 = c_p^0 \ln\frac{T_1}{T_0} - R\ln\frac{p_1}{p_0} + \text{const} = s_2 = c_p^0 \ln\frac{T_2}{T_0} - R\ln\frac{p_2}{p_0} + \text{const}.$$

Diese Bedingung ist erfüllt für

$$T_2 = T_1 \cdot \left(\frac{p_1}{p_2}\right)^{-R/c_p^0} = 500\,°\text{K} \cdot 10^{-0{,}5/1{,}5} = 232{,}08\,°\text{K} > 200\,°\text{K}\,.$$

Treten Verluste auf, wird gemäß Gl. (3.4b) $s_2 > s_1$ und damit $T_{2\,\text{irr}} > T_{2\,\text{rev}}$. Da die vom Erfinder angegebene Expansionsendtemperatur unter der bei rev. ad. Expansion zu erreichenden Temperatur liegt, kann die angegebene Zustandsänderung nicht stattfinden.

b) Die maximale Leistung wird bei reversibel adiabater Prozeßführung gewonnen. Mit Gl. (3.6) und (1.38) findet man daher

$$\dot{L}_{\text{techn, max}} = \dot{L}_{\text{techn, rev ad}} = \dot{m}\,(h_1 - h_{2\,\text{rev ad}}) =$$
$$= \dot{m}\,c_p^0\,(T_1 - T_{2\,\text{rev ad}}) = 111{,}63\,\text{kW}\,.$$

Beispiel 3.3. Die adiabate Expansion eines idealen Gases verlaufe im T,s-Bild nach der Gleichung

$$T\,s = 500\ \text{J/g}.$$

Das ideale Gas besitzt eine Molmasse $M = 4{,}16$ g/mol und eine spezifische Wärmekapazität $c_p^0 = 5$ J/g grd. Unter der Annahme, daß die Expansion bei $T_1 = 500$ °K beginnt und bei $T_2 = 250$ °K endet, berechne man:

a) das Druckverhältnis p_1/p_2,

b) die bei der Expansion von 1 kg Gas entstehenden Verluste (Reibungswärme),

c) den bei der Expansion von 1 kg Gas auftretenden Verlust an technischer Arbeit,

d) den isentropen Wirkungsgrad der Expansion.

Lösung. a) Aus der Gleichung für den Expansionsverlauf ergibt sich $s_1 = 1$ J/g °K und $s_2 = 2$ J/g °K. Gl. (1.144) liefert dann $s_2 - s_1 = 1$ J/g °K $= c_p^0 \ln\dfrac{T_2}{T_1} - \dfrac{\Re}{M}\ln\dfrac{p_2}{p_1}$, woraus man ein Druckverhältnis $p_1/p_2 = 9{,}34$ findet.

b) Nach Gl. (3.8) gilt

$$|l_{\text{Verlust}}|_{12} = \int_1^2 T\,\mathrm{d}s = \int_1^2 500\,\frac{\mathrm{J}}{\mathrm{g}}\,\frac{\mathrm{d}s}{s} = 500\,\frac{\mathrm{J}}{\mathrm{g}}\cdot\ln\frac{s_2}{s_1} = 347\,\mathrm{kJ/kg}\,.$$

c) Nach Gl. (3.9) gilt $|\Delta l_{\text{techn}}|_{12} = h_{2\,\text{irr ad}} - h_{2\,\text{rev ad}}$. Mit Gl. (1.38) ergibt sich daher

$$|\Delta l_{\text{techn}}|_{12} = c_p^0\,(T_{2\,\text{irr ad}} - T_{2\,\text{rev ad}})$$

$T_{2\,\text{rev ad}}$ findet man aus Gl. (1.170)

$$T_{2\,\text{rev ad}} = T_1\cdot\left(\frac{p_1}{p_2}\right)^{\frac{1-\varkappa}{\varkappa}} = 500\,{}^\circ\mathrm{K}\cdot 9{,}34^{-2/5} = 205\,{}^\circ\mathrm{K}\,,\ \text{da nach}$$

Gl. (1.167) und (1.126) $\varkappa = c_p^0/(c_p^0 - R) = 5/3$ ist.

Damit gilt schließlich

$$|\Delta l_{\text{techn}}|_{12} = 5\,\frac{\mathrm{kJ}}{\mathrm{kg\,grd}}\cdot(250\,{}^\circ\mathrm{K} - 205\,{}^\circ\mathrm{K}) = 225\,\mathrm{kJ/kg}$$

d) Der isentrope Wirkungsgrad ist gemäß Gl. (3.7) definiert als

$$\eta_{\text{ST}} = \frac{h_1 - h_{2\,\text{irr ad}}}{h_1 - h_{2\,\text{rev ad}}}\,,\ \text{woraus mit Gl. (1.38) folgt}$$

$$\eta_{\text{ST}} = \frac{c_p^0\,(T_1 - T_{2\,\text{irr ad}})}{c_p^0\,(T_1 - T_{2\,\text{rev ad}})} = 0{,}847\,.$$

3.2.2 Adiabate, isotherme und polytrope Kompression (Kompressor)

Abb. 3.6 zeigt die schematische Darstellung eines Kompressors, der eine Substanz vom Anfangszustand 1 auf den Endzustand 2 komprimiert, ohne daß sich dabei die potentielle und die kinetische Energie des Stoffes ändern. Da der Kolben periodisch im Zylinder auf und ab wandert, verläuft die Strömung in den Rohrleitungen 1 und 2 und im System pulsierend. Dadurch werden z. B. der Wärmeübergang zwischen der Substanz und der Zylinderwand und die Strömungsverluste in den Ventilen und Rohrleitungen beeinflußt. Auf diese Feinheiten nimmt die thermodynamische Betrachtung jedoch nur indirekt Rücksicht. Sie geht von einer stationären Strömung aus, wie sie in den Rohrleitungen etwa durch den Einbau großer Windkessel erzeugt werden kann, und berücksichtigt die Verluste summarisch in einem isentropen Wirkungsgrad [Gl. (3.14)], während sich die speziellen Wärmeübergangsverhältnisse nur in der Angabe eines stationären Wärmestromes niederschlagen. Durch diese Vereinfachung können alle Verdichtertypen gemeinsam behandelt werden.

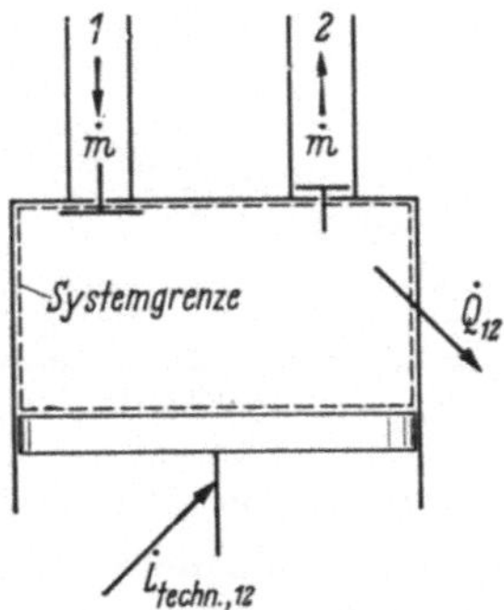

Abb. 3.6 Kompression eines Gases in einem Kolbenkompressor. Als System wird die jeweils angesaugte Substanzmenge betrachtet.

Nimmt man zunächst einmal an, daß die Kompression adiabat erfolgt, so unterscheidet sie sich von der adiabaten Expansion nur durch die Richtung der Zustandsänderung. Die Gln. (3.5) und (3.6) gelten unverändert weiter. Allerdings liegt der Punkt 2 jetzt über dem durch Angabe von Druck und Temperatur gekennzeichneten Eintrittszustand 1 (Abb. 3.7). Man findet also für die

Techn. Kompressionsarbeit $L_{\text{techn}\,12,\,\text{ad}} = (H_1 - H_2)$ (3.11)

und für die Antriebsleistung

$$\dot{L}_{\text{techn}\,12,\,\text{ad}} = \dot{m}\, l_{\text{techn}\,12} = (\dot{H}_1 - \dot{H}_2) = \dot{m}\,(h_1 - h_2)\,. \tag{3.12}$$

Auf die Berücksichtigung von Änderungen der kinetischen und potentiellen Energie des komprimierten Stoffes wurde wieder verzichtet, da sie nur selten eine wichtige Rolle spielen.

Treten während der adiabaten Kompression keine Verluste auf, dann muß der Punkt 2 nach Gl. (3.4b) im h,s-Bild senkrecht über dem Punkt 1 liegen. Sind Verluste vorhanden, so gilt wie bei der adiabaten Expansion $s_2 > s_1$ (Abb. 3.7). Man erkennt sofort, daß Verluste die Kompressions-

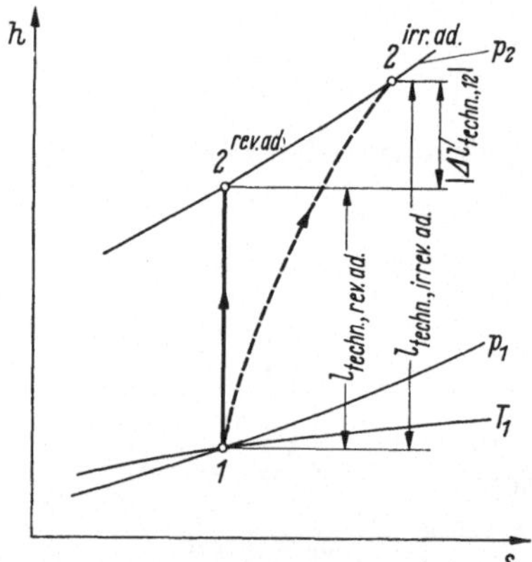

Abb. 3.7 Darstellung der adiabaten Kompression im h,s-Bild.

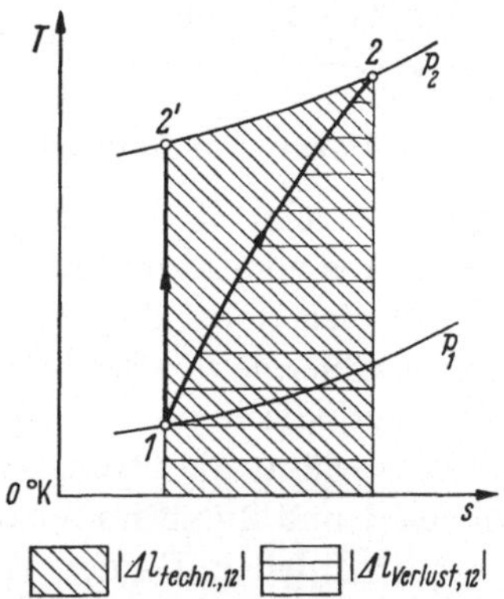

Abb. 3.8 Darstellung der Verluste bei einer adiabaten Kompression.

arbeit und damit die Antriebsleistung des Kompressors vergrößern. Der pro Mengeneinheit entstandene Mehraufwand an technischer Kompressionsarbeit

$$|\Delta l_{\text{techn}}|_{12} = |l_{\text{techn irr ad}}| - |l_{\text{techn rev ad}}| = h_{2\,\text{irr ad}} - h_{2\,\text{rev ad}} \tag{3.13}$$

kann der Abb. 3.7 entnommen werden, wobei man die Verluste wie bei der adiabaten Expansion durch Angabe eines isentropen Wirkungsgrades

$$\eta_{SV} = \frac{l_{\text{techn rev ad}}}{l_{\text{techn irr ad}}} = \frac{h_{2\,\text{rev ad}} - h_1}{h_{2\,\text{irr ad}} - h_1} \leq 1 \tag{3.14}$$

charakterisiert.

Selbstverständlich lassen sich die bei der adiabaten Kompression entstandenen Verluste wieder im T,s-Bild analysieren (Abb. 3.8). Analog zu den Gln. (3.8) und (3.10) gilt

$$\int_1^2 T\,\mathrm{d}\dot{S} = |\dot{L}_{\text{Verlust}}|_{12} = \dot{m}\,|l_{\text{Verlust}}|_{12} = \dot{m}\int_1^2 T\,\mathrm{d}s \tag{3.15}$$

und

$$\int_{2'}^2 T\,\mathrm{d}S = |\Delta L_{\text{techn}}|_{12} = m\,|\Delta l_{\text{techn}}|_{12} = m\int_{2'}^2 T\,\mathrm{d}s\,, \tag{3.16}$$

wobei der Endpunkt der reversibel adiabaten Kompression mit 2′, der der irreversibel adiabaten Kompression mit 2 gekennzeichnet wurde. Abb. 3.8 zeigt deutlich, daß der Mehraufwand an technischer Kompressionsarbeit nicht nur zur Deckung der im System entstandenen Verluste dient [Gl. (3.15)]. Da das System adiabat ist, kann die den Verlusten (Reibung) äquivalente Energie nämlich nicht als Wärme über die Systemgrenze fließen. Sie muß vielmehr der komprimierten Substanz zugeführt werden, so daß deren Temperatur steigt. Dadurch ändert sich nicht nur die Ausschiebearbeit. Der aus dem Kompressor austretende Stoffstrom besitzt im Punkt 2 der gestiegenen Temperatur wegen auch eine höhere innere Energie als nach der reversibel adiabaten Kompression im Punkt 2′.

Fließt während der Kompression Wärme über die Systemgrenze, so verändern sich die technische Kompressionsarbeit und die Antriebsleistung. Nach Gl. (3.3a) gilt jetzt

Techn. Kompressionsarbeit $\quad L_{\text{techn}\,12} = H_1 - H_2 + Q_{12}$ (3.17)

und Antriebsleistung

$$\dot{L}_{\text{techn}\,12} = \dot{m}\,l_{\text{techn}\,12} = \dot{H}_1 - \dot{H}_2 + \dot{Q}_{12} = \dot{m}\,(h_1 - h_2 + q_{12}) \tag{3.18}$$

mit

$$l_{\text{techn}\,12} = \int_1^2 \mathrm{d}l_{\text{techn}} = \int_1^2 (-v\,\mathrm{d}p + \mathrm{d}l_{\text{Verlust}})\,. \tag{3.2}$$

Am leichtesten kann man den durch die Gln. (3.2), (3.17) und (3.18) gegebenen Zusammenhang am Beispiel der reversiblen Kompression eines idealen Gases übersehen. Für diesen Fall ist $\mathrm{d}l_{\text{Verlust}} = 0$. Besitzt dieses Gas eine spezifische Wärmekapazität c_p^0, die im betrachteten Temperaturbereich konstant ist (einatomiges ideales Gas) oder nur vernachlässigbar wenig von der Temperatur abhängt, so kann mit Gl. (1.38) geschrieben werden

$$\frac{\dot{L}_{\text{techn}\,12,\,\text{rev}}}{\dot{m}} = l_{\text{techn}\,12,\,\text{rev}} = c_p^0\,(T_1 - T_2) + q_{12} \tag{3.19}$$

und

$$l_{\text{techn}\,12,\text{rev}} = -\int_1^2 v\,\mathrm{d}p\,. \tag{3.20}$$

Für eine isotherme Kompression findet man daraus mit Gl. (1.8a)

$$l_{\text{techn}\,12,\,\text{rev isoth}} = R\,T_1 \ln \frac{p_1}{p_2} \tag{3.21a}$$

sowie

$$q_{12,\text{rev isoth}} = R\,T_1 \ln \frac{p_1}{p_2}\,. \tag{3.21b}$$

Verläuft die Kompression reversibel adiabat, so besteht zwischen dem spezifischen Volumen v und dem Druck der durch Gl. (1.171) beschriebene Zusammenhang $p\,v^{\varkappa} = p_1\,v_1^{\varkappa}$. Er liefert nach den Gln. (3.19) und (3.20) unter Berücksichtigung der Gln. (1.8a), (1.126), (1.167) und (1.170)

$$l_{\text{techn}\,12,\text{rev ad}} = R\,T_1 \frac{\varkappa}{\varkappa - 1}\left[1 - \left(\frac{p_2}{p_1}\right)^{\frac{\varkappa-1}{\varkappa}}\right] = R\,T_1 \frac{\varkappa}{\varkappa - 1}\left(1 - \frac{T_2}{T_1}\right) \tag{3.22a}$$

und

$$q_{12} = 0 = R\,T_1 \frac{\varkappa}{\varkappa - 1}\left[1 - \frac{T_2}{T_1}\right] - c_p^0\,T_1\left[1 - \frac{T_2}{T_1}\right]. \tag{3.22b}$$

In praktisch wichtigen Fällen wird die Kompression weder adiabat noch isotherm erfolgen, denn der für isotherme Kompression erforderliche gute Wärmeaustausch wird ebenso wenig realisierbar sein wie die ideale thermische Isolation. Will man auch dann noch zu leicht überschaubaren Ausdrücken gelangen, so muß man den Begriff der *reversibel polytropen* Zustandsänderung einführen. Sie wird dadurch gekennzeichnet, daß man den Stoffwert $\varkappa$ in den Gln. (1.169) bis (1.171) durch einen Polytropenexponenten n ersetzt, der die gewünschte Endtemperatur liefert.

Es gilt dann

$$p v^n = p_1 v_1{}^n \tag{3.23a}$$

$$T v^{n-1} = T_1 v_1{}^{n-1} \tag{3.23b}$$

$$T p^{\frac{1-n}{n}} = T_1\,p_1^{\frac{1-n}{n}} \tag{3.23c}$$

Mit diesen Ansätzen ergeben die Gln. (3.19) und (3.20) schließlich

$$l_{\text{techn}\,12,\,\text{rev polytrop}} = R\,T_1 \frac{n}{n-1}\left[1 - \left(\frac{p_2}{p_1}\right)^{\frac{n-1}{n}}\right] = R\,T_1 \frac{n}{n-1}\left[1 - \frac{T_2}{T_1}\right] \tag{3.24a}$$

und

$$q_{12} = (T_2 - T_1)\left(c_p^0 - R\frac{n}{n-1}\right). \tag{3.24b}$$

Abb. 3.9 läßt deutlich den Unterschied zwischen den Gln. (3.21a), (3.22a) und (3.24a) erkennen. Ausgehend vom Anfangspunkt 1 wurden in dieses Bild

eine reversibel isotherme Kompression $p\,v^1 = p_1\,v_1{}^1$,

eine reversibel polytrope Kompression $p\,v^n = p_1\,v_1{}^n$

und eine reversibel adiabate Kompression $p\,v^{\varkappa} = p_1\,v_1{}^{\varkappa}$

eingezeichnet, die alle beim Druck p_2 enden. Dabei wurde vorausgesetzt, daß bei der polytropen Kompression ein Wärmestrom über die Systemgrenze fließt, der größer ist als im adiabaten Fall und kleiner als bei isothermer Kompression. Es gilt dann

$$1 \leq n \leq \varkappa .$$

Da die pro Mengeneinheit der komprimierten Substanz aufzuwendende technische Kompressionsarbeit nach Abb. 1.27 im p,v-Diagramm

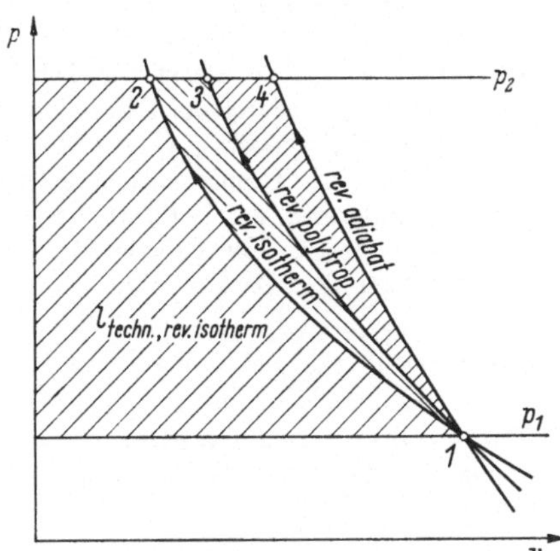

Abb. 3.9 Darstellung der zur Kompression von 1 Kilogramm Substanz aufzuwendenden technischen Arbeit im p,v-Diagramm.

als Fläche zwischen der Ordinate und der Kompressionskurve dargestellt werden kann, zeigt Abb. 3.9 unmittelbar

$$|l_{\text{techn}\,1\,2}| \leq |l_{\text{techn}\,1\,3}| \leq |l_{\text{techn}\,1\,4}| \,. \qquad (3.25)$$

Bei der reversibel isothermen Kompression (Endpunkt 2) wird weniger Arbeit verbraucht als bei der reversibel polytropen Kompression (Endpunkt 3) und bei dieser wiederum weniger als bei der reversibel adiabaten Kompression (Endpunkt 4).

Beispiel 3.4. Ein Kompressor komprimiert das Kältemittel Frigen 12 vom Ansaugzustand 1 mit einem isentropen Wirkungsgrad $\eta_{\text{SV}} = 0{,}6$ irreversibel adiabat auf den Druck p_2.

a) Welche Antriebsleistung ist erforderlich, wenn pro Stunde $\dot{m} = 100$ kg/h Frigen 12 komprimiert werden sollen?

b) Welche Kompressionsendtemperatur t_2 stellt sich ein?

Ansaugzustand 1: gesättigter Dampf, $p_1 = 1{,}025$ at.

Der Druck p_2 muß so groß sein, daß das Kältemittel bei 27 °C kondensiert werden kann.

Auszug aus der Dampftafel:

Sättigungswerte:

p [at]	t_s [°C]	h'' [kcal/kg]	s'' [kcal/kg °K]
1,025	−30	133,54	1,1398
7,002	+27	139,79	1,1333

ungesättigte Zustände bei $p = 7{,}002$ at

t [°C]	38	39	72	73
h [kcal/kg]	141,57	141,75	147,04	147,21
s [kcal/kg °K]	1,1395	1,1400	1,1560	1,1565

Lösung. a) Nach Gl. (3.12) beträgt die Antriebsleistung

$$\dot{L}_{\text{techn, irr ad } 1\,2} = \dot{m}\, l_{\text{techn, irr ad } 1\,2} = \dot{m}\,(h_1 - h_2)\,,$$

woraus mit Gl. (3.14) folgt:

$$\dot{L}_{\text{techn, irr ad } 1\,2} = \dot{m}\,\frac{l_{\text{techn rev ad}}}{\eta_{SV}} = \dot{m}\,\frac{h_1 - h_{2\,\text{rev ad}}}{\eta_{SV}}\,.$$

Für den Ansaugzustand 1 liefert die Tabelle der Sättigungswerte $h_1 = h''_{1{,}025\,\text{at}} = 133{,}54$ kcal/kg. Den reversibel adiabaten Kompressionsendpunkt 2 erhält man gemäß Gl. (3.4b) für $s_1 = s''_{1{,}025\,\text{at}} = 1{,}1398$ kcal/kg °K $= s_{2,\,\text{rev ad}}$. Da der Kondensatordruck durch die Kondensationstemperatur von 27 °C nach der Tabelle für die Sättigungswerte zu 7,002 at bestimmt wird, findet man durch Interpolation der Angaben in der Tabelle für die ungesättigten Zustände bei 7,002 at $h_{2,\,\text{rev ad}} = 141{,}68$ kcal/kg. Daraus folgt

$$\dot{L}_{\text{techn, irr ad}} = 100\,\frac{\text{kg}}{\text{h}}\cdot\frac{1}{0{,}6}\,(133{,}54 - 141{,}68)\ \text{kcal/kg} = -1357\,\frac{\text{kcal}}{\text{h}} = -1{,}58\ \text{kW}\,.$$

b) Die Kompressionsendtemperatur läßt sich durch Interpolation der Werte in der Tabelle für die ungesättigten Zustände beim Kompressionsenddruck $p_2 = 7{,}002$ at gewinnen. Sie folgt aus

$$h_{2\,\text{irr ad}} = h_1 + |l_{\text{techn } 1\,2}| = 147{,}11\ \text{kcal/kg} \quad \text{zu} \quad t_{2\,\text{irr ad}} = 72{,}4\,°\text{C}\,.$$

Beispiel 3.5. In einem Kompressor werden stündlich 100 kg eines idealen Gases mit der Molmasse $M = 8{,}315$ g/mol und einem Verhältnis der spezifischen Wärmekapazitäten $c_p^0/c_v^0 = \varkappa = 1{,}5$ reversibel polytrop von $p_1 = 1$ at, $T_1 = 300$ °K auf $p_2 = 10$ at verdichtet. Der Polytropenexponent sei $n = 1{,}2$.

a) Wie groß ist die Kompressionsendtemperatur T_2?

b) Wie groß ist die Antriebsleistung des Kompressors?

c) Wieviel Wärme muß pro Stunde an die Umgebung abgeführt werden?

d) Wie groß ist der Mehraufwand gegenüber einer reversibel isothermen Kompression?

Lösung. a) Nach Gl. (3.23c) gilt $T_2 = T_1\cdot(p_2/p_1)^{\frac{n-1}{n}} = 300\ °\text{K}\cdot 10^{0{,}2/1{,}2} = 440\ °\text{K}$.

b) Aus Gl. (3.24a) ergibt sich

$$l_{\text{techn, rev polytr } 1\,2} = R\,T_1\,\frac{n}{n-1}\left[1 - \frac{T_2}{T_1}\right] = -\frac{8{,}315\ \text{J/mol °K}}{8{,}315\ \text{g/mol}}\cdot\frac{1{,}2}{0{,}2}\cdot$$

$$\cdot\,140\ °\text{K}\,\frac{1\ \text{h}}{3600\ \text{sec}} = -0{,}2333\,\frac{\text{kWh}}{\text{kg}}\,.$$

Die Antriebsleistung beträgt also

$$\dot{L}_{\text{techn } 1\,2} = \dot{m}\, l_{\text{techn } 1\,2} = -23{,}33\ \text{kW}\,.$$

c) Aus Gl. (3.3a), (1.38) und (1.78) folgt

$$\dot{Q}_{1\,2} = \dot{H}_2 - \dot{H}_1 + \dot{L}_{\text{techn } 1\,2} = \{c_p^0\,(T_2 - T_1) + l_{\text{techn } 1\,2}\}\,\dot{m}$$

Mit $\varkappa = c_p^0/c_v^0 = 1{,}5$ und $R = c_p^0 - c_v^0$ [Gl. (1.126)] ergibt sich $c_p^0 = 3$ J/g grd

Deswegen findet man schließlich

$$\dot{Q}_{12} = \left\{3 \frac{\text{kJ}}{\text{kg grd}} \cdot (440\,°\text{K} - 300\,°\text{K}) - 0{,}2333 \frac{\text{kWh}}{\text{kg}} \cdot 3600 \frac{\text{sec}}{\text{h}} \cdot \frac{1\,\text{kJ}}{\text{kWs}}\right\} \cdot$$
$$\cdot\, 100 \frac{\text{kg}}{\text{h}} = -4{,}2 \cdot 10^4\,\text{kJ/h}\,.$$

d) Bei isothermer, reversibler Kompression wird die Antriebsleistung durch Gl. (1.78) und (3.21 a) gegeben

$$\dot{L}_{\text{techn, rev isotherm}\,1\,2} = \dot{m}\, R\, T_1 \ln\,(p_1/p_2) =$$
$$= -100 \frac{\text{kg}}{\text{h}} \cdot 1 \frac{\text{kJ}}{\text{kg}\,°\text{K}} \cdot 300\,°\text{K} \cdot \ln 10 \cdot \frac{1\text{h}}{3600\,\text{sec}} = -19{,}19\,\text{kW}.$$

Bei der reversibel polytropen Kompression wird also gegenüber der reversibel isothermen Kompression ein Mehraufwand von

$$|\Delta \dot{L}_{\text{techn}}| = 4{,}14\,\text{kW}$$

benötigt.

Beispiel 3.6. Ein Verdichter komprimiert Luft von $p_1 = 1$ bar, $t_1 = 25$ °C reversibel auf $p_2 = 3$ bar, $t_2 = 85$ °C. Die Luft verhält sich dabei wie ein ideales Gas mit der Molmasse $M = 28$ g/mol und der spezifischen Wärmekapazität $c_p^0 = 1{,}004$ J/g grd.

a) Wird bei der Kompression mit der Umgebung Wärme ausgetauscht?

b) Wie groß ist der Polytropenexponent n, der diese Kompression beschreibt?

Lösung. a) Wenn die Kompression reversibel adiabat verläuft, so muß zwischen dem Anfangszustand und dem Zustand nach der Kompression die durch Gl. (1.170) gegebene Beziehung

$$T_2 = T_1 \cdot \left(\frac{p_2}{p_1}\right)^{\frac{\varkappa - 1}{\varkappa}}$$

bestehen, in der [Gln. (1.126), (1.167)] $\varkappa = c_p^0/c_v^0 = c_p^0/(c_p^0 - R) = 1{,}42$ ist.

Daraus folgt für T_2 der Wert 412,6 °K, entsprechend rd. 139,5 °C. Da diese Kompressionsendtemperatur größer als der angegebene Wert von 85 °C ist, muß die Luft während der Kompression gekühlt worden sein.

b) Nach Gl. (3.23 c) gilt für die reversibel polytrope Zustandsänderung

$$T_2/T_1 = (p_2/p_1)^{(n-1)/n}.$$

Daraus folgt

$$n = 1/\{1 - \lg\,(T_2/T_1)/\lg(p_2/p_1)\} = 1{,}2\,.$$

3.2.3 Wärmeaustausch (Kessel, Kondensator, Verdampfer)

Wird einem Stoffstrom Wärme zugeführt oder entzogen, ohne daß sich dabei seine Ortshöhe z oder seine Geschwindigkeit w wesentlich verändern, so ändert sich sein Zustand in der durch Gl. (3.3 a) beschriebenen Weise:

$$Q_{12} = U_2 - U_1 + L_{12} = H_2 - H_1 + L_{\text{techn}\,1\,2}\,.$$

Die Glieder L_{12} und $L_{\text{techn}\,1\,2}$ enthalten dabei gemäß Gln. (3.1) und (3.2) Verluste. Normalerweise sind diese Verluste gegenüber Q_{12} vernachlässigbar klein. Im Falle des isobaren Wärmeaustausches mit strömenden Stoffen müssen sie sogar exakt verschwinden, da jede Reibung zu einem Druckabfall in Strömungsrichtung führt. Deswegen tritt an die Stelle der Gl. (3.3a) der Ausdruck

$$Q_{12} = U_2 - U_1 + \int_1^2 p\,\mathrm{d}V = H_2 - H_1 - \int_1^2 V\,\mathrm{d}p\,. \tag{3.26}$$

Für den isobaren Wärmeaustausch gilt daher[1]

$$(Q_{12})_p = H_2 - H_1, \tag{3.27}$$

während man für den isochoren Wärmeaustausch findet

$$(Q_{12})_v = U_2 - U_1\,. \tag{3.28}$$

Beispiel 3.7. In einem Kessel sollen pro Stunde isobar 1000 kg überhitzter Wasserdampf von $p_2 = 50$ at, $t_2 = 600$ °C erzeugt werden. Das Speisewasser wird mit einer Temperatur von 15,2 °C zugeführt.

a) Wieviel Wärme ist pro Stunde zuzuführen?

b) Bei welcher Temperatur siedet das Wasser im Kessel?

Auszug aus der Wasserdampftafel:

t [°C]	15,2	262,70 (Sättigung)	600
p [at]	50	50	50
h [kcal/kg]	16,3	$h' = 274{,}2$; $h'' = 667{,}3$	875,7

Lösung. a) Nach Gl. (3.27) gilt für isobare Wärmezufuhr

$$q_{12} = h_2 - h_1 = 875{,}7\ \text{kcal/kg} - 16{,}3\ \text{kcal/kg} = 859{,}4\ \text{kcal/kg},$$

so daß ein Wärmestrom $\dot{Q}_{12} = \dot{m}\,q_{12} = 8{,}594 \cdot 10^5$ kcal/h erforderlich ist.

b) Die Siedetemperatur beträgt nach dem Auszug aus der Dampftafel bei 50 at 262,7 °C.

Beispiel 3.8. Im Kondensator einer Kältemaschine sollen pro Stunde 100 kg des Kältemittels Frigen 12 kondensiert werden. Das Kältemittel wird im Zustand 1 überhitzt zugeführt und bei 27 °C isobar kondensiert, so daß eine siedende Flüssigkeit entsteht.

a) Wieviel Wärme muß dem Kondensator pro Stunde entzogen werden?

b) Welcher Anteil dieses Wärmestromes entfällt auf die Abkühlung des überhitzten Dampfes bis zum Sättigungszustand?

Auszug aus der Dampftafel des Frigen 12

Sättigung: $t_s = 27$ °C; $p_s = 7{,}002$ at; $h'' = 139{,}8$ kcal/kg; $h' = 106{,}3$ kcal/kg

Zustand 1 $p_1 = 7{,}002$ at, $t_1 = 74$ °C, $h_1 = 147{,}4$ kcal/kg

Lösung. a) Nach Gl. (3.27) gilt

$$|\dot{Q}_{12}| = \dot{m}\,|q_{12}| = \dot{m}(h_1 - h_2) = 100\ \text{kg/h}\,(147{,}4 - 106{,}3)\ \text{kcal/kg} = 4110\ \text{kcal/h}.$$

b) Zum Abkühlen auf den Sättigungszustand werden $\dot{m}(h_1 - h'') = 760$ kcal/h benötigt. Das sind rd. 18% des gesamten Wärmestromes.

[1] Selbstverständlich läßt sich auch ein Reibungsverlust berücksichtigen, der bekanntlich zu einem Druckabfall in Strömungsrichtung führt. Da ein Wärmeaustauscher über keinerlei Vorrichtungen zur Zu- oder Abfuhr technischer Arbeit verfügt, verschwindet nämlich $L_{\text{techn}\,12}$ und Gl. (3.3a) liefert unmittelbar $Q_{12} = H_2 - H_1$, während aus Gl. (3.2) folgt $V\,\mathrm{d}p = \mathrm{d}L_{\text{Verlust}} = -|\mathrm{d}L_{\text{Rbg}}| < 0$ (Druckabfall!).

Beispiel 3.9. Ein ideales Gas mit der Molmasse $M = 8{,}315$ g/mol und der spezifischen Wärmekapazität $c_p^0 = 3$ J/g grd wird in einem Wärmeaustauscher kontinuierlich isochor von $T_1 = 300$ °K auf $T_2 = 500$ °K erwärmt.

a) Welche Wärme ist pro kg Gas zuzuführen?

b) Kann dieser Vorgang ohne Zufuhr technischer Arbeit ablaufen?

Lösung. a) Nach den Gln. (3.28) und (1.35) gilt $q_{12} = u_2 - u_1 = \int_1^2 c_v^0 \, dT = c_v^0 (T_2 - T_1)$ mit $c_v^0 = c_p^0 - R = 2$ J/g grd [Gl. (1.126)]; so daß die Wärme $q_{12} = 400$ kJ/kg zuzuführen ist.

b) Die technische Arbeit verschwindet nach Gl. (3.2) nur für $dp = 0$ und $dl_{\text{Verlust}} = 0$. Im vorliegenden Fall gilt jedoch $dv = 0$ und $dl_{\text{Verlust}} = 0$. Deswegen verbleibt pro kg Gas die technische Arbeit $l_{\text{techn}12} = v_1(p_1 - p_2)$, woraus sich mit Gl. (1.8a) zunächst

$$\frac{p_2}{p_1} = \frac{R T_2}{v_2} \frac{v_1}{R T_1} = \frac{T_2}{T_1} \quad \text{ergibt und dann}$$

$$l_{\text{techn}\,1\,2} = R T_1 \left(1 - \frac{T_2}{T_1}\right) = -200 \, \text{kJ/kg}.$$

Diese Arbeit ist aufzuwenden, um die durch die Wärmezufuhr bewirkte Expansion wieder rückgängig zu machen.

3.2.4 Adiabate Strömung durch Rohre (Drosselung)

Abb. 3.10 zeigt schematisch eine Rohrleitung, durch die stationär eine Substanz fließt. Ein Kontrollraum liegt so in der Leitung, daß seine Grenzen (Systemgrenze) mit der Rohrwand bzw. einem senkrecht zur

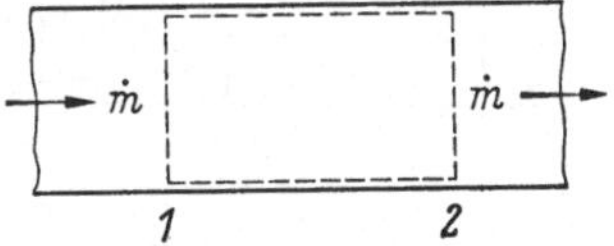

Abb. 3.10 Rohrleitung, durch die stationär eine Substanz strömt. Die Grenze des Kontrollraumes ist mit der Systemgrenze ---- identisch.

Rohrachse stehenden Rohrquerschnitt zusammenfallen. Die Substanz strömt durch den Querschnitt 1 in den Kontrollraum hinein und verläßt ihn durch den Querschnitt 2. Innerhalb des Kontrollraumes ist die Stoffmenge konstant. Bei adiabater Strömung wird dann zwischen den Querschnitten 1 und 2 keine Wärme ausgetauscht, es ist also $Q_{12} = 0$. Außerdem gibt der durch die Rohrleitung strömende Stoff keine technische Arbeit ab. Er nimmt außer der Transportarbeit auch keine weitere Arbeit auf, so daß $L_{\text{techn}\,12} = 0$ wird. Ergänzt man Gl. (3.3a) zunächst noch um die Glieder, welche Änderungen der kinetischen und potentiellen Energie berücksichtigen [Gl. (1.88)], dann ergibt sich der Zusammenhang

$$0 = (H_2 - H_1) + \frac{1}{2} m (w_2^2 - w_1^2) + m g_0 (z_2 - z_1), \qquad (3.29)$$

oder bezogen auf die Einheit der im Kontrollraum (System) vorhandenen konstanten Stoffmenge

$$h_2 + \frac{1}{2} w_2^2 + g_0 z_2 = h_1 + \frac{1}{2} w_1^2 + g_0 z_1 = h + \frac{1}{2} w^2 + g_0 z = \text{const}\,. \qquad (3.30)$$

Die Ergänzung auf der rechten Seite von Gl. (3.30) ist zulässig, da die Querschnitte 1 und 2 völlig willkürlich gewählt worden waren. Gl. (3.30) muß also auch für andere Querschnitte gültig bleiben.

Wendet man die Gl. (3.30) auf den Sonderfall an, daß die innere Energie des strömenden Stoffes unabhängig vom betrachteten Querschnitt ist, dann gilt mit Gl. (1.36) nach Multiplikation mit $\varrho = 1/v$

$$p + \frac{\varrho}{2} w^2 + g_0 \varrho z = \text{const}\,. \qquad (3.31)$$

Das ist die bekannte Gleichung von Bernoulli.

Von großer technischer Bedeutung ist ein zweiter Sonderfall, in dem $w_1 = w_2$ und $z_1 = z_2$ vorausgesetzt wird. Dann folgt aus Gl. (3.30)

$$h_1 = h_2 = h = \text{const.} \qquad (3.32)$$

Dieser Vorgang wird als *Drosselung* bezeichnet. Er wird technisch zum Beispiel durch eine Verengung (Ventil!) realisiert, die in die Rohrleitung eingebaut ist. Hinter dieser Verengung bilden sich bekanntlich bei jeder realen Substanz Wirbel (Abb. 3.11). Deren Energie kann nur

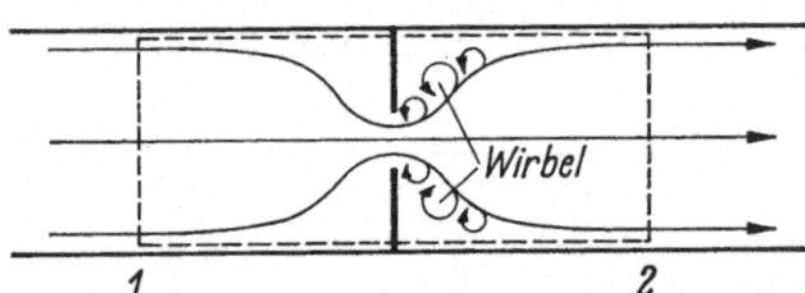

Abb. 3.11 Hinter einer Drosselstelle bilden sich Wirbel und es gilt: $h_1 = h_2$; $w_1 = w_2$; $z_1 = z_2$; $p_1 > p_2$.

aus der Energie der strömenden Substanz entnommen worden sein, da über eine die Drosselstelle umschließende Systemgrenze voraussetzungsgemäß weder Wärme noch Arbeit transportiert werden dürfen. Bekanntlich äußert sich diese Energieumwandlung in einem Druckabfall, so daß $p_1 > p_2$ wird. Darin liegt ja gerade die technische Bedeutung des Drosselvorganges.

Die beschriebene Energieumwandlung muß sich auf die Eigenschaften der strömenden Substanz auswirken. Man kann sich zum Beispiel leicht vorstellen, daß die in den Wirbeln vorhandene Energie durch innere Reibung in Wärme verwandelt wird. Da das System adiabat ist, muß die Wärme dem strömenden Stoff zugeführt werden, so daß seine innere Energie und seine Temperatur steigen: $T_2 > T_1$. Andererseits fordert der Druckabfall $p_1 > p_2$, daß der Abstand zwischen den einzelnen Molekülen größer wird. Da sich diese Moleküle gegenseitig anziehen, ist zur Überwindung der Anziehungskräfte eine Arbeit zu verrichten, deren Energieäquivalent nur der inneren Energie der strömenden Substanz entnommen werden kann. Die Substanz müßte sich abkühlen: $T_2 < T_1$. Schließlich können sich beide Effekte gerade kompensieren, so daß $T_2 = T_1$ wird. Tatsächlich lassen sich alle drei Fälle realisieren. Läßt man z. B. Luft durch das Ventil einer Preßluftflasche ausströmen, kühlt sie sich ab. Bei hinreichend großem Druck in der Flasche kann das Ventil sehr kalt werden. Oft kondensiert dann Wasserdampf aus der Umgebung und umhüllt das Ventil mit einem Eispanzer. Wiederholt man diesen Versuch mit Wasserstoff, so erwärmt sich das ausströmende Gas. Läßt man dagegen flüssiges Wasser durch ein Ventil strömen, wird man keine wesentliche Temperaturänderung beobachten.

Welcher Effekt auftreten wird, läßt sich mit Hilfe der Zustandsgleichung des betrachteten Stoffes vorhersagen. Gemäß Gl. (3.32) soll nämlich gelten

$$h = \text{const}\,. \tag{3.32}$$

Nach der Phasenregel von Gibbs Gl. (1.28) sind nun zur eindeutigen Beschreibung eines Systems, das aus einem realen reinen Stoff besteht, der in einer Phase vorliegt, zwei unabhängige Variable notwendig. Wählt man als unabhängige Zustandsgrößen den Druck p und die Temperatur T, so gilt mit $h = h(p, T)$

$$\mathrm{d}h = \left(\frac{\partial h}{\partial T}\right)_p \mathrm{d}T + \left(\frac{\partial h}{\partial p}\right)_T \mathrm{d}p = 0\,. \tag{3.33a}$$

Daraus ergibt sich für die gesuchte Temperaturänderung infolge einer Drosselung (*differentieller Joule-Thomson-Koeffizient*)

$$\left(\frac{\partial T}{\partial p}\right)_h = -\frac{(\partial h/\partial p)_T}{(\partial h/\partial T)_p} = -\frac{(\partial h/\partial p)_T}{c_p}\,. \tag{3.33b}$$

Der Zähler von Gl. (3.33b) besitzt eine wenig übersichtliche Form. Er soll daher mit Hilfe von Gl. (1.158) ersetzt werden. Dann gilt

$$\left(\frac{\partial T}{\partial p}\right)_h = \frac{T^2\left(\dfrac{\partial\{v/T\}}{\partial T}\right)_p}{c_p} = \frac{T\left(\dfrac{\partial v}{\partial T}\right)_p - v}{c_p} \tag{3.34}$$

und man erkennt: Eine Abnahme des Druckes führt

1. zu einer Abnahme der Temperatur, wenn $(\partial T/\partial p)_h > 0$ ist, entsprechend $(\partial v/\partial T)_p > v/T$. In diesem Fall überwiegt die zur Überwindung der Anziehungskräfte zwischen den Molekülen erforderliche Arbeit die in den Wirbeln steckende Energie (Beispiel: Drosselung von Luft bei Umgebungstemperatur).

2. zu keiner Temperaturänderung, wenn $(\partial T/\partial p)_h = 0$ ist, entsprechend $(\partial v/\partial T)_p = v/T$. Durch diese Bedingung wird im Zustandsdiagramm des betrachteten Stoffes eine Kurve festgelegt, die als *Inver-*

sionskurve bezeichnet wird. Sie grenzt den Bereich, in dem beim Drosseln eine Abkühlung zu beobachten ist, gegen den Bereich ab, in dem eine Erwärmung auftritt.

3. zu einer Zunahme der Temperatur, wenn $(\partial T/\partial p)_h < 0$ ist, entsprechend $(\partial v/\partial T)_p < v/T$. In diesem Bereich ist die in den Wirbeln steckende Energie größer als die zur Überwindung der Anziehungskräfte zwischen den Molekülen erforderliche Arbeit.

Die den Bereich der Erwärmung vom Bereich der Kühlung trennende Inversionskurve läßt sich mit Hilfe der Bedingung

$$T\left(\frac{\partial v}{\partial T}\right)_p = v \tag{3.35}$$

aus der thermischen Zustandsgleichung berechnen. Allerdings ist dazu schon bei einfachen Gleichungen ein erheblicher Rechenaufwand erforderlich, wie man am Beispiel der thermischen Zustandsgleichung von VAN DER WAALS [Gl. (1.22)] feststellen kann. Man findet durch Kombination der Gln. (1.22) und (3.35) für die Inversionskurve nach VAN DER WAALS

$$p = \frac{2a}{vb} - \frac{3a}{v^2}. \tag{3.36}$$

Diese Gleichung ist in Abb. 3.12 schematisch dargestellt worden. In Übereinstimmung mit der Erfahrung wurde dabei der Bereich unterhalb der

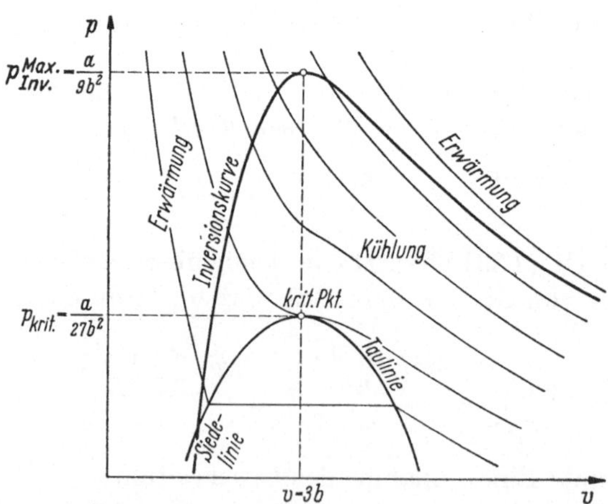

Abb. 3.12 Darstellung des Verlaufes der Inversionskurve im p,v-Diagramm am Beispiel der thermischen Zustandsgleichung von VAN DER WAALS.

Inversionskurve als Bereich der Abkühlung gekennzeichnet (man kann z. B. Luft nach dem Linde-Verfahren durch Drosselung verflüssigen).

Verwendet man technisch brauchbare thermische Zustandsgleichungen, so wird der Ausdruck für den Verlauf der Inversionskurve recht kompliziert. Oft ist es daher praktischer, mit dem Begriff der *Inversions-*

temperatur zu arbeiten. Das ist die Temperatur derjenigen Isothermen, die im p,v-Bild die Inversionskurve gerade tangiert. Diese Isotherme verläuft dann vollständig in dem Zustandsbereich, in dem beim Drosseln Erwärmung auftritt. Man kann deswegen sagen: Oberhalb der Inversionstemperatur ist eine Abkühlung durch Drosselung unmöglich. Das ist für viele Zwecke ausreichend. So liegt die Inversionstemperatur für Luft z. B. bei 760 °K, für Wasserstoff bei 200 °K und für Helium bei 40 °K. Will man also Wasserstoff durch Drosselung abkühlen oder sogar verflüssigen, so muß er zunächst unter die Inversionstemperatur vorgekühlt werden. Das kann z. B. mit siedender flüssiger Luft geschehen ($T_{\text{Siede}} \approx 80$ °K bei $p = 1$ at). Will man dagegen Helium durch Drosselung abkühlen oder verflüssigen, so ist die Vorkühlung mit siedender flüssiger Luft offensichtlich nicht ausreichend, da die Inversionstemperatur des Heliums bei 40 °K liegt. Es ist vielmehr erforderlich, zur Vorkühlung z. B. den bei rd. 20 °K, 1 at siedenden flüssigen Wasserstoff zu verwenden.

Für die Gleichung von VAN DER WAALS läßt sich die Inversionstemperatur leicht berechnen. Es muß sein

$$\left(\frac{\partial p}{\partial v}\right)_T^{\text{Zustandsgleichung}} = \left(\frac{\partial p}{\partial v}\right)^{\text{Inversionskurve}} \tag{3.37a}$$

und

$$p^{\text{Zustandsgleichung}} = p^{\text{Inversionskurve}} . \tag{3.37b}$$

Daraus folgt ein bei $v = \infty$, $p = 0$, $T = 2a/R\,b$ gelegener Tangierungspunkt, so daß

$$T_{\text{Inv}} = + \frac{2a}{Rb} \tag{3.38}$$

wird.

Häufig definiert man noch einen *integralen Joule-Thomson-Koeffizienten*. Handelt es sich beim differentiellen Joule-Thomson-Koeffizienten um den Differentialquotienten $(\partial T/\partial p)_h$, so soll unter dem integralen Joule-Thomson-Koeffizienten der Differenzenquotient

$$\alpha_h = \left(\frac{T_1 - T_2}{p_1 - p_2}\right)_h = \frac{1}{p_2 - p_1} \int_{p_1}^{p_2} \left(\frac{\partial T}{\partial p}\right)_h \mathrm{d}p \tag{3.39}$$

verstanden werden. Dabei leuchtet es unmittelbar ein, daß Zahlenangaben über α_h nur dann sinnvoll sind, wenn man den Anfangszustand, gekennzeichnet durch den Druck p_1 und die Temperatur T_1, sowie den Enddruck p_2 angibt. Auch für diesen integralen Effekt läßt sich eine Inversionskurve bestimmen, sobald man den Enddruck p_2 festgelegt hat. Sie verbindet dann alle diejenigen Punkte gleicher spezifischer Enthalpie, für die $T_1 = T_2$ wird.

Beispiel 3.10. Wie ändert sich die Temperatur eines idealen Gases, wenn es vom Druck p_1 auf den Druck p_2 gedrosselt wird?

Lösung. Die thermische Zustandsgleichung des idealen Gases lautet $pv = RT$. Daraus folgt:

$$T\left(\frac{\partial v}{\partial T}\right)_p = \frac{RT}{p} = v\,,$$

so daß nach Gl. (3.34) $(\partial T/\partial p)_h = 0$ wird.

Aus Gl. (3.39) erkennt man damit: Beim Drosseln bleibt die Temperatur eines idealen Gases konstant.

Beispiel 3.11. Ein Naßdampf (reiner Stoff) wird von p_1 auf p_2 gedrosselt. Wie ändert sich der Naßdampfgehalt?

Lösung. Diese Frage beantwortet man am übersichtlichsten an Hand eines h,s-Diagrammes (Abb. 3.13). Ist der Anfangsdruck p_1 wesentlich kleiner als der kritische Druck des betrachteten Stoffes, so nimmt der Naßdampfgehalt x beim

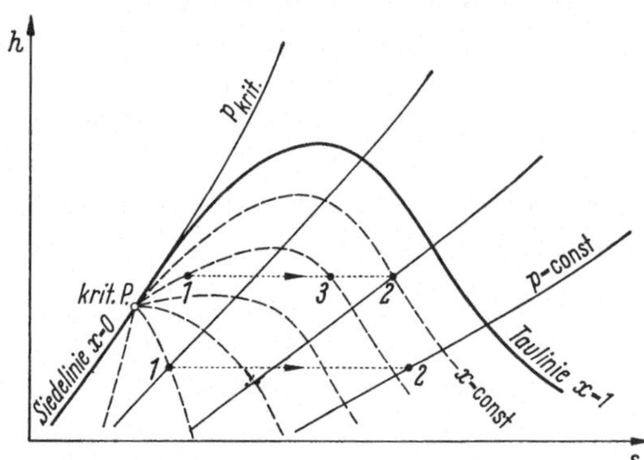

Abb. 3.13 Zur Lösung der Aufgabe 3.11.

Drosseln zu. Nur dadurch kann die spezifische Enthalpie trotz der Drucksenkung von p_1 auf p_2 konstant bleiben. In der Nähe des kritischen Punktes besitzen die Kurven konstanten Naßdampfgehaltes aber ein Maximum. Beginnt die Drosselung links vom Maximum der Kurve $x_1 = \text{const}$, so werden in Richtung sinkenden Druckes zunächst Zustände mit kleinerem Naßdampfgehalt durchlaufen. Erst ab Punkt 3 steigt der Naßdampfgehalt x wieder an.

Hinweis: Beim Drosseln treten in der Regel große Abweichungen vom Gleichgewicht auf. Es ist daher nicht möglich, diese Zustandsänderungen als quasistatisch zu betrachten. Ihr Verlauf kann nicht mehr in ein Zustandsdiagramm eingezeichnet werden. Dieser Sachverhalt ist für viele Berechnungen ohne Bedeutung. Meist interessiert man sich nämlich nur für den Anfangspunkt 1 und den Endpunkt 2 einer Zustandsänderung. Beide können in hinreichendem Abstand von der Drosselstelle liegen, so daß an diesen Stellen das in der Drosselstelle gestörte Gleichgewicht hinreichend genau eingestellt ist. Die Punkte 1 und 2 lassen sich daher im Gegensatz zu den punktiert dargestellten Zwischenzuständen eindeutig in das Zustandsdiagramm eintragen.

Beispiel 3.12. In einem Drosselventil wird siedendes Ammoniak von $p_1 = 20{,}73$ at auf $p_2 = 1{,}22$ at gedrosselt. Mit Hilfe der nachstehend aufgeführten Stoffwerte bestimme man:

a) den Zustand des Ammoniaks am Austritt aus dem Drosselventil (Temperatur, Naßdampfgehalt, spezifische Enthalpie und spezifische Entropie).

b) die technische Arbeit, die beim Drosseln pro kg Ammoniak gegenüber einer reversibel adiabaten Entspannung von p_1 auf p_2 verlorengeht.

c) den isentropen Wirkungsgrad des Drosselvorganges.

Auszug aus der Dampftafel von Ammoniak:

p [at]	t [°C]	h' [kcal/kg]	h''	s' [kcal/kg °K]	s''
20,73	50	157,4	408,7	1,190	1,968
1,22	−30	67,4	391,9	0,874	2,209

Lösung. a) Beim Drosseln bleibt die spezifische Enthalpie konstant, so daß gilt $h_1 = h'_{20,73\,\mathrm{at}} = 157{,}4$ kcal/kg $= h_2$. Zu dieser spezifischen Enthalpie h_2 gehört gemäß Gl. (2.4c) ein Naßdampfgehalt x_2

$x_2 = \dfrac{h_2 - h'_{1,22\,\mathrm{at}}}{(h'' - h')_{1,22\,\mathrm{at}}} = 0{,}277$. Da der Endpunkt der Drosselung noch im Naßdampfgebiet liegt, ist auch die Temperatur t_2 festgelegt. Sie ist identisch mit der Siedetemperatur bei $p_2 = 1{,}22$ at, beträgt also $t_2 = -30$ °C. Die spezifische Entropie im Punkt 2 wird nach Gl. (2.4d) berechnet.

$s_2 = x_2\, s''_{1,22\,\mathrm{at}} + (1 - x_2)\, s'_{1,22\,\mathrm{at}} = 1{,}244$ kcal/kg °K.

b) Der Endpunkt 3 bei reversibel adiabater Expansion liegt nach Abb. 3.3 und Gl. (3.4b) bei $s_1 = s_3$. Es gilt somit $x_3 = \dfrac{s_1 - s'_{1,22\,\mathrm{at}}}{(s'' - s')_{1,22\,\mathrm{at}}} = 0{,}237$, woraus folgt $h_3 = x_3\, h''_{1,22\,\mathrm{at}} + (1 - x_3)\, h'_{1,22\,\mathrm{at}} = 144{,}3$ kcal/kg und mit Gl. (3.6) $l_{\mathrm{techn\,rev\,ad}\,13} = h_1 - h_3 = 13{,}1$ kcal/kg. Bei der Drosselung ist demgegenüber $l_{\mathrm{techn}12} = h_1 - h_2 = 0$. Der Verlust an technischer Arbeit beträgt pro kg Ammoniak also $|\Delta l_{\mathrm{techn}}| = 13{,}1$ kcal/kg.

c) Der isentrope Wirkungsgrad einer Expansion ist nach Gl. (3.7) gegeben durch $\eta_{ST} = (h_1 - h_2)/(h_1 - h_3)$. Er ist demzufolge für den Drosselvorgang gleich 0.

3.2.5 Grundprinzip der Wärmekraftmaschine

Kombiniert man die in diesem Abschnitt besprochenen Prozesse nach dem in Abb. 3.14 dargestellten Schema, so ergibt sich das Grundprinzip einer Wärmekraftmaschine: Eine Speisepumpe versorgt einen Kessel

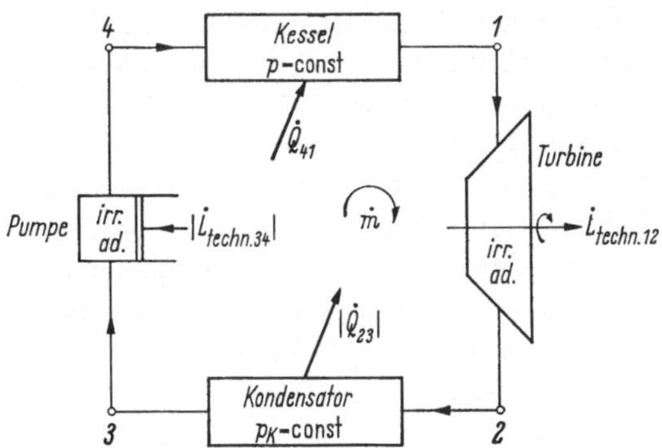

Abb. 3.14 Grundschema einer Wärmekraftmaschine.

mit Wasser. Dieses Wasser wird beim hohen Kesseldruck p durch Zufuhr des Wärmestromes $\dot{Q}_{41}$ bis zur Siedetemperatur erwärmt, verdampft und schließlich überhitzt (Zustand 1). In diesem Zustand strömt der Dampf in eine Turbine, in der er unter Abgabe der Leistung $\dot{L}_{\text{techn}\,12}$ irreversibel adiabat bis zum Kondensatordruck p_K entspannt wird (Zustand 2). Der Abdampf gelangt in den Kondensator und wird durch Abfuhr des Wärmestromes $|\dot{Q}_{23}|$ verflüssigt (Zustand 3). Die Speisepumpe fördert das Kondensat in den Kessel zurück (Zustand 4). Damit ist der Kreislauf geschlossen.

Innerhalb der Wärmekraftmaschine durchläuft das Wasser vier Zustandsänderungen, die man in ein h,s-Bild für reines Wasser einzeichnen kann (Abb. 3.15):

Aus dem Kondensator soll siedende Flüssigkeit ablaufen. Der Zustandspunkt 3 liegt somit am Schnittpunkt der Siedelinie mit der Iso-

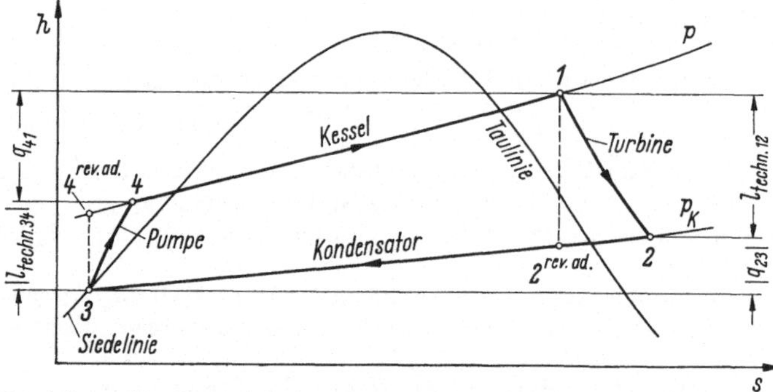

Abb. 3.15 Darstellung der Zustandsänderungen, die Wasser in einer Wärmekraftmaschine nach Abb. 3.14 durchläuft, im h,s-Diagramm.

baren für den Kondensatordruck p_K. Die irreversibel adiabate Kompression des Wassers in der Speisepumpe endet auf der Isobaren für den Druck p im Kessel. Nach Abb. 3.7 ist dabei $s_4 > s_3$. Im Kessel wird dem Wasser isobar Wärme zugeführt, wobei die Temperatur T_1 erreicht wird. Der Zustandspunkt 1 liegt somit am Schnittpunkt der Isobaren für den Kesseldruck p mit der Isothermen für die Temperatur T_1. Von 1 aus wird das Wasser irreversibel adiabat auf den Kondensatordruck p_K entspannt. Nach Abb. 3.3 muß daher $s_2 > s_1$ sein. Schließlich gelangt das Wasser durch isobare Abfuhr von Wärme (Kondensator) vom Punkt 2 zum Anfangszustand 3 zurück. Der Kreislauf ist geschlossen.

Unter der Voraussetzung, daß durch jeden Querschnitt des Kreislaufes der konstante Mengenstrom $\dot{m}$ fließt, findet man aus den Gln. (3.6), (3.12) und (3.27) unmittelbar:

Leistung der Turbine: $\dot{L}_{\text{techn}\,12} = \dot{m}\,(h_1 - h_2)$ (3.40)

Antriebsleistung der Speisepumpe: $|\dot{L}_{\text{techn}\,34}| = \dot{m}\,(h_4 - h_3)$ (3.41)

Leistung der Wärmekraftmaschine: $\dot{L}_{\text{ges}} = \dot{m}\,[(h_1 - h_2) - (h_4 - h_3)]$ (3.42)

Wärmezufuhr zum Kessel: $\dot{Q}_{41} = \dot{m}\,(h_1 - h_4)$ (3.43)

Wärmeabfuhr aus dem Kondensator: $|\dot{Q}_{23}| = \dot{m}\,(h_2 - h_3)$ (3.44)

Aus diesen Angaben läßt sich ein *thermischer Wirkungsgrad* der Wärmekraftmaschine berechnen:

$$\eta_{\text{th}} = \frac{\dot{L}_{\text{gesamt}}}{\dot{Q}_{\text{zugeführt}}} = 1 - \frac{h_2 - h_3}{h_1 - h_4} < 1 \qquad (3.45)$$

Man sieht sofort, daß der thermische Wirkungsgrad immer kleiner als 1 sein wird, da die aus dem Kondensator abzuführende Wärme von null verschieden ist. Mit Hilfe dieser Wärmekraftmaschine läßt sich also nur ein Teil der zugeführten Wärme in Arbeit umwandeln.

Beispiel 3.13. In einem Heizkraftwerk durchlaufen stündlich 100000 kg Wasser folgenden Kreislauf:

Anfangszustand 3: $p_3 = 1{,}2$ at, $t_3 = 90$ °C

Zustandsänderung 3 → 4: adiabate Förderung des Wassers auf $p_4 = 200$ at, $t_4 = 93$ °C.

Zustandsänderung 4 → 1: isobare Erwärmung, Verdampfung und Überhitzung auf $t_1 = 650$ °C.

Zustandsänderung 1 → 2: irreversibel adiabate Expansion in einer Turbine auf $p_2 = 1{,}2$ at mit einem isentropen Wirkungsgrad $\eta_{\text{ST}} = 0{,}8$.

Zustandsänderung 2 → 3: isobare Kondensation und Unterkühlung in einem gegenüber der Umgebung adiabaten Wärmeaustauscher durch Wärmeabgabe an einen Kühlwasserstrom, der mit 50 °C in den Wärmeaustauscher eintritt und auf 90 °C erwärmt wird. Dieser Kühlwasserstrom steht unter einem Druck von 2 at; er wird an einer anderen Stelle für Heizzwecke benötigt.

Auszug aus der Dampftafel von Wasser:

Sättigungswerte:

p [at]	t [°C]	h' [kcal/kg]	h''	s' [kcal/kg °K]	s''
200	364,08	431,4	582,3	0,9515	1,1883
1,2	104,25	104,32	640,3	0,3235	1,7440

ungesättigte Zustände bei $p = 200$ at:

t [°C]	70	80	90	100	650
h [kcal/kg]	73,7	83,7	93,6	103,6	882,6
s [kcal/kg °K]	0,2251	0,2536	0,2813	0,3084	1,6059

ungesättigte Zustände bei $p = 1{,}2$ at (für flüssiges Wasser auch bei 2 at gültig)

t [°C]	50	80	90	100	110	120	130
h [kcal/kg]	50	80	90	100	643,6	648,6	653,5
s [kcal/kg °K]	0,168	0,257	0,285	0,312	1,752	1,765	1,777

a) Man bestimme den isentropen Wirkungsgrad η_{SV} der Speisepumpe.

b) Welche Antriebsleistung verbraucht die Pumpe?

c) Welche Leistung gibt die Turbine ab?

d) Welcher Wärmestrom ist dem Kessel zuzuführen?

e) Wie groß ist der thermische Wirkungsgrad des Kraftwerkes?

f) Man bestimme den durch den Wärmeaustauscher strömenden Kühlwassermengenstrom.

Lösung. a) Nach Gl. (3.14) gilt $\eta_{SV} = (h_{4\,\mathrm{rev\,ad}} - h_3)/(h_{4\,\mathrm{irr\,ad}} - h_3)$
Dem Dampftafelauszug entnimmt man:
$h_3 = 90$ kcal/kg; $h_4 = h_{4\,\mathrm{irr\,ad}} = 96{,}6$ kcal/kg
$h_{4\,\mathrm{rev\,ad}} = h_{s=s_3}^{200\,\mathrm{at}} = 95$ kcal/kg entsprechend $\eta_{SV} = 0{,}758$.

b) Nach Gl. (3.41) benötigt die Pumpe die Antriebsleistung

$$|\dot{L}_{\mathrm{techn}\,3\,4}| = \dot{m}\,(h_4 - h_3) = 10^5\,\frac{\mathrm{kg}}{\mathrm{h}} \cdot 6{,}6\,\frac{\mathrm{kcal}}{\mathrm{kg}}\,\frac{1\,\mathrm{kWh}}{860\,\mathrm{kcal}} = 767\,\mathrm{kW}$$

c) Nach Gl. (3.40) und Gl. (3.7) beträgt die Turbinenleistung

$$\dot{L}_{\mathrm{techn}\,1\,2} = \dot{m}\,(h_1 - h_2) = \eta_{ST}\,\dot{m}\,(h_1 - h_{2\,\mathrm{rev\,ad}}), \text{ wobei } h_{2\,\mathrm{rev\,ad}}$$

dadurch gekennzeichnet ist, daß der Punkt $2^{\mathrm{rev\,ad}}$ auf der Isobaren $p_2 = 1{,}2$ at bei der spezifischen Entropie $s_{2\,\mathrm{rev\,ad}} = s_1$ liegt. Aus $h_1 = 882{,}6$ kcal/kg, $s_1 = 1{,}6059$ kcal/kg °K und dem Auszug aus der Dampftafel für die Sättigungszustände erkennt man, daß der Expansionsendpunkt bei reversibel adiabater Expansion wegen $s''_{1,2\,\mathrm{at}} > s_1$ in das Naßdampfgebiet fällt. Nach Gl. (2.4d) berechnet man den Naßdampfgehalt in diesem Punkt zu

$$x_{2\,\mathrm{rev\,ad}} = \frac{s_1 - s'_{1,\,2\,\mathrm{at}}}{(s'' - s')_{1,\,2\,\mathrm{at}}} = 0{,}903 \quad \text{und daraus}$$

$$h_{2\,\mathrm{rev\,ad}} = h'_{1,\,2\,\mathrm{at}} + x_{2\,\mathrm{rev\,ad}}\,(h'' - h')_{1,\,2\,\mathrm{at}} = 588{,}3\,\mathrm{kcal/kg}\,,$$

so daß man eine Turbinenleistung von

$$\dot{L}_{\mathrm{techn}\,1\,2} = 0{,}8 \cdot 10^5\,\frac{\mathrm{kg}}{\mathrm{h}} \cdot 294{,}3\,\frac{\mathrm{kcal}}{\mathrm{kg}}\,\frac{1\,\mathrm{kWh}}{860\,\mathrm{kcal}} = 27377\,\mathrm{kW} \text{ erhält.}$$

d) Dem Kessel ist nach Gl. (3.43) der Wärmestrom

$$\dot{Q}_{4\,1} = \dot{m}\,(h_1 - h_4) = 10^5\,\frac{\mathrm{kg}}{\mathrm{h}}\left(882{,}6\,\frac{\mathrm{kcal}}{\mathrm{kg}} - 96{,}6\,\frac{\mathrm{kcal}}{\mathrm{kg}}\right) = 7{,}86 \cdot 10^7\,\mathrm{kcal/h}$$

zuzuführen.

e) Nach Gl. (3.45) ist $\eta_{\mathrm{th}} = \dfrac{(27\,377 - 767)\,\mathrm{kW}}{7{,}86 \cdot 10^7\,\mathrm{kcal/h}} \cdot \dfrac{860\,\mathrm{kcal}}{1\,\mathrm{kWh}} = 0{,}291\,.$

f) Der Wärmeaustauscher ist gegenüber der Umgebung adiabat. Änderungen der kinetischen bzw. potentiellen Energie sind im Wärmeaustauscher vernachlässigbar klein. Die technische Arbeit verschwindet (Nr. 3.2.3, Fußnote 1). Aus Gl. (3.3a) folgt daher $0 = H_{\mathrm{zugeführt}} - H_{\mathrm{abgeführt}}$, so daß man findet

$$\dot{m}\,(h_2 - h_3) = \dot{m}_{\mathrm{Kw}}\,\Delta h_{\mathrm{Kw}}\,.$$

Dabei ist $h_3 = 90$ kcal/kg. h_2 findet man aus $(h_1 - h_2) = l_{\mathrm{techn}\,12}$ zu $h_2 = 647{,}2$ kcal/kg. Die Enthalpiedifferenz des Kühlwassers ergibt sich aus dem Temperaturanstieg von 50 °C auf 90 °C zu $\Delta h_{\mathrm{Kw}} = 40$ kcal/kg ($c_{p,\mathrm{Kw}} = 1$ kcal/kg grd). Daraus folgt für den Kühlwassermengenstrom

$$\dot{m}_{\mathrm{Kw}} = 10^5\,\frac{\mathrm{kg}}{\mathrm{h}} \cdot \frac{557{,}2\,\mathrm{kcal/kg}}{40\,\mathrm{kcal/kg}} = 1{,}393 \cdot 10^6\,\mathrm{kg/h}\,.$$

4. Anwendung auf Kreisprozesse ohne chemische Reaktionen

4.1 Vorbemerkungen

Ein Kreisprozeß entsteht dadurch, daß ein Arbeitsmedium eine Anzahl offener Systeme durchläuft und dabei periodisch in den Anfangszustand zurückkehrt. So strömt das Arbeitsmittel Wasser in einer Wärmekraftmaschine (Abb. 3.14) durch die Turbine, den Kondensator, die Speisepumpe sowie den Kessel und gelangt wieder in die Turbine. Es durchläuft dabei den in Abb. 3.15 skizzierten Kreisprozeß.

Befindet sich die Anordnung im Beharrungszustand, dann werden alle interessierenden Größen unabhängig von der Zeit[1]. Insbesondere bleibt die in jedem beliebigen Teil der Gesamtanordnung vorhandene Masse des Arbeitsmittels konstant. Formal darf daher $dm_j = 0$ gesetzt werden (S. 44/45). Gl. (1.84) liefert somit für einen Kreisprozeß, bei dem 4 offene Systeme durchlaufen werden, die Aussage:

$$\begin{aligned}
Q_{12} &= (U_2 - U_1) + \frac{m}{2}(w_2^2 - w_1^2) + m g_0 (z_2 - z_1) + (\sum E_{i_2} - \sum E_{i_1}) + L_{12}\\
+Q_{23} &= (U_3 - U_2) + \frac{m}{2}(w_3^2 - w_2^2) + m g_0 (z_3 - z_2) + (\sum E_{i_3} - \sum E_{i_2}) + L_{23}\\
+Q_{34} &= (U_4 - U_3) + \frac{m}{2}(w_4^2 - w_3^2) + m g_0 (z_4 - z_3) + (\sum E_{i_4} - \sum E_{i_3}) + L_{34}\\
+Q_{41} &= (U_1 - U_4) + \frac{m}{2}(w_1^2 - w_4^2) + m g_0 (z_1 - z_4) + (\sum E_{i_1} - \sum E_{i_4}) + L_{41}\\
\hline
= \sum Q_{ij} &= 0 \quad + \quad 0 \quad + \quad 0 \quad + \quad 0 \quad + \sum L_{ij}
\end{aligned}$$

Diese Addition läßt sich auf eine beliebige Zahl von Teilabschnitten ausdehnen. Sie kann auch mit Gl. (1.88) durchgeführt werden. Stets ergibt sich als Aussage des ersten Hauptsatzes für Kreisprozesse die Gleichung

$$\sum Q_{ij} = \sum L_{ij} = \sum L_{\text{techn}\, ij} = L_{\text{gesamt}} \tag{4.1}$$

bzw. bezogen auf die Zeiteinheit

$$\sum \dot{Q}_{ij} = \dot{L}_{\text{gesamt}}\,. \tag{4.2}$$

Unter Nr. 1.2.8 war vereinbart worden, einen zugeführten Wärmestrom positiv und einen abgeführten Wärmestrom negativ zu rechnen. Für Gl. (4.2) kann daher geschrieben werden

$$\sum \dot{Q}_{ij} = (\sum \dot{Q}_{ij})_{\text{zugeführt}} - (\sum |\dot{Q}_{ij}|)_{\text{abgeführt}} = \dot{L}_{\text{gesamt}}\,. \tag{4.3}$$

[1] Arbeit und Wärme sind im Beharrungszustand proportional zur Zeit. Man gibt daher als von der Zeit unabhängige Größen die Leistung $\dot{L}$ und den Wärmestrom $\dot{Q}$ an.

Definiert man schließlich als Qualitätsmerkmal von Kreisprozessen, bei denen die Energieform Wärme in die Energieform Arbeit umgewandelt wird, einen thermischen Wirkungsgrad, so gilt

$$\eta_{\text{th}} = \frac{\dot{L}_{\text{gesamt}}}{\dot{Q}_{\text{zugeführt}}} = \frac{\dot{Q}_{\text{zugeführt}} - |\dot{Q}|_{\text{abgeführt}}}{\dot{Q}_{\text{zugeführt}}}. \tag{4.4}$$

Beispiel 4.1. Man zeichne einen beliebigen Kreisprozeß in ein p,v-Diagramm ein und zeige, daß im Beharrungszustand der Quotient aus der abgegebenen Leistung und dem Mengenstrom bei reversibler Prozeßführung mit der vom Kreisprozeß umschlossenen Fläche identisch ist. Außerdem kennzeichne man die Bereiche, in denen bei reversibler Prozeßführung Wärme zugeführt bzw. abgeführt wird.

Lösung. Ein reversibel ablaufender Kreisprozeß läßt sich nur dann in einem p,v-Diagramm vollständig kennzeichnen, wenn als Arbeitskoeffizient X_i nur der Druck und als Arbeitskoordinate x_i nur das Volumen auftreten. Dann ergibt sich aus den Gln. (1.69) und (1.73) $dL = p\,\mathrm{d}V + \Sigma\, dL_{i,\,\text{außen}}$, denn Verluste sind bei reversibler Prozeßführung nicht vorhanden. Integriert man über einen vollen Umlauf, so verschwinden alle äußeren Arbeiten, weil das System in den Anfangszustand zurückgekehrt ist. Bezogen auf die Zeiteinheit findet man daher schließlich

$$\dot{L}_{\text{ges}} = \oint p\,\mathrm{d}\dot{V} = \dot{m} \oint p\,\mathrm{d}v\,.$$

Damit ist der Beweis geliefert, denn die vom Kreisprozeß umschlossene Fläche ist mit dem Umlaufintegral $\oint p\,\mathrm{d}v$ identisch. Man erkennt außerdem, daß Arbeit nur dann nach außen abgegeben wird, wenn der Kreisprozeß im Uhrzeigersinn durchlaufen wird. Nur dann ist nämlich das Umlaufintegral mathematisch positiv.

Bei reversibler Prozeßführung gilt nach Gl. (1.99) mit $\mathrm{d}m_j = 0$ und $\mathrm{d}L_{\text{Verlust}} = 0$ für eine beliebige Stelle des Kreisprozesses $T\,\mathrm{d}S = \mathrm{d}Q$. Ein Wärmeaustausch ist also nur an den Stellen vorhanden, an denen $\mathrm{d}S \neq 0$ ist. Der Übergang von Wärmezufuhr zu Wärmeabfuhr wird dann durch $\mathrm{d}S = 0$ gekennzeichnet. Trägt man sich

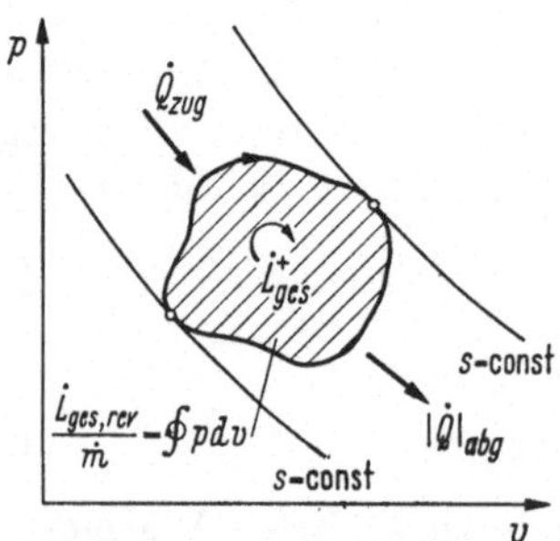

Abb. 4.1 Lösung der Aufgabe 4.1.

in das p,v-Diagramm also diejenigen Isentropen ein, die den Kreisprozeß tangieren, so trennen die Tangierungspunkte die Bereiche von Wärmezu- und -abfuhr. Die Erfahrung zeigt nun, daß Wärme nicht von allein vom tiefen zum hohen Temperaturniveau fließt (siehe auch Nr. 4.4). Soll also durch den Kreisprozeß Wärme in Arbeit verwandelt und nach außen abgegeben werden, so muß die Wärmezufuhr bei hohen Temperaturen, die Wärmeabfuhr bei tiefen Temperaturen erfolgen (Abb. 4.1).

4.2 Reversible Umwandlung von Wärme in Arbeit

Gl. (4.3) zeigt, daß Wärme mit Hilfe eines Kreisprozesses nur dann vollständig in Arbeit umgewandelt werden kann, wenn keine Wärme abgeführt wird. Es erhebt sich die Frage, ob diese Wärmeabfuhr tatsächlich vermieden werden kann. Diese Frage läßt sich mit Hilfe des ersten und zweiten Hauptsatzes unter Verwendung von Abb. 4.2 allgemein beant-

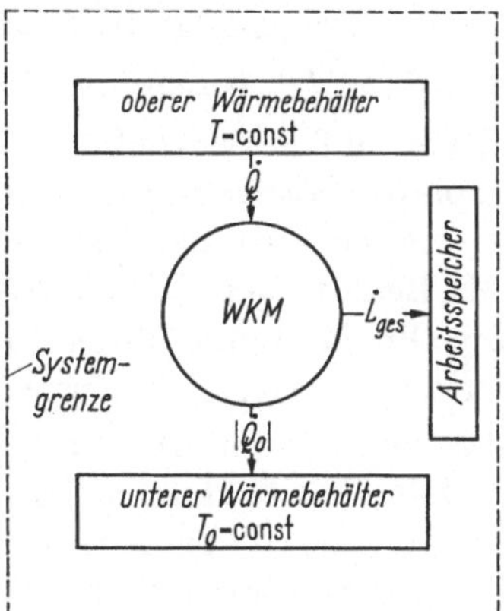

Abb. 4.2 Zur Umwandlung von Wärme in Arbeit mit Hilfe einer Wärmekraftmaschine (WKM).

worten. Dabei soll jede Maschine, in der ein Arbeitsmedium einen Kreisprozeß durchläuft und dadurch die Umwandlung der Energieform Wärme in die Energieform Arbeit ermöglicht, als Wärmekraftmaschine bezeichnet werden. Ihr spezieller Aufbau ist völlig uninteressant. Sie muß lediglich einen Wärmestrom $\dot{Q}$ in einen Abwärmestrom $|\dot{Q}_0|$ und eine Leistung $\dot{L}_{ges}$ verwandeln können.

Entnimmt man den Wärmestrom $\dot{Q}$ bei der konstanten Temperatur T einem oberen Wärmebehälter, läßt den Abwärmestrom $|\dot{Q}_0|$ bei der konstanten Temperatur T_0 einem unteren Wärmebehälter zufließen und speichert die von der Wärmekraftmaschine abgegebene Arbeit z. B. in Form von potentieller Energie eines Wasservorrates (Stausee, Nr. 1.2.9), so gilt für das aus der Wärmekraftmaschine, den beiden Wärmebehältern und dem Wasservorrat gebildete abgeschlossene System im Beharrungszustand:

$$\text{1. Hauptsatz} \quad \dot{L}_{ges} = \dot{Q} - |\dot{Q}_0| \qquad (4.3)$$

$$\text{2. Hauptsatz} \quad \sum dS_j \geq 0 \qquad (1.94b)$$

Jeder Teil des abgeschlossenen Systems muß schließlich wegen $dm_j = 0$ die Bedingung

$$T\,dS_j = dQ_j - dL_{Verlust,j} = dU_j + p\,dV_j \qquad (1.93), (1.99)$$

erfüllen.

Im Falle der reversiblen Umwandlung von Wärme in Arbeit gilt in Gl. (1.94b) das Gleichheitszeichen [Gl. (1.103)]. Damit ergibt sich

$$\sum \mathrm{d}\dot{S}_j = -\frac{\dot{Q}}{T} + 0 + 0 + \frac{|\dot{Q}_0|}{T_0} = 0 \quad \text{und} \tag{4.5}$$

$$|\dot{Q}_0| = \dot{Q} \cdot \frac{T_0}{T} \tag{4.6}$$

Das Glied $-\dot{Q}/T$ stellt dabei die Abnahme der Entropie des oberen Wärmebehälters infolge der Abgabe des Wärmestromes $\dot{Q}$ dar [Gl. (1.99)]; das Glied $|\dot{Q}_0|/T_0$ beschreibt die Entropiezunahme des unteren Wärmebehälters infolge der Zufuhr des Wärmestromes $|\dot{Q}_0|$ [Gl. (1.99)]. Die Entropie der Wärmekraftmaschine ist im Beharrungszustand ebenso konstant wie die Entropie des Wasservorrates ($\mathrm{d}U = \mathrm{d}V = 0$ für H_2O und WKM). Beide tragen daher zur Änderung der Systementropie nichts bei.

Die Gln. (4.5) und (4.6) enthalten die wichtige Aussage: *Wärme läßt sich selbst bei reversibler Prozeßführung nicht vollständig in Arbeit verwandeln.* Stets ist ein Abwärmestrom $|\dot{Q}_0| = \dot{Q}\, T_0/T$ vorhanden, denn der Sonderfall $T_0 = 0$ kann nicht realisiert werden. Der thermische Wirkungsgrad einer Wärmekraftmaschine, die reversibel zwischen den konstanten Temperaturen T und T_0 arbeitet, ist daher gegeben durch

$$\eta_{\mathrm{th}_{\mathrm{rev}}} = \left(\frac{\dot{L}_{\mathrm{ges}}}{\dot{Q}}\right)_{\mathrm{rev}} = 1 - \frac{T_0}{T} < 1 \tag{4.7}$$

Gl. (4.7) wird häufig als *Carnotfaktor* bezeichnet, da sie den thermischen Wirkungsgrad des aus zwei Isothermen und zwei Isentropen bestehenden Carnotprozesses angibt. Diesen Prozeß kann man als Sonderfall des in Abb. 3.15 dargestellten Kreisprozesses betrachten. Man hat nur dafür zu sorgen, daß der gesamte Prozeß im Naßdampfgebiet abläuft, denn nur dann fallen die Isobaren mit den Isothermen zusammen und nur dann kann man dem Kessel bei der konstanten Temperatur T reversibel Wärme zuführen sowie aus dem Kondensator bei der konstanten Temperatur T_0 reversibel Wärme abführen. Selbstverständlich müssen die Expansion in der Turbine und die Kompression in der Speisepumpe reversibel adiabat (isentrop) verlaufen. Abb. 4.3 zeigt diesen Carnotprozeß im T,s-Diagramm. Durch Kombination der Gln. (3.43), (3.44) und (2.46) ergibt sich:
Wärmezufuhr bei der konstanten Temperatur T:

$$\dot{Q}_{41} = \dot{m}\,(h_1 - h_4) = T\,(s_1 - s_4)\,\dot{m} \tag{4.8a}$$

Wärmeabfuhr bei der konstanten Temperatur T_0:

$$|\dot{Q}_{23}| = \dot{m}\,(h_2 - h_3) = T_0\,(s_2 - s_3)\,\dot{m} \tag{4.8b}$$

Für die Leistung findet man nach Gl. (4.3)

$$\dot{L}_{\mathrm{ges}} = \dot{Q}_{41} - |\dot{Q}_{23}| = \dot{m}\,(T - T_0)\,(s_1 - s_4)\,, \tag{4.8c}$$

denn s_1 ist gleich s_2 und s_3 ist gleich s_4, weil zwischen den Punkten 1 und 2 bzw. 3 und 4 isentrope Zustandsänderungen liegen. Die Gln. (4.8a, b, c) lassen sich in Abb. 4.3 leicht als Flächen darstellen.

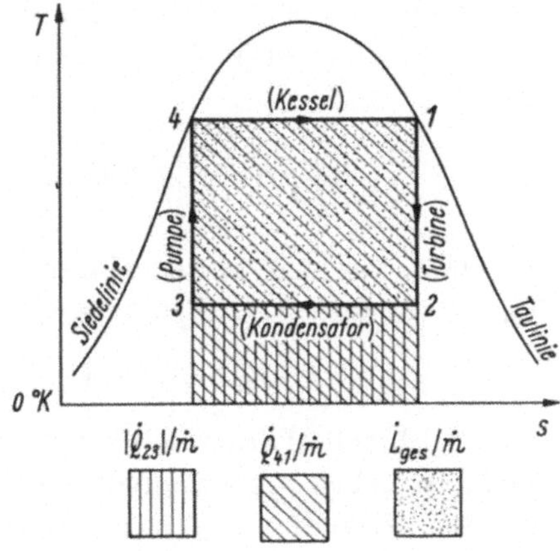

Abb. 4.3 Darstellung des Carnotprozesses im T,s-Diagramm. Die Quotienten aus den zu- bzw. abgeführten Wärmeströmen bzw. der abgegebenen Leistung und dem Mengenstrom entsprechen im T,s-Bild den Flächen unter den Zustandsänderungen *4* nach *1* (Wärmezufuhr) bzw. *2* nach *3* (Wärmeabfuhr) bzw. der vom Kreisprozeß umschlossenen Fläche (Leistung).

Man könnte nun versuchen, das Resultat der Gl. (4.7) dadurch zu verbessern, daß man die Wärme nicht bei konstanten Temperaturen zu- oder abführt. Dieser Versuch muß jedoch scheitern, wie man aus Abb. 4.4 erkennt. Abb. 4.4 zeigt einen Kreisprozeß mit gleitenden Temperaturen

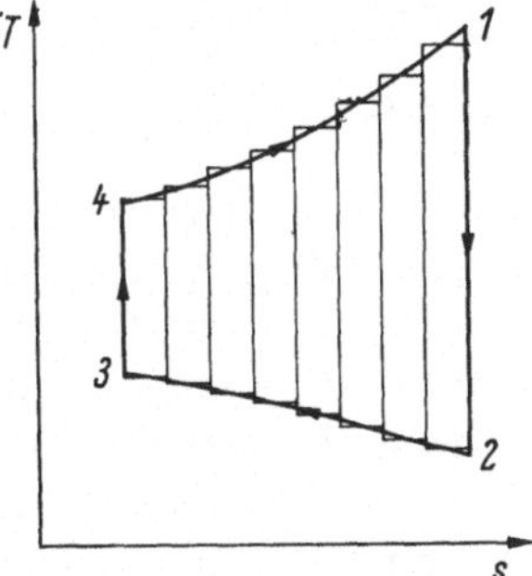

Abb. 4.4 Ein reversibler Kreisprozeß, in dem Wärme bei gleitender Temperatur zu- oder abgeführt wird, kann in hinreichend viele Carnotprozesse zerlegt werden. Sein thermischer Wirkungsgrad bleibt daher wie beim Carnotprozeß kleiner als 1.

der Wärmezu- und -abfuhr, der in eine hinreichend große Zahl von Carnotprozessen zerlegt wurde. Jeder dieser Teilprozesse besitzt den durch Gl. (4.7) gegebenen thermischen Wirkungsgrad, der kleiner als 1 ist. Deswegen muß auch der durch Summation zu bildende Gesamtwirkungsgrad kleiner als 1 sein. Auch mit gleitenden Temperaturen der Wärmezu- und -abfuhr kann somit Wärme nicht vollständig in Arbeit umgewandelt werden.

Gelegentlich wird behauptet, daß Wärme nur dann lediglich zum Teil in Arbeit verwandelt werden kann, wenn eine periodisch arbeitende

Wärmekraftmaschine verwendet wird. Bei einmaligen Vorgängen soll dagegen eine vollständige Umwandlung möglich sein. Betrachtet man nämlich zum Beispiel die reversibel isotherme Expansion von m Kilogramm eines idealen Gases, das sich bei der Temperatur T_1 in einem Zylinder befindet, der durch einen reibungsfrei verschiebbaren Kolben verschlossen wird, so ergibt sich aus den Gln. (1.8a, b), (1.69) und (1.73) zunächst

$$L_{12} = \int_1^2 p \, \mathrm{d}V = m R T_1 \ln \frac{v_2}{v_1} = m R T_1 \ln \frac{p_1}{p_2}, \tag{4.9}$$

während man aus dem ersten Hauptsatz Gl. (1.84) mit Gl. (1.35) und $w_1 = w_2 = 0$, $z_1 = z_2$; $E_1 = E_2 = 0$[1] sowie $\mathrm{d}m_j = 0$ findet

$$Q_{12} = U_2 - U_1 + L_{12} = L_{12} \tag{4.10}$$

Nach Gl. (4.10) soll Wärme bei dem beschriebenen einmaligen Vorgang vollständig in Arbeit umgewandelt worden sein. Diese Interpretation ist jedoch falsch, wie man mit Hilfe des Exergiebegriffes (Nr. 7) zeigen kann. Bei einer einmaligen, reversibel isothermen Expansion von m Kilogramm eines idealen Gases beträgt die frei verfügbare Arbeit L'_{12} nämlich nach den Gln. (1.35), (1.144), (4.9), (4.10), (7.2), (7.5), (7.9) und (7.21)

$$L'_{12} = E_{1,\,\mathrm{ruhend}} - E_{2,\,\mathrm{ruhend}} + Q_{12}\left(1 - \frac{T_{\mathrm{umg}}}{T_1}\right) =$$

$$= m R T_{\mathrm{umg}} \ln \frac{p_1}{p_2} + p_{\mathrm{umg}} (V_1 - V_2) + m R T_1 \ln \frac{p_1}{p_2} - m R T_{\mathrm{umg}} \ln \frac{p_1}{p_2}$$

Daraus folgt:

$$L'_{12} = L_{12} - p_{\mathrm{umg}} (V_2 - V_1) \tag{4.11}$$

Tatsächlich ist von der vom System abgegebenen Arbeit L_{12} bei einem einmaligen Vorgang nur der Anteil L'_{12} frei verfügbar. Der Rest p_{umg} $(V_2 - V_1)$ muß zur Überwindung des Umgebungsdruckes verwendet werden (Verdrängungsarbeit!). Die Exergiebetrachtung zeigt somit ganz klar: *Auch bei einem einmaligen Vorgang kann Wärme nur zum Teil in Arbeit verwandelt werden.* Gl. (4.10) gibt nur den Betrag der zugeführten Wärme an, sie sagt nicht aus, daß diese Wärme auch in Arbeit umgewandelt wurde. Eine Aussage über den umwandelbaren Anteil der Wärme ist grundsätzlich nur unter Berücksichtigung des zweiten Hauptsatzes möglich.

Beispiel 4.2. Einem Wärmebehälter mit der konstanten Temperatur $T = 1000$ °K werden pro Stunde 10^4 kcal Wärme entzogen und einer Wärmekraftmaschine zugeführt, die ihre Abwärme an die Umgebung mit der konstanten Temperatur $T_0 = 300$ °K abgibt. Wie groß kann die Leistung dieser Wärmekraftmaschine im stationären Zustand maximal sein?

---

[1] Die im ersten Hauptsatz Gl. (1.84) mit E_i bezeichneten Energieformen dürfen an dieser Stelle nicht mit der in Nr. 7 eingeführten Exergie E verwechselt werden.

Lösung. Die maximale Leistung wird abgegeben, wenn bei der Umwandlung von Wärme in Arbeit nirgends Verluste entstehen. Dazu muß die Anordnung reversibel arbeiten. Für diesen Fall gilt nach Gl. (4.7)

$$\dot{L}_{\text{ges, rev}} = \dot{Q}\left(1 - \frac{T_0}{T}\right) = 10^4 \frac{\text{kcal}}{\text{h}} \cdot 0{,}7 \cdot \frac{1\,\text{kWh}}{860\,\text{kcal}} = 8{,}14\,\text{kW}\,.$$

4.3 Der thermodynamische Verlust beim Wärmeübergang mit endlicher Temperaturdifferenz

Bekanntlich ist jeder Wärmestrom an eine endliche Temperaturdifferenz gebunden. So wird der Wärmestrom $\dot{Q}$ in Abb. 4.5 tatsächlich nur dann vom Wärmebehälter der konstanten Temperatur T_1 zum Kessel der Wärmekraftmaschine fließen, wenn die Kesseltemperatur T_2 kleiner

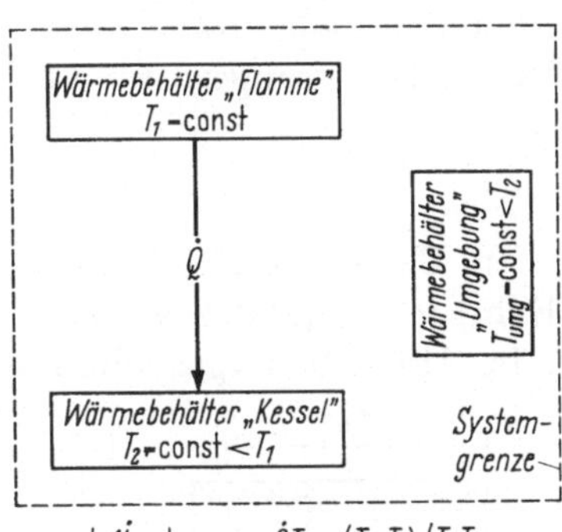

Abb. 4.5 Der Wärmetransport mit endlicher Temperaturdifferenz ist irreversibel.

als T_1 ist. Betrachtet man z. B. als Wärmequelle die Flamme und die Rauchgase einer Feuerung und als Wärmesenke den Kessel eines Kraftwerkes, der in einer Umgebung mit der konstanten Temperatur T_{umg} steht, so kann diese Temperaturdifferenz beachtliche Werte erreichen. Dadurch entsteht bei der Umwandlung von Wärme in Arbeit ein Verlust. Würde der Kessel einer reversibel arbeitenden Wärmekraftmaschine nämlich die Temperatur T_1 besitzen, während im Kondensator die konstante Temperatur T_{umg} herrscht, dann könnte bei reversibler Prozeßführung nach Gl. (4.7) die Leistung

$$(\dot{L}_{\text{ges}})_{T_{1,\text{rev}}} = \dot{Q}\left(1 - \frac{T_{\text{umg}}}{T_1}\right) \tag{4.12a}$$

gewonnen werden. Ist dagegen die Kesseltemperatur nur T_2, so sinkt die Leistung trotz Zufuhr des gleichen Wärmestromes auf

$$(\dot{L}_{\text{ges}})_{T_{2,\text{rev}}} = \dot{Q}\left(1 - \frac{T_{\text{umg}}}{T_2}\right) < (\dot{L}_{\text{ges}})_{T_{1,\text{rev}}}\,. \tag{4.12b}$$

Durch den Wärmetransport mit der endlichen Temperaturdifferenz

$T_1 - T_2$ ist offenbar ein Verlust entstanden, für den gilt

$$|\Delta \dot{L}_{\text{ges}}|_{\text{Verlust}} = (\dot{L}_{\text{ges}})_{T_{1,\text{rev}}} - (\dot{L}_{\text{ges}})_{T_{2,\text{rev}}} = \dot{Q}\, T_{\text{umg}} \frac{T_1 - T_2}{T_1 T_2} \tag{4.13}$$

Gl. (4.13) läßt sich auch mit Hilfe des Exergiebegriffes (Nr. 7) herleiten. Sie gilt daher ganz allgemein und man kann festhalten: *Der Wärmetransport mit endlicher Temperaturdifferenz ist irreversibel.* Gl. (4.13) gibt den entstandenen Verlust an.

4.4 Der Mindestaufwand beim Wärmetransport vom tiefen zum hohen Temperaturniveau

Unter Nr. 4.2 wurde gezeigt, daß sich Wärme auch bei reversibler Prozeßführung nur zum Teil in Arbeit verwandeln läßt. Eine reversibel zwischen den Temperaturen T und T_0 arbeitende Wärmekraftmaschine konnte im Beharrungszustand lediglich die Leistung

$$(\dot{L}_{\text{ges}})_{\text{rev}} = \dot{Q}\left(1 - \frac{T_0}{T}\right) \tag{4.7}$$

abgeben. Das war zugleich die maximale Leistung.

Kehrt man jetzt den Vorgang um, so wird unter Aufwand von Arbeit dem in Abb. 4.6 dargestellten unteren Wärmebehälter mit der konstanten Temperatur T_0 Wärme entzogen, während dem oberen Wärmebehälter mit der konstanten Temperatur T Wärme zufließt. Man erkennt sofort, daß sich gegenüber der Wärmekraftmaschine (Abb. 4.2) nur die Richtungen der Wärme- und Arbeitsströme umgekehrt haben. Bei reversibler Prozeßführung gelten also die Gln. (4.3) und (4.6) mit den entsprechenden Vorzeichen weiter:

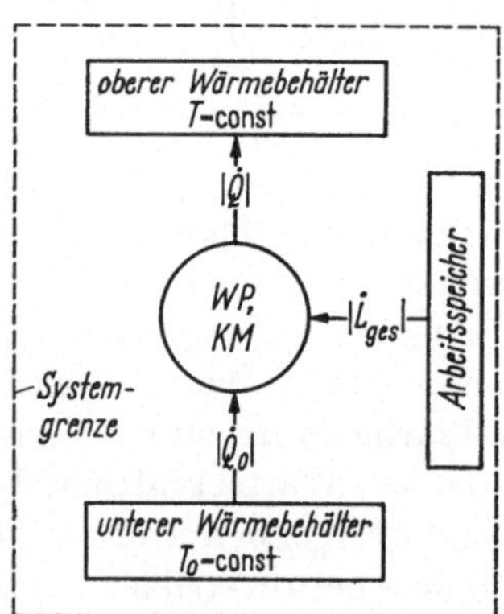

Abb. 4.6 Mit Hilfe einer Wärmepumpe (WP) oder einer Kältemaschine (KM) kann Wärme unter Aufwand von Arbeit vom tiefen zum hohen Temperaturniveau transportiert werden.

$$|\dot{L}_{\text{ges}}|_{\text{rev}} = |\dot{Q}| - |\dot{Q}_0| \quad (4.14) \text{ und } \quad |\dot{Q}_0| = |\dot{Q}| \frac{T_0}{T}. \tag{4.15}$$

Eine solche Anordnung wird als Kältemaschine bezeichnet, wenn sie die Aufgabe hat, einem Wärmebehälter (z. B. einem Kühlschrank) bei der tiefen Temperatur $T_0 < T_{\text{umg}}$ den Wärmestrom $|\dot{Q}_0|$ zu entziehen. Hat die Anordnung jedoch die Aufgabe, einem Wärmebehälter (z. B. einem Wohnraum) bei der hohen Temperatur $T > T_{\text{umg}}$ den Wärmestrom $\dot{Q}$ zuzuführen (Beheizung), so wird sie Wärmepumpe genannt. In beiden Fällen ist der Wärmetransport in Richtung steigender Temperatur auch bei reversibler Prozeßführung mit dem aus den Gln. (4.14) und (4.15) folgenden Aufwand

$$|\dot{L}_{\text{ges}}|_{\text{rev}} = |\dot{Q}_0| \frac{T - T_0}{T_0} = |\dot{Q}| \frac{T - T_0}{T} \tag{4.16}$$

verbunden. Dabei definiert man als Leistungszahl der Kältemaschine bzw. Wärmepumpe allgemein die Quotienten

$$\left(\frac{|\dot{Q}_0|}{|\dot{L}_{\text{ges}}|}\right) = \varepsilon_{KM} \quad \text{bzw.} \left(\frac{|\dot{Q}|}{|\dot{L}_{\text{ges}}|}\right) = \varepsilon_{WP} \tag{4.17}$$

Gl. (4.16) gilt für die reversibel, also verlustfrei arbeitende Anordnung. Da keine Maschine besser als verlustfrei arbeiten kann, ist damit zugleich der Mindestaufwand für den Wärmetransport vom Temperaturniveau T_0 zum Temperaturniveau T bestimmt worden. Im übrigen kann man sich leicht davon überzeugen, daß eine weitere Senkung der Antriebsleistung $|\dot{L}_{\text{ges}}|$ gegen den zweiten Hauptsatz verstoßen würde. Man braucht nur die unter Nr. 4.2 am Beispiel der reversibel zwischen den Temperaturen T und T_0 arbeitenden Wärmekraftmaschine durchgeführten Überlegungen sinngemäß zu wiederholen. Das gilt auch für den Fall gleitender Temperaturen (Abb. 4.4).

Beispiel 4.3. Läßt sich ein Wohnraum dadurch kühlen, daß man in ihm einen Kühlschrank aufstellt, dessen Tür geöffnet wird?

Lösung. Nein! Der im Kühlschrankinneren angebrachte Verdampfer wird zwar bei geöffneter Kühlschranktür dem Wohnraum Wärme entziehen (Kühlung), gleichzeitig gibt der auf der Kühlschrankrückseite angebrachte Kondensator aber Wärme an den Wohnraum ab (Heizung). Die Wärmezufuhr ist nach Gl. (4.14) um die Antriebsleistung des Kühlschrankes größer als die Wärmeabfuhr. Der Wohnraum wird also vom Kühlschrank ebenso beheizt, als wenn man die Antriebsleistung gleich einem Heizlüfter zuführen würde.

Beispiel 4.4. Welche Mindestleistung muß ein Kühlschrank aufnehmen, wenn seinem Verdampfer bei $T = 250$ °K pro Stunde 100 kcal zugeführt werden und der Kondensator Wärme an eine Umgebung mit der Temperatur $T_{\text{umg}} = 300$ °K abgibt?

Lösung. Die Antriebsleistung ist am kleinsten, wenn der Kühlschrank reversibel arbeitet. Das fordert insbesondere, daß zwischen Kondensator und Umgebung keine Temperaturdifferenz besteht. Die Mindestantriebsleistung wird dann durch Gl. (4.16) gegeben.

$$|\dot{L}_{\text{ges}}|_{\text{rev}} = |\dot{L}_{\text{ges}}|_{\text{Min}} = 100 \frac{\text{kcal}}{\text{h}} \frac{300\,°\text{K} - 250\,°\text{K}}{250\,°\text{K}} \frac{1\,\text{kWh}}{860\,\text{kcal}} \frac{10^3\,\text{W}}{1\,\text{kW}} = 23{,}3\,\text{W}\,.$$

4.5 Technisch wichtige Kreisprozesse

4.5.1 Grundlagen

Technisch wichtige Kreisprozesse lassen sich in der Regel auf 4 Elemente zurückführen, die in Abb. 4.7 dargestellt wurden. Man benötigt ein Element 1, das den im Kreisprozeß umlaufenden Stoff komprimiert. Ein Element 2 sorgt für die Zufuhr von Wärme. Im Element 3 wird

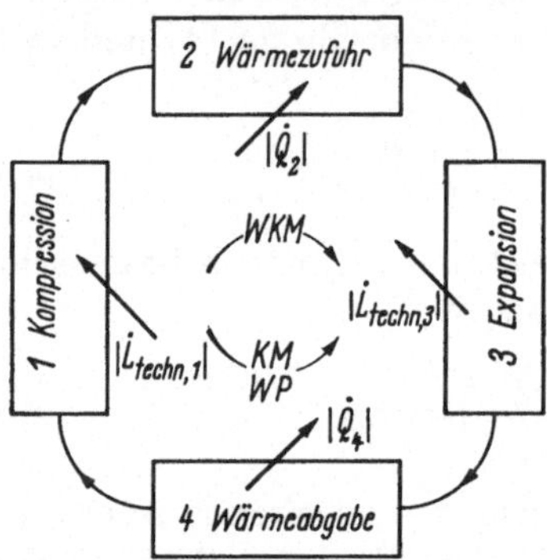

Abb. 4.7 Technisch wichtige Kreisprozesse lassen sich in der Regel aus 4 Elementen zusammensetzen.

expandiert. Das Element 4 dient schließlich zur Kühlung des Arbeitsmediums. Wird dieser Kreisprozeß im Uhrzeigersinn, also in der Reihenfolge 1 2 3 4 durchlaufen, so gibt die Anordnung Arbeit ab. Sie wandelt also die Energieform Wärme in die Energieform Arbeit um (Wärmekraftmaschine WKM). Als Wärmequelle kann dabei z. B. eine chemische Reaktion dienen (Verbrennung). Wird der Prozeß in der umgekehrten Richtung durchlaufen, dann wird Wärme unter Aufwand von Arbeit von einem tiefen auf ein hohes Temperaturniveau befördert (Wärmepumpe *WP* oder Kältemaschine *KM*). Prinzipiell kann auch der Fall eintreten, daß die Verluste größer sind als die vom Kreisprozeß abgegebene Arbeit. Ein im Uhrzeigersinn durchlaufener Kreisprozeß kann dann nur durch Zufuhr von Arbeit aufrecht erhalten werden. Solche Prozesse sind technisch uninteressant.

Einige Beispiele mögen dieses Schema erläutern und die speziellen Bezeichnungen der Elemente für verschiedene bekannte Anlagen angeben (Tab. 4.1).

Im folgenden sollen nur solche Kreisprozesse betrachtet werden, bei denen sich der Beharrungszustand eingestellt hat. Außerdem möge vorausgesetzt werden:

a) Von den Arbeitskoordinaten und Arbeitskoeffizienten sind nur $x_i = V$ und $X_i = p$ zu berücksichtigen.

b) Änderungen der kinetischen und potentiellen Energie des umlaufenden Stoffes sollen vernachlässigbar klein sein oder sich bei jedem Umlauf kompensieren ($\mathrm{d}w = \mathrm{d}z = 0$).

Tabelle 4.1 *Elemente technisch wichtiger Kreisprozesse*

Anlage	Element 1	Element 2	Element 3	Element 4
Dampfkraftwerk	→ Speisepumpe	→ Kessel mit Überhitzer	→ Turbine	→ Kondensator →
Dampfmaschine (geschlossener Kreislauf)	→ Speisepumpe	→ Kessel mit Überhitzer	→ Expansionszylinder	→ Kondensator →
Dampfmaschine (offener Kreislauf wie bei einer Dampflokomotive)	→ Speisepumpe	→ Kessel mit Überhitzer	→ Expansionszylinder	→ Umgebung/Wasservorrat →
Gasturbine (geschlossener Kreislauf)	→ Kompressor	→ Wärmeaustauscher	→ Turbine	→ Wärmeaustauscher →
Gasturbine (offener Kreislauf wie bei Flugzeugantrieben)	→ Kompressor	→ „Wärmeaustauscher" (Einspritzen und Verbrennen von Treibstoff)	→ Turbine	→ Umgebung/Umgebung →
Wärmepumpe	← Kompressor	← Verdampfer	← Drosselstelle	← Kondensator (beheizt z. B. einen Wohnraum) ←
Kältemaschine	← Kompressor	← Verdampfer (kühlt z. B. einen Kühlraum)	← Drosselstelle	← Kondensator ←
4-Takt-Benzinmotor (vereinfachte Darstellung)	→ Kompression (2. Takt)	→ Zünden (isochore Wärmezufuhr)	→ Expansion (3. Takt)	→ Umgebung (4. Takt) Ausschieben / Umgebung, Vergaser, Benzinvorrat (1. Takt) Ansaugen →

c) Die in Gl. (1.84) mit $(E_2 - E_1)_i$ bezeichneten Änderungen der Energie des Gesamtsystems mögen nicht auftreten.

d) Mit Ausnahme der Drosselung sollen alle Zustandsänderungen quasistatisch ablaufen.

e) Chemische Reaktionen brauchen nicht berücksichtigt zu werden. Wird Wärme mit Hilfe chemischer Reaktionen zugeführt, so wird diese Wärmezufuhr ersetzt durch einen Wärmestrom, dessen Quelle außerhalb des Kreisprozesses liegt.

Dann lassen sich alle Zustandsänderungen mit Hilfe der schon in Nr. 3.1 aufgeführten Gleichungen beschreiben:

Arbeit: $$\mathrm{d}L = p\,\mathrm{d}V + 0 + \mathrm{d}L_{\text{Verlust}} \tag{3.1}$$

Technische Arbeit: $$\mathrm{d}L_{\text{techn}} = -V\,\mathrm{d}p + \mathrm{d}L_{\text{Verlust}} \tag{3.2}$$

Wärme: $$Q_{1\,2} = U_2 - U_1 + L_{1\,2} = H_2 - H_1 + L_{\text{techn}\,1\,2} \tag{3.3a}$$

$$\mathrm{d}Q = \mathrm{d}U + \mathrm{d}L = \mathrm{d}H + \mathrm{d}L_{\text{techn}} \tag{3.3b}$$

Entropie: $$T\,\mathrm{d}S = \mathrm{d}U + p\,\mathrm{d}V = \mathrm{d}H - V\,\mathrm{d}p \tag{3.4a}$$

$$T\,\mathrm{d}S = \mathrm{d}Q - \mathrm{d}L_{\text{Verlust}} \tag{3.4b}$$

Für den gesamten Kreisprozeß gelten schließlich die Beziehungen

Leistung: $$\dot{L}_{\text{ges}} = \dot{Q}_{\text{zug}} - \left|\dot{Q}_{\text{abg}}\right| = \sum \dot{Q}_{ij} \tag{4.3}$$

thermischer Wirkungsgrad (WKM) $$\eta_{\text{th}} = \frac{\dot{L}_{\text{ges}}}{\dot{Q}_{\text{zug}}} < 1 \tag{4.7}$$

Leistungszahl (WP): $$\varepsilon_{WP} = \frac{|\dot{Q}|}{|\dot{L}_{\text{ges}}|} \qquad (4.17)\,(4.16)$$

Leistungszahl (KM): $$\varepsilon_{KM} = \frac{|\dot{Q}_0|}{|\dot{L}_{\text{ges}}|} \qquad (4.17)\,(4.16)$$

$|\dot{Q}|$ ist der vom Kreisprozeß abgegebene Wärmestrom (WP). Der Wärmestrom $|\dot{Q}_0|$ wird vom Kreisprozeß aufgenommen (KM).

Bei adiabaten Zustandsänderungen werden die Verluste durch isentrope Wirkungsgrade charakterisiert:

Expansion $$\eta_{\text{ST}} = \frac{l_{\text{techn irr ad}}}{l_{\text{techn rev ad}}} = \frac{h_1 - h_{2\,\text{irr ad}}}{h_1 - h_{2\,\text{rev ad}}} \leq 1 \tag{3.7}$$

Kompression $$\eta_{\text{SV}} = \frac{l_{\text{techn rev ad}}}{l_{\text{techn irr ad}}} = \frac{h_{2\,\text{rev ad}} - h_1}{h_{2\,\text{irr ad}} - h_1} \leq 1 \tag{3.14}$$

Werden ideale Gase betrachtet, deren spezifische Wärmekapazität im betrachteten Temperaturbereich näherungsweise konstant ist, so lassen sich die Gln. (3.7) und (3.14) mit Hilfe von Gl. (1.38) vereinfachen:

$$\text{Expansion} \quad \eta_{\mathrm{ST}}^{\mathrm{id.\,Gas}} = \frac{T_1 - T_{2\,\mathrm{irr\,ad}}}{T_1 - T_{2\,\mathrm{rev\,ad}}} \tag{4.18}$$

$$\text{Kompression} \quad \eta_{\mathrm{SV}}^{\mathrm{id.\,Gas}} = \frac{T_{2\,\mathrm{rev\,ad}} - T_1}{T_{2\,\mathrm{irr\,ad}} - T_1} \tag{4.19}$$

Fast alle wichtigen Teilprozesse sind schon in Nr. 3 ausführlich behandelt worden. Die Abb. 4.8 bis 4.10 geben noch einmal einen zusam-

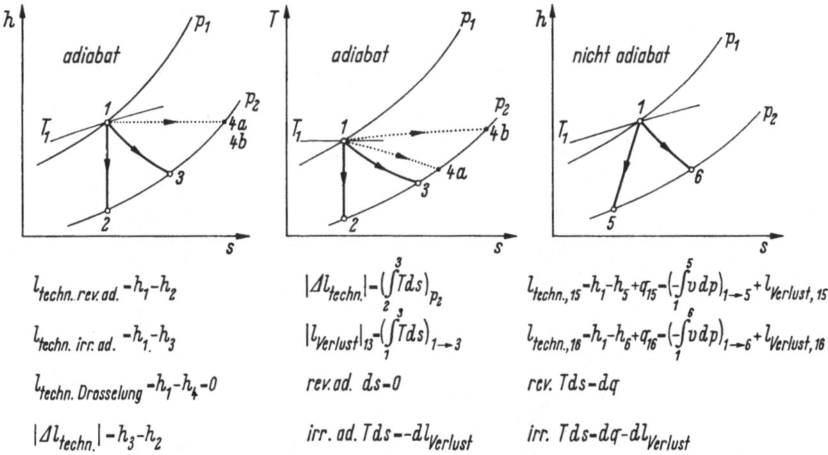

Abb. 4.8 Darstellung der Expansion im h,s-Bild und im T,s-Bild: $1 \to 2$ reversibel adiabat; $1 \to 3$ irreversibel adiabat; $1 \to 4\,\mathrm{a}$ Drosselung ($T_1 \ll T_{\mathrm{Inv.}}$); $1 \to 4\,\mathrm{b}$ Drosselung ($T_1 > T_{\mathrm{Inv.}}$); $1 \to 5$ Wärmeabfuhr; $1 \to 6$ Wärmezufuhr.

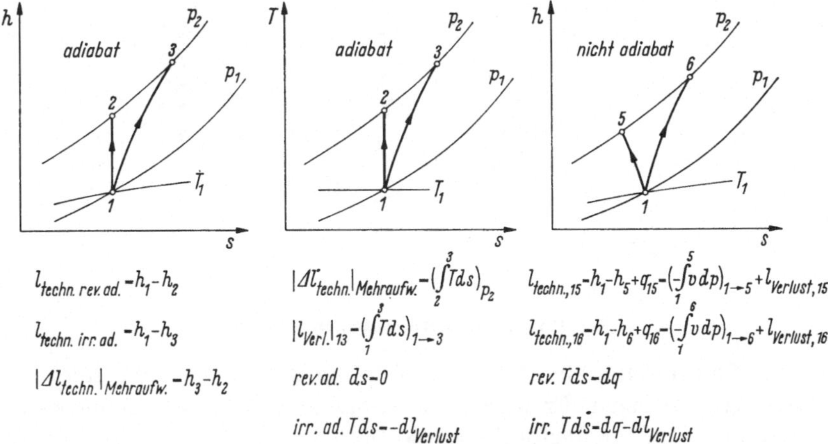

Abb. 4.9 Darstellung der Kompression im h,s-Bild und im T,s-Bild: $1 \to 2$ reversibel adiabat; $1 \to 3$ irreversibel adiabat; $1 \to 5$ Wärmeabfuhr; $1 \to 6$ Wärmezufuhr.

menfassenden und zugleich erweiterten Überblick. Damit stehen alle wichtigen Unterlagen zur Behandlung von Kreisprozessen zur Verfügung.

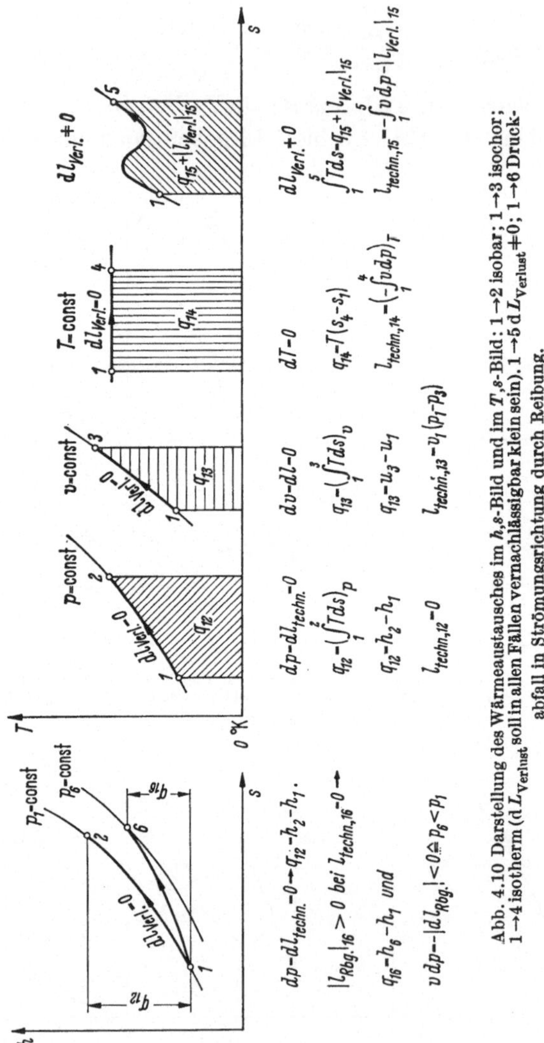

Abb. 4.10 Darstellung des Wärmeaustausches im h,s-Bild und im T,s-Bild: $1\rightarrow 2$ isobar; $1\rightarrow 3$ isochor; $1\rightarrow 4$ isotherm ($d\,L_{\text{Verlust}}$ soll in allen Fällen vernachlässigbar klein sein). $1\rightarrow 5$ $d\,L_{\text{Verlust}}\neq 0$; $1\rightarrow 6$ Druckabfall in Strömungsrichtung durch Reibung.

4.5.2 Der Clausius-Rankine-Prozeß

Der Clausius-Rankine-Prozeß besteht aus 2 isobaren und 2 adiabaten Zustandsänderungen. Er wurde am Beispiel des Wärmekraftwerkes bereits unter Nr. 3.2.5 ausführlich diskutiert. Gegebenenfalls kann auf die Überhitzung des Dampfes verzichtet werden. Dann liegt der Punkt 1 in

Abb. 3.15 auf der Taulinie. Manchmal wird das Kondensat auch etwas unterkühlt, wodurch der Punkt 3 von der Siedelinie isobar in das Flüssigkeitsgebiet verschoben wird.

Der Clausius-Rankine-Prozeß verläuft auch dann nicht reversibel, wenn die Expansion in der Turbine und die Kompression in der Kesselspeisepumpe reversibel adiabat sind. Ursache hierfür ist zunächst die Zufuhr des kalten, aus dem Kondensator stammenden Speisewassers in den Kessel. Das Speisewasser wird in der Pumpe zwar auf den Kesseldruck komprimiert. Wie Abb. 3.15 und das Beispiel 3.13 zeigen, erreicht es dabei aber nur eine Temperatur t_4, die erheblich unter der Temperatur t_K des im Kessel siedenden Wassers liegt. Diese isobare Vermischung verschieden warmer Wassermengen ist irreversibel, wie sich mit Hilfe des in Abb. 4.11 dargestellten abgeschlossenen Systems leicht zeigen läßt. Das System enthält zunächst m_4 kg flüssiges Wasser mit der Temperatur t_4 und m_K kg flüssiges Wasser mit der Temperatur t_K. Die Entropie des Systems kann dann mit Hilfe von Gl. (2.39) berechnet werden, da Wasser weitgehend inkompressibel ist. Setzt man noch voraus, daß die spezifische Wärmekapazität des Wassers im betrachteten Temperaturbereich näherungsweise konstant ist, so findet man

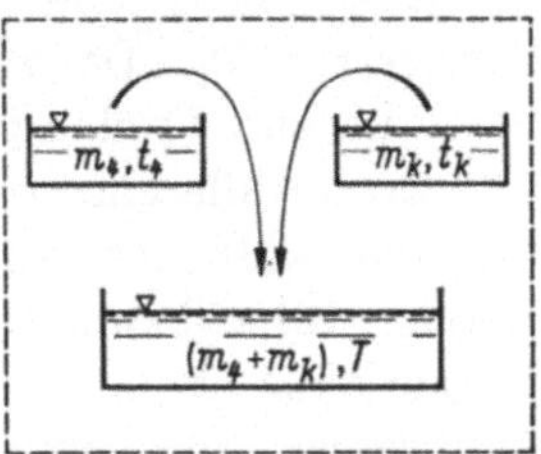

Abb. 4.11 Die isobare Vermischung verschieden warmer Wassermengen ist irreversibel.

$$S_{\text{Anfang}} = m_4\, c_{H_2O} \ln \frac{T_4}{T_0} + m_K\, c_{H_2O} \ln \frac{T_K}{T_0} + (m_4 + m_K)\, s_0 \tag{4.20}$$

Nach der isobaren Vermischung ist die veränderte Entropie

$$S_{\text{Ende}} = (m_4 + m_K)\, c_{H_2O} \ln \frac{T}{T_0} + (m_4 + m_K)\, s_0 \tag{4.21}$$

vorhanden. Die Gemischtemperatur T läßt sich mit Hilfe des ersten Hauptsatzes Gl. (3.3a) ermitteln, denn im abgeschlossenen System sind Q_{12} und L_{12} gleich 0 (die Vermischung erfolgt adiabat und ohne Abgabe von Arbeit). Es gilt also

$$m_4\, c_{H_2O}\,(T_4 - T_0) + m_K\, c_{H_2O}\,(T_K - T_0) = (m_4 + m_K)\, c_{H_2O}\,(T - T_0), \tag{4.22}$$

woraus man findet

$$T = \frac{(m_4\, T_4 + m_K\, T_K)}{(m_4 + m_K)} \tag{4.23}$$

Durch die Vermischung wurde die Systementropie also um

$$\Delta S = S_{\text{Ende}} - S_{\text{Anfang}} = c_{H_2O} \left\{ (m_4 + m_K) \ln \left(\frac{m_4\, T_4 + m_K\, T_K}{[m_4 + m_K]\, T_0} \right) - \right.$$

$$\left. - m_4 \ln \frac{T_4}{T_0} - m_K \ln \frac{T_K}{T_0} \right\} \tag{4.24}$$

verändert. Dieser Ausdruck verschwindet nur für $T_4 = T_K$. Nur dann wäre die isobare Vermischung reversibel gewesen [Gl. (1.103)]. Für $T_4 \neq T_K$ wird $\Delta S > 0$ und die Vermischung ist irreversibel [Gl. (1.104)]. Der so entstehende Verlust kann kaum vermieden werden. Er läßt sich aber durch eine Vorwärmung des Speisewassers vermindern.

Eine zweite wesentliche Verlustquelle liegt im Wärmetransport. Die den Kessel beheizende Flamme muß mindestens so heiß sein wie die Temperatur T_1. Da T_1 über der Siedetemperatur des Wassers liegt, fließt die zur Verdampfung erforderliche Wärme mit einer endlichen Temperaturdifferenz von der Flamme in den Kessel. Dieser Wärmetransport mit endlicher Temperaturdifferenz ist nach Nr. 4.3 irreversibel. Analog wird es kaum möglich sein, die aus dem Kondensator strömende Wärme ohne endliche Temperaturdifferenz an die Umgebung oder das Kühlwasser abzugeben. Vor allem die große Temperaturdifferenz zwischen der Flammentemperatur und der Siedetemperatur des Wassers im Kessel führt zu einem erheblichen Verlust. Da man die Flammentemperatur kaum wesentlich senken kann, läßt sich diese Verlustquelle nur durch Steigerung des Kesseldruckes und damit durch Steigerung der Siedetemperatur etwas eindämmen.

4.5.3 Der Joule-Prozeß

Der Joule-Prozeß besteht wie der Clausius-Rankine-Prozeß aus zwei isobaren und zwei adiabaten Zustandsänderungen. Er läuft jedoch vollständig im Bereich der gasförmigen Zustände ab, während der Clausius-Rankine-Prozeß stets das Naßdampfgebiet einschließt. Der Clausius-Rankine-Prozeß war der Grundprozeß des Dampfkraftwerkes. Der Joule-Prozeß ist dagegen als Grundprozeß der Gasturbinenanlage anzu-

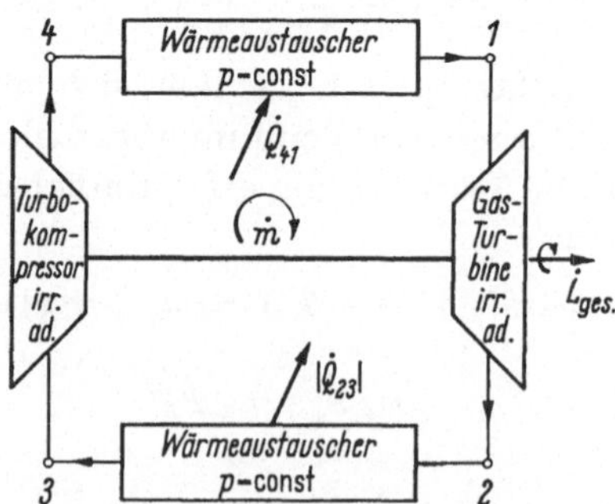

Abb. 4.12 Geschlossene Gasturbinenanlage.

sehen. Dabei kann es sich um einen geschlossenen Kreislauf handeln (Abb. 4.12) oder um eine offene Anlage (Flugtriebwerke). Bei der offenen Anlage entfällt der zur Kühlung vorgesehene Wärmeaustauscher. Stattdessen leitet man die heißen Abgase in die Umgebung und saugt frisches Arbeitsmedium (Luft) an. Außerdem wird die Wärmezufuhr durch die Zufuhr von Treibstoff ersetzt, der in die angesaugte und komprimierte Luft eingespritzt und verbrannt wird. Der Turbokompressor wird normalerweise unmittelbar von der Gasturbine angetrieben.

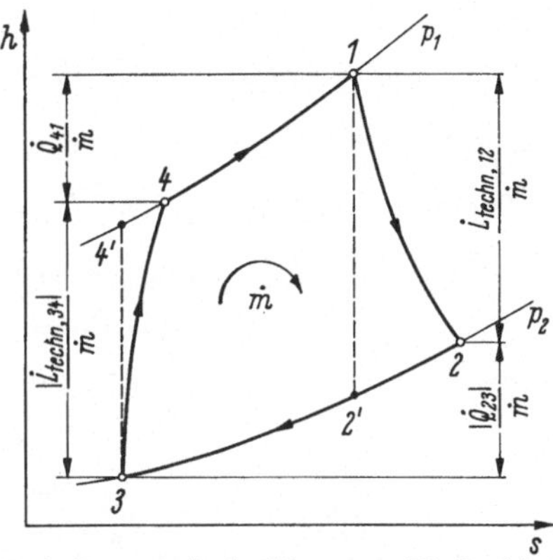

Abb. 4.13 Darstellung des Joule-Prozesses im h,s-Diagramm. Die Punkte 2' und 4' kennzeichnen die Endpunkte der reversibel adiabaten Expansion bzw. Kompression.

Abb. 4.13 zeigt den Joule-Prozeß im h,s-Diagramm. Der Wärmeaustausch bei den Zustandsänderungen $4 \to 1$ und $2 \to 3$ erfolgt isobar. Expansion und Kompression verlaufen irreversibel adiabat.

Läuft in der Anlage im Beharrungszustand der Mengenstrom $\dot{m}$ um, so kann man den Abb. 4.8 bis 4.10 und den Gln. (4.3), (4.7) wegen $\dot{Q} = \dot{m}\, q$ und $\dot{L} = \dot{m}\, l$ unmittelbar entnehmen

zugeführter Wärmestrom: $\dot{Q}_{41} = \dot{m}\,(h_1 - h_4)$ (4.25a)

abgeführter Wärmestrom: $|\dot{Q}_{23}| = \dot{m}\,(h_2 - h_3)$ (4.25b)

Antriebsleistung des Kompressors: $|\dot{L}_{\text{techn}\,34}| = \dot{m}\,(h_4 - h_3)$ (4.25c)

Leistungsabgabe der Turbine: $\dot{L}_{\text{techn}\,12} = \dot{m}\,(h_1 - h_2)$ (4.25d)

Leistungsabgabe der Anlage: $\dot{L}_{\text{ges}} = \dot{m}\,\{(h_1 - h_2) - (h_4 - h_3)\}$ (4.25e)

thermischer Wirkungsgrad: $\eta_{\text{th}} = 1 - \dfrac{h_2 - h_3}{h_1 - h_4}$ (4.25f)

Alle Angaben stimmen voll mit den Aussagen über den Clausius-Rankine-Prozeß überein, weil der Unterschied in den Stoffwerten nicht in den allgemeinen Resultaten zum Ausdruck kommt. Die Endpunkte 2 und 4 der irreversibel adiabaten Expansion bzw. Kompression werden mit Hilfe der Gln. (3.7) und (3.14) aus den Endpunkten 2' und 4' der reversibel adiabaten Zustandsänderungen ermittelt. Dabei gilt $s_1 = s_{2'}$ und $s_3 = s_{4'}$.

Darf man den in der Gasturbinenanlage umlaufenden Stoff wie ein ideales Gas behandeln, dessen spezifische Wärmekapazität im betrachteten Temperaturbereich mit guter Näherung konstant ist, so vereinfachen sich die Gln. (4.25) wesentlich. Unter Verwendung der Gln. (1.38), (1.170), (3.7), (3.14), (4.18) und (4.19) gilt:

zugeführter Wärmestrom: $\dot{Q}_{41} = \dot{m}\, c_p^0 (T_1 - T_4)$ (4.26a)

abgeführter Wärmestrom: $|\dot{Q}_{23}| = \dot{m}\, c_p^0 (T_2 - T_3)$ (4.26b)

Antriebsleistung des Kompressors: $|\dot{L}_{\text{techn}\,34}| = \dot{m}\, c_p^0\, \eta_{SV}^{-1} (T_{4'} - T_3)$ (4.26c)

Leistungsabgabe der Turbine: $\dot{L}_{\text{techn}\,12} = \dot{m}\, c_p^0\, \eta_{ST} (T_1 - T_{2'})$ (4.26d)

Leistungsabgabe der Anlage:

$$\dot{L}_{\text{ges}} = \dot{m}\, c_p^0 \{\eta_{ST} (T_1 - T_{2'}) - \eta_{SV}^{-1} (T_{4'} - T_3)\} \tag{4.26e}$$

thermischer Wirkungsgrad der Anlage:

$$\eta_{\text{th}} = 1 - \frac{T_2 - T_3}{T_1 - T_4} \tag{4.26f}$$

Dabei gilt:

$$\eta_{ST} = \frac{T_1 - T_2}{T_1 - T_{2'}}\,; \quad \eta_{SV} = \frac{T_{4'} - T_3}{T_4 - T_3} \tag{4.26g}$$

und

$$\left(\frac{T_1}{T_{2'}}\right) = \left(\frac{p_1}{p_2}\right)^{(\varkappa - 1)/\varkappa} = \left(\frac{T_{4'}}{T_3}\right) \tag{4.26h}$$

Der Joule-Prozeß wird auch dann nicht reversibel ablaufen, wenn die Expansion und die Kompression reversibel adiabat sind. Die Wärmezu- und -abfuhr erfolgt nämlich bei gleitender Temperatur. Sie kann deswegen kaum ohne endliche Temperaturdifferenz realisiert werden.

Beispiel 4.5. Ein ideales Gas mit der Molmasse $M = 8{,}315$ g/mol und der spezifischen Wärmekapazität $c_v^0 = 2$ J/g grd durchläuft den folgenden Kreisprozeß:

Anfangszustand 3: $p_3 = 1$ bar, $T_3 = 300$ °K.

Zustandsänderung 3 → 4: reversibel adiabate Kompression auf $p_4 = 10$ bar,

Zustandsänderung 4 → 1: isobare Zufuhr der Wärme $q_{41} = 300$ kcal/kg,

Zustandsänderung 1 → 2: reversibel adiabate Expansion auf den Anfangsdruck $p_2 = p_3 = 1$ bar,

Zustandsänderung 2 → 3: isobare Kühlung auf die Anfangstemperatur T_3.

Man berechne:

a) die technische Arbeit, die bei der Zustandsänderung 3 → 4 pro kg Gas aufgenommen wird ($dw = dz = 0$)

b) die Kompressionsendtemperatur T_4

c) die Temperatur T_1

d) die Temperatur T_2 und die pro kg Gas bei der Expansion von 1 nach 2 abgegebene technische Arbeit ($dw = dz = 0$)

e) die bei der Zustandsänderung 2 → 3 pro kg Gas abzuführende Wärme

f) den thermischen Wirkungsgrad des Kreisprozesses.

Lösung. a) Die pro kg Gas aufgenommene technische Arbeit berechnet sich nach Gl. (3.22a) oder aus den Gln. (4.26c), (4.26h) und $\eta_{SV} = 1$ zu

$$\frac{\dot{L}_{\text{techn}\,34}}{\dot{m}} = l_{\text{techn}\,34} = R\,T_3 \frac{\varkappa}{\varkappa - 1}\left[1 - \left(\frac{p_2}{p_1}\right)^{\frac{1-\varkappa}{\varkappa}}\right] \quad \text{mit } \varkappa = \frac{c_p^0}{c_v^0} = \frac{\Re/M + c_v^0}{c_v^0} = 1{,}5$$

[Gln. (1.126), (1.167)]. Es gilt somit

$$|l_{\text{techn}\,3\,4}| = 1\,\frac{\text{J}}{\text{g}\,°\text{K}}\cdot\frac{1{,}5}{0{,}5}\,300\,°\text{K}\,(10^{1/3}-1) = 1039\,\text{kJ/kg}\,.$$

b) Die Kompressionsendtemperatur ergibt sich aus Gl. (4.26h)

$$T_4 = T_{4'} = T_3\,(p_1/p_2)^{(\varkappa-1)/\varkappa} = 646{,}3\,°\text{K}\,.$$

c) Die Temperatur T_1 findet man aus Gl. (4.26a)

$$\dot{Q}_{4\,1}/\dot{m} = q_{4\,1} = 300\,\text{kcal/kg} = c_p^0\,(T_1 - T_4) \text{ mit } c_p^0 = 3\,\text{J/g grd [Gl. (1.126)]}$$

zu $T_1 = 1064{,}7$ °K.

d) Bei der reversibel adiabaten Expansion ergibt sich nach Gl. (4.26h) eine Temperatur T_2 von

$$T_2 = T_{2'} = T_1\,(p_2/p_1)^{(\varkappa-1)/\varkappa} = 494{,}2\,°\text{K}\,.$$

Mit $\eta_{\text{ST}} = 1$ folgt dann aus Gl. (4.26d)

$$\dot{L}_{\text{techn}\,1\,2}/\dot{m} = l_{\text{techn}\,1\,2} = c_p^0\,(T_1 - T_{2'}) = 1711{,}5\,\text{kJ/kg}\,.$$

e) Die Wärmeabfuhr berechnet man nach Gl. (4.26b) zu

$$|\dot{Q}_{23}|/\dot{m} = |q_{23}| = c_p^0(T_2 - T_3) = 582{,}6\,\text{kJ/kg}.$$

f) Für den thermischen Wirkungsgrad gilt nach Gl. (4.26f)

$$\eta_{\text{th}} = 1 - (T_2 - T_3)/(T_1 - T_4) = 0{,}536\,.$$

Beispiel 4.6. In einer geschlossenen Gasturbinenanlage durchläuft Helium (ideales Gas) den folgenden Kreisprozeß:

Anfangszustand 3: $p_3 = 3$ bar, $T_3 = 300$ °K.

Zustandsänderung 3 → 4: irreversibel adiabate Kompression auf $p_4 = 12$ bar mit einem isentropen Wirkungsgrad $\eta_{\text{SV}} = 0{,}8$.

Zustandsänderung 4 → 1: isobare Erwärmung auf $T_1 = 1000$ °K.

Zustandsänderung 1 → 2: irreversibel adiabate Expansion auf den Druck $p_2 = 3$ bar, wobei 75% der Turbinenleistung für den Antrieb des Kompressors verbraucht werden.

Zustandsänderung 2 → 3: isobare Kühlung auf den Anfangszustand 3.

Stoffwerte von Helium: $c_p^0 = 5{,}19$ kJ/kg grd; $c_v^0 = 3{,}12$ kJ/kg grd.

a) Man berechne die Molmasse des Heliums.

b) Welche technische Arbeit verbraucht der Kompressor pro kg Helium ($\mathrm{d}w = \mathrm{d}z = 0$)?

c) Wie groß ist der isentrope Turbinenwirkungsgrad?

d) Wieviel Helium muß im stationären Zustand pro Sekunde durch die Turbine strömen, wenn die Anlage eine Gesamtleistung von 1000 kW abgeben soll?

e) Welcher Wärmestrom muß bei den Zustandsänderungen 4 → 1 und 2 → 3 zu- bzw. abgeführt werden?

f) Bei welchem isentropen Wirkungsgrad der Turbine würde der thermische Wirkungsgrad der Anlage zu null werden? (Annahme $\eta_{\text{SV}} = 0{,}8 = \text{const}$).

Lösung. a) Nach Gln. (1.126) und (1.6) ist $c_p^0 - c_v^0 = \text{R} = \Re/M$; daraus folgt

$$M = \frac{8{,}315\,\text{J/mol}\,°\text{K}}{2{,}07\,\text{J/g grd}} = 4{,}02\,\text{g/mol}$$

b) Nach den Gln. (4.26c, h) und (1.167) gilt

$$|\dot{L}_{\text{techn}\,3\,4}|/\dot{m} = |l_{\text{techn}\,3\,4}| = \eta_{\text{SV}}^{-1}\,c_p^0\,(T_{4'} - T_3)$$

mit $\quad T_{4'} = T_3\,(p_1/p_2)^{(\varkappa-1)/\varkappa} = 300\,°\mathrm{K}\cdot 4^{0,399} = 521{,}7\,°\mathrm{K}$

Damit wird

$|l_{\mathrm{techn}\,3\,4}| = 5{,}19\,\mathrm{J/g\,grd}\cdot 221{,}7\,\mathrm{grd}/0{,}8 = 1438{,}3\,\mathrm{kJ/kg}$.

c) Es gilt $|l_{\mathrm{techn}\,3\,4}| = 1438{,}3\,\mathrm{kJ/kg} = 0{,}75\,l_{\mathrm{techn}\,1\,2}$, entsprechend

$l_{\mathrm{techn}\,1\,2} = 1917{,}7\,\mathrm{kJ/kg} = \dot{L}_{\mathrm{techn}\,1\,2}/\dot{m} = c_p^0\,\eta_{\mathrm{ST}}\,(T_1 - T_{2'})$ [Gl. (4.26d)]

mit $T_1 = 1000\,°\mathrm{K}$ und $T_{2'} = T_1\,(p_2/p_1)^{(\varkappa-1)/\varkappa} = 575{,}0\,°\mathrm{K}$ findet man $\eta_{\mathrm{ST}} = 0{,}87$.

d) Aus $\dot{L}_{\mathrm{ges}} = \dot{m}\,l_{\mathrm{ges}} = 0{,}25\,\dot{m}\,l_{\mathrm{techn}\,1\,2}$ folgt

$$\dot{m} = \frac{1000\,\mathrm{kW}}{0{,}25\cdot 1917{,}7}\,\frac{\mathrm{kg}}{\mathrm{kW\,sec}} = 2{,}086\,\mathrm{kg/sec}\,.$$

e) Nach den Gln. (4.26a) und (4.26g) gilt

$\dot{Q}_{4\,1} = \dot{m}\,c_p^0\,(T_1 - T_4)$ und $T_4 = T_3 + (T_{4'} - T_3)/\eta_{\mathrm{SV}} = 300°\mathrm{K} + 277{,}1°\mathrm{K} = 577{,}1°\mathrm{K}$.

Somit wird $\dot{Q}_{4\,1} = 4578\,\mathrm{kW}$.

Analog gilt $|\dot{Q}_{2\,3}| = \dot{m}\,c_p^0\,(T_2 - T_3) = 3575\,\mathrm{kW}$.

f) $\dot{L}_{\mathrm{ges}} = \dot{L}_{\mathrm{techn}\,1\,2} - |\dot{L}_{\mathrm{techn}\,3\,4}| = 0$ für $\dot{L}_{\mathrm{techn}\,1\,2} = |\dot{L}_{\mathrm{techn}\,3\,4}| = \dot{m}\cdot 1438{,}3\,\mathrm{kJ/kg}$.

Aus $|\dot{L}_{\mathrm{techn}\,1\,2}|/\dot{m} = c_p^0\,\eta_{\mathrm{ST}}\,(T_1 - T_{2'})$ folgt dann

$$\eta_{\mathrm{ST}} = \frac{1438{,}3\,\mathrm{kJ/kg}}{2205{,}8\,\mathrm{kJ/kg}} = 0{,}65\,.$$

Hinweis: Nach Gl. (4.3) müßte gelten $\dot{L}_{\mathrm{ges}} = \dot{Q}_{41} - |\dot{Q}_{2\,3}| = 1000\,\mathrm{kW}$. Tatsächlich findet man 1003 kW. Die Differenz ergibt sich aus den Abrundungsfehlern.

4.5.4 Vereinfachter Kreisprozeß des 4-Takt-Benzinmotors

Abb. 4.14 zeigt die vereinfachte Darstellung des im 4-Takt-Benzinmotor ablaufenden Kreisprozesses. Dabei sind V_1 der Zylinderinhalt im unteren Totpunkt des Kolbens und V_2 der Zylinderinhalt im oberen Totpunkt des Kolbens; p_{umg} stellt den Luftdruck in der Umgebung dar.

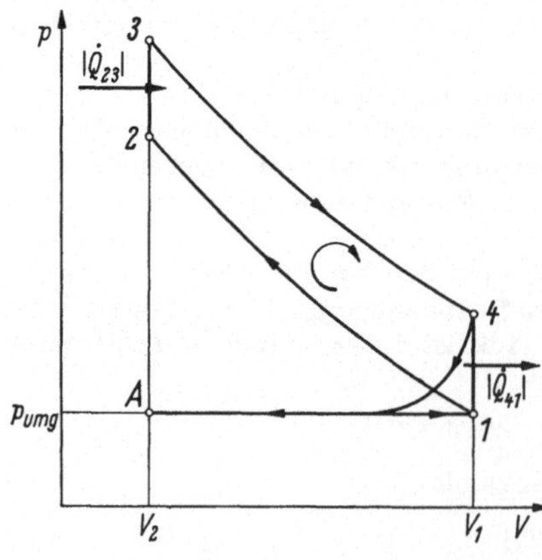

Abb. 4.14 Vereinfachte Darstellung des im 4-Takt-Benzinmotor ablaufenden Kreisprozesses.

Zunächst wird ein Luft-Benzingemisch vom Druck p_{umg} angesaugt. Dieser Vorgang entspricht der Strecke *A 1* im p, V-Diagramm. Das Gemisch wird im 2. Takt komprimiert (*1* → 2) und dann gezündet. Setzt man voraus, daß die Verbrennung schnell gegenüber der Kolbenbewegung abläuft, so ergibt sich eine isochore Wärmezufuhr (2 → 3). Sie wird in der thermodynamischen Betrachtung durch einen von außen zugeführten Wärmestrom $\dot{Q}_{23}$ ersetzt. Im dritten Takt erfolgt eine Expansion bis zum Volumen V_1 (3 → 4), an die sich im 4. Takt das Ausschieben der Verbrennungsprodukte anschließt (Kurve *4 A*). Ersetzt man diesen 4. Takt durch eine isochore Kühlung (4 → 1), dann erhält man einen geschlossenen Kreisprozeß 1 2 3 4, in dem ein Gemisch konstanter Zusammensetzung umläuft. Vernachlässigt werden bei dieser Betrachtungsweise die Änderung der Stoffeigenschaften durch den Verbrennungsvorgang sowie die „Ladeschleife" *A 1 4 A*. Setzt man außerdem voraus, daß die Expansion und die Kompression adiabat verlaufen, so gelingt es, die Motorleistung mit einfachen Mitteln zu berechnen. Nach Abb. 4.10 und Gl. (4.3) gilt nämlich:

$$\text{Wärmezufuhr:} \quad \dot{Q}_{23} = \dot{m}\, q_{23} = \dot{m}\,(u_3 - u_2) \tag{4.27a}$$

$$\text{Wärmeabfuhr:} \quad |\dot{Q}_{41}| = \dot{m}\, |q_{41}| = \dot{m}\,(u_4 - u_1) \tag{4.27b}$$

$$\text{Motorleistung:} \quad \dot{L}_{ges} = \dot{m}\,[(u_3 - u_2) - (u_4 - u_1)] \tag{4.27c}$$

Der Mengenstrom ergibt sich dabei aus dem Produkt von Motordrehzahl und pro Umdrehung angesaugter Menge (konstante Zylinderfüllung).

Darf die Zylinderfüllung als ideales Gas mit konstanter spezifischer Wärmekapazität betrachtet werden und verlaufen die Expansion sowie die Kompression reversibel adiabat, dann vereinfachen sich die Gln. (4.27) erheblich. Mit den Gln. (1.35), (1.167) und (1.169) findet man:

$$\text{Wärmezufuhr:} \quad \dot{Q}_{23} = \dot{m}\, c_v^0\,(T_3 - T_2) = \dot{m}\, c_v^0\left(T_3 - T_1\left\{\frac{V_1}{V_2}\right\}^{\varkappa-1}\right) \tag{4.28a}$$

$$\text{Wärmeabfuhr:} \quad |\dot{Q}_{41}| = \dot{m}\, c_v^0\,(T_4 - T_1) = \dot{m}\, c_v^0\left(T_3\left\{\frac{V_2}{V_1}\right\}^{\varkappa-1} - T_1\right) \tag{4.28b}$$

$$\text{Motorleistung:} \quad \dot{L}_{ges} = \dot{m}\, c_v^0\,[(T_3 - T_2) - (T_4 - T_1)] \tag{4.28c}$$

Mit Hilfe von Gl. (4.7) kann jetzt der thermische Wirkungsgrad des Prozesses ermittelt werden. Wegen $T_3/T_4 = T_2/T_1 = (V_1/V_2)^{\varkappa-1}$ [Gl. (1.169)] gilt

$$\eta_{th} = \frac{\dot{L}_{ges}}{\dot{Q}_{23}} = 1 - \frac{T_4 - T_1}{T_3 - T_2} = 1 - \frac{T_1 T_3 - T_2 T_1}{T_2\,(T_3 - T_2)} = 1 - \frac{T_1}{T_2} = 1 - \left(\frac{V_2}{V_1}\right)^{\varkappa-1} \tag{4.28d}$$

Die bei konstanter Wärmezufuhr (Treibstoffzufuhr) abgegebene Motorleistung steigt also – wie allgemein bekannt ist – mit dem Kompressionsverhältnis V_1/V_2 an. Selbstverständlich ist dieser Leistungssteigerung durch die ansteigende Kompressionsendtemperatur eine Grenze gesetzt.

Beispiel 4.7. Ein 4-Takt-Benzinmotor besitzt ein Hubvolumen ($V_1 - V_2$) von 1000 cm³ und ein Kompressionsverhältnis $V_1/V_2 = 5$. Er läuft mit einer Drehzahl von 3000 Umdrehungen pro Minute. Kompression und Expansion mögen reversibel polytrop mit einem Polytropenexponenten $n = 1{,}333$ verlaufen. Die spezifische Wärmekapazität der Zylinderfüllung sei konstant ($c_v^0 = 0{,}83$ J/g grd); die Molmasse betrage $M = 30$ g/mol. Der Ansaugezustand 1 möge durch $p_1 = 1$ at, $T_1 = 300$ °K gekennzeichnet sein und die Wärmezufuhr von 2 nach 3 soll 500 J/g betragen.

a) Wie groß ist die pro Umdrehung angesaugte Menge? (Angabe in Gramm)

b) Wie groß ist der Druck nach der Kompression und der Wärmezufuhr (Punkt 3 in Abb. 4.14)?

c) Welcher Wärmestrom muß bei der isochoren Kühlung von 4 → 1 abgeführt werden (Abb. 4.14)?

d) Welche Leistung gibt der Motor ab?

Lösung. a) Nach Gl. (1.8b) gilt $pV = m\,RT$ mit $V = 1000$ cm³, $T = 300$ °K, $p = 1$ at und $R = \Re/M = 0{,}2772$ J/g °K. Daraus ergibt sich eine pro Umlauf angesaugte Menge

$$m = \frac{1\,\text{at} \cdot 1000\,\text{cm}^3}{0{,}2772\,\text{J/g}\,°\text{K} \cdot 300\,°\text{K}} \cdot \frac{0{,}98 \cdot 10^5\,\text{Nm}}{\text{m}^3\,\text{at}} \cdot \frac{1\,\text{J}}{1\,\text{Nm}} \cdot \frac{10^{-6}\,\text{m}^3}{\text{cm}^3} = 1{,}18\,\text{g}$$

b) Nach den Gln. (3.23a) und (3.23b) betragen die Kompressionsendtemperatur T_2 und der Kompressionsenddruck p_2 (Abb. 4.14)

$$T_2 = T_1\left(\frac{V_1}{V_2}\right)^{n-1} = T_1 \cdot 5^{0{,}333} = 513\,°\text{K} \text{ und } p_2 = p_1\left(\frac{V_1}{V_2}\right)^{n} = 8{,}55\,\text{at}\,.$$

Bei der isochoren Wärmezufuhr steigt die Temperatur auf T_3 an und es gilt nach Gl. (4.28a) $\dot{Q}_{23}/\dot{m} = q_{23} = c_v^0(T_3 - T_2)$, woraus folgt $T_3 = \frac{500\,\text{J}}{\text{g}} \cdot \frac{\text{g grd}}{0{,}83\,\text{J}} + 513\,°\text{K} = 1115{,}4$ °K. Den zugehörigen Druck kann man aus Gl. (1.8b) ermitteln: $p_2 V_2 = m\,RT_2$ und $p_3 V_3 = m\,RT_3$ ergeben mit $V_2 = V_3$ ein $p_3 = p_2\,T_3/T_2 = 18{,}59$ at.

c) Der bei der Zustandsänderung 4 → 1 abzuführende Wärmestrom beträgt nach Gl. (4.28b) $|\dot{Q}_{41}| = \dot{m}\,c_v^0(T_4 - T_1)$ mit $\dot{m} = mn = 2{,}124 \cdot 10^5$ g/h und $T_4 = T_3(V_2/V_1)^{n-1} = 652{,}3$ °K.

Damit ergibt sich ein Wärmestrom $|\dot{Q}_{41}| = 621{,}1 \cdot 10^5$ J/h.

d) Die Motorleistung berechnet sich nach Gl. (4.3) als Differenz der zu- und abgeführten Wärmeströme. Dabei muß berücksichtigt werden, daß auch bei der polytropen Expansion und Kompression Wärmeströme auftreten. Sie können nach den Gln. (3.24b) und (1.126) bestimmt werden.

$$\dot{Q}_{12}/\dot{m} = q_{12} = (T_2 - T_1)\left(c_p^0 - R\,\frac{n}{n-1}\right) = (T_2 - T_1)\left(c_v^0 - R\,\frac{1}{n-1}\right) =$$

$$= 213\,\text{grd} \cdot \left(0{,}83\,\frac{\text{J}}{\text{g grd}} - \frac{0{,}2772\,\text{J/g}\,°\text{K}}{0{,}333}\right)$$

$q_{12} = -0{,}52$ J/g und analog $q_{34} = +1{,}13$ J/g (Verbrennung während der Expansion und Wärmeabgabe an die Umgebung). Daraus ergibt sich eine Motorleistung

$$\dot{L}_{\text{ges}} = \dot{m}\,(q_{12} + q_{23} + q_{34} + q_{41}) =$$

$$= \left[-0{,}52\,\frac{\text{J}}{\text{g}} + 500\,\frac{\text{J}}{\text{g}} + 1{,}13\,\frac{\text{J}}{\text{g}} - 292{,}41\,\frac{\text{J}}{\text{g}}\right] \cdot \frac{10^{-3}\,\text{kJ}}{\text{J}} \cdot \frac{1\,\text{kWs}}{1\,\text{kJ}} \cdot \frac{1\,\text{h}}{3600\,\text{s}} \cdot$$

$$\cdot 2{,}124 \cdot 10^5\,\frac{\text{g}}{\text{h}} = \dot{L}_{\text{ges}} = 12{,}28\,\text{kW} = 16{,}7\,\text{PS}\,.$$

4.5.5 Wärmepumpe und Kältemaschine

Abb. 4.15 zeigt die schematische Darstellung einer Kompressionskältemaschine und einer Wärmepumpe. Beide Anordnungen unterscheiden sich in erster Linie durch ihre Aufgabe. Aufgabe einer Kältemaschine ist es, einem Körper oder einem Raum bei der tiefen Temperatur T_0 Wärme zu entziehen und auf einem höheren Temperaturniveau

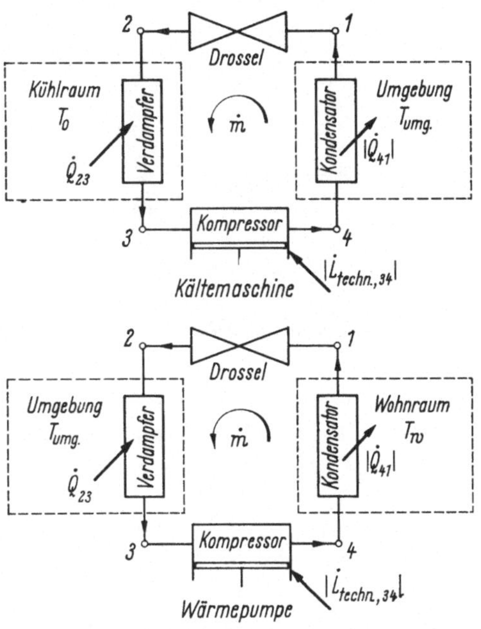

Abb. 4.15 Schematische Darstellung einer Kompressionskältemaschine und einer Wärmepumpe.

wieder abzugeben. Zu diesem Zweck durchläuft ein Kältemittel in der Kälteanlage den Kreisprozeß 1 2 3 4. Im Kondensator wird dem gasförmigen Kältemittel beim hohen Druck p_K isobar Wärme entzogen. Dadurch kühlt es sich zunächst von der Kompressionsendtemperatur T_4 auf die Kondensationstemperatur $T_K = f(p_K)$ ab (Punkt 1a in Abb. 4.16). Dann kondensiert es (Punkt 1b) und wird gegebenenfalls noch unterkühlt (Punkt 1). Das unterkühlte flüssige Kältemittel durchströmt die Drosselstelle. In der Drosselstelle sinkt der Druck von p_K auf den Verdampferdruck p_0 (Punkt 2 in Abb. 4.16). Liegt der Punkt 2 im Naßdampfgebiet, so besitzt das Kältemittel die zum Verdampferdruck p_0 gehörende Verdampfungstemperatur $T_0 = f(p_0) = T_2$. Im Verdampfer wird isobar Wärme zugeführt, die dem Kühlraum entzogen wurde. Dadurch verdampft das nach der Drosselstelle noch flüssig vorhandene Kältemittel (Punkt 3). Gegebenenfalls erreicht das gasförmige Kältemittel am Verdampferaustritt auch eine Temperatur, die etwas über T_0 liegt (Überhitzung). Dieser Dampf wird schließlich im Kompressor wieder auf den Kondensatordruck p_K komprimiert (Punkt 4 in Abb. 4.16).

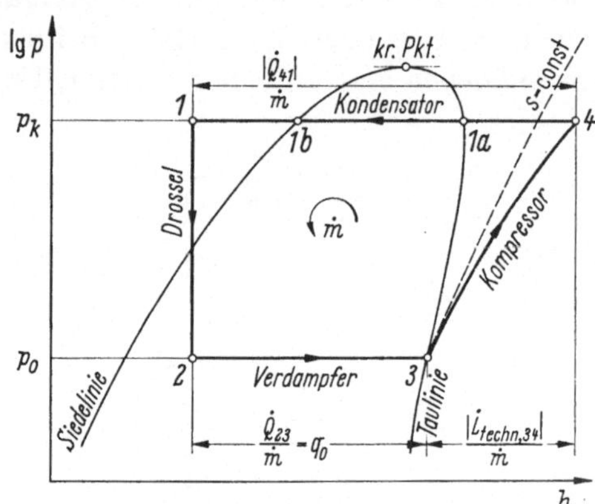

Abb. 4.16 Darstellung des Kreisprozesses, den das Kältemittel in einer Kompressionskältemaschine oder einer Wärmepumpe durchläuft, im $h,\lg p$-Diagramm.

Als Kältemittel verwendet man in großen Anlagen meist Ammoniak (NH_3). In kleinen Anlagen (z. B. Haushaltkühlschränke) wird Difluordichlormethan (CF_2Cl_2; R 12) oder Difluormonochlormethan (CHF_2Cl; R 22) benutzt.

Aufgabe der Wärmepumpe ist es, Wärme aus der Umgebung (T_{umg}) auf das höhere Temperaturniveau T_W zu transportieren, das z. B. in einem Wohnraum herrscht. Zu diesem Zweck läßt man den im Kondensator frei werdenden Wärmestrom $|\dot{Q}_{41}|$ in den Wohnraum fließen. Dem Verdampfer führt man Wärme aus der Umgebung zu. Der Kreisprozeß, den das Arbeitsmedium in einer Wärmepumpe durchläuft, ist abgesehen von den höheren Temperaturen mit dem in Abb. 4.16 dargestellten Kältemaschinenprozeß identisch. Für beide Kreisprozesse entnimmt man daher den Abb. 4.8 bis 4.10 und den Gln. (4.3), (4.16) und (4.17) folgende Angaben:

Wärmezufuhr (Verdampfer): $$\dot{Q}_{23} = \dot{m}\,(h_3 - h_2) \tag{4.29a}$$

Wärmeabfuhr (Kondensator): $$|\dot{Q}_{41}| = \dot{m}\,(h_4 - h_1) \tag{4.29b}$$

Antriebsleistung (Kompressor): $$|\dot{L}_{\text{techn}\,34}| = \dot{m}\,(h_4 - h_3) = |\dot{L}_{\text{ges}}| \tag{4.29c}$$

Leistungszahl der KM: $$\varepsilon_{\text{KM}} = \frac{h_3 - h_2}{h_4 - h_3} \tag{4.29d}$$

Leistungszahl der WP: $$\varepsilon_{\text{WP}} = \frac{h_4 - h_1}{h_4 - h_3} \tag{4.29e}$$

Bei der Kältemaschine wird der zugeführte Wärmestrom $\dot{Q}_{23}$ als *Kälteleistung* $\dot{Q}_0$ bezeichnet. Den abgeführten Wärmestrom $|\dot{Q}_{41}|$ nennt man bei der Wärmepumpe *Heizleistung* $|\dot{Q}|$. Eine Wärmepumpe benötigt zur Beheizung eines Wohnraumes wesentlich weniger elektrische Energie als eine elektrische Widerstandsheizung (Heizlüfter). Am einfachsten übersieht man diesen Sachverhalt am Beispiel einer Wärmepumpe, die Wärme reversibel vom Temperaturniveau der Umgebung (T_{umg}) auf das Temperaturniveau des zu beheizenden Raumes (T_w = const) transportiert. Nach Gl. (4.16) benötigt die Wärmepumpe zur Abgabe der Heizleistung $|\dot{Q}|$ die Antriebsleistung

$$|\dot{L}_{ges}|_{rev,\,WP} = |\dot{Q}|\,\frac{T_w - T_{umg}}{T_w}\,. \tag{4.30}$$

Einem Heizlüfter wäre dagegen nach dem ersten Hauptsatz die elektrische Leistung

$$|\dot{L}_{ges}|_{Hz} = |\dot{Q}| \tag{4.31}$$

zuzuführen. Bei $T_{umg} = 270$ °K und $T_w = 300$ °K ergibt sich dann

$$|\dot{L}_{ges}|_{rev\,WP} = |\dot{L}_{ges}|_{Hz}/10\,. \tag{4.32}$$

Selbstverständlich arbeiten technische Wärmepumpen keineswegs reversibel. Sie sind außerdem in der Anschaffung und Wartung erheblich teurer als ein Heizlüfter. Man muß also jeweils sorgfältig prüfen, welche Art der Beheizung am *wirtschaftlichsten* ist.

Beispiel 4.8. Eine Kältemaschine arbeitet mit dem Kältemittel Frigen 12, das in der Maschine den in Abb. 4.16 dargestellten Kreisprozeß durchläuft.
Anfangszustand 3 (Ausgang des Verdampfers) $p_3 = 1{,}025$ at, gesättigter Dampf.
Zustandsänderung 3 → 4: irreversibel adiabate Kompression auf $p_4 = 7{,}002$ at mit einem isentropen Wirkungsgrad $\eta_{SV} = 0{,}6$.
Zustandsänderung 4 → 1b: isobare Kondensation bis zur siedenden Flüssigkeit.
Zustandsänderung 1b → 1: isobare Unterkühlung der Flüssigkeit auf 25 °C.
Zustandsänderung 1 → 2: Drosselung auf den Verdampferdruck.
Zustandsänderung 2 → 3: isobare Verdampfung bis zum gesättigten Dampf.
Auszug aus der Dampftafel von Frigen 12:

Sättigungswerte:

p [at]	t [°C]	h'' [kcal/kg]	h'	s'' [kcal/kg °K]	s'
1,025	−30	133,54	93,57	1,1398	0,9753
7,002	+27	139,79	106,25	1,1333	1,0215

Ungesättigte Zustände bei $p = 7{,}002$ at

t [°C]	25	38	39	40	71	72	73	74
h [kcal/kg]	105,75	141,57	141,75	141,93	146,88	147,04	147,21	147,38
s [kcal/kg °K]	1,0198	1,1395	1,1400	1,1405	1,1555	1,1560	1,1565	1,1570

a) Man bestimme die Verdampfungstemperatur und die Kondensationstemperatur.

b) Wieviel Frigen 12 muß pro Stunde durch den Verdampfer fließen, wenn die Kälteleistung der Maschine 1000 kcal/h betragen soll?

c) Welche Antriebsleistung ist erforderlich?

d) Wie groß ist die Kompressionsendtemperatur?

e) Wie groß ist der im Kondensator abzuführende Wärmestrom?

f) Welcher Anteil des unter *e*) berechneten Wärmestromes entfällt auf die Unterkühlung der Flüssigkeit bzw. auf die Abkühlung des komprimierten Kältemitteldampfes bis auf die Kondensationstemperatur?

g) Wie groß ist die Leistungszahl der Anlage?

h) Welche Kälteleistung könnte man optimal gewinnen, wenn statt der Drossel eine reversibel adiabat arbeitende Expansionsturbine eingebaut werden würde?

i) Welche Antriebsleistung wäre erforderlich, wenn mit der unter *h*) behandelten Expansionsturbine unter sonst unveränderten Betriebsbedingungen die Kälteleistung wie zuvor 1000 kcal/h betragen soll?

j) Man stelle den unter *h*) berechneten Gewinn an Kälteleistung pro kg umlaufender Substanz in einem T,s-Diagramm als Fläche dar.

Lösung. a) Aus der Tabelle für die Sättigungszustände entnimmt man eine Verdampfungstemperatur $t_0 = -30$ °C und eine Kondensationstemperatur $t_K = +27$ °C.

b) Nach Gl. (4.29a) beträgt die Kälteleistung der Anlage

$\dot{Q}_0 = \dot{Q}_{23} = \dot{m}(h_3 - h_2)$. Mit $h_3 = h''_{1{,}025\,\text{at}} = 133{,}54$ kcal/kg und $h_2 = h_1 = 105{,}75$ kcal/kg (Drosselung) findet man

$$\dot{m} = (1000\,\text{kcal/h})/(27{,}79\,\text{kcal/kg}) = 36\,\text{kg/h}.$$

c) Die Antriebsleistung beträgt nach Gl. (4.29c)

$$|\dot{L}_{\text{ges}}| = |\dot{L}_{\text{techn}\,3\,4}| = \dot{m}(h_4 - h_3) = \dot{m}\,|l_{\text{techn}\,3\,4}|$$

Den Punkt 4 findet man mit Hilfe des isentropen Wirkungsgrades (Gl. 3.14) und der Forderung, daß für den Endpunkt der reversibel adiabaten Kompression (Punkt 4′) gilt

$$s_{4'} = s_3 = s''_{1{,}025\,\text{at}} = 1{,}1398\,\text{kcal/kg}\,{}^\circ\text{K}\,.$$

Durch Interpolation in der Tabelle der ungesättigten Zustände für den Kompressionsenddruck 7,002 at wird die Entropie $s_{4'}$ erreicht bei $h_{4'} = 141{,}68$ kcal/kg. Aus $(h_{4'} - h_3)/\eta_{\text{sV}} = h_4 - h_3 = 13{,}567$ kcal/kg ergibt sich dann $|\dot{L}_{\text{ges}}| = 488{,}4$ kcal/h $= 0{,}568$ kW.

d) Der Kompressionsendpunkt 4 ist durch den Druck $p_K = 7{,}002$ at sowie die spezifische Enthalpie $h_4 = h_3 + |l_{\text{techn}\,34}| = 147{,}11$ kcal/kg gegeben, so daß durch Interpolation der Angaben in der Dampftafel $t_4 = 72{,}4$ °C wird.

e) Der im Kondensator abzuführende Wärmestrom beträgt nach Gl. (4.29b) $|\dot{Q}_{41}| = \dot{m}\,|q_{41}| = \dot{m}(h_4 - h_1) = 1489$ kcal/h.

f) Für die isobare Unterkühlung der Flüssigkeit sind nach Abb. 4.10 $|\dot{Q}_{1b1}| = \dot{m}(h_{1b} - h_1) = 18$ kcal/h $= 1{,}2\%$ der Kondensatorleistung erforderlich. Für die Abkühlung des Dampfes auf Kondensationstemperatur benötigt man $|\dot{Q}_{41a}| = \dot{m}(h_4 - h_{1a}) = 263{,}5$ kcal/h $= 17{,}7\%$ der Kondensatorleistung ($h_{1b} = h'_{7{,}002\,\text{at}}$; $h_{1a} = h''_{7{,}002\,\text{at}}$).

g) $$\varepsilon_{\text{KM}} = \frac{|\dot{Q}_{23}|}{|\dot{L}_{\text{ges}}|} = \frac{1000\,\text{kcal/h}}{0{,}568\,\text{kW}}\,\frac{1\,\text{kWh}}{860\,\text{kcal}} = 2{,}05\,, \qquad \text{Gl. (4.29d)}.$$

h) Würde statt der Drosselung von 1 nach 2′ eine reversibel adiabate Expansion erfolgen, so wäre die Lage des Expansionsendpunktes 2′ durch den Verdampferdruck $p_0 = 1{,}025$ at und die Bedingung $s_1 = 1{,}0198$ kcal/kg °K $= s_{2'}$ gekennzeichnet. Da $s'_{1,025\,at} < s_1$ ist, liegt der Expansionsendpunkt 2′ im Naßdampfgebiet und es gilt [Gl. (2.4d)] $s_1 = s_{2'} = x_{2'}\, s''_{1,025\,at} + (1 - x_{2'})\, s'_{1,025\,at}$, so daß man findet $x_{2'} = \dfrac{1,0198 - 0,9753}{1,1398 - 0,9753} = 0,2705$. Damit ergibt sich im Punkt 2′ eine spezifische Enthalpie $h_{2'} = x_{2'}\, h''_{1,025\,at} + (1 - x_{2'})\, h'_{1,025\,at} = 104,38$ kcal/kg, so daß die Kälteleistung

$\Delta \dot{Q}_0 = \dot{m}(h_2 - h_{2'}) = \dot{m}(h_1 - h_{2'}) = 49,3$ kcal/h zusätzlich gewonnen werden könnte. Das entspricht rd. 5% der mit einer Drossel vorhandenen Kälteleistung.

i) Die Antriebsleistung des Kompressors würde sich dadurch vermindern, daß unter sonst gleichen Bedingungen weniger Kältemittel umlaufen muß. Außerdem könnte die Leistungsabgabe der Turbine vom Kompressor verbraucht werden. Diese Leistungsabgabe beträgt nach Abb. 4.8 $\dot{L}_{techn\,1\,2'} = \dot{m}_T (h_1 - h_{2'})$, wenn mit $\dot{m}_T$ der Mengenstrom bezeichnet wird, der nach Einbau der Turbine umlaufen muß, um die geforderte Kälteleistung von 1000 kcal/h zu erzeugen. Analog zur Frage *b*) gilt dann $\dot{m}_T = (1000\ \text{kcal/h})/(h_3 - h_{2'}) = 34,29$ kg/h;

$$\dot{L}_{techn\,1\,2'} = 47,0\ \text{kcal/h};\quad |\dot{L}_{techn\,3\,4}| = \dot{m}_T\,(h_4 - h_3) = 465,2\ \text{kcal/h}$$

und $|\dot{L}_{Kompressor}| = |\dot{L}_{techn\,3\,4}| - \dot{L}_{techn\,1\,2'} = 418,2\ \text{kcal/h} = 0,486\ \text{kW}$.

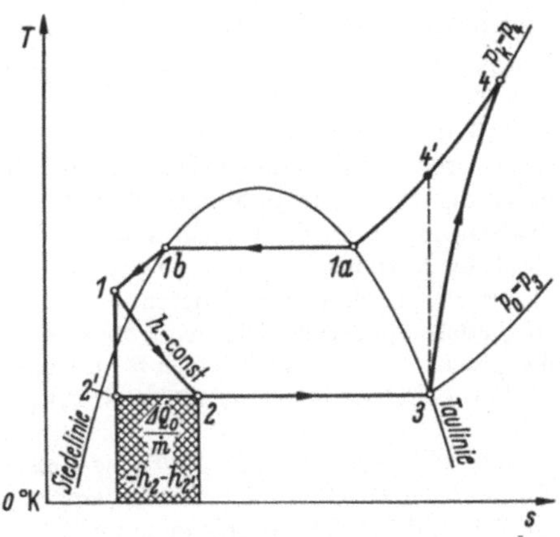

Abb. 4.17 Zur Lösung der Aufgabe 4.8.

j) Abb. 4.17 zeigt die Darstellung der beiden Kreisprozesse im *T*,*s*-Bild. Die durch den Einbau der Turbine gewonnene Kälteleistung $\Delta \dot{Q}_0 = \dot{m}(h_2 - h_{2'})$ entspricht nach Gl. (2.46) der Fläche $\left(\int_{2'}^{2} T\, ds\right)_p$ multipliziert mit dem Mengenstrom $\dot{m}$.

Beispiel 4.9. In einer Wärmepumpe durchläuft ein Stoff den folgenden Kreisprozeß (Abb. 4.16):

Zustandsänderung 3 → 4: adiabate Kompression von p_3 nach p_4 mit einem isentropen Wirkungsgrad $\eta_{sV} = 0,4$.

Zustandsänderung 4 → 1b: isobare Wärmeabfuhr bis zur siedenden Flüssigkeit (Siedetemperatur 65 °C).

Zustandsänderung 1b → 1: isobare Kühlung auf 50 °C.

Zustandsänderung 1 → 2: Drosselung bis p_3.

Zustandsänderung 2 $\to$ 3: isobare Wärmezufuhr bis zum gesättigten Dampf (Siedetemperatur 10 °C).

Auszug aus der Dampftafel des betrachteten Stoffes

Sättigungswerte:

t_s [°C]	p [at]	h' [kcal/kg]	r [kcal/kg]	s' [kcal/kg °K]
10	1,94	102,18	25,64	1,00776
65	9,95	116,72	19,56	1,05418

ungesättigte Zustände bei $p = 9{,}95$ at

t [°C]	40	50	60	70	80	90
h [kcal/kg]	108,9	112,0	115,2	137,5	140,0	142,5
s [kcal/kg °K]	1,031	1,040	1,049	1,113	1,121	1,129

a) Zwischen welchen Drücken im Verdampfer und im Kondensator läuft der Kreisprozeß ab?

b) Wie groß sind die spezifische Enthalpie und die spezifische Entropie des gesättigten Dampfes bei $t = 10$ °C und $t = 65$ °C?

c) Welche technische Arbeit ist für die Kompression von 1 kg Kältemittel von 3 $\to$ 4 aufzuwenden?

d) Welcher Kältemittelstrom ist erforderlich, wenn dem zu beheizenden Wohnraum aus dem Kondensator (4 $\to$ 1) der Wärmestrom $|\dot{Q}_{41}| = 5000$ kcal/h zugeführt werden soll?

e) Welche elektrische Leistung würde benötigt werden, wenn die Beheizung des Wohnraumes durch elektrische Widerstandsheizung (Heizlüfter) erfolgt? Wieviel Prozent der Antriebsleistung der Wärmepumpe sind das?

f) Welche Antriebsleistung wäre erforderlich, wenn die Wärmepumpe zwischen der Kondensations- und der Verdampfungstemperatur reversibel arbeiten würde?

Lösung. a) Laut Dampftafel gehört zur Siedetemperatur 10 °C der Verdampferdruck 1,94 at und zur Siedetemperatur 65 °C der Kondensatordruck 9,95 at.

b) Nach Gl. (2.25a) gilt $h'' = h' + r$, so daß sich für die spezifische Enthalpie des gesättigten Dampfes bei 10 °C ergibt $h'' = 127{,}82$ kcal/kg und bei 65 °C $h'' = 136{,}28$ kcal/kg.

Aus Gl. (2.41a) folgt schließlich $s'' = s' + r/T$, so daß man bei 10 °C erhält $s'' = 1{,}0983$ kcal/kg °K und bei 65 °C $s'' = 1{,}1120$ kcal/kg °K. Damit ist s'' bei 65 °C $> s''$ bei 10 °C, d. h. im T,s-Bild hat die Taulinie den in Abb. 4.18 skizzierten Verlauf.

c) Nach Abb. 4.9 und Gl. (3.14) oder Gl. (4.29c) und Gl. (3.14) gilt

$$|\dot{L}_{\text{techn}\,3\,4}|/\dot{m} = |l_{\text{techn}\,3\,4}| = h_4 - h_3 = \frac{1}{\eta_{sv}}(h_{4'} - h_3)\,,$$

wobei der Endpunkt der reversibel adiabaten Kompression 4′ durch $s_3 = s_{4'}$ gekennzeichnet ist und auf der Isobaren für den Kondensatordruck liegt (Abb. 4.18). Wegen $s''_{9,95\,\text{at}} > s_3 = s''_{1,94\,\text{at}}$ liegt $s_{4'}$ im Naßdampfgebiet und es gilt

$$x_{4'} = \frac{s_3 - s'_{9,95\,\text{at}}}{(s'' - s')_{9,95\,\text{at}}} = 0{,}763, \text{ woraus folgt}$$

$h_{4'} = h'_{9,95\,\text{at}} + x_{4'}(h'' - h')_{9,95\,\text{at}} = 131{,}64$ kcal/kg. Damit kann die technische Arbeit berechnet werden zu

$$|l_{\text{techn}\,3\,4}| = \frac{1}{0{,}4}\,(131{,}64 - 127{,}82)\,\frac{\text{kcal}}{\text{kg}} = 9{,}55\,\text{kcal/kg}\,.$$

d) Nach Gl. (4.29b) beträgt der aus dem Kondensator kommende Wärmestrom $|\dot{Q}_{41}| = \dot{m}(h_4 - h_1)$, wobei nach *c*) gilt $h_4 = h_3 + |l_{\text{techn}\,34}| = 137{,}37$ kcal/kg. h_1 kann der Dampftafel entnommen werden (112,0 kcal/kg), so daß $\dot{m} = 197{,}1$ kg/h wird.

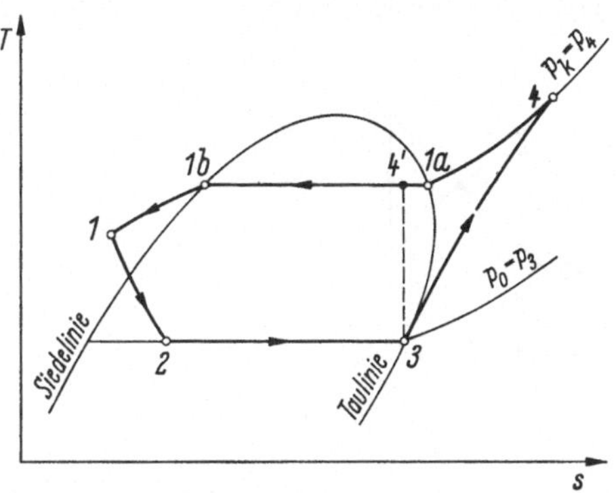

Abb. 4.18 Zur Lösung der Aufgabe 4.9.

e) Zur elektrischen Beheizung wären erforderlich

$|\dot{L}_{\text{ges}}|_{\text{el}} = |\dot{Q}_{41}| \cdot \dfrac{1\,\text{kWh}}{860\,\text{kcal}} = 5{,}81$ kW, entsprechend 265% der Antriebsleistung der Wärmepumpe von

$$|\dot{L}_{\text{ges}}|_{\text{WP}} = \dot{m}\,|l_{\text{techn}\,34}| = 197{,}1\,\frac{\text{kg}}{\text{h}} \cdot 9{,}55\,\frac{\text{kcal}}{\text{kg}} \cdot \frac{1\,\text{kWh}}{860\,\text{kcal}} = 2{,}19\,\text{kW}$$

f) Die Antriebsleistung einer reversibel zwischen 65 °C und 10 °C arbeitenden Wärmepumpe würde nach Gl. (4.16) betragen (Abb. 4.18)

$$|\dot{L}_{\text{ges}}|_{\text{WP, rev}} = |\dot{Q}_{41}|\,\frac{T_{1a} - T_3}{T_{1a}} = 5000\,\frac{\text{kcal}}{\text{h}} \cdot \frac{55\,°\text{K}}{338{,}15\,°\text{K}} \cdot \frac{1\,\text{kWh}}{860\,\text{kcal}} = 0{,}945\,\text{kW}\,,$$

entsprechend 43,2% der Antriebsleistung der realen Wärmepumpe.

4.5.6 Der Philipsprozeß

Der Philipsprozeß wird in der Philips-Gaskältemaschine zur Erzeugung tiefer Temperaturen benutzt. Abb. 4.19 zeigt eine vereinfachte Darstellung dieses Prozesses. Er besteht aus 2 isochoren und 2 reversibel adiabat durchlaufenen Zustandsänderungen. Als Arbeitsstoff wird je nach der Temperatur T_2 Wasserstoff oder Helium benutzt. Wesentliches Kennzeichen des Prozesses ist es, daß sich zwei Kolben in einem Zylinder bewegen. Zwischen beiden Kolben befindet sich ein Regenerator, der den Arbeitsstoff kühlt oder erwärmt (Abb. 4.20).

Im Anfangszustand 3 liegt der obere Kolben unmittelbar auf dem Regenerator auf, der untere Kolben hat den unteren Totpunkt erreicht, der Regenerator ist im Beharrungszustand kalt. Das zwischen unterem Kolben und Regenerator eingeschlossene Gas besitzt den Druck p_3 und Umgebungstemperatur (Punkt 3 in Abb. 4.19). Von 3 nach 4 wird reversibel adiabat komprimiert. Der untere Kolben wandert nach oben, der obere Kolben bleibt stehen. Danach wird isochor von T_4 bis T_{umg} gekühlt (Wärmeabfuhr an Kühlwasser), wobei der Druck auf p_5 sinkt (Punkt 5). Im nächsten Takt wandern beide Kolben gemeinsam nach oben. Dadurch wird das komprimierte Gas isochor durch den kalten

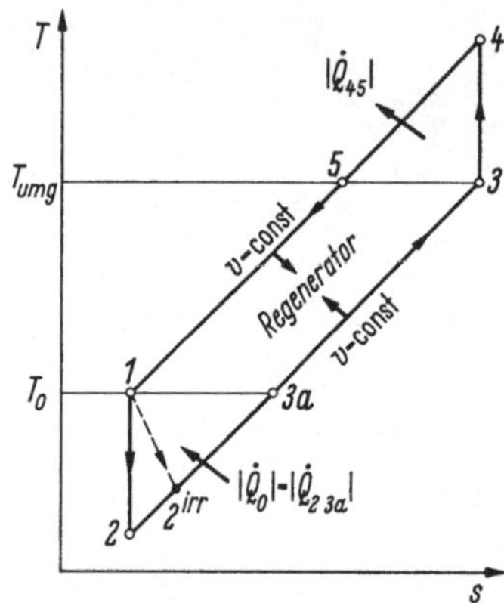

Abb. 4.19 Vereinfachte Darstellung des Philipsprozesses.

Regenerator geschoben. Der Regenerator erwärmt sich, das Gas kühlt sich bis zum Punkt 1 ab. Dann wird reversibel adiabat expandiert. Der obere Kolben wandert nach oben, während der untere Kolben weiterhin am warmen Regenerator anliegt. Dabei wird die tiefe Temperatur T_2 erreicht. Das kalte Gas kann jetzt durch isochore Zufuhr von Wärme (Kälteleistung $\dot{Q}_0$) bis zur Temperatur $T_{3a} = T_0$ angewärmt werden.

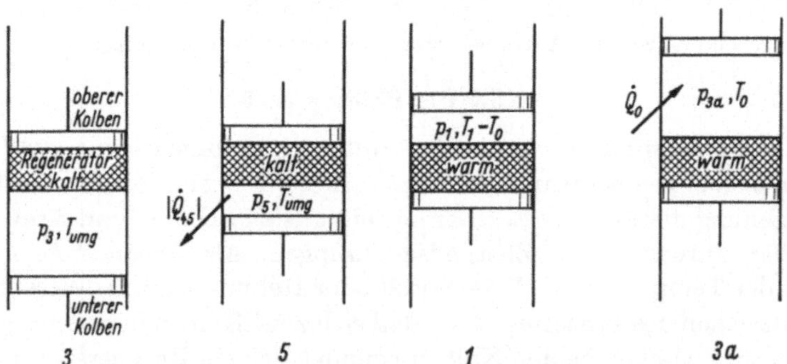

Abb. 4.20 Schematische Darstellung der Kolbenstellungen, des Regeneratorzustandes und des Gaszustandes an wichtigen Punkten des Philipsprozesses.

Anschließend wird das Gas isochor durch den warmen Regenerator hindurchgeschoben. Beide Kolben wandern dabei nach unten, der Regenerator kühlt sich ab, das Gas erwärmt sich; der Anfangszustand ist wieder erreicht.

Darf das im Zylinder vorhandene Gas wie ein ideales Gas behandelt werden, dessen spezifische Wärmekapazität näherungsweise unabhängig von der Temperatur ist, so findet man für die Kälteleistung der Anlage [Abb. 4.10, Gln. (1.35), (1.167), (1.169), (1.170), (1.171)]

$$\dot{Q}_0 = \dot{Q}_{2\,3a} = \dot{m}\, c_v^0 (T_{3a} - T_2) = \dot{m}\, c_v^0\, T_0 \left(1 - \left\{\frac{p_3}{p_4}\right\}^{\frac{\varkappa - 1}{\varkappa}}\right) \tag{4.33a}$$

$$\text{mit } \frac{T_{3a}}{T_2} = \frac{T_0}{T_2} = \left(\frac{v_2}{v_1}\right)^{\varkappa - 1} = \left(\frac{v_3}{v_4}\right)^{\varkappa - 1} = \left(\frac{p_4}{p_3}\right)^{\frac{\varkappa - 1}{\varkappa}} = \frac{T_4}{T_3} = \frac{T_4}{T_{\text{umg}}} \tag{4.33b}$$

Mit dem Regenerator sind die Wärmeströme

$$|\dot{Q}_{\text{Reg}}| = |\dot{Q}_{5\,1}| = |\dot{Q}_{3a\,3}| = \dot{m}\, c_v^0 (T_{\text{umg}} - T_0) \tag{4.33c}$$

auszutauschen, während das Kühlwasser den Wärmestrom

$$|\dot{Q}_{Kw}| = |\dot{Q}_{4\,5}| = \dot{m}\, c_v^0 (T_4 - T_{\text{umg}}) \tag{4.33d}$$

aufnimmt. Als Antriebsleistung ist schließlich erforderlich

$$|\dot{L}_{\text{ges}}| = |\dot{Q}_{Kw}| - |\dot{Q}_0| = \dot{m}\, c_v^0 (T_4 - T_0) \left(1 - \left\{\frac{p_3}{p_4}\right\}^{\frac{\varkappa - 1}{\varkappa}}\right). \tag{4.33e}$$

Bei der technischen Ausführung solcher Maschinen ist die Kälteleistung vor allem aus 2 Gründen kleiner: Zunächst verläuft die Expansion nicht reversibel sondern irreversibel adiabat, was sich durch einen isentropen Wirkungsgrad berücksichtigen läßt. Außerdem entsteht aber ein wesentlicher Verlust dadurch, daß der Regenerator die warme und die kalte Seite der Maschine unmittelbar miteinander verbindet. Besitzt der Regenerator den Querschnitt F, die Bauhöhe H und die Wärmeleitfähigkeit λ, so fließt durch ihn ein Wärmestrom

$$\dot{Q}_{\text{Reg}}^{\text{Wl}} = \lambda \frac{F}{H} (T_{\text{umg}} - T_0)\,. \tag{4.34}$$

Die Kälteleistung der Maschine beträgt damit nur [Gln. (4.33a), (4.34), (4.18)]:

$$\dot{Q}_{0,\,\text{netto}} = \dot{m}\, \eta_{\text{ST}}\, c_v^0\, T_0 \left(1 - \left\{\frac{p_3}{p_4}\right\}^{\frac{\varkappa - 1}{\varkappa}}\right) - \lambda \frac{F}{H} (T_{\text{umg}} - T_0) \tag{4.35}$$

Mit sinkender Temperatur T_0 wird sich daher ein Grenzwert einstellen, bei dem die Nettokälteleistung zu null wird (Abb. 4.21). Bei einstufigen Maschinen liegt diese Grenztemperatur bei rd. 70 °K; zweistufige Anlagen erreichen rd. 10 °K[1].

[1] Köhler/Jonkers: Philips Technische Rundschau 15 (1954) H. 11 und H. 12; G. Prast: Philips Technische Rundschau 26 (1964).

Beispiel 4.10. Eine Philips-Gaskältemaschine arbeitet mit Wasserstoff als Kältemittel. Im Punkt 3 (Abb. 4.19) besitzt dieser Wasserstoff den Druck $p_3 = 16$ at und die Temperatur $T_3 = 300$ °K $= T_{umg}$. Im Punkt 5 ist der Wasserstoff auf $p_5 = 35$ at; 300 °K komprimiert worden. Der Zylinder besitzt eine Bohrung von

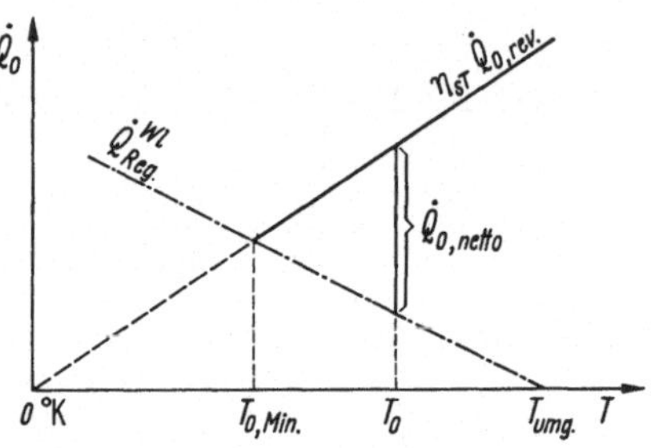

Abb. 4.21 Nettokälteleistung einer einstufigen Gaskältemaschine, die nach dem vereinfachten Philipsprozeß (Abb. 4.19) arbeitet.

8 cm Durchmesser; der Kolbenhub beträgt 5,2 cm; die Drehzahl ist 1450 Umdrehungen pro Minute.

Die Expansion von 1 nach 2^{irr} (Abb. 4.19) soll mit einem isentropen Wirkungsgrad $\eta_{ST} = 0{,}45$ erfolgen. Der Wasserstoff möge sich wie ein ideales Gas verhalten, das folgende Eigenschaften besitzt: Exponent der reversiblen Adiabaten $\varkappa = 1{,}4$, spezifische Wärmekapazität $c_v^0 = 10{,}25$ J/g grd, Molmasse $M = 2{,}016$ g/mol. Die Stoffwertkombination $\lambda F/H$ des Regenerators hat den Wert 3,3 W/grd. Man berechne

a) die Wasserstoff-Füllung der Anlage,

b) die Nettokälteleistung der Anlage,

c) die Grenztemperatur $T_{0,\,Min}$,

d) das Verhältnis Leistungszahl der Anlage/Leistungszahl einer reversibel zwischen den Temperaturen 300 °K und T_0 arbeitenden Anlage. Annahme: Antriebsleistung $|\dot{L}_{ges}| = 10{,}76$ kW $-$ (2,58 · 10⁻² kW/grd) · T_0.

Lösung. a) Nach Gl. (1.8b) gilt

$$m = pV/RT = p \cdot \frac{\pi}{4}\, d^2\, H\, \frac{M}{\Re T}$$

$$m = \frac{16\,\text{at}}{8{,}315}\,\frac{\pi}{4} \cdot \frac{64\,\text{cm}^2 \cdot 5{,}2\,\text{cm} \cdot 2{,}016\,\text{g/mol}}{\text{J/(mol °K)} \cdot 300\,\text{°K} \cdot 10^6\,\text{cm}^3\,\text{m}^{-3}} \cdot \frac{0{,}98 \cdot 10^5\,\text{Nm}}{\text{m}^3\,\text{at}} \cdot \frac{1\,\text{J}}{1\,\text{Nm}}$$

$m = 0{,}331$ g Wasserstoff, entsprechend

$\dot{m} = m \cdot \dot{n} = 0{,}331\,\text{g} \cdot 1450\,\text{min}^{-1}/60\,\text{sec min}^{-1} = 8$ g/sec.

b) Nach den Gln. (1.8a) und (4.33b) ergibt sich

$$p_5/p_4 = T_5/T_4 = T_{umg}/T_4 = (p_3/p_4)^{(\varkappa-1)/\varkappa} \text{ oder } p_4 = p_5^{\varkappa}/p_3^{(\varkappa-1)}$$

Für die Nettokälteleistung findet man daher aus Gl. (4.35)

$$\dot{Q}_{0,\,\text{netto}} = 8\,\frac{\text{g}}{\text{sec}} \cdot 0{,}45 \cdot 10{,}25\,\frac{\text{J}}{\text{g grd}}\,T_0\left(1 - \left\{\frac{p_3}{p_5}\right\}^{\varkappa-1}\right) - 3{,}3\,\frac{\text{W}}{\text{grd}}\,(300\,\text{°K} - T_0)$$

$$\dot{Q}_{0,\,\text{netto}} = 0{,}0132\,\frac{\text{kW}}{\text{grd}}\,T_0 - 0{,}99\,\text{kW}$$

c) Die Grenztemperatur findet man aus $\dot{Q}_{0,\text{netto}} = 0$ zu $T_{0,\,\text{Min}} = 75$ °K.

d) Die Leistungszahl der Anlage ist nach Gl. (4.17)

$$\varepsilon_{KM} = \frac{\dot{Q}_0}{|\dot{L}_{\text{ges}}|} = \frac{0{,}0132\, T_0\, \text{kW/grd} - 0{,}99\, \text{kW}}{10{,}76\, \text{kW} - 0{,}0258\, T_0\, \text{kW/grd}} .$$

Für die Leistungszahl der reversibel zwischen T_0 und 300 °K arbeitenden Anlage findet man mit Gl. (4.16)

$$\varepsilon_{\text{rev}} = T_0/(300\,°\text{K} - T_0) .$$

Damit ergibt sich

$$\frac{\varepsilon_{KM}}{\varepsilon_{\text{rev}}} = \frac{300\,°\text{K} - T_0}{T_0} \cdot \frac{0{,}0132\, T_0\, \text{kW/grd} - 0{,}99\, \text{kW}}{10{,}76\, \text{kW} - 0{,}0258\, T_0\, \text{kW/grd}} .$$

4.5.7 Das Linde-Verfahren zur Luftverflüssigung

Das von Carl von Linde (1842—1934) angegebene Verfahren ist das älteste Verfahren zur Verflüssigung von Luft. In etwas verbesserter Form wird es auch heute noch benutzt. Abb. 4.22 zeigt das Grundprinzip: Ein mehrstufiger Kompressor verdichtet Luft vom Zustand 1 irreversibel adiabat. Nach jeder Stufe wird die Luft auf Umgebungstemperatur gekühlt, so daß im Punkt 2 schließlich Luft von Umgebungstemperatur mit dem hohen Druck p_2 zur Verfügung steht. Diese Luft wird in einem Gegenstromwärmeaustauscher isobar bis zum Punkt 3 gekühlt. Anschließend erfolgt die Drosselung auf den Anfangsdruck $p_4 = p_1 = p_{\text{umg}}$. Dabei erreicht man den Punkt 4 im Naßdampfgebiet der Luft, dessen Lage durch $h_3 = h_4$ gekennzeichnet ist. Pro Kilogramm angesaugter Luft fallen $(1 - x)$ Kilogramm flüssige Luft an (Punkt 4'). Der nicht verflüssigte Anteil (Punkt 4'') strömt durch den Gegenstromwärmeaustauscher. Hier erwärmt er sich isobar durch Wärmeaustausch mit der komprimierten Luft bis zum Zustand 5. Der im Beharrungszustand erzeugte Strom flüssiger Luft läßt sich leicht ermitteln. Man wendet hierzu die

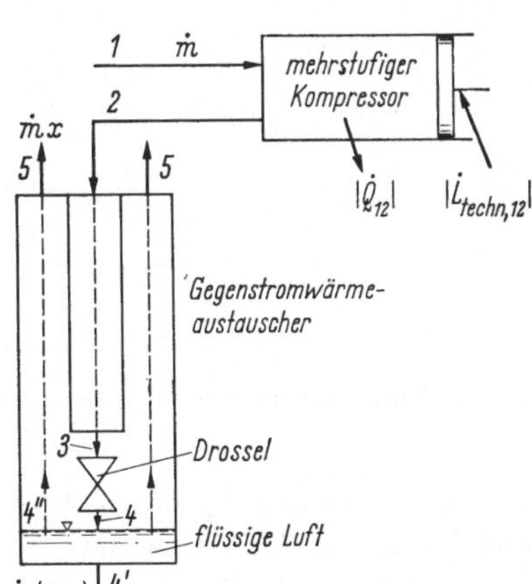

Abb. 4.22 Schematische Darstellung einer Linde-Anlage zur Verflüssigung von Luft.

Gl. (3.3a) auf den Wärmeaustauscher und die Drosselstelle an. Beide Bauteile arbeiten bei Temperaturen, die erheblich unter der Umgebungstemperatur liegen. Man wird sie daher gut thermisch isolieren, so daß der Wärmeeinfall aus der Umgebung klein bleibt. Vernachlässigt man diesen Wärmeeinfall im Idealfall völlig, dann gilt:

$$0 = \dot{H}_{4'} + \dot{H}_5 - \dot{H}_2 = \dot{m}\,(1 - x)\,h_{4'} + \dot{m}\,x\,h_5 - \dot{m}\,h_2 \tag{4.36}$$

Die Ausbeute an flüssiger Luft vom Zustand 4′ beträgt also

$$\dot{m}\,(1 - x) = \dot{m}\,\frac{h_5 - h_2}{h_5 - h_{4'}} = \dot{m}_{\text{flüssige Luft}} \tag{4.37}$$

Betrachtet man den Verlauf der Linien konstanter spezifischer Enthalpie in Abb. 4.23, so erkennt man zwei Dinge: Die Ausbeute an flüssiger Luft steigt an, wenn sich der Punkt 5 dem Punkt 1 nähert,

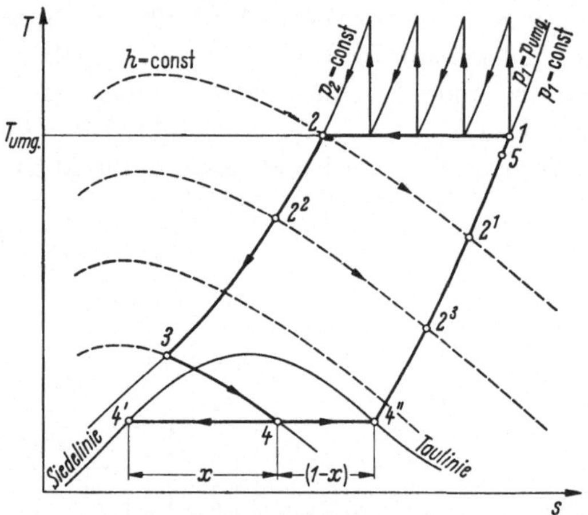

Abb. 4.23 Darstellung der Zustandsänderungen, welche die Luft im Lindeprozeß durchläuft, im T,s-Diagramm.

denn dann wächst h_5 bei festgehaltenem $h_{4'}$ und h_2 an. Das leuchtet unmittelbar ein. Je näher der Punkt 5 nämlich am Punkt 1 liegt, desto besser wird die Kühlwirkung der kalten Luft im Gegenstromwärmeaustauscher ausgenutzt, desto größer kann also der verflüssigte Anteil sein. Somit gilt:

$$(1 - x)_{\text{Optimum}} = \frac{h_1 - h_2}{h_1 - h_{4'}} \tag{4.38a}$$

Diese Ausbeute kann man jetzt nur noch durch Änderung von h_2 verbessern, denn der Anfangszustand 1 (Luft aus der Umgebung) und der Zustand 4′ (siedende flüssige Luft bei p_{umg}) liegen fest. Abb. 4.23 zeigt deutlich, daß man die Ausbeute zunächst durch Steigerung von p_2 erhöhen kann. Diese Verbesserung wird aber durch die Maxima der Isenthalpen begrenzt: Sie zu überschreiten wäre sinnlos, da die Kompression auf so hohe Drücke einen größeren Aufwand erfordern würde, während die Ausbeute wieder sinkt! Es gilt also:

$$(1-x)_{\text{Max}} = \frac{h_1 - h_{2,\text{Min}}}{h_1 - h_{4'}} \tag{4.38b}$$

In der Praxis wählt man p_2 zu 200—300 at.

Nachdem die Ausbeute an flüssiger Luft bekannt ist, lassen sich die erforderliche Antriebsleistung und die Kälteleistung einer solchen Anlage leicht angeben. Man kann der verflüssigten Luft nämlich isobar Wärme zuführen. Sie verdampft und wird anschließend erwärmt. Im günstigsten Fall erreicht sie den Anfangszustand 1. Deswegen beträgt die Kälteleistung [Gl. (3.3a), $L_{\text{techn}\,4'1} = 0$, da $p = \text{const}$ ist] maximal

$$\left(\dot{Q}_0\right)_{\text{Max}} = \dot{m}\,(1-x)\cdot(h_1 - h_{4'})^1 \tag{4.39}$$

Die Antriebsleistung wird durch Gl. (3.3a) gegeben.

$$\dot{L}_{\text{techn}\,12} = \dot{Q}_{12} + \dot{m}\,(h_1 - h_2) \tag{4.40}$$

Verläuft die Kompression reversibel isotherm und betrachtet man die Luft als ideales Gas, so gilt nach Aufgabe 1.7, Gln. (1.38) und (4.40)

$$\dot{L}_{\text{techn}\,12,\,\text{rev isotherm}} = -\,\dot{m}\,R\,T_1 \ln\frac{p_2}{p_1} = \dot{Q}_{12}\,, \tag{4.41}$$

so daß pro kg flüssiger Luft eine Arbeit

$$|L_{\text{techn},\,1\,\text{kg fl. Luft}}| = \frac{1}{1-x}\,R\,T_1 \ln\frac{p_2}{p_1} = \frac{h_5 - h_{4'}}{h_5 - h_2}\,R\,T_1 \ln\frac{p_2}{p_1} \tag{4.42}$$

aufzuwenden ist.

Es leuchtet unmittelbar ein, daß man eine Linde-Anlage auch nach längerem Stillstand ohne fremde Vorkühlung in den Beharrungszustand bringen kann (Abb. 4.23). Befindet sich der Gegenstromwärmeaustauscher nämlich auf Umgebungstemperatur, so wird die zuerst einströmende Luft nicht vorgekühlt. Sie gelangt im Zustand 2 zur Drosselstelle und verläßt sie im Zustand 2^1 bei der Temperatur $T_{2^1} < T_{\text{umg}}$. Diese Luft kühlt nun sowohl den Gegenstromwärmeaustauscher als auch die aus dem Kompressor im Zustand 2 nachströmende Luft etwas ab, z. B. bis zum Punkt 2^2. Die nachströmende Luft erreicht beim Drosseln daher schon den Punkt 2^3 mit $T_{2^3} < T_{2^1}$ usw. Der Gegenstromwärmeaustauscher und die zur Drosselstelle gelangende komprimierte Luft werden langsam immer kälter, bis schließlich der Beharrungszustand erreicht wird.

[1] Nach Abb. 4.10 bleibt Gl. (4.39) auch dann gültig, wenn die Wärmezufuhr nicht isobar erfolgt, weil durch Reibung in Strömungsrichtung ein Druckabfall Δp auftritt (Druck am Austritt der Luft $p_1 = p_{\text{umg}}$, am Eintritt $p_{4'} = p_{\text{umg}} + \Delta p$; $h_{4'}$ für den neuen Druck $p_{4'}$ einsetzen). Ein Wärmeaustauscher besitzt nämlich keine Vorrichtung zum Austausch technischer Arbeit, so daß $L_{\text{techn}\,4'1} = 0$ bleibt.

Nach dem gleichen Prinzip lassen sich auch andere Gase verflüssigen. Man muß nur dafür sorgen, daß sie zunächst unter die Inversionstemperatur abgekühlt werden. Sonst tritt die erwünschte Abkühlung beim Drosseln nicht ein. Die Vorkühlung kann z. B. mit Hilfe von flüssiger Luft oder flüssigem Wasserstoff erfolgen. Meist verwendet man jedoch die irreversibel adiabate Expansion in einer Turbine oder einem Expansionszylinder. Durch Vorkühlung mit Expansionsmaschinen läßt sich auch die Ausbeute des Linde-Verfahrens verbessern (Claude-Verfahren).

Beispiel 4.11. In einer nach dem Linde-Verfahren arbeitenden Luftverflüssigungsanlage sollen pro Stunde 10 kg flüssige Luft erzeugt werden.

a) Welche Antriebsleistung muß die Maschine haben, wenn die Kompression von $p_1 = 1$ at, $T_1 = 290$ °K auf $p_2 = 300$ at reversibel isotherm erfolgt und Luft als ideales Gas mit der Molmasse $M = 29$ g/mol behandelt wird?

b) Wieviel Luft saugt der Kompressor pro Stunde aus der Umgebung an?

c) Welche Kälteleistung hat die Anlage?

Auszug aus der Dampftafel für Luft:

$p_1 = 1$ at, $T_1 = 290$ °K, $h_1 = 120$ kcal/kg $= h_5$
$p_2 = 300$ at, $T_2 = 290$ °K, $h_2 = 107{,}5$ kcal/kg
$p_1 = 1$ at, $T_{\text{Siede}} = 78$ °K, $h_{4'} = 20$ kcal/kg

Lösung. a) Nach den Gln. (4.37) und (4.41) beträgt die Antriebsleistung unter den angegebenen Bedingungen $|\dot{L}_{\text{techn}}| = \dot{m}\, R\, T_1 \ln (p_2/p_1)$ mit $10\text{ kg/h} = \dot{m}(1-x) = \dot{m}(h_5 - h_2)/(h_5 - h_{4'})$. Daraus ergibt sich

$$|\dot{L}_{\text{techn}}| = (10\text{ kg/h}) \cdot \frac{(120-20)\text{ kcal/kg}}{(120-107{,}5\text{ kcal/kg}} \cdot \frac{8{,}315\text{ J/mol °K}}{29\text{ g/mol}} \cdot 290\text{ °K} \cdot \ln 300$$

$$|\dot{L}_{\text{techn}}| = 10{,}54\text{ kW}\,.$$

b) Die Ausbeute an flüssiger Luft beträgt nach Gl. (4.37)

$$\dot{m}\,(1-x) = \dot{m}\,(h_5 - h_2)/(h_5 - h_{4'}) = 0{,}125 \cdot \dot{m} = \dot{m}_{\text{flüssige Luft}} = 10\text{ kg/h}\,,$$

entsprechend $\dot{m} = 80$ kg/h.

Bei einer Produktion von 10 kg flüssiger Luft pro Stunde müssen somit vom Kompressor pro Stunde 80 kg Luft aus der Umgebung angesaugt werden.

c) Die Kälteleistung beträgt im günstigsten Fall nach Gl. (4.39)

$(\dot{Q}_0)_{\max} = \dot{m}(1-x)\,(h_1 - h_{4'}) = 10\text{ kg/h}\,(120-20)\text{ kcal/kg} = 1000\text{ kcal/h}.$

5. Thermodynamik der stationären Strömungsvorgänge

5.1 Vereinfachende Voraussetzungen

Strömt ein Stoff durch eine Rohrleitung mit veränderlichem Querschnitt, so ist sein Zustand normalerweise eine Funktion der Zeit und des Ortes. Bei stationären Vorgängen entfällt die Zeitabhängigkeit. Der im Zustand 1 durch den Querschnitt 1 (Abb. 5.1) in den Kontrollraum eintretende Stoff ändert seinen Zustand innerhalb der Systemgrenze. Er verläßt den Kontrollraum im Zustand 2 durch den Querschnitt 2. Ursache der Zustandsänderung kann z. B. die Wärmezufuhr $\dot{Q}_{12} = \dot{m}\, q_{12}$ gewesen sein.

Als thermodynamisches System wird im folgenden die im Moment der Betrachtung innerhalb der Systemgrenze vorhandene Substanz angesehen. Die Eigenschaften des strömenden Stoffes sollen unter Berücksichtigung von fünf vereinfachenden Voraussetzungen behandelt werden:

1. Über die Systemgrenze fließt keine technische Arbeit:

$$L_{\text{techn}\,12} = 0 \quad (\text{„Strömungsprozeß"}) \tag{5.1}$$

2. Das System befindet sich im Beharrungszustand. Seine Masse ist somit konstant; alle Zustandsgrößen sind unabhängig von der Zeit. Deswegen ist es auch zulässig, die pro Zeiteinheit durch einen Rohrquerschnitt strömende Masse als *Mengenstrom* $\dot{m}$ zu bezeichnen. Eine Verwechselung mit dem Differentialquotienten $dm/d\tau$, der die zeitliche Änderung der im System vorhandenen Masse angibt, ist ausgeschlossen. $\mathrm{d}m/\mathrm{d}\tau$ ist nämlich definitionsgemäß gleich null.

3. Die Strömung verläuft parallel zur Rohrachse (x-Richtung).

4. Es wird mit Mittelwerten gerechnet. An die Stelle der tatsächlich vorhandenen, vom Abstand von der Rohrachse abhängigen Geschwindig-

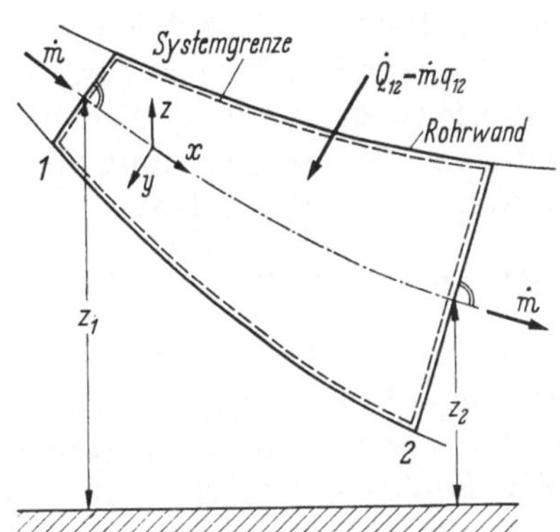

Abb. 5.1 Stationäre Strömung durch ein Rohr mit veränderlichem Querschnitt.

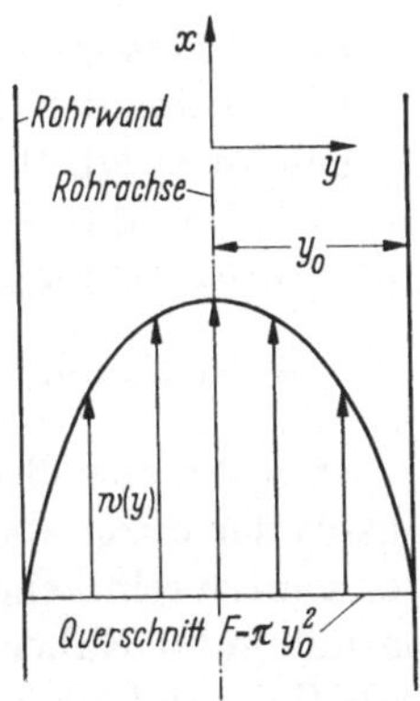

Abb. 5.2 Die Strömungsgeschwindigkeit ist eine Funktion des Abstandes von der Rohrachse.

keit $w(y)$ (Abb. 5.2) tritt also die *mittlere Geschwindigkeit* w_M. Sie wird durch die Gleichung

$$\dot{m} = w_M F \cdot \varrho_M = \int_F \varrho w \,\mathrm{d}F = \int_0^{y_0} \varrho w \cdot 2\pi y \,\mathrm{d}y \tag{5.2}$$

definiert, in der F der betrachtete Rohrquerschnitt ist, ϱ die im Flächenelement $\mathrm{d}F$ vorhandene Dichte und ϱ_M die mittlere Dichte im betrachteten Querschnitt. [Das rechte Integral in Gl. (5.2) gilt nur für rotationssymmetrische Querschnitte.]

Fließt Wärme über die Systemgrenze, dann ist auch die Temperatur eine Funktion des Abstandes von der Rohrachse (Abb. 5.3). Den Mittelwert der Temperatur bestimmt man durch das in Abb. 5.4 skizzierte Experiment: Während einer Zeitspanne $\Delta\tau$ möge Substanz isobar und adiabat in einen adiabaten Behälter strömen. Im Behälter wird die Substanz gut vermischt. Ein Thermometer zeigt dann die mittlere Temperatur t_M an.

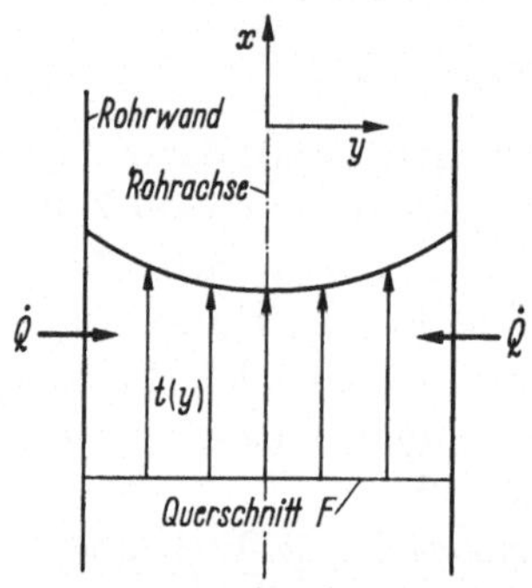

Abb. 5.3 Fließt Wärme über die Systemgrenze, dann ist auch die Temperatur eine Funktion des Abstandes von der Rohrachse.

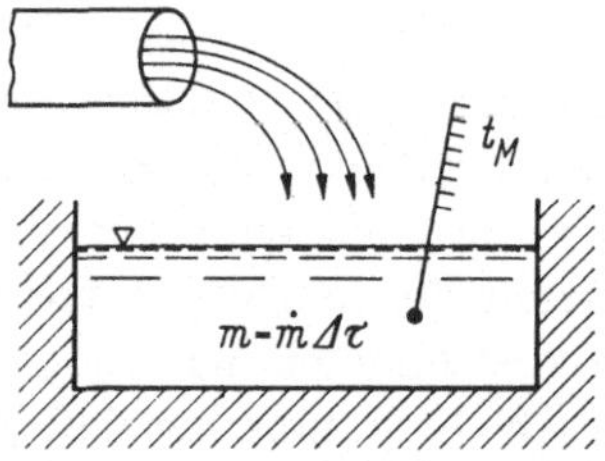

Abb. 5.4 Zur Bestimmung der mittleren Temperatur.

Diese Temperatur läßt sich nach dem ersten Hauptsatz berechnen, wenn man die Veränderung der Ortshöhe z und insbesondere die Änderung der Strömungsgeschwindigkeit (w in der Rohrleitung, $w = 0$ im Behälter) vernachlässigt. Bei der adiabaten, isobaren Vermischung muß dann nämlich die Enthalpie konstant bleiben [$\mathrm{d}l_{\mathrm{techn}} = 0$, Gl. (3.3b)]:

$$m \cdot h_M(t_M, p) = \int_F \varrho\, w\, h\, \mathrm{d}F\, \Delta\tau = \dot{m}\, \Delta\tau\, h_M(t_M, p)\,. \tag{5.3}$$

Dabei ist h die spezifische Enthalpie, ϱ die Dichte und w die Geschwindigkeit der durch das Flächenelement $\mathrm{d}F$ strömenden Substanz. Betrachtet man vereinfachend nur solche Substanzen, deren spezifische Enthalpie mit guter Näherung allein eine Funktion der Temperatur ist (z. B. ideale Gase und inkompressible Flüssigkeiten), dann kann man mit $h = 0$ für $t = 0\,°\mathrm{C}$ setzen $h = c_p\, t$ bzw. $h_M = c_p^M\, t_M$. Mit dieser Vereinfachung liefert Gl. (5.3) den Ausdruck

$$\dot{m}\, h_M = \varrho_M\, w_M\, F\, c_p^M\, t_M = \int_F \varrho\, w\, c_p\, t\, \mathrm{d}F \tag{5.4a}$$

Häufig darf der Unterschied zwischen c_p^M und $c_p(t)$ vernachlässigt werden. In diesem Fall gilt schließlich[1]

$$t_M = \frac{1}{\varrho_M\, w_M\, F} \int_F \varrho\, w\, t\, \mathrm{d}F = \frac{1}{\dot{m}} \int_F \varrho\, w\, t\, \mathrm{d}F \tag{5.4b}$$

[1] Statt Gl. (5.4a) wäre im allgemeinen Fall mit $h(p_0, T_0) = 0$ und

$$h(p, T) = \int_{p_0}^{p} \left(\frac{\partial h}{\partial p}\right)_{T = T_0} \mathrm{d}p + \int_{T_0}^{T} c_p\, \mathrm{d}T_{p = \mathrm{const}}$$

Der Druck ist innerhalb eines Querschnittes konstant, denn Druckunterschiede können nur durch die Strömung aufrecht erhalten werden. Die Strömung verläuft aber voraussetzungsgemäß parallel zur Rohrachse. Senkrecht zur Rohrachse dürfen daher keine Druckunterschiede vorhanden sein.

Mit Hilfe des Druckes und der nach den Gln. (5.3), (5.4a), (5.4b) oder (5.4d) bestimmten mittleren Temperatur lassen sich alle mittleren Zustandsgrößen berechnen. Beispiele sind

$$\varrho_M = \varrho\,(t_M, p); \quad h_M = h\,(t_M, p) \quad \text{und} \quad v_M = v\,(t_M, p) \ldots\ldots \tag{5.5}$$

5. Als fünfte Vereinbarung soll schließlich gelten: Zur Erleichterung der Schreibarbeit wird der Index M („Mittel“) weggelassen.

5.2 Grundgleichungen für stationäre Strömungsvorgänge

Die Thermodynamik der stationären Strömungsvorgänge wird von drei Grundgleichungen beherrscht: von der Kontinuitätsgleichung, dem ersten Hauptsatz und einer Gleichung für die Schallgeschwindigkeit. Die *Kontinuitätsgleichung* berücksichtigt die Tatsache, daß im Beharrungszustand durch jeden Querschnitt F der Rohrleitung derselbe Mengenstrom $\dot{m}$ fließt. Deswegen gilt

$$\dot{m} = F\,w\,\varrho = \frac{F\,w}{v} = \text{const} \tag{5.6a}$$

oder in Differentialform

$$\mathrm{d}\,(\ln \dot{m}) = 0 = \frac{\mathrm{d}F}{F} + \frac{\mathrm{d}w}{w} + \frac{\mathrm{d}\varrho}{\varrho} = \frac{\mathrm{d}F}{F} + \frac{\mathrm{d}w}{w} - \frac{\mathrm{d}v}{v} = 0 \tag{5.6b}$$

Der *erste Hauptsatz* lautet für Systeme mit konstanter Masse unter Vernachlässigung elektrischer und magnetischer Effekte usw. [Behar-

---

zu schreiben:

$$\dot{m} h_M (p, T_M) = \varrho_M w_M F \left\{ \int\limits_{p_0}^{p} \left(\frac{\partial h}{\partial p}\right)_{T = T_0} \mathrm{d}p + \int\limits_{T_0}^{T_M} c_p \,\mathrm{d}\,T_{p\,=\,\text{const}} \right\} =$$

$$= \int\limits_F \varrho w \left\{ \int\limits_{p_0}^{p} \left(\frac{\partial h}{\partial p}\right)_{T = T_0} \mathrm{d}p + \int\limits_{T_0}^{T} c_p \,\mathrm{d}\,T_{p\,=\,\text{const}} \right\} \mathrm{d}F \tag{5.4c}$$

In Gl. (5.4c) hängt das Integral von p_0 bis p nicht von der Temperatur und damit auch nicht von der Lage des betrachteten Flächenelementes $\mathrm{d}F$ im Querschnitt F ab. Es hebt sich daher unter Berücksichtigung von Gl. (5.2) heraus und man erhält als Gleichung zur Bestimmung der mittleren Temperatur T_M den Ausdruck

$$\left\{ \int\limits_{T_0}^{T_M} c_p \mathrm{d}T_{p\,=\,\text{const}} \right\} = \frac{1}{\dot{m}} \int\limits_F \varrho w \left\{ \int\limits_{T_0}^{T} c_p \mathrm{d}T_{p\,=\,\text{const}} \right\} \mathrm{d}F \tag{5.4d}$$

rungszustand, $\mathrm{d}m_j = \mathrm{d}E_i = 0$, S. 44/45, Gln. (1.85), (1.89)]

$$\mathrm{d}Q = \mathrm{d}U + m\,w\,\mathrm{d}w + m\,g_0\,\mathrm{d}z + \mathrm{d}L = \mathrm{d}H + m\,w\,\mathrm{d}w + m\,g_0\,\mathrm{d}z + \mathrm{d}L_{\text{techn}} \tag{5.7}$$

Voraussetzungsgemäß ist $\mathrm{d}L_{\text{techn}} = 0$. Nach Integration der Gl. (5.7) erhält man schließlich [Gl. (1.88), $\mathrm{d}E_i = 0$]

$$\dot{Q}_{12} = \dot{m}\,(h_2 - h_1) + \frac{1}{2}\,\dot{m}\,(w_2^2 - w_1^2) + g_0\,\dot{m}\,(z_2 - z_1) = \dot{m}\,q_{12} \tag{5.8}$$

Als *Schallgeschwindigkeit* bezeichnet man die Fortpflanzungsgeschwindigkeit einer Störung. In einem Gas kann diese Störung z. B. in einer örtlich begrenzten Abweichung vom mittleren Druck bestehen, die sich mit „Schallgeschwindigkeit" ausbreitet (Knall). Um einen Zusammenhang zwischen dieser Schallgeschwindigkeit und den Zustandsgrößen herzuleiten, betrachte man den in Abb. 5.5 dargestellten Metall-

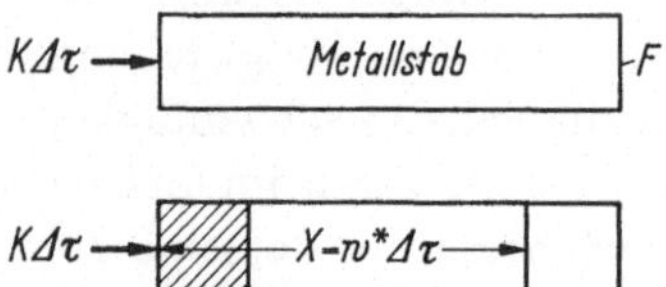

Abb. 5.5 Zur Definition der Schallgeschwindigkeit.

stab vom Querschnitt F. Während der Zeit $\Delta\tau$ möge die Stirnseite des Stabes mit der Kraft K belastet werden. Dadurch verkürzt sich der Stab nach dem Hookeschen Gesetz um das Stück Δx und es gilt

$$\frac{\Delta x}{\Delta\tau} = \frac{1}{E}\,\frac{K}{F}\,\frac{X}{\Delta\tau} = \frac{1}{E}\,\frac{K}{F}\,w^* . \tag{5.9}$$

E ist der Elastizitätsmodul, X der Teil des Stabes, der während der Zeit $\Delta\tau$ von der durch die Kraft hervorgerufenen Störung erfaßt worden ist. Da sich die Störung definitionsgemäß mit der Schallgeschwindigkeit w^* ausbreitet, gilt $w^*\,\Delta\tau = X$. Faßt man diesen Vorgang so auf, als sei das Teilstück des Stabes

$$\Delta m = \varrho\,F\,\Delta x \tag{5.10}$$

mit Schallgeschwindigkeit in den Stab hineingestoßen worden, dann hat sich der Impuls des zuvor ruhenden Stabes während der Zeit $\Delta\tau$ um

$$\Delta\,(\text{Imp.}) = \Delta\,(m\,w) = \varrho\,F\,\Delta x\,w^* - 0 \tag{5.11}$$

geändert. Die zeitliche Änderung eines Impulses ist aber bekanntlich identisch mit einer Kraft. Deswegen darf man schreiben

$$\frac{\Delta\,\text{Impuls}}{\Delta\tau} = \frac{\varrho\,F\,\Delta x\,w^*}{\Delta\tau} = K \tag{5.12}$$

Die Kombination der Gln. (5.12) und (5.9) ergibt dann einen Ausdruck für die Schallgeschwindigkeit in festen Stoffen. Er lautet

$$\frac{E}{\varrho} = (w^*)^2 \tag{5.13}$$

Gl. (5.13) enthält noch den in der Thermodynamik unbekannten Elastizitätsmodul E. Er kann durch folgende Überlegung eliminiert werden: Unter der Wirkung der Kraft K hatte sich der Stab um das Stück Δx verkürzt. Dabei galt nach dem Hookeschen Gesetz $E = (K\,X)/(F\,\Delta x)$. Schreibt man rein formal $\Delta x = -\Delta V/F$, $X = V/F$ und $K = \Delta p\,F$, wobei Δp ein Überdruck ist, dann ergibt sich aus dem Hookeschen Gesetz

$$E = \Delta p \cdot \frac{V/F}{-\Delta V/F} = -\Delta p \frac{V}{\Delta V} = -v \frac{\Delta p}{\Delta v} \to -v \frac{\mathrm{d}p}{\mathrm{d}v} \tag{5.14}$$

Nun verlaufen Dehnungs- und Kompressionsvorgänge im Bereich des Hookeschen Gesetzes reversibel, da jede Längenänderung nach Entfernung der Kraft K von selbst verschwindet, ohne daß irgendwo eine Veränderung zurückbleibt (Nr. 1.2.7). Bei Vorgängen, die mit Schallgeschwindigkeit ablaufen, wird zum Austausch wesentlicher Wärmeströme keine Zeit bleiben. Deswegen darf die Ausbreitung der Störung als adiabat angesehen werden. Reversibel adiabat heißt aber in Systemen mit konstanter Masse nach Gl. (1.105) isentrop, so daß man mit den Gln. (5.13) und (5.14) schließlich folgenden Ausdruck für die *isentrope Schallgeschwindigkeit* w^* findet

$$(w^*)^2 = -\frac{v}{\varrho}\left(\frac{\partial p}{\partial v}\right)_s = -v^2\left(\frac{\partial p}{\partial v}\right)_s \tag{5.15}$$

Das ist die dritte Grundgleichung der Thermodynamik der stationären Strömungsvorgänge.

Beispiel 5.1. Wie groß ist die Schallgeschwindigkeit in einem idealen Gas?

Lösung. Für ein ideales Gas gilt nach den Gln. (1.6), (1.8a), (1.38), (1.93), (1.126) und (1.167) mit $X_i = p$, $x_i = V$, alle anderen X_i und $x_i = 0$
$p\,v = R\,T = \mathfrak{R}\,T/M$; $\mathrm{d}h^0 = c_p^0\,\mathrm{d}T$; $T\,\mathrm{d}s^0 = \mathrm{d}u^0 + p\,\mathrm{d}v = \mathrm{d}h^0 - v\,\mathrm{d}p = c_p^0\,\mathrm{d}T - v\,\mathrm{d}p$ und $(\mathfrak{R}/M - c_p^0)/c_p^0 = -1/\varkappa$.
Daraus folgt für einen isentropen Vorgang ($d\,s = 0$)

$c_p^0\,\mathrm{d}T = v\,\mathrm{d}p = c_p^0\,M(p\,\mathrm{d}v + v\,\mathrm{d}p)/\mathfrak{R}$ und

$$p\,\mathrm{d}v = v\,\mathrm{d}p \cdot \left(\frac{\mathfrak{R}}{M} - c_p^0\right)\Big/c_p^0 = -v\,\mathrm{d}p/\varkappa \quad \text{sowie} \quad (\partial p/\partial v)_s = -\varkappa\,p/v\,.$$

Gl. (5.15) liefert somit für die isentrope Schallgeschwindigkeit in einem idealen Gas

$$(w^*)^2 = \varkappa\,p\,v = \varkappa\,R\,T \tag{5.16}$$

Die isentrope Schallgeschwindigkeit idealer Gase ist nur eine Funktion der Temperatur.

Beispiel 5.2. Wie groß ist die isentrope Schallgeschwindigkeit von Luft bei 270 °K, 500 °K und 1000 °K? Luft möge sich wie ein ideales Gas mit der Molmasse $M = 29$ g/mol und dem Exponenten der reversiblen Adiabaten $\varkappa = 1{,}4$ verhalten.

Lösung. Nach Gl. (5.16) gilt

$$(w^*)^2 = 1{,}4 \cdot \frac{8{,}315\,\mathrm{Nm/mol\,°K}}{29\,\mathrm{g/mol}} \cdot \frac{10^3\,\mathrm{g\,m\,sec^{-2}}}{1\,\mathrm{N}} \cdot T = 401{,}4\,\frac{\mathrm{m^2}}{\mathrm{sec^2\,°K}} \cdot T$$

Daraus findet man folgende Werte:

w^* [m/sec]	329,2	448,0	633,6
T [°K]	270	500	1000

Beispiel 5.3. *a*) Wie groß ist die Schallgeschwindigkeit in Wasserdampf bei 300 °K und 0,01 at? In diesem Zustand verhält sich Wasserdampf wie ein ideales Gas mit der Molmasse 18 g/mol und der spezifischen Wärmekapazität $c_p^0 = 33{,}59$ J/mol grd.

b) Wie groß ist die Schallgeschwindigkeit in Wassernaßdampf bei 50 at und einem Dampfgehalt $x = 0{,}5$? Man kann den gesuchten Wert mit guter Näherung aus der Dampftafel von Wasser berechnen. Dort findet man folgende Werte

p [at]	v' [m³/kg]	v'' [m³/kg]	s' [kcal/kg °K]	s'' [kcal/kg °K]
49	0,001	0,041	0,6917	1,4301
50	0,001	0,040	0,6944	1,4280
51	0,001	0,039	0,6971	1,4258

Lösung. a) Für ein ideales Gas gilt nach den Gln. (5.16), (1.126) und (1.167)

$$\varkappa = \frac{c_p^0}{c_v^0} = \frac{c_p^0}{c_p^0 - \mathfrak{R}} = \frac{33{,}59\,\mathrm{J/mol\,grd}}{25{,}275\,\mathrm{J/mol\,grd}} \text{ sowie}$$

$$(w^*) = \left\{\frac{33{,}59\,\mathrm{J/mol\,grd}}{25{,}275\,\mathrm{J/mol\,grd}}\,\frac{8{,}315\,\mathrm{J/mol\,°K}}{18\,\mathrm{g/mol}} \cdot 300\,°\mathrm{K} \cdot \frac{1\,\mathrm{Nm}}{1\,\mathrm{J}} \cdot \frac{10^3\,\mathrm{g\,m\,sec^{-2}}}{1\,\mathrm{N}}\right\}^{1/2} =$$

$$= 429{,}2\,\mathrm{m/sec}\,.$$

b) Zur näherungsweisen Berechnung der Schallgeschwindigkeit im (homogenen) Naßdampf schreibt man den Differentialquotienten der Gl. (5.15) als Differenzenquotienten. Dann gilt $(w^*)^2 = -v^2\,(\Delta p/\Delta v)_s$. Mit $p = 50$ at, $x = 0{,}5$ findet man nach Gl. (2.4d) für die spezifische Entropie des betrachteten Naßdampfes den Wert $s = 0{,}5 \cdot 1{,}4280$ kcal/kg °K $+ 0{,}5 \cdot 0{,}6944$ kcal/kg °K $= 1{,}0612$ kcal/kg °K. Sein spezifisches Volumen beträgt [Gl. (2.4a)] 0,0205 m³/kg. Bei $p = 51$ bzw. 49 at wird die spezifische Entropie $s = 1{,}0612$ kcal/kg °K bei $x_{51\,\mathrm{at}} = (1{,}0612\,\mathrm{kcal/kg\,°K} - s'_{51\,\mathrm{at}})/(s'' - s')_{51\,\mathrm{at}} = 0{,}49966$ bzw. $x_{49\,\mathrm{at}} = 0{,}50041$ erreicht. Daraus ergibt sich jeweils ein spezifisches Volumen des Naßdampfes von $v_{51\,\mathrm{at},s} = 0{,}020$ m³/kg bzw. $v_{49\,\mathrm{at},s} = 0{,}021$ m³/kg. Für den Differenzenquotienten findet man

$$\left(\frac{\Delta p}{\Delta v}\right)_s = \frac{51\,\mathrm{at} - 49\,\mathrm{at}}{0{,}020\,\mathrm{m^3/kg} - 0{,}021\,\mathrm{m^3/kg}} = -2000\,\frac{\mathrm{at\,kg}}{\mathrm{m^3}}; \quad \text{so daß}$$

$$w^* = +0{,}0205\,\frac{\mathrm{m^3}}{\mathrm{kg}} \cdot \left(2000\,\frac{\mathrm{at\,kg}}{\mathrm{m^3}} \cdot 0{,}981 \cdot 10^5\,\frac{\mathrm{Nm}}{\mathrm{m^3\,at}} \cdot \frac{1\,\mathrm{kg\,m\,sec^{-2}}}{1\,\mathrm{N}}\right)^{1/2} =$$

$$= 287{,}1\,\frac{\mathrm{m}}{\mathrm{sec}} \text{ wird.}$$

Beispiel 5.4. Durch ein horizontal liegendes Rohr von konstantem Querschnitt strömt im Beharrungszustand isotherm und reibungsfrei ein ideales Gas mit der Molmasse $M = 8{,}315$ g/mol. Am Rohreintritt sei der Gaszustand $p_1 = 10$ at, $t_1 = 20$ °C, $w_1 = 1$ m/sec. Am Rohrende ist ein Druck $p_2 = 0{,}1$ at vorhanden.

a) Wie groß ist die Austrittsgeschwindigkeit w_2?

b) Wieviel Wärme muß zwischen den Querschnitten 1 und 2 pro Kilogramm Gas zugeführt werden?

Lösung. a) Die Kontinuitätsgleichung (5.6a) fordert für den Beharrungszustand in Verbindung mit der thermischen Zustandsgleichung idealer Gase [Gl. (1.8a)]

$\dot{m} = (F_1 w_1)/v_1 = (F_2 w_2)/v_2$ entsprechend

$$w_2 = w_1 \frac{v_2}{v_1} = w_1 \frac{T_2}{T_1} \frac{p_1}{p_2} = 1 \frac{\text{m}}{\text{sec}} \cdot \frac{10\,\text{at}}{0{,}1\,\text{at}} = 100\,\text{m/sec}\,.$$

b) Aus dem ersten Hauptsatz Gl. (5.8) folgt mit $z_1 = z_2$ und $h_2 - h_1 = c_p^0 (T_2 - T_1) = 0$ [Gl. (1.38)]

$$q_{12} = \frac{1}{2}(w_2^2 - w_1^2) = \frac{1}{2}\left(10^4 \frac{\text{m}^2}{\text{sec}^2} - 1 \frac{\text{m}^2}{\text{sec}^2}\right) \cdot \frac{1\,\text{N}}{1\,\text{kg m sec}^{-2}} \cdot \frac{1\,\text{J}}{1\,\text{Nm}} \frac{10^{-3}\,\text{kJ}}{\text{J}} =$$

$$= 4{,}9995\,\text{kJ/kg}\,.$$

5.3 Adiabate Strömungsvorgänge

5.3.1 Der adiabate Ausströmvorgang

In einem sehr großen Behälter befindet sich bei der Temperatur T_1 und dem Druck p_1 eine Substanz. Am Boden des Behälters sei ein kleines Loch, z. B. die Öffnung eines Ventiles, vorhanden (Abb. 5.6). Die Substanz wird dann durch das Loch in die Umgebung strömen, in der ein Druck p_2 herrschen soll. Bezeichnet man den Zustand der betrachteten Substanz unmittelbar nach dem Ausströmen mit dem Index 2, dann gilt nach dem ersten Hauptsatz Gl. (5.8) bei adiabater Strömung im Beharrungszustand

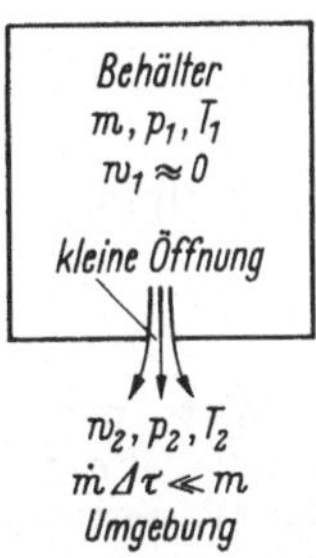

Abb. 5.6 Adiabater Ausströmvorgang. $w_1 \approx 0$, da die durch die Öffnung am Boden des Behälters ausströmende Menge klein ist gegenüber der Gesamtmenge m.

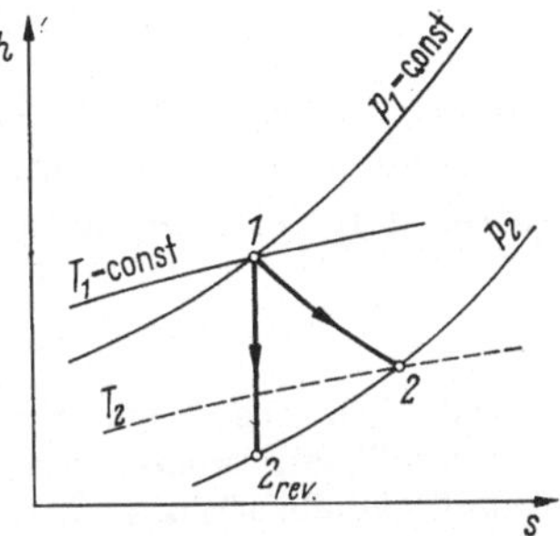

Abb. 5.7 Darstellung des adiabaten Ausströmvorganges im h,s-Diagramm (Beharrungszustand, $z_1 = z_2$). $1 \to 2_{\text{rev}}$ rev. adiabat; $1 \to 2$ irr. adiabat.

$$(w_2)^2 = 2(h_1 - h_2) + 2\,g_0 (z_1 - z_2) + (w_1)^2 \tag{5.17}$$

Die Glieder auf der rechten Seite von Gl. (5.17) leisten sehr unterschiedliche Beiträge zur Ausströmgeschwindigkeit. w_1 ist z. B. im betrachteten Fall vernachlässigbar klein; und einem Ortshöhenunterschied von

$z_1 - z_2 = 1$ m entspricht nur eine Ausströmgeschwindigkeit von $w_2 = (2 \cdot 9{,}81 \text{ m sec}^{-2} \cdot 1 \text{ m})^{1/2} \approx 4{,}43$ m/sec. Für hohe Ausströmgeschwindigkeiten und kleine Ortshöhendifferenzen kann man daher mit guter Näherung schreiben

$$(w_2)^2 = 2(h_1 - h_2) + (w_1)^2 \tag{5.18}$$

Zur Auswertung der Gl. (5.18) benötigt man die Enthalpiedifferenz $h_1 - h_2$. Sie läßt sich z. B. einem h,s-Diagramm des betrachteten Stoffes entnehmen (Abb. 5.7). Der Anfangszustand 1 ist nämlich durch Angabe von Druck und Temperatur bekannt. Würde die Strömung im Beharrungszustand reversibel adiabat [= isentrop, Gl. (1.105)] verlaufen, dann würde man die Isobare für den Austrittsdruck p_2 bei 2_{rev} erreichen und es würde nach Gl. (5.18) gelten

$$(w_{2,\text{rev}})^2 = 2(h_1 - h_{2,\text{rev}}) + (w_1)^2 \tag{5.19}$$

Normalerweise läuft ein Ausströmvorgang irreversibel ab. Bei adiabater Strömung nimmt daher die spezifische Entropie des ausströmenden Stoffes zu [Gln. (1.100) bis (1.102)], so daß die Isobare p_2 im Punkt 2 bei einer höheren Temperatur T_2 erreicht wird. Nach Abb. 5.7 wird dann $(h_1 - h_2) < (h_1 - h_{2,\text{rev}})$, so daß auch $w_2 < w_{2,\text{rev}}$ ist. Der Quotient

$$\eta_{SD} = \frac{h_1 - h_2}{h_1 - h_{2,\text{rev}}} \leq 1 \tag{5.20}$$

wird als *isentroper Düsenwirkungsgrad* bezeichnet. Er ist ein Maß für die Verminderung der Ausströmgeschwindigkeit durch die beim Ausströmen aufgetretenen Verluste, denn nach Gl. (5.17) und (5.20) gilt mit $z_1 = z_2$

$$\eta_{SD} = \frac{h_1 - h_2}{h_1 - h_{2,\text{rev}}} = \frac{w_2^2 - w_1^2}{(w_{2,\text{rev}})^2 - w_1^2} \leq 1 \tag{5.21}$$

Beispiel 5.5. Aus einem Behälter von 10 m² Querschnitt, der 1 m hoch mit Wasser gefüllt ist, strömt durch eine im Boden befindliche Öffnung von 0,1 cm² Querschnitt adiabat Wasser in die Umgebung aus. Die Wassertemperatur möge sich dabei nicht ändern.

a) Wie groß ist die Ausströmgeschwindigkeit des Wassers?

b) Liegt die tatsächlich zu beobachtende Ausströmgeschwindigkeit über oder unter der berechneten Geschwindigkeit?

Lösung. a) Bleibt die Wassertemperatur konstant, so gilt für die inkompressible Flüssigkeit Wasser (Nr. 2.1.4)
$h_2 - h_1 = c_{p,H_2O}(t_2 - t_1) = 0$, so daß aus Gl. (5.17) mit $w_1 \ll w_2$ folgt
$w_2 = (2 \cdot 9{,}81 \text{ m sec}^{-2} \cdot 1 \text{ m})^{1/2} = 4{,}43$ m/sec.

b) Die tatsächlich zu beobachtende Austrittsgeschwindigkeit wird kleiner als 4,43 m/sec sein, da in Wirklichkeit im Austrittsquerschnitt Wirbel entstehen, deren Energie nur der kinetischen Energie des strömenden Wassers entnommen werden kann. Diese Energie wird durch innere Reibung in Wärme umgesetzt, so daß sich das ausströmende Wasser erwärmt. Dadurch wird die in Gl. (5.17) auftretende Differenz $h_1 - h_2$ negativ. $w_{2\,\text{mit Wirbel}}$ ist somit kleiner als $w_2 = 4{,}43$ m/sec.

Beispiel 5.6. Durch ein horizontal liegendes Rohr strömt ein reales Gas aus einem sehr großen Behälter irreversibel adiabat in die Umgebung. Seine spezifische

Enthalpie ändert sich dabei um 23,892 cal/g. Wie groß ist die Ausströmgeschwindigkeit w_2, wenn die Anfangsgeschwindigkeit w_1 im Behälter vernachlässigbar klein ist?

Lösung. Nach Gl. (5.17) gilt mit $z_1 = z_2$ (horizontales Rohr) und $w_1 = 0$

$$w_2 = \left(2 \cdot 23{,}892 \frac{\text{cal}}{\text{g}} \cdot \frac{1\,\text{J}}{0{,}23892\,\text{cal}} \cdot \frac{1\,\text{Nm}}{1\,\text{J}} \cdot \frac{10^3\,\text{g m sec}^{-2}}{1\,\text{N}}\right)^{1/2} = 447{,}2\,\text{m/sec}$$

5.3.2 Die beschleunigte isentrope Strömung, Lavaldüse

Soll eine Strömung im Beharrungszustand isentrop beschleunigt werden, so sind zwei Bedingungen zu erfüllen. Erstens muß der Druck in Strömungsrichtung sinken, damit die frei werdende technische Expansionsarbeit in kinetische Energie verwandelt werden kann. Zweitens muß die die Strömung begrenzende Rohrwand eine bestimmte, als *Lavaldüse* bezeichnete Form besitzen. Beide Bedingungen ergeben sich unmittelbar aus den drei Grundgleichungen (5.6b), (5.7) und (5.15). Im Beharrungszustand folgt nämlich aus der Definitionsgleichung der Entropie [Gl. (1.93)] für $X_i = p$, $x_i = V$, alle übrigen X_i und $x_i = 0$ sowie $\mathrm{d}S = 0$

$$T\,\mathrm{d}s = \mathrm{d}u + p\,\mathrm{d}v = \mathrm{d}h - v\,\mathrm{d}p = 0 \tag{5.22}$$

entsprechend

$$\mathrm{d}h = v\,\mathrm{d}p \tag{5.23}$$

Der erste Hauptsatz Gl. (5.7) sagt daher für eine horizontal liegende Düse ($\mathrm{d}z = 0$) aus

$$\mathrm{d}q = 0 = \mathrm{d}h + w\,\mathrm{d}w = v\,\mathrm{d}p + w\,\mathrm{d}w \tag{5.24a}$$

oder

$$v\,\mathrm{d}p = -w\,\mathrm{d}w = -0{,}5\,\mathrm{d}(w^2) \tag{5.24b}$$

Bei einer Beschleunigung ist $\mathrm{d}w > 0$. Sie fordert nach Gl. (5.24b) wie behauptet einen Druckabfall $\mathrm{d}p < 0$ in Strömungsrichtung. Die frei werdende technische Expansionsarbeit [$\mathrm{d}p < 0$, Gl. (1.82a)] wird in kinetische Energie verwandelt ($\mathrm{d}w > 0$). Steigt der Druck dagegen in Strömungsrichtung an ($\mathrm{d}p > 0$), so wird kinetische Energie in technische Kompressionsarbeit umgesetzt; die Strömung wird verzögert ($\mathrm{d}w < 0$).

Rein formal darf mit Gl. (5.24b) und $v = v(p,s)$ geschrieben werden

$$\frac{\mathrm{d}w}{w} = w\frac{\mathrm{d}w}{w^2} = -v\frac{\mathrm{d}p}{w^2} \quad \text{und} \tag{5.25a}$$

$$\mathrm{d}v = \left(\frac{\partial v}{\partial s}\right)_p \mathrm{d}s + \left(\frac{\partial v}{\partial p}\right)_s \mathrm{d}p \tag{5.25b}$$

Aus der Kontinuitätsgleichung ergibt sich dann zunächst wegen $\mathrm{d}s = 0$

$$0 = \frac{\mathrm{d}F}{F} + \frac{\mathrm{d}w}{w} - \frac{\mathrm{d}v}{v} = \frac{\mathrm{d}F}{F} - \frac{v\,\mathrm{d}p}{w^2} - \frac{v\,\mathrm{d}p}{v^2}\left(\frac{\partial v}{\partial p}\right)_s, \tag{5.26}$$

woraus man mit Gl. (5.15) schließlich die Bauvorschrift für die Lavaldüse findet

$$\frac{\mathrm{d}F}{F} = v\,\mathrm{d}p\left\{\frac{1}{w^2} - \frac{1}{(w^*)^2}\right\} \tag{5.27}$$

Setzt man voraus, daß die Strömungsgeschwindigkeit w_1 im Eintrittsquerschnitt kleiner als die Schallgeschwindigkeit ist, dann fordert Gl. (5.27) für einen Druckabfall in Strömungsrichtung ($\mathrm{d}p < 0$), daß sich die Düse in Strömungsrichtung verjüngt:

$$\mathrm{d}p < 0 \text{ bei } w < w^* \text{ heißt } \frac{\mathrm{d}F}{F} < 0 \tag{5.28a}$$

Durch diese Beschleunigung muß schließlich die Schallgeschwindigkeit erreicht werden und es gilt

$$\mathrm{d}p < 0 \text{ bei } w = w^* \text{ heißt } \frac{\mathrm{d}F}{F} = 0 \tag{5.28b}$$

Der Düsenquerschnitt besitzt an dieser Stelle also einen Extremwert. Da im Überschallbereich wegen

$$\mathrm{d}p < 0 \text{ bei } w > w^*, \text{ entsprechend } \frac{\mathrm{d}F}{F} > 0 \tag{5.28c}$$

eine Erweiterung des Düsenquerschnittes gefordert wird, handelt es sich bei dem Extremwert um ein Minimum: *Bei isentroper Strömung stellt sich im engsten Querschnitt der Lavaldüse die Schallgeschwindigkeit ein* (Abb. 5.8).

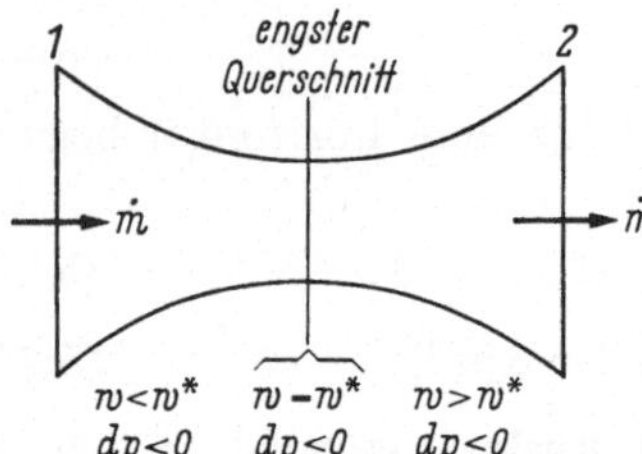

Abb. 5.8 Isentrope Strömung durch eine Lavaldüse, Bauform einer Lavaldüse.

Besonders einfache Verhältnisse ergeben sich bei der Betrachtung idealer Gase. Mit den Gln. (1.38), (1.126), (1.167) und (1.170) findet man aus Gl. (5.8) für $z_1 = z_2$ (horizontal liegende Düse) und konstantes c_p^0

$$(w_2)^2 = (w_1)^2 + 2(h_1 - h_2) = (w_1)^2 + 2c_p^0(T_1 - T_2) \quad \text{sowie} \tag{5.29a}$$

$$(w_2)^2 = (w_1)^2 + 2\frac{\varkappa R}{\varkappa - 1} T_1 \left\{1 - \left(\frac{p_2}{p_1}\right)^{(\varkappa-1)/\varkappa}\right\} \tag{5.29b}$$

Bei vorgegebener Eintrittsgeschwindigkeit und isentroper Strömung läßt sich die maximale Austrittsgeschwindigkeit $(w_2)_{max}$ also unabhängig vom Druck p_1 nur für einen Austrittsdruck $p_2 = 0$ erreichen:

$$(w_2)^2_{max} = (w_1)^2 + \frac{2\varkappa R}{\varkappa - 1} T_1 \tag{5.30}$$

Aus den Gln. (5.29a), (5.16), (1.170) und (1.171) lassen sich bei isentroper Strömung idealer Gase für den engsten Querschnitt einer Lavaldüse noch folgende Zusammenhänge herleiten. (Eintrittsquerschnitt Index 1, engster Querschnitt Index *): Der Ansatz

$$(w^*)^2 = (\varkappa R T^*) = w_1^2 + 2c_p^0 (T_1 - T^*) \quad \text{ergibt} \tag{5.31}$$

$$T^* = \frac{(w_1)^2 + 2c_p^0 T_1}{2c_p^0 + \varkappa R} = \frac{2T_1}{1+\varkappa} + \frac{(w_1)^2}{2c_p^0 + \varkappa R} \quad \text{und} \tag{5.32a}$$

$$(w^*)^2 = (w_1)^2 \cdot \frac{\varkappa - 1}{\varkappa + 1} + 2RT_1 \frac{\varkappa}{\varkappa + 1} \tag{5.32b}$$

Weiter findet man

$$p^* = p_1 \left(\frac{T^*}{T_1}\right)^{\frac{\varkappa}{\varkappa-1}} = p_1 \left\{\frac{2}{\varkappa+1} + \frac{(w_1)^2}{T_1(2c_p^0 + \varkappa R)}\right\}^{\frac{\varkappa}{\varkappa-1}} \quad \text{und} \tag{5.33a}$$

$$v^* = v_1 \left(\frac{p_1}{p^*}\right)^{\frac{1}{\varkappa}} = v_1 \left\{\frac{2}{\varkappa+1} + \frac{(w_1)^2}{T_1(2c_p^0 + \varkappa R)}\right\}^{\frac{-1}{\varkappa-1}} \tag{5.33b}$$

Durch den engsten Querschnitt der Lavaldüse strömt also der Mengenstrom

$$\dot{m} = \frac{F^* w^*}{v^*} = \frac{F^*}{v_1} \left\{(w_1)^2 \frac{\varkappa - 1}{\varkappa + 1} + \frac{2\varkappa R T_1}{\varkappa + 1}\right\}^{1/2} \cdot \left\{\frac{2}{\varkappa+1} + \frac{(w_1)^2}{T_1(2c_p^0 + \varkappa R)}\right\}^{\frac{1}{\varkappa-1}} \tag{5.34}$$

Gl. (5.34) enthält außer den Stoffeigenschaften $\varkappa$, c_p^0, R nur die Eigenschaften T_1, v_1, w_1 (Eintrittsquerschnitt) sowie den engsten Querschnitt F^*. Bei vorgegebenem Eintrittszustand und isentroper Strömung begrenzt somit der engste Querschnitt die durch eine Lavaldüse strömende Menge.

Beispiel 5.7. Ein ideales Gas mit der Molmasse $M = 8{,}315$ g/mol und dem Exponenten der reversiblen Adiabaten $\varkappa = 1{,}5$ strömt isentrop durch eine Lavaldüse. Im Eintrittsquerschnitt 1 der Düse herrscht der Zustand $w_1 = 100$ m/sec, $T_1 = 300$ °K, $p_1 = 10$ bar. Im Austrittsquerschnitt 2 tritt der zur maximalen Ausströmgeschwindigkeit gehörende Druck p_2 auf.

a) Wie groß ist p_2?

b) Wie groß ist die maximale Ausströmgeschwindigkeit?

c) Muß die Düse einen engsten Querschnitt besitzen?

d) Welche Temperatur, welcher Druck, welche Geschwindigkeit und welcher Mengenstrom stellen sich im engsten Querschnitt ein?

Lösung. a) Die maximale Austrittsgeschwindigkeit wird bei isentroper Strömung und dem Druck $p_2 = 0$ erreicht.

b) Nach Gl. (5.30) gilt

$$(w_2)_{\max} = \left\{10^4 \frac{\text{m}^2}{\text{sec}^2} + \frac{3}{0{,}5}\, 1\, \frac{\text{J}}{\text{g °K}} \cdot 300\,\text{°K} \cdot \frac{1\,\text{Nm}}{1\,\text{J}} \cdot \frac{10^3\,\text{g m}}{1\,\text{N sec}^2}\right\}^{1/2} = 1345{,}4\,\text{m/sec}$$

c) Aus den Gln. (1.170) und (5.16) ergibt sich: zum Druck $p_2 = 0$ gehört eine Temperatur $T_2 = 0$ °K und die Schallgeschwindigkeit $w^*(T_2) = 0$ m/sec $< w_2 = 1345{,}4$ m/sec. Die Geschwindigkeit im Querschnitt 2 liegt also über der Schallgeschwindigkeit für die Austrittstemperatur T_2, so daß die Lavaldüse einen engsten Querschnitt besitzen muß, in dem die Strömungsgeschwindigkeit mit der Schallgeschwindigkeit bei $T = T^*$ übereinstimmt.

d) Für diesen engsten Querschnitt findet man mit den Gln. (5.32) bis (5.34) und $c_p^0 = R + c_v^0 = R\,\varkappa/(\varkappa - 1) = 3$ J/g grd [Gln. (1.126), (1.167)]

$$T^* = 300\,^\circ\mathrm{K}\,\frac{2}{1+1{,}5} + \frac{10^4\,\mathrm{m^2/sec^2}\cdot 1\,\mathrm{J/1\,Nm}\cdot 1\,\mathrm{N/10^3\,g\,m\,sec^{-2}}}{6\,\mathrm{J/g\,^\circ K} + 1{,}5\,\mathrm{J/g\,^\circ K}} = 241{,}33\,^\circ\mathrm{K}$$

$$p^* = 10\,\mathrm{bar}\cdot\left(\frac{241{,}33\,^\circ\mathrm{K}}{300\,^\circ\mathrm{K}}\right)^{1,5/0,5} = 5{,}206\,\mathrm{bar};$$

$$w^* = \left(10^4\,\frac{\mathrm{m^2}}{\mathrm{sec^2}}\cdot\frac{0{,}5}{2{,}5} + 2\cdot\frac{1\,\mathrm{J}}{\mathrm{g\,^\circ K}}\cdot 300\,^\circ\mathrm{K}\cdot\frac{1{,}5}{2{,}5}\cdot\frac{1\,\mathrm{Nm}}{1\,\mathrm{J}}\,\frac{10^3\,\mathrm{g\,m\,sec^{-2}}}{1\,\mathrm{N}}\right)^{1/2} =$$

$$= 601{,}7\,\frac{\mathrm{m}}{\mathrm{sec}};$$

$$v^* = v_1\left(\frac{p_1}{p^*}\right)^{1/\varkappa} = \frac{R\,T_1}{p_1}\left(\frac{p_1}{p^*}\right)^{1/\varkappa} = \frac{1\,\mathrm{J}}{\mathrm{g\,^\circ K}}\cdot\frac{300\,^\circ\mathrm{K}}{10\,\mathrm{bar}}\cdot\frac{1\,\mathrm{bar\,m^3}}{10^5\,\mathrm{Nm}}\,\frac{1\,\mathrm{Nm}}{1\,\mathrm{J}}\left(\frac{10}{5{,}206}\right)^{2/3}$$

$$v^* = 4{,}636\cdot 10^{-4}\,\mathrm{m^3/g};$$

$$\dot m = F^*\,w^*/v^* = F^*\cdot 1{,}298\cdot 10^6\,\mathrm{g/sec\,m^2}.$$

Beispiel 5.8. Das Sicherheitsventil eines Dampfkessels möge die Form einer Lavaldüse besitzen. Wie groß muß der engste Querschnitt dieser Düse mindestens sein, wenn der Druck im Kessel bei einer Wärmezufuhr von $4{,}8\cdot 10^6$ kcal/h nicht über 10 at steigen soll? Bei einem Druck von 10 at besitzt gesättigter Wasserdampf ein spezifisches Volumen von 0,2 m³/kg und eine Temperatur von 452 °K. Die Verdampfungsenthalpie beträgt in diesem Zustand 480 kcal/kg. Der Wasserdampf möge sich wie ein ideales Gas mit der Molmasse $M = 18$ g/mol und einem $\varkappa = 1{,}3$ verhalten. Die Strömung erfolgt adiabat.

Lösung. Infolge der Wärmezufuhr von $4{,}8\cdot 10^6$ kcal/h werden beim konstanten Druck $p_1 = 10$ at pro Stunde 10^4 kg Wasserdampf erzeugt, die adiabat durch die Düse in die Umgebung strömen sollen. Die größte Strömungsgeschwindigkeit entsteht bei reversibler Strömung. Dann wird für den vorgegebenen Mengenstrom der kleinste Strömungsquerschnitt benötigt. Mit $w_1 \approx 0$ findet man aus Gl. (5.34)

$$F^* = \left(10^4\,\frac{\mathrm{kg}}{\mathrm{h}}\cdot 0{,}2\,\frac{\mathrm{m^3}}{\mathrm{kg}}\right)\Bigg/\left\{\left(\frac{8{,}315\,\mathrm{J/mol\,^\circ K}}{18\,\mathrm{g/mol}}\,452\,^\circ\mathrm{K}\,\frac{2{,}6}{2{,}3}\right)^{1/2}\cdot\left(\frac{2}{2{,}3}\right)^{\frac{1}{0,3}}\right.$$

$$\left.\cdot\left(\frac{1\,\mathrm{Nm}}{1\,\mathrm{J}}\cdot\frac{10^3\,\mathrm{g\,m\,sec^{-2}}}{1\,\mathrm{N}}\right)^{1/2}\cdot 3{,}6\cdot 10^3\,\frac{\mathrm{sec}}{\mathrm{h}}\right\} = 18{,}2\,\mathrm{cm^2}.$$

Für die Geschwindigkeit im engsten Querschnitt findet man aus Gl. (5.32b) mit $w_1 = 0$ $w^* = 485{,}83$ m/sec. Bei einer Expansion von $p_1 = 10$ at auf $p_{\mathrm{umg}} = 1$ at wird nach Gl. (5.29b) eine Geschwindigkeit von

$$w_2 = \left\{2\cdot\frac{1{,}3}{0{,}3}\,\frac{8{,}315\,\mathrm{J/mol\,^\circ K}}{18\,\mathrm{g/mol}}\,452\,^\circ\mathrm{K}\cdot\frac{10^3\,\mathrm{g\,m^2\,sec^{-2}}}{\mathrm{J}}\left[1 - \frac{1}{10^{0,3/1,3}}\right]\right\}^{1/2} =$$

$$= 863{,}66\,\mathrm{m/sec}$$

erreicht. Es kann sich also im engsten Querschnitt tatsächlich die Schallgeschwindigkeit einstellen.

5.3.3 Die verzögerte isentrope Strömung, Diffusor

Eine Anordnung, in der unter Verzögerung der Strömung kinetische Energie in technische Kompressionsarbeit verwandelt und zur Kompression des strömenden Stoffes benutzt wird, bezeichnet man als *Diffusor*.

In einem Diffusor steigt der Druck somit in Strömungsrichtung an. Soll die Kompression und die damit verbundene Verminderung der Strömungsgeschwindigkeit in einem horizontal liegenden Diffusor isentrop verlaufen, dann gilt mit $z_1 = z_2$ wieder Gl. (5.27). Jetzt ist aber $\mathrm{d}p$ in Strömungsrichtung positiv. Deswegen muß der Querschnitt des isentropen Diffusors folgenden Gesetzmäßigkeiten gehorchen:

Für $w > w^*$ und $\mathrm{d}p > 0$ muß $\mathrm{d}F/F < 0$ sein. (5.35a)

Für $w = w^*$ gilt wie bei der Lavaldüse $\mathrm{d}F/F = 0$. (5.35b)

Für $w < w^*$ und $\mathrm{d}p > 0$ muß $\mathrm{d}F/F > 0$ werden. (5.35c)

Tritt also die Strömung mit Überschallgeschwindigkeit in den Diffusor ein, dann muß sich der Querschnitt des Diffusors bei isentroper Strömung zunächst verjüngen. Im engsten Diffusorquerschnitt stellt sich die isentrope Schallgeschwindigkeit ein. Soll die Strömung noch weiter verzögert werden, so muß sich der Diffusorquerschnitt wieder erweitern. Der Eintrittsquerschnitt wird mit dem engsten Querschnitt identisch, falls die Eintrittsgeschwindigkeit gleich der isentropen Schallgeschwindigkeit ist. Liegt die Eintrittsgeschwindigkeit unter der Schallgeschwindigkeit, dann braucht sich der Diffusorquerschnitt in Strömungsrichtung nur zu erweitern (Abb. 5.9).

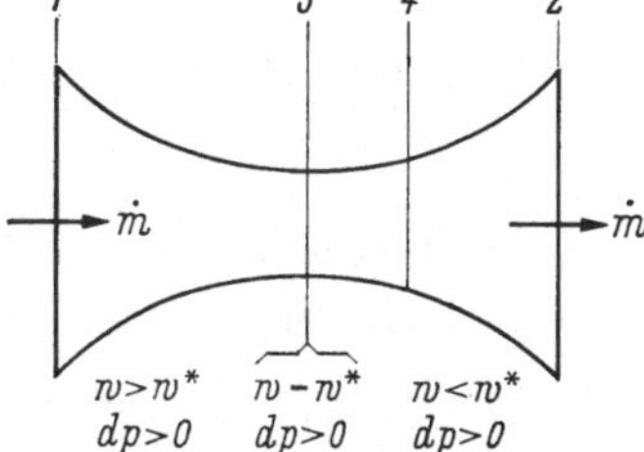

Abb. 5.9 Bauformen eines Diffusors bei isentroper Strömung.
1 Eintrittsquerschnitt bei $w_{\text{Eintritt}} > w^*$;
3 Eintrittsquerschnitt bei $w_{\text{Eintritt}} = w^*$;
4 Eintrittsquerschnitt bei $w_{\text{Eintritt}} < w^*$.

Für die isentrope Strömung idealer Gase durch einen Diffusor gelten die entsprechenden Gleichungen der Lavaldüse unverändert weiter. An die Stelle der Gl. (5.30) (maximale Ausströmgeschwindigkeit) tritt lediglich ein Ausdruck für den maximal erreichbaren Druck. Er stellt sich bei isentroper Strömung ein, sobald alle kinetische Energie in Kompressionsarbeit verwandelt worden ist ($w_{\text{Austritt}} = 0$) und ergibt sich aus Gl. (5.29b). Man findet zunächst für die isentrope Strömung eines idealen Gases

$$p_2 = p_1 \left\{1 + \frac{(w_1)^2 - (w_2)^2}{2 c_p^0 T_1}\right\}^{\frac{\varkappa}{\varkappa - 1}} = p_1 \left\{1 + \frac{\varkappa - 1}{\varkappa} \, \frac{(w_1)^2 - (w_2)^2}{2 R T_1}\right\}^{\frac{\varkappa}{\varkappa - 1}} \qquad (5.36)$$

Mit $w_2 = 0$ folgt daraus schließlich

$$(p_2)_{\max} = p_1 \left\{1 + \frac{(w_1)^2}{2 c_p^0 T_1}\right\}^{\frac{\varkappa}{\varkappa - 1}} = p_1 \left\{1 + \frac{(w_1)^2}{2 R T_1} \frac{\varkappa - 1}{\varkappa}\right\}^{\frac{\varkappa}{\varkappa - 1}} \tag{5.37}$$

Beispiel 5.9. In einem horizontal liegenden Diffusor, dessen Eintrittsquerschnitt 5 cm² groß ist, wird ein ideales Gas mit der Molmasse $M = 24{,}945$ g/mol und $\varkappa = 1{,}5$ vom Zustand $p_1 = 1$ at, $t_1 = 20$ °C, $w_1 = 800$ m/sec isentrop verdichtet.

a) Man berechne als Funktion des Druckes die Temperatur, die Geschwindigkeit und das spezifische Volumen des Gases sowie den Diffusorquerschnitt.

b) Man bestimme den höchsten erreichbaren Druck, die pro Sekunde durch den Diffusor strömende Gasmenge sowie Druck, Temperatur, Geschwindigkeit und spezifisches Volumen des Gases im engsten Querschnitt.

Lösung. a) Der Zusammenhang zwischen Druck und Temperatur wird durch Gl. (1.170) gegeben: $T = T_1 (p_1/p)^{(1-\varkappa)/\varkappa}$. Die Geschwindigkeit folgt aus Gl. (5.29b): $w^2 = w_1^2 + \frac{2\varkappa}{\varkappa - 1} R T_1 \{1 - (p/p_1)^{(\varkappa-1)/\varkappa}\}$. Das spezifische Volumen läßt sich aus Gl. (1.171) ermitteln: $v = v_1 (p_1/p)^{1/\varkappa}$; den Diffusorquerschnitt findet man aus den bisher gewonnenen Resultaten und der Kontinuitätsgleichung (5.6a): $F\, w/v = F_1\, w_1/v_1$ oder

$$F = F_1 \frac{w_1}{w} \frac{v}{v_1} = F_1 \cdot (p_1/p)^{1/\varkappa} \cdot w_1 \cdot \left\{w_1^2 + \frac{2\varkappa}{\varkappa - 1} R T_1 \left[1 - \left(\frac{p}{p_1}\right)\right]^{(\varkappa-1)/\varkappa}\right\}^{-1/2}$$

b) Den höchsten erreichbaren Druck ermittelt man nach Gl. (5.37)

$$(p_2)_{\max} = 1\,\text{at} \cdot \left\{1 + \frac{64 \cdot 10^4\,\text{m}^2/\text{sec}^2 \cdot 24{,}945\,\text{g/mol}}{2 \cdot 8{,}315\,\text{J/mol °K} \cdot 293{,}15\,\text{°K}} \cdot \frac{0{,}5}{1{,}5} \cdot \frac{1\,\text{J}}{1\,\text{Nm}} \cdot \right.$$
$$\left. \cdot \frac{1\,\text{N}}{10^3\,\text{g m sec}^{-2}}\right\}^{\frac{1{,}5}{0{,}5}} = 9{,}15\,\text{at}\,.$$

Den Mengenstrom kann man aus der Kontinuitätsgleichung Gl. (5.6a) berechnen

$$\dot m = \frac{F_1 w_1}{v_1} = \frac{F_1 w_1 p_1}{R T_1} = \frac{5\,\text{cm}^2 \cdot 800\,\text{m sec}^{-1} \cdot 1\,\text{at} \cdot 24{,}945\,\text{g/mol}}{8{,}315\,\text{Nm/mol°K} \cdot 293{,}15\,\text{°K}} \cdot$$
$$\cdot \frac{9{,}81}{10^3} \frac{\text{N}}{\text{kp}} \frac{\text{kp kg}}{\text{cm}^2\,\text{at g}} = 0{,}4016\,\text{kg/sec}$$

Die Größen im engsten Querschnitt ermittelt man mit $c_p^0 = R \frac{\varkappa}{\varkappa - 1} = 1$ J/g grd [Gln. (1.126), (1.167)] aus den Gln. (5.32) bis (5.33) oder aus den Gln. (5.33a), (1.8a) und (5.16)

$p^* = (p_2)_{\max}\,(2/2{,}5)^3 = 4{,}685$ at
$T^* = T_1 (p^*/p_1)^{1/3} = 490{,}5$ °K
$v^* = R T^*/p^* = 0{,}356$ m³/kg
$w^* = (\varkappa R T^*)^{1/2} = 495{,}2$ m/sec .

5.3.4 Adiabate Strömung realer Stoffe durch Düsen und Diffusoren

Die adiabate Strömung realer Stoffe durch Düsen oder Diffusoren wird prinzipiell genau so behandelt wie die Strömung idealer Gase. Wesentlicher Unterschied ist, daß jetzt Reibungsverluste auftreten können. Sie führen zu der in Abb. 5.7 für die horizontal liegende Düse beschriebenen Entropiezunahme, die durch den isentropen Düsenwirkungsgrad [Gl. (5.21)] beschrieben werden konnte. Ganz entsprechend liegen die Verhältnisse beim horizontal liegenden Diffusor. Für ihn folgt aus dem ersten Hauptsatz [Gl. (5.8)] wie bei der Düse (Beharrungszustand, adiabate Strömung, $z_1 = z_2$)

$$(w_2)^2 = (w_1)^2 + 2(h_1 - h_2) \tag{5.38}$$

Die Enthalpiedifferenz in Gl. (5.38) läßt sich mit Hilfe eines h,s-Diagrammes bestimmen (Abb. 5.10). Ausgehend vom bekannten Eintritts-

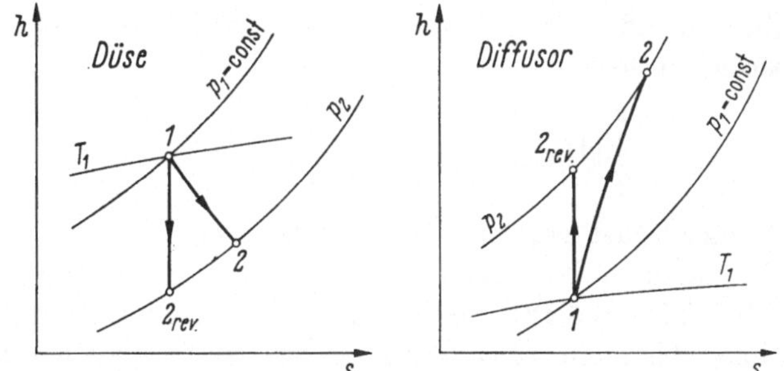

Abb. 5.10 Adiabate Strömung durch einen Diffusor und eine Düse ($z_1 = z_2$). Der Eintrittszustand wird durch den Index 1 gekennzeichnet. Der Austrittszustand trägt den Index 2.

zustand verläuft die isentrope Strömung bei $s_1 = \text{const}$ bis zum Punkt 2_{rev} auf der Isobaren für den Austrittsdruck. Treten Verluste auf, so wächst die Entropie wie in Abb. 5.7 an. Der Austrittszustand 2 liegt auf der Isobaren p_2 bei $s_2 > s_1$ und $h_2 > h_{2,\text{rev}}$, so daß nach Gl. (5.38) $w_2 < w_{2,\text{rev}}$ wird. Ein *isentroper Diffusorwirkungsgrad* gibt die Größe der Verluste an:

$$\eta_{S,\text{Diff}} = \frac{h_{2,\text{rev}} - h_1}{h_2 - h_1} = \frac{(w_1)^2 - (w_{2,\text{rev}})^2}{(w_1)^2 - (w_2)^2} \leq 1 \tag{5.39}$$

Die maximale Ausströmgeschwindigkeit wird bei realen Stoffen und adiabater Strömung durch eine horizontal liegende Düse erreicht, wenn die Strömung isentrop (reversibel adiabat) verläuft und die Expansion bis zum tiefsten möglichen Druck erfolgt [Abb. 5.10 und Gl. (5.18)]. Daher gilt

$$(w_2)_{\text{Max}} = \{(w_1)^2 + 2(h_1 - h_{2;\, s_1 = s_2,\, p = 0\,\text{at}})\}^{1/2} \tag{5.40}$$

Ganz analog erkennt man aus Abb. 5.10, daß bei reversibel adiabater Strömung zur Überwindung der Druckdifferenz $p_2 - p_1$ die geringste Enthalpiedifferenz und damit die kleinste Abnahme der Strömungsgeschwindigkeit benötigt wird. Daher wird der maximal erreichbare Druck bei realen Stoffen und adiabater Strömung durch einen horizontal liegenden

Diffusor realisiert, wenn die Strömung isentrop verläuft und bis zur Austrittsgeschwindigkeit $w_2 = 0$ führt. Dann gilt nach Gl. (5.38)

$$h_{2\mathrm{Max};\, s_1 = s_2} = h_1 + \frac{(w_1)^2}{2} \tag{5.41}$$

Den zum Punkt s_1, $h_{2\,\mathrm{Max};\, s_1 = s_2}$ gehörenden Druck muß man im Diagramm ablesen.

Betrachtet man die bei irreversibel adiabater Strömung auftretenden Verluste näher, so stellt man fest, daß der Verlust an kinetischer Energie bei der Expansion in der Düse bzw. der Mehraufwand an kinetischer Energie bei der Kompression im Diffusor nicht mit dem ursprünglich durch innere Reibung entstandenen Verlust identisch ist. Durch Reibung gehen nämlich im adiabaten System konstanter Masse nach Gl. (1.99) pro kg Substanz verloren

$$\int_1^2 |\mathrm{d}l_{\mathrm{Rbg}}| = |l_{\mathrm{Rbg}}|_{1\,2} = \int_1^2 T\,\mathrm{d}s \tag{5.42a}$$

Der Reibungsverlust wird also im T,s-Diagramm durch die Fläche unter dem Expansions- bzw. Kompressionsverlauf von 1 nach 2 wiedergegeben (Abb. 5.11 und 5.12). Der Verlust an kinetischer Energie bei der Expansion bzw. der Mehraufwand an kinetischer Energie bei der Kompression werden aber nach Gl. (5.38) gegeben durch

$$\frac{1}{2}\{(w_{2,\,\mathrm{rev}})^2 - (w_2)^2\} = h_2 - h_{2,\,\mathrm{rev}}\,, \tag{5.42b}$$

wobei die Punkte 2 und 2_{rev} auf der Isobaren p_2 liegen. Mit Gl. (1.93) und $X_i = p$, $x_i = v$, alle anderen X_i und $x_i = 0$ sowie $\mathrm{d}p = 0$ gilt daher

$$\int_{2_{\mathrm{rev}}}^2 T\,\mathrm{d}s = \int_{2_{\mathrm{rev}}}^2 \mathrm{d}h = h_2 - h_{2,\,\mathrm{rev}}\,. \tag{5.43}$$

Der Verlust an kinetischer Energie bei der irreversibel adiabaten Expansion in einer Düse und der Mehraufwand an kinetischer Energie bei der irreversibel adiabaten Kompression in einem Diffusor sind daher im T,s-Diagramm mit der Fläche unter der Isobaren p_2 zwischen den Punkten 2 und 2_{rev} identisch (Abb. 5.11 und 5.12). Beide Flächen unterscheiden sich von der für $|l_{\mathrm{Rbg}}|_{12}$ gültigen Fläche. In der Düse und im Diffusor könnte die durch Reibung erzeugte Wärme nämlich nur nach ihrer Umwandlung in innere Energie mit dem Stoffstrom abgeführt werden, da die Strömung adiabat ist. Genau wie bei der adiabaten Expansion in einer Turbine läßt sich dabei aber ein Teil der Reibungswärme durch „Nachexpansion" der erwärmten Substanz in eine andere Energieform verwandeln. In der Turbine entstand dadurch Arbeit, in der Düse wird Wärme in kinetische Energie umgeformt. Im Diffusor wie im Kompressor führt die Erwärmung mindestens zu einer größeren Ausschiebearbeit, die durch einen Mehraufwand an kinetischer Energie (Diffusor) bzw. technischer Arbeit (Kompressor) zu kompensieren ist.

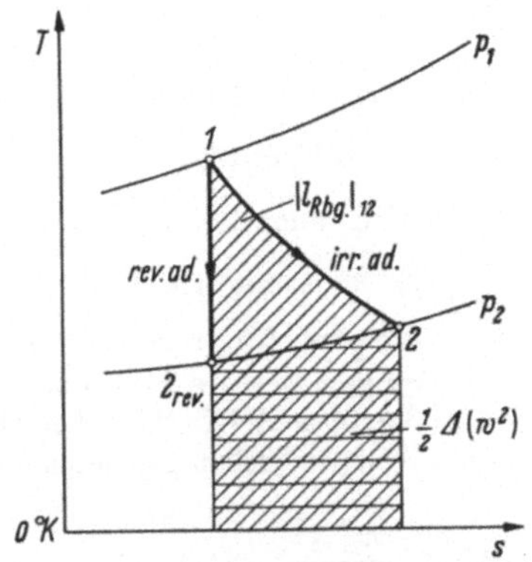

Abb. 5.11 Darstellung der in einer Düse bei irreversibel adiabater Strömung auftretenden Verluste im T,s-Bild.

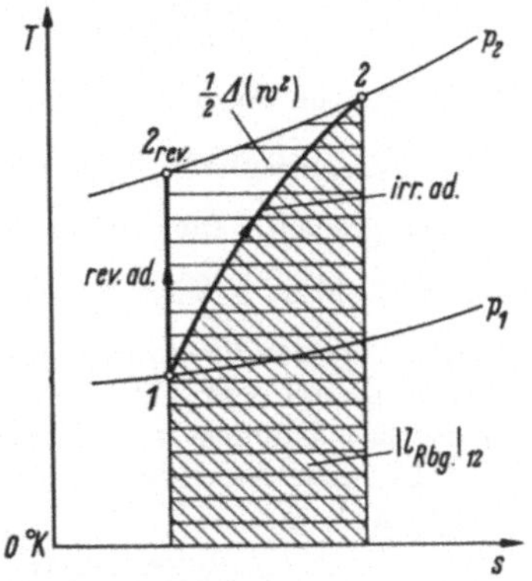

Abb. 5.12 Darstellung der in einem Diffusor bei irreversibel adiabater Strömung auftretenden Verluste im T,s-Bild.

Beispiel 5.10. Durch eine horizontal liegende Düse strömt irreversibel adiabat Wasserdampf mit einem isentropen Düsenwirkungsgrad $\eta_{SD} = 0{,}75$. Im Eintrittsquerschnitt seien folgende Eigenschaften vorhanden: $t_1 = 300$ °C, gesättigter Dampf, $w_1 = 100$ m/sec. Der Druck im Austrittsquerschnitt betrage $p_2 = 10$ at. Wasserdampf besitzt folgende Eigenschaften:

t [°C]	p [at]	v' [m³/kg]	v''	h' [kcal/kg]	h''	s' [kcal/kg °K]	s''
300	87,61	$1{,}4 \cdot 10^{-3}$	0,0216	321,0	656,1	0,7767	1,3613
232,8	30,0	$1{,}2 \cdot 10^{-3}$	0,0680	239,5	669,7	0,6290	1,4793
179	10,0	$1{,}1 \cdot 10^{-3}$	0,1981	181,2	663,0	0,5085	1,5740

a) Welche Strömungsgeschwindigkeit wird im Austrittsquerschnitt erreicht?

b) Welche Strömungsgeschwindigkeit ist bei einem Druck von 30 at innerhalb der Düse vorhanden?

c) In welchem Verhältnis stehen die Düsenquerschnitte am Eintritt (1), an der Stelle in der Düse mit $p = 30$ at (3) und am Austritt (2) zueinander?

d) Man entscheide, ob die Schallgeschwindigkeit im Eintrittszustand 1 über oder unter 100 m/sec liegt.

Lösung. a) Nach den Gln. (5.21) und (5.17) gilt mit $z_1 = z_2$

$$(w_2)^2 = \eta_{SD}\,\{(w_{2,\mathrm{rev}})^2 - (w_1)^2\} + (w_1)^2 = \eta_{SD} \cdot 2\,(h_1 - h_{2,\mathrm{rev}}) + w_1^2 \,.$$

Im Eintrittszustand 1 ist gesättigter Dampf von 300 °C vorhanden. h_1 ist also der Dampftafel zu entnehmen: $h_1 = h''_{300\,°C} = 656{,}1$ kcal/kg. Bei reversibel adiabater Expansion bleibt die spezifische Entropie konstant (Abb. 5.10). Es muß somit gelten $s_{2,\mathrm{rev}} = s_1 = s''_{300\,°C} = 1{,}3613$ kcal/kg °K. Da $s''_{10\,\mathrm{at}} > s''_{300\,°C}$ ist, liegt der Expansionsendpunkt im Naßdampfgebiet, so daß nach Gl. (2.4d) gilt $s_{2,\mathrm{rev}} = s''_{10\,\mathrm{at}}\, x_{2,\mathrm{rev}} + s'_{10\,\mathrm{at}}\,(1 - x_{2,\mathrm{rev}})$, woraus folgt $x_{2,\mathrm{rev}} = 0{,}8004$. Mit diesem Naßdampfgehalt läßt sich aus Gl. (2.4c) die spezifische Enthalpie $h_{2,\mathrm{rev}} = h''_{10\,\mathrm{at}}\, x_{2,\mathrm{rev}} + h'_{10\,\mathrm{at}}\,(1 - x_{2,\mathrm{rev}}) = 566{,}8$ kcal/kg berechnen.

Für die Geschwindigkeit im Austrittsquerschnitt 2 findet man schließlich

$$w_2 = \left\{1{,}5\left(656{,}1\,\frac{\text{kcal}}{\text{kg}} - 566{,}8\,\frac{\text{kcal}}{\text{kg}}\right)\frac{1\,\text{kJ}}{0{,}23892\,\text{kcal}}\cdot\frac{10^3\,\text{J}}{\text{kJ}}\cdot\frac{1\,\text{Nm}}{1\,\text{J}}\cdot\right.$$

$$\left.\cdot\frac{1\,\text{kg m sec}^{-2}}{1\,\text{N}} + 10^4\,\frac{\text{m}^2}{\text{sec}^2}\right\}^{1/2} = 755{,}4\,\text{m/sec}\,.$$

b) Analog zur Lösung *a*) gewinnt man für den Querschnitt 3 folgende Werte:

$$x_{3,\,\text{rev}} = 0{,}8612;\quad h_{3,\,\text{rev}} = 610{,}0\,\text{kcal/kg};\quad w_3 = 547{,}2\,\text{m/sec}\,.$$

c) Das gesuchte Querschnittsverhältnis ergibt sich aus der Kontinuitätsgleichung (5.6a) zu $F_1 : F_3 : F_2 = 1 : \frac{w_1}{w_3}\frac{v_3}{v_1} : \frac{w_1}{w_2}\frac{v_2}{v_1}$. Es ist somit erforderlich, das spezifische Volumen in den drei Querschnitten zu bestimmen. Im Querschnitt 1 ist gesättigter Dampf von 300 °C vorhanden; es gilt also $v_1 = v''_{300\,°\text{C}} = 0{,}0216\,\text{m}^3/\text{kg}$. Das spezifische Volumen in den Querschnitten 2 und 3 wird nach Gl. (2.4a) berechnet. Den Naßdampfgehalt x_2 bzw. x_3 findet man über die spezifischen Enthalpien h_2 bzw. h_3 nach Gl. (2.4c)

$$x_2 = \frac{h_2 - h'_{10\,\text{at}}}{h''_{10\,\text{at}} - h'_{10\,\text{at}}} \quad\text{und}\quad x_3 = \frac{h_3 - h'_{30\,\text{at}}}{h''_{30\,\text{at}} - h'_{30\,\text{at}}}$$

h_3 und h_2 ergeben sich schließlich aus Gl. (5.17) ($z_1 = z_2$)

$$h_2 = 656{,}1\,\frac{\text{kcal}}{\text{kg}} - \frac{1}{2}\left(755{,}4^2\,\frac{\text{m}^2}{\text{sec}^2} - 100^2\,\frac{\text{m}^2}{\text{sec}^2}\right)\cdot\frac{0{,}23892}{10^3}\,\frac{\text{sec}^2}{\text{m}^2}\,\frac{\text{kcal}}{\text{kg}} =$$

$$= 589{,}1\,\text{kcal/kg}$$

$x_2 = 0{,}8466$; $v_2 = 0{,}1679\,\text{m}^3/\text{kg}$.
$h_3 = 621{,}5\,\text{kcal/kg}$; $x_3 = 0{,}8880$; $v_3 = 0{,}0605\,\text{m}^3/\text{kg}$.
Somit ergibt sich $F_1 : F_3 : F_2 = 1 : 0{,}512 : 1{,}03$.

d) Zwischen dem Eintritts- und dem Austrittsquerschnitt liegt ein engster Querschnitt. Deswegen kann im Eintrittsquerschnitt nur eine Strömungsgeschwindigkeit vorhanden sein, die kleiner als die Schallgeschwindigkeit ist: $w^*_{\text{Eintrittszustand}\,1} > 100\,\text{m/sec} = w_1$.

Beispiel 5.11. Ein Staustrahltriebwerk besteht aus den 3 Bauteilen Diffusor, Brennkammer und Düse. Die mit der Geschwindigkeit des vom Triebwerk angetriebenen Flugkörpers in den Diffusor eintretende Luft wird im Diffusor verzögert und komprimiert, in der Brennkammer von konstantem Querschnitt durch isobare Wärmezufuhr (Einspritzen und Verbrennen von Brennstoff) erwärmt und in der Düse wieder entspannt, so daß eine hohe Austrittsgeschwindigkeit erreicht wird. Die Düse möge irreversibel adiabat arbeiten, der Diffusor reversibel adiabat. Für eine Fluggeschwindigkeit $w_{\text{Flug}} = 5000\,\text{km/h}$, einen Luftdruck von 0,1 at, eine Lufteintrittstemperatur von 250 °K, eine Wärmezufuhr in der Brennkammer von 1000 J/g, einen isentropen Düsenwirkungsgrad $\eta_{\text{SD}} = 0{,}81$ und einen engsten Diffusorquerschnitt von 0,3 m² berechne man mit $c^0_{p\,\text{Luft}} = 1\,\text{J/g grd} = \text{const}$, $M_{\text{Luft}} = 29\,\text{g/mol}$ und der Annahme, daß Luft und Reaktionsprodukte der thermischen Zustandsgleichung idealer Gase gehorchen:

a) den Druck in der Brennkammer ($w_{\text{Austritt, Diff}} = w_{\text{Eintritt, Brennkammer}} = 1\,\text{m/sec}$),
b) die Temperatur der Luft am Eintritt in die Brennkammer,
c) die Temperatur am Austritt aus der Brennkammer,
d) die Geschwindigkeit der Reaktionsprodukte im Austrittsquerschnitt der Düse (die Eigenschaften der Reaktionsprodukte und der Luft mögen der Einfach-

heit wegen identisch sein; auch möge der Mengenstrom $\dot{m}$ durch das Einspritzen und Verbrennen des Treibstoffes nur vernachlässigbar wenig verändert werden).

e) die Menge der pro Sekunde durch das Triebwerk strömenden Luft,

f) den Impuls, der vom Triebwerk pro Sekunde auf den Flugkörper übertragen wird.

Lösung. a) Für den reversibel adiabat arbeitenden Diffusor gilt nach Gl. (5.36) mit $\varkappa$ = (1 J/g grd)/(1 J/g grd −0,2867 J/g grd) = 1,4 [Gln. (1.126), (1.167)]

$$p_2 = 0{,}1\,\text{at}\left\{1 + \frac{25 \cdot 10^{12} \cdot 3{,}6^{-2}\, 10^{-6}\,\text{m}^2\,\text{sec}^{-2} - 1\,\text{m}^2\,\text{sec}^{-2}}{2 \cdot 1\,\text{J/g grd} \cdot 250\,°\text{K}} \cdot \frac{1\,\text{J sec}^2}{10^3\,\text{g m}^2}\right\}^{1,4/0,4} =$$

$$= 25{,}27\,\text{at}\,.$$

Dieser Druck im Austrittsquerschnitt des Diffusors ist mit dem Brennkammerdruck identisch.

b) Die Temperatur T_2 folgt aus Gl. (1.170) zu $T_2 = T_1 (p_2/p_1)^{(\varkappa-1)/\varkappa} = 1214{,}5$ °K.

c) Da die Wärmezufuhr isobar erfolgt, gilt nach dem ersten Hauptsatz [Gl. (5.8)] mit

$z_2 = z_3$; $w_3 = w_2 \cdot v_3/v_2 = w_2\, T_3/T_2$ [Gln. (1.8a) und (5.6a)], $p_2 = p_3$, $F_2 = F_3$, sowie $(h_3 - h_2) = c_p^0 (T_3 - T_2)$ [Gl. (1.38), c_p^0 = const]

$$q_{23} = 1000\,\text{J/g} = c_p^0\,(T_3 - T_2) + \frac{1}{2}\,(w_2)^2\left[\left(\frac{T_3}{T_2}\right)^2 - 1\right].$$

Daraus folgt $T_3 = 2214{,}5$ °K.

d) Aus der Temperatur am Brennkammeraustritt erhält man zunächst die Geschwindigkeit am Ende der Brennkammer $w_3 = w_2\, T_3/T_2 = 1{,}823$ m/sec. Die Geschwindigkeit w_4 am Düsenaustritt ergibt sich aus den Gln. (5.21) und (5.29b) zu

$$(w_4)^2 = (w_3)^2 + \eta_{SD}\,\{(w_{4,\,\text{rev}})^2 - (w_3)^2\} = (w_3)^2 + \eta_{SD}\left[2\,\frac{\varkappa}{\varkappa - 1}\,R T_3 \left\{1 - \left(\frac{p_4}{p_3}\right)^{\frac{\varkappa-1}{\varkappa}}\right\}\right]$$

Daraus ergibt sich

$$w_4 = \left[1{,}82^2\,\frac{\text{m}^2}{\text{sec}^2} + 0{,}81\left\{2\,\frac{1{,}4}{0{,}4} \cdot \frac{8{,}315\,\text{J/mol}\,°\text{K}}{29\,\text{g/mol}} \cdot \frac{10^3\,\text{g m}^2}{\text{sec}^2\,\text{J}} \cdot 2214{,}5\,°\text{K}\,\cdot\right.\right.$$

$$\left.\left.\cdot\left(1 - \left(\frac{0{,}1\,\text{at}}{25{,}27\,\text{at}}\right)^{\frac{0,4}{1,4}}\right)\right\}\right]^{1/2} = 1690{,}9\,\text{m/sec}\,.$$

e) Den durch den Diffusor und damit durch das Triebwerk strömenden Mengenstrom findet man aus Gl. (5.34), wobei es sinnvoll ist, auf den Querschnitt 2 mit $w_2 = 1$ m/sec $\ll w^*$ zu beziehen ($w_2 \approx 0$)

$$\dot{m} = F_{\text{Min, Diff}}\left(\frac{2}{\varkappa+1}\right)^{\frac{1}{\varkappa-1}}\left(\frac{2\varkappa}{\varkappa+1}\right)^{1/2} R^{-1/2}\, T_2^{-1/2}\, p_2$$

$$\dot{m} = 0{,}3\,\text{m}^2 \cdot \left(\frac{2}{2{,}4}\right)^{1/0,4} \cdot \left(\frac{2{,}8}{2{,}4}\right)^{0,5} \cdot 25{,}27\,\text{at} \cdot \frac{1\,\text{kp}}{\text{cm}^2\,\text{at}} \cdot \frac{9{,}81\,\text{N}}{\text{kp}}\,\cdot$$

$$\cdot\,\frac{1\,\text{kg m}}{\text{sec}^2\,\text{N}} \cdot \frac{10^4\,\text{cm}^2}{\text{m}^2} \Big/ \left(\frac{8{,}315}{29} \cdot 1214{,}5\,\frac{\text{J}}{\text{g}} \cdot \frac{10^3\,\text{g m}^2}{\text{J sec}^2}\right)^{1/2} = 863\,\text{kg/sec}\,.$$

f) Der vom Triebwerk auf den Flugkörper pro Sekunde übertragene Impuls ist identisch mit dem Produkt

$$\dot{m}\,(w_4 - w_1) = 863\,\frac{\text{kg}}{\text{sec}} \cdot \left(1690{,}9\,\frac{\text{m}}{\text{sec}} - \frac{5 \cdot 10^6\,\text{m/h}}{3{,}6 \cdot 10^3\,\text{sec/h}}\right) = 2{,}6 \cdot 10^5\,\text{m kg sec}^{-2}\,.$$

5.3.5 Der gerade Verdichtungsstoß in einer adiabaten Lavaldüse

Legt man den Austrittsquerschnitt einer Lavaldüse fest, so muß man auch eine Aussage darüber machen, wohin die aus der Düse austretende Substanz strömen soll. Bisher wurde stillschweigend vorausgesetzt, daß der Druck p_2 im Austrittsquerschnitt mit dem Druck p_R übereinstimmt, der in dem Raum herrscht, in den die Substanz aus der Düse strömt. Diese Voraussetzung braucht jedoch keineswegs erfüllt zu sein. Ist p_R kleiner als p_2, dann bleibt die Strömung in der Düse unverändert. Die ausströmende Substanz expandiert aber, sobald sie in den Raum mit $p_R < p_2$ gelangt, wobei sich in der Strömung periodische Dichteunterschiede einstellen, die z. B. mit Hilfe der Schlierenoptik sichtbar gemacht werden können[1].

Ist p_R größer als p_2, jedoch kleiner als ein Grenzwert $p_{2,\text{Diffusor}}$, so treten die in Abb. 5.13 skizzierten Verhältnisse auf. Der strömende Stoff stellt nämlich im Austrittsquerschnitt dadurch den richtigen Druck

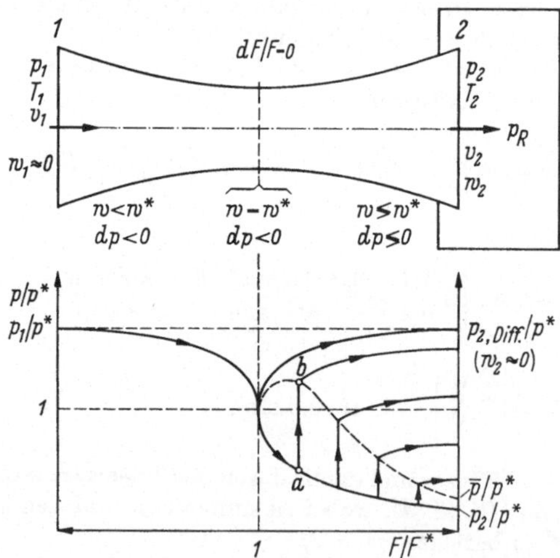

Abb. 5.13 Druckverlauf in einer Lavaldüse, in der ein gerader Verdichtungsstoß $a \to b$ auftritt.

$p_2 = p_R$ ein, daß nur ein Teil der Lavaldüse hinter dem engsten Querschnitt als Düse benutzt wird, während der Rest als Diffusor wirkt. An der Übergangsstelle von der erweiterten Düse ($w > w^*$ für $\mathrm{d}F/F > 0$)

[1] Einige Beispiele sind bei E. Schmidt: Thermodynamik, 7. Aufl., Berlin/Göttingen/Heidelberg: Springer 1958, S. 274 zu finden.

zum erweiterten Diffusor ($w < w^*$ für $\mathrm{d}F/F > 0$) springt die Geschwindigkeit von Überschallgeschwindigkeit in einem *Verdichtungsstoß* auf die bei isentroper Strömung im erweiterten Diffusor vorgeschriebene Unterschallgeschwindigkeit. Dieser Vorgang spielt sich im Bereich einiger mittlerer freier Weglängen der Moleküle ab. Bei normalen Drücken und Temperaturen ist die Dicke der Stoßzone also außerordentlich klein. Sie beträgt bei 1 at, 300 °K der Größenordnung nach 10^{-3} mm und ändert sich proportional zu T/p. Bei sehr kleinen Drücken kann die Dicke der Stoßzone also stark anwachsen (300 °K, 10^{-6} at, 1 m).

Ändert sich beim Verdichtungsstoß nur die Geschwindigkeit, nicht aber die Strömungsrichtung, so spricht man von einem *geraden Verdichtungsstoß*. Er tritt im Bereich $p_{2,\mathrm{Diff.}} > p_R \geq \bar{p}$ auf (Abb. 5.13), wobei $\bar{p}$ dadurch gekennzeichnet ist, daß die Stoßzone im Austrittsquerschnitt liegt. Unterhalb von $\bar{p}$ ändert sich in der Stoßzone auch die Richtung der Geschwindigkeit und die strömende Substanz löst sich von der Diffusorwand ab: Es tritt ein *schräger Verdichtungsstoß* auf.

Im einfachsten Fall der isentropen Strömung eines idealen Gases läßt sich die Lage des geraden Verdichtungsstoßes leicht ermitteln. Man schätzt zunächst den Druck p_a unmittelbar vor der Stoßzone (Index a) und berechnet folgende Werte:

$$v_a = v_1 \left(\frac{p_1}{p_a}\right)^{1/\varkappa} \quad (1.171) \quad ; \quad T_a = T_1 \left(\frac{p_a}{p_1}\right)^{\frac{\varkappa-1}{\varkappa}} \quad (1.170)$$

$$(w_a)^2 = \frac{2\varkappa}{\varkappa - 1} R T_1 \left\{1 - \left(\frac{p_a}{p_1}\right)^{\frac{\varkappa-1}{\varkappa}}\right\} + (w_1)^2 \quad (5.29\mathrm{b})$$

$$(w^*)^2 = \frac{2\varkappa}{\varkappa + 1} R T_1 + (w_1)^2 \frac{\varkappa - 1}{\varkappa + 1} = w_a w_b \quad (5.44)$$

Gl. (5.44) liefert nun die Strömungsgeschwindigkeit w_b nach dem Stoß, so daß jetzt mit Hilfe der Gleichung

$$\frac{v_a}{v_b} = \frac{\frac{p_a}{p_b}(\varkappa - 1) + (\varkappa + 1)}{\frac{p_a}{p_b}(\varkappa + 1) + (\varkappa - 1)} = \frac{w_a}{w_b} = \frac{T_a}{T_b}\,\frac{p_b}{p_a} \quad (5.45)$$

p_b, v_b und T_b berechnet werden können. Damit ist der Zustand des strömenden Gases nach dem Verdichtungsstoß (Index b) bekannt. Dieser Zustand ist identisch mit dem Eintrittszustand in den als Diffusor wirkenden Teil der Düse. Nach Vorgabe einer bestimmten Austrittsgeschwindigkeit (z. B. $w_{\mathrm{Austritt}} = w_2 = 0$) läßt sich daraus mit Hilfe von Gl. (5.36) der Druck $p_2 = p_{\mathrm{Austritt}}$ im Austrittsquerschnitt 2 bestimmen.

$$p_{\mathrm{Austritt}} = p_2 = p_b \left\{1 + \frac{(w_b)^2 - (w_2)^2}{2 R T_b} \cdot \frac{\varkappa - 1}{\varkappa}\right\}^{\varkappa/(\varkappa - 1)} \quad (5.36)$$

Wurde der Druck p_a vor dem Verdichtungsstoß richtig gewählt, so ist

$p_{\text{Austritt}} = p_R$. Wird diese Bedingung nicht erfüllt, muß man die Rechnung mit einem verbesserten Wert von p_a hinreichend oft wiederholen. Mit dem durch Iteration genügend genau ermittelten Wert p_a läßt sich dann aus

$$\frac{F_a}{F^*} = \left(\frac{p_1}{p_a}\right)^{\frac{1}{\varkappa}} \left[\frac{2}{\varkappa+1} + \frac{w_1^2(\varkappa-1)}{RT_1\varkappa(\varkappa+1)}\right]^{\frac{1}{(\varkappa-1)}} \frac{\left[\frac{\varkappa-1}{\varkappa+1}w_1^2 + \frac{2RT_1\varkappa}{\varkappa+1}\right]^{1/2}}{\left[w_1^2 + \frac{2RT_1\varkappa}{\varkappa-1}\left\{1-\left(\frac{p_a}{p_1}\right)^{\frac{(\varkappa-1)}{\varkappa}}\right\}\right]^{\frac{1}{2}}} \tag{5.46}$$

die Lage der Stoßzone bestimmen[1].

Beispiel 5.12. Durch eine horizontal liegende Lavaldüse strömt isentrop Luft. Die Luft möge sich wie ein ideales Gas verhalten ($\varkappa = 1{,}4$; $M = 29$ g/mol) und im Eintrittsquerschnitt folgende Eigenschaften besitzen: $p_1 = 10$ at, $T_1 = 300$ °K, $w_1 = 0$ m/sec. Im Austrittsquerschnitt sei das Flächenverhältnis $F_2/F^* = \infty$ vorhanden. Durch diesen Querschnitt strömt die Luft aus der Düse in einen Raum mit dem Druck $p_R = 1{,}00456\, p^*$.

a) Man berechne Druck und Strömungsgeschwindigkeit im engsten Querschnitt.

b) Tritt ein Verdichtungsstoß auf?

c) Welches Druckverhältnis p/p^* ist vor bzw. hinter dem Verdichtungsstoß vorhanden?

d) Bei welchem Flächenverhältnis F/F^* stellt sich der Verdichtungsstoß ein?

Lösung. a) Nach den Gln. (5.32b) und (5.33a) gilt für $w_1 = 0$

$$(w^*)^2 = 2RT_1\frac{\varkappa}{\varkappa+1} = \frac{2\cdot 8{,}315\ \text{J/mol °K}}{29\ \text{g/mol}}\cdot 300\ \text{°K}\cdot\frac{1{,}4}{2{,}4}\cdot\frac{1\ \text{Nm}}{1\ \text{J}}\cdot\frac{10^3\ \text{g m sec}^{-2}}{1\ \text{N}} =$$

$$= 10{,}03534\cdot 10^4\ \frac{\text{m}^2}{\text{sec}^2}, \quad \text{entsprechend } w^* = 316{,}8\ \frac{\text{m}}{\text{sec}}$$

$$p^* = p_1\left(\frac{2}{\varkappa+1}\right)^{\frac{\varkappa}{\varkappa-1}} = 10\,\text{at}\cdot\left(\frac{2}{2{,}4}\right)^{3{,}5} = 5{,}283\,\text{at}$$

b) Im unendlich großen Austrittsquerschnitt wird bei endlichem w_2 $v_2 \to \infty$ und $p_2 \to 0$. Da $p_R > 0$ ist, muß ein Verdichtungsstoß auftreten.

c) Mit einem geschätzten Wert $p_a = 0{,}125\, p^* = 0{,}6604$ at ergibt sich aus den Gln. (5.29b), (5.44), (5.45) und (5.36)

$$w_a = \left[\frac{2\varkappa}{\varkappa-1}RT_1\left\{1-\left(\frac{p_a}{p_1}\right)^{\frac{\varkappa-1}{\varkappa}}\right\}\right]^{1/2} = \left[\frac{2{,}8}{0{,}4}\,\frac{8{,}315\ \text{J/mol °K}}{29\ \text{g/mol}}\cdot 300\ \text{°K}\cdot\right.$$

$$\left.\cdot\left\{1-\left(\frac{0{,}6604}{10{,}0}\right)^{\frac{0{,}4}{1{,}4}}\right\}\cdot\frac{10^3\ \text{g m}^2\,\text{sec}^{-2}}{\text{J}}\right]^{1/2} = 570{,}2\ \text{m/sec}.$$

$$w_b = (w^*)^2/w_a = 10{,}035\cdot 10^4\ \text{m}^2\cdot\text{sec}^{-2}/570{,}2\ \text{m}\cdot\text{sec}^{-1} = 176{,}0\ \text{m/sec}$$

$$\frac{w_a}{w_b} = 3{,}2398 = \{p_a/p_b\cdot 0{,}4 + 2{,}4\}/\{p_a/p_b\cdot 2{,}4 + 0{,}4\}, \quad \text{entsprechend}$$

---

[1] Gl. (5.46) ergibt sich aus den Gln. (1.126), (1.167), (1.171), (5.6a), (5.29b) und (5.34). Die Gln. (5.44) und (5.45) werden z. B. bei F. Bošnjaković: Technische Thermodynamik, Teil I, 5. Aufl., Dresden: Steinkopff 1967, S. 227, 229, hergeleitet.

$p_a/p_b = 0{,}1497$ und $p_a/p^* = 0{,}125$ sowie $p_b/p^* = 0{,}835$. Außerdem ergibt sich mit

$$T_a = T_1\,(p_a/p_1)^{\frac{\varkappa-1}{\varkappa}} = 300\,°\text{K} \cdot 0{,}460053 = 138{,}02\,°\text{K}$$

$$T_b = T_a\,\frac{p_b}{p_a}\cdot\frac{w_b}{w_a} = 138{,}02\,°\text{K}\cdot\frac{0{,}835}{0{,}125}\cdot\frac{1}{3{,}2398} = 284{,}58\,°\text{K}\,.$$

Kontrolle: im unendlich großen Austrittsquerschnitt eines Diffusors herrschen ein endlicher Druck, eine endliche Temperatur und eine endliche Dichte. Ein endlicher Mengenstrom wird daher nach der Kontinuitätsgleichung bei einer Austrittsgeschwindigkeit $w_2 = 0$ erreicht. Gl. (5.36) liefert dann ein Druckverhältnis p_{Austritt}/p^* von

$$\frac{p_{\text{Austritt}}}{p^*} = \frac{p_b}{p^*}\left\{1 + \frac{w_b^2}{2\,R\,T_b}\cdot\frac{\varkappa-1}{\varkappa}\right\}^{\frac{\varkappa}{\varkappa-1}} =$$

$$= 0{,}835\left\{1 + \frac{0{,}4}{1{,}4}\cdot\frac{176^2\,\text{m}^2/\text{sec}^2}{2\cdot 8{,}315\,\text{J/mol}\,°\text{K}}\cdot\frac{\frac{29\,\text{g}}{\text{mol}}\cdot\frac{1\,\text{J}}{1\,\text{Nm}}\cdot\frac{1\,\text{N}}{10^3\,\text{g}\,\text{m}\,\text{sec}^{-2}}}{284{,}58\,°\text{K}}\right\}^{1{,}4/0{,}4}$$

$$\frac{p_{\text{Austritt}}}{p^*} = 1{,}00453\,.$$

Dieser Wert stimmt hinreichend genau mit dem vorgegebenen Wert p_R/p^* überein. Der geschätzte Wert für p_a war also richtig.

d) Das gesuchte Flächenverhältnis ergibt sich aus den Gln. (5.33a) und (5.46) zu

$$\frac{F_a}{F^*} = \frac{(p^*/p_a)^{1/\varkappa}}{\left[\frac{\varkappa+1}{\varkappa-1}\left\{1-\left(\frac{p_a}{p^*}\right)^{\frac{\varkappa-1}{\varkappa}}\cdot\frac{2}{\varkappa+1}\right\}\right]^{1/2}} = \frac{8^{0{,}7143}}{\left[\frac{2{,}4}{0{,}4}\left\{1-0{,}125^{0{,}2857}\cdot\frac{2}{2{,}4}\right\}\right]^{1/2}}$$

$$\frac{F_a}{F^*} = 2{,}45$$

5.3.6 Adiabate Strömung durch horizontale Rohrleitungen mit konstantem Querschnitt

Strömt ein Gas oder eine Flüssigkeit adiabat durch eine Rohrleitung von konstantem Querschnitt, dann folgt aus der Kontinuitätsgleichung und dem ersten Hauptsatz [Gl. (5.8)] mit $z_1 = z_2 = z$, $q_{12} = 0$, $F_1 = F_2 = F$ für den konstanten Mengenstrom $\dot{m}$

$$h_2 + \frac{1}{2}\left(\frac{\dot{m}}{F}\right)^2(v_2)^2 = h_1 + \frac{1}{2}\left(\frac{\dot{m}}{F}\right)^2(v_1)^2 = h + \frac{1}{2}\left(\frac{\dot{m}}{F}\right)^2 v^2 = \text{const} \qquad (5.47)$$

Die durch Gl. (5.47) dargestellte Funktion wird als *Fannokurve* bezeichnet. Den Verlauf der Fannokurve macht man sich am einfachsten am Beispiel der Drosselkapillare im Kreislauf einer Kompressionskälteanlage klar. Sie wird nach Abb. 4.15 zwischen dem Kondensator (Druck p_K) und dem Verdampfer (Druck p_V) eingebaut, besteht normalerweise aus einem dünnen Kupferrohr von rd. 1 mm Innendurchmesser und hat die Aufgabe, das im Kondensator verflüssigte Kältemittel in den Verdampfer zu leiten. Dabei muß die Druckdifferenz $p_K - p_V$

überwunden werden. Nimmt man an, daß das Kältemittel im Kondensator gerade siedet ($x = 0$), dann tritt im Punkt 1 siedende Flüssigkeit mit dem spezifischen Volumen v_1' in die Kapillare ein. In der Kapillare sinkt nun der Druck. Deswegen wird ein Teil der Flüssigkeit verdampfen. Die zum Verdampfen notwendige Energie wird der inneren Energie der

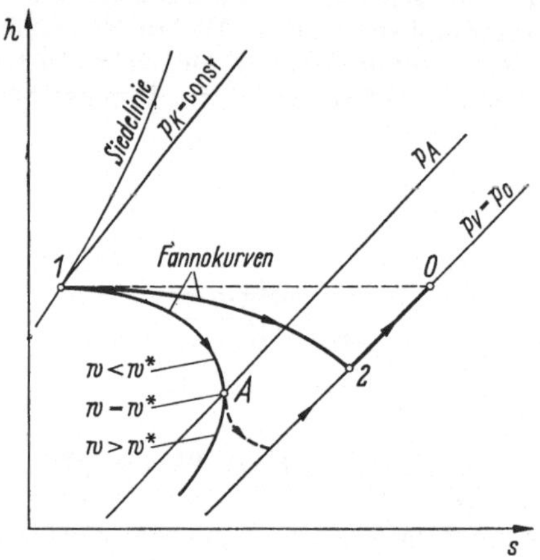

Abb. 5.14 Zustandsänderung eines Kältemittels, das als siedende Flüssigkeit aus dem Kondensator (Pkt. 1) durch eine Drosselkapillare in den Verdampfer (Pkt. 0) einer Kälteanlage fließt. Der Austrittszustand aus der Kapillare trägt den Index 2.

Flüssigkeit entnommen. Das Kältemittel kühlt sich daher auf die zum neuen, kleineren Druck gehörende niedrigere Siedetemperatur ab. Das durch den Druckabfall entstandene Gemisch aus siedender Flüssigkeit und gesättigtem Dampf besitzt ein größeres spezifisches Volumen als die in die Kapillare eingetretene Flüssigkeit, denn das spezifische Volumen des gesättigten Dampfes ist normalerweise sehr viel größer als v_1'. Die Kontinuitätsgleichung fordert deswegen eine höhere Strömungsgeschwindigkeit $w = w_1\, v/v_1'$. Das durch die Kapillare strömende siedende Kältemittel wird also in der Kapillare entspannt ($\mathrm{d}p < 0$, $\mathrm{d}v > 0$), abgekühlt und beschleunigt. Im Austrittsquerschnitt 2 ist dann ein Naßdampf vorhanden, der mit hoher Geschwindigkeit in den Verdampfer schießt. Dort trifft der Kältemittelstrahl auf die Verdampferwand oder die Flüssigkeitsoberfläche. Er wird auf die Geschwindigkeit $w = 0$ abgebremst, wobei sich seine kinetische Energie über Reibungsarbeit in Wärme verwandelt, die vom Kältemittel beim Verdampferdruck p_V isobar aufgenommen wird. Erst dann besitzt das Kältemittel den im Verdampfer vorhandenen Zustand (Index$_0$). Abb. 5.14 zeigt den Verlauf dieser Zustandsänderung im h,s-Diagramm: Ausgehend vom Punkt 1 auf der Siedelinie verbindet die Fannokurve mit dem zur betrachteten Kapillare gehörenden konstanten Verhältnis $\dot{m}/F$ alle die Punkte des h,s-Bildes, welche folgende Bedingung erfüllen [Gl. (5.47)]

$$h_1 + \frac{1}{2}\left(\frac{\dot{m}}{F}\right)^2 (v_1)^2 = h + \frac{1}{2}\left(\frac{\dot{m}}{F}\right)^2 v^2 \tag{5.48}$$

Da das spezifische Volumen v in der Kapillare mit sinkendem Druck steigt, weicht die Fannokurve mit sinkendem Druck immer stärker von der horizontalen Geraden $h_1 =$ const nach unten ab, bis sie schließlich die Isobare für den Verdampferdruck $p_V = p_0$ erreicht (Punkt 2). Von da an schreitet die Zustandsänderung durch isobare Zufuhr der beim Aufprall des Kältemittelstrahles auf die Verdampferwand oder die Flüssigkeitsoberfläche über innere Reibung in Wärme umgewandelten kinetischen Energie auf der Isobaren p_0 fort, bis man schließlich den Zustand 0 erreicht, für den wegen $q_{10} = 0$, $z_1 = z_0$ und $w_1 = w_0 \approx 0$ nach Gl. (5.8) gilt $h_1 = h_0$. Man gelangt also über den Umweg der Fannokurve letzten Endes genau zu dem Zustandspunkt 0, der auch durch einfache Drosselung von p_K auf $p_V = p_0$ mit $h_1 = h_0 =$ const erreicht wird. Da nun beim Durchrechnen von Kreisprozessen lediglich die Eckpunkte des Prozesses in das Resultat eingehen, war es zulässig, die Kompressionskälteanlage in Nr. 4.5.5 mit einfacher Drosselung zu diskutieren, obwohl die Zustandsänderung des Kältemittels in der Drosselkapillaren keineswegs bei $h =$ const verläuft.

Man kann durch den Anfangspunkt 1 der Abb. 5.14 beliebig viele Fannokurven zeichnen. Parameter ist der Quotient $\dot{m}/F$. Ist dieser Quotient hinreichend groß geworden, so weisen die Fannokurven einen Punkt A auf, für den gilt $(\partial h/\partial s)_{\text{Fanno}} = \infty$, entsprechend $\mathrm{d}s = 0$. Vor diesem Punkt ist $(\partial h/\partial s)_{\text{Fanno}} < 0$, was wegen $\mathrm{d}h < 0$ ein $\mathrm{d}s > 0$ fordert. Überschreitet man jedoch den Punkt A, dann ergibt sich rein formal ein $(\partial h/\partial s)_{\text{Fanno}} > 0$. Jetzt müßte $\mathrm{d}s < 0$ sein, da $\mathrm{d}h$ weiterhin kleiner als null bleibt. Im Beharrungszustand enthält nun jedes von zwei Kapillarenquerschnitten und der Rohrwand begrenzte System eine konstante Masse. Die Materie innerhalb eines solchen Kontrollraumes verhält sich also genau wie in einem geschlossenen System. Da das System außerdem adiabat ist, sind nach Gl. (1.94a) nur solche Zustandsänderungen zugelassen, bei denen $\mathrm{d}S = \mathrm{d}(m\,s) = m\,\mathrm{d}s \geq 0$ ist. Daher kann der Punkt A auf der Fannokurve nicht überschritten werden. Wird dieser Punkt bereits vor dem Kapillarenende erreicht, dann ändert sich der Zustand des strömenden Kältemittels im letzten Teil der Kapillaren nicht mehr. Insbesondere tritt kein weiterer Druckabfall ein, so daß das Kältemittel mit einem Druck $p_2 > p_0 = p_V$ in den Verdampfer hineinschießt. Dann „zerplatzt" der Kältemittelstrahl, wobei er irreversibel adiabat bis zum Verdampferdruck p_0 expandiert (gestrichelt in Abb. 5.14). Erst danach wird die restliche kinetische Energie über innere Reibung in Wärme verwandelt und dem Kältemittel entlang der Isobaren p_0 zugeführt, bis schließlich wieder der Punkt 0 erreicht wird.

Die im Punkte A erreichte Geschwindigkeit läßt sich leicht berechnen. Entlang der Fannokurve gilt nämlich wegen

$$h + \frac{1}{2}\left(\frac{\dot{m}}{F}\right)^2 v^2 = \text{const} \qquad \mathrm{d}h + \left(\frac{\dot{m}}{F}\right)^2 v\,\mathrm{d}v = 0 \tag{5.49}$$

Speziell für den Punkt A wird nun entlang der Fannokurve $\mathrm{d}s = 0$. Aus Gl. (1.93) folgt daher wie bei der isentropen Strömung $\mathrm{d}h = v\,\mathrm{d}p$, so daß man für Gl. (5.49) mit den Gln. (5.6a) und (5.15) schreiben kann

$$v_A\,\mathrm{d}p + \left(\frac{\dot{m}}{F}\right)^2 v_A\,\mathrm{d}v = v_A\,\mathrm{d}p + \left(\frac{w_A}{v_A}\right)^2 v_A\,\mathrm{d}v = 0 \quad \text{sowie} \tag{5.50}$$

$$-\left(\frac{\partial p}{\partial v}\right)_{\text{Fannokurve, Stelle A}} \cdot (v_A)^2 = (w_A)^2 = (w^*)^2 = -v_A^2\left(\frac{\partial p}{\partial v}\right)_s \tag{5.51}$$

Die nach Gl. (5.51) berechnete Strömungsgeschwindigkeit w_A ist also identisch mit der Schallgeschwindigkeit. Das bedeutet: Eine adiabate Strömung kann in einer Rohrleitung von konstantem Querschnitt nur bis zur Schallgeschwindigkeit beschleunigt werden. Höhere Geschwindigkeiten lassen sich auch dann nicht erreichen, wenn der Druck in der Leitung höher ist als der Druck vor dem Austrittsquerschnitt. Die verbleibende Druckdifferenz führt vielmehr zu einer irreversibel adiabaten Expansion des aus dem Austrittsquerschnitt herauskommenden Stoffstromes; der Strahl „zerplatzt". Aus dem gleichen Grunde läßt sich in einer adiabaten Rohrleitung kinetische Energie nur dann wie in einem Diffusor in technische Kompressionsarbeit verwandeln, wenn die Strömungsgeschwindigkeit größer als die Schallgeschwindigkeit ist. Nur dann ist nämlich auf der Fannokurve ein $\mathrm{d}p > 0$ mit $(\partial h/\partial s)_{\text{Fanno}} > 0$, entsprechend $\mathrm{d}h > 0$ und $\mathrm{d}s > 0$ verbunden (Abb. 5.14).

Beispiel 5.13. Durch eine horizontal liegende Rohrleitung vom konstanten Querschnitt $F = 100\ \text{cm}^2$ strömt adiabat ein ideales Gas mit der Molmasse $M = 8{,}315$ g/mol und der spezifischen Wärmekapazität $c_p^0 = 3$ J/g grd. Im Eintrittsquerschnitt 1 herrscht die Temperatur $T_1 = 1000\ °\text{K}$. Der Druck p_1 beträgt dort 100 bar, die Strömungsgeschwindigkeit ist $w_1 = 500$ m/sec. Der Gasdruck sinkt in Strömungsrichtung.

a) Durch welche Gleichung werden die Gaszustände in der Rohrleitung beschrieben?

b) Man zeichne die Fannokurve der Gasströmung in einem h,s-Bild und die Abhängigkeit der Temperatur vom Druck in der Rohrleitung in einem T,p-Bild auf. Hierzu bestimme man nach Vorgabe der Temperatur aus der Gleichung der Fannokurve den Druck und aus der Gleichung für die spezifische Entropie des Gases die Entropie.

c) Welcher Zustand stellt sich in dem Querschnitt ein, in dem die Schallgeschwindigkeit erreicht wird?

d) Welcher Zustand stellt sich im Austrittsquerschnitt ein, wenn das Rohr in einen Raum mit $p_2 = 0{,}1$ at mündet?

Lösung. a) Im Eintrittszustand 1 beträgt die Schallgeschwindigkeit nach Gl. (5.16) $w^* = (\varkappa R T_1)^{1/2}$ mit $\varkappa = c_p^0/(c_p^0 - R) = 1{,}5$ [Gln. (1.126), (1.167)]

$$\text{Man findet } w^* = \left(1{,}5\,\frac{\text{J}}{\text{g °K}} \cdot 1000\ °\text{K} \cdot \frac{10^3\,\text{g m}^2}{\text{J sec}^2}\right)^{1/2} = 1224{,}7\ \text{m/sec}\,.$$

Die Eintrittsgeschwindigkeit w_1 liegt also wesentlich unter der Schallgeschwindigkeit, so daß die Strömung unter Druckabfall entlang der Fannokurve beschleunigt werden kann. Die Gleichung der Fannokurve lautet [Gln. (5.47) und (5.6a)]

$$h_{\text{Fanno}} + \frac{1}{2}\left(\frac{\dot m}{F}\right)^2 (v_{\text{Fanno}})^2 = h_1 + \frac{1}{2}\left(\frac{\dot m}{F}\right)^2 (v_1)^2 = h_1 + \frac{1}{2}\left(\frac{w_1}{v_1}\right)^2 (v_1)^2$$

Nach Gl. (1.38) gilt für die spezifische Enthalpie eines idealen Gases $h^0 = c_p^0(T - T_0)$, wenn c_p^0 als von der Temperatur unabhängig angesehen werden kann. Daraus folgt

$$h_{\text{Fanno}} = c_p^0\,(T - T_0) = c_p^0\,(T_1 - T_0) + \frac{1}{2}\left(\frac{w_1 p_1}{RT_1}\right)^2\left(\frac{RT_1}{p_1}\right)^2\left(1 - \left\{\frac{T}{T_1}\,\frac{p_1}{p}\right\}^2\right)$$

Mit einem willkürlich gewählten Nullpunkt der spezifischen Enthalpie bei $T_0 =$ $= 100$ °K ergibt sich daher

$$h_{\text{Fanno}} = \frac{3\,\text{J}}{\text{g grd}}\,(T - 100\,°\text{K}) = 2825\,\frac{\text{J}}{\text{g}} - 1{,}25\,\frac{\text{J}}{\text{g}}\,\frac{\text{bar}^2}{°\text{K}^2}\,\frac{T^2}{p^2} \qquad (5.52)$$

b) Für die spezifische Entropie des Gases gilt nach Gl. (1.144) mit einem willkürlich gewählten Entropienullpunkt bei $p_0 = 1$ bar, $T_0 = 100$ °K

$$s^0 = c_p^0 \ln\frac{T}{T_0} - R\ln\frac{p}{p_0} = \frac{3\,\text{J}}{\text{g grd}}\ln\frac{T}{100\,°\text{K}} - \frac{1\,\text{J}}{\text{g}\,°\text{K}}\ln\frac{p}{1\,\text{bar}}\,. \qquad (5.53)$$

Gibt man sich eine Temperatur T vor, so kann man aus Gl. (5.52) die spezifische Enthalpie des Gases und den Druck auf der Fannokurve berechnen, denn es gilt

$$p^2 = \left(1{,}25\,\frac{\text{J}}{\text{g}}\,\frac{\text{bar}^2}{°\text{K}^2}\,T^2\right) / \left(2825\,\text{J/g} - 3\,\frac{\text{J}}{\text{g grd}}\,\{T - 100\,°\text{K}\}\right). \qquad (5.54)$$

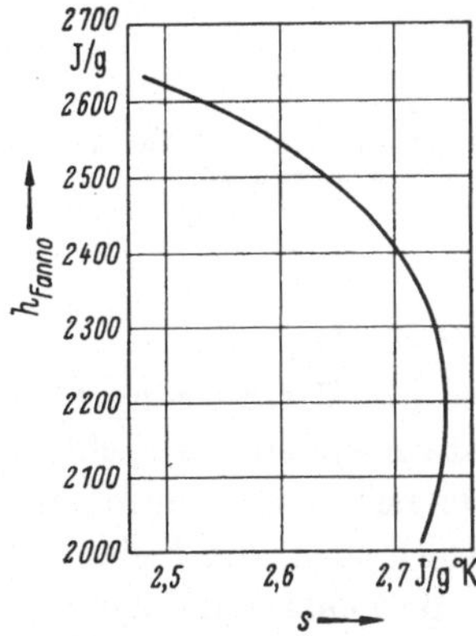

Abb. 5.15 Fannokurve, Aufgabe 5.13b.

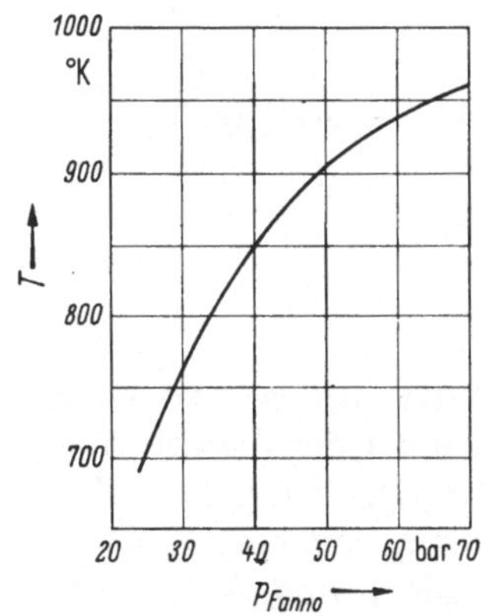

Abb. 5.16 Lösung der Aufgabe 5.13b.

Für $T = 900$ °K findet man z. B. $h_{\text{Fanno}} = 2400$ J/g und $p = 48{,}8$ bar. Mit diesem Druck ergibt sich aus Gl. (5.53) schließlich eine spezifische Entropie $s^0 = 2{,}71$ J/g °K. Analog lassen sich die folgenden Werte ermitteln

T [°K]	1000	950	900	850	800	750	700
h_{Fanno} [J/g]	2700	2550	2400	2250	2100	1950	1800
p_{Fanno} [bar]	100	64,05	48,8	39,6	33,2	28,3	24,4
s^0 [J/g °K]	2,303	2,594	2,704	2,741	2,736	2,702	2,643

c) Nach Abb. 5.15 stellt sich der Punkt A auf der Fannokurve etwa bei $h_{\text{Fanno}} =$ $= 2200$ J/g, $s^0 = 2{,}743$ J/g °K, $T_A = 833{,}3$ °K ein. Bei dieser Temperatur besitzt das betrachtete Gas nach Gl. (5.16) eine Schallgeschwindigkeit $w^* = (\varkappa R T_A)^{1/2} = 1118{,}0\,\text{m/sec} = w_A$ [Gl. (5.51)] und einen Druck $p^* = p_A = 37{,}26$ bar [Gl. (5.54)]. Aus der Kontinuitätsgleichung (5.6a) und Gl. (1.8a) folgt daraus eine Temperatur $T^* = T_1 w^* p^*/w_1 p_1 = 833{,}1$ °K. Diese Übereinstimmung ist zufriedenstellend. Die Lage des Punktes A wurde also richtig geschätzt.

d) Da $p_2 < p^*$ ist, bleibt bis zum Austrittsquerschnitt der Zustand erhalten, der bereits in dem Querschnitt erreicht worden ist, in dem sich die Schallgeschwindigkeit w^* einstellt.

Läßt man eine Substanz mit Überschallgeschwindigkeit in eine adiabate Rohrleitung eintreten, so wird sie entlang der Fannokurve verzögert, wobei der Druck ansteigt. Dieser Vorgang spielt sich auf dem Teil der Fannokurve ab, der unterhalb des Punktes A liegt, denn nur hier ist die aus dem 2. Hauptsatz folgende Forderung $ds > 0$ erfüllt (Abb. 5.14 u. 5.17). Den vorangegangenen Überlegungen für die adiabate Rohr-

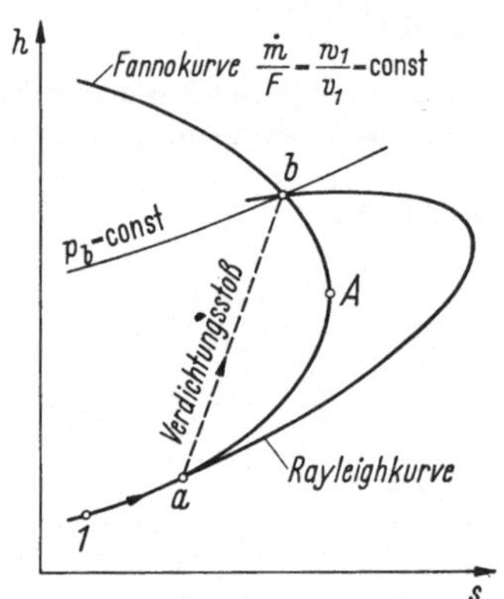

Abb. 5.17 Verdichtungsstoß in einer adiabaten Rohrleitung.

strömung mit $w < w^*$ entsprechend müßte die Verzögerung beim Erreichen der Schallgeschwindigkeit im Punkte A enden. Tatsächlich tritt in der Regel bereits vorher ein Verdichtungsstoß auf, durch den die Strömung auf eine Geschwindigkeit verzögert wird, die kleiner als die Schallgeschwindigkeit ist. Bezeichnet man die Zustandsgrößen vor dem Stoß wieder mit dem Index *a*, nach dem Stoß mit dem Index *b*, im Eintrittsquerschnitt mit dem Index 1, so ist es prinzipiell genauso wie in der Düse möglich, den Verdichtungsstoß in einer Rohrleitung zu berechnen. Wegen $F_a = F_b = F$ (sehr dünne Stoßzone) liefert Gl. (5.47) bei adiabater Strömung den Ausdruck

$$h_b + \frac{1}{2}\left(\frac{\dot m}{F}\right)^2 (v_b)^2 = h_a + \frac{1}{2}\left(\frac{\dot m}{F}\right)^2 (v_a)^2 , \qquad (5.55)$$

während sich aus dem Impulssatz und der Kontinuitätsgleichung die Ausdrücke

$$\text{Kraft} = \Delta p \cdot F = (p_b - p_a) F = \Delta (m\,w)/\Delta\tau = \dot{m}\,(w_a - w_b) \quad \text{und} \tag{5.56}$$

$$p_b + \left(\frac{\dot{m}}{F}\right)^2 v_b = p_a + \left(\frac{\dot{m}}{F}\right)^2 v_a \tag{5.57}$$

ergeben. Die Zustandspunkte a und b vor und nach dem Stoß lassen sich daher als Schnittpunkte der Fannokurve

$$h + \frac{1}{2}\left(\frac{\dot{m}}{F}\right)^2 v^2 = \text{const} = h_1 + \frac{1}{2}\left(\frac{\dot{m}}{F}\right)^2 (v_1)^2 \tag{5.58}$$

und der *Rayleigh-Kurve*

$$p + \left(\frac{\dot{m}}{F}\right)^2 v = \text{const} = p_b + \left(\frac{\dot{m}}{F}\right)^2 v_b \tag{5.59}$$

bestimmen. Nach Vorgabe des Eintrittszustandes 1 kann die entsprechende Fannokurve gezeichnet werden ($\dot{m}/F = w_1/v_1$). Man sucht hierzu im h,s-Bild ausgehend vom Punkt 1 alle die Punkte auf, welche die Gl. (5.58) erfüllen. Der Schnittpunkt dieser Fannokurve mit der Isobaren für den geforderten Druck p_b im Austrittsquerschnitt liefert den Punkt b nach dem Verdichtungsstoß. Jetzt kann nach Gl. (5.59) die durch b laufende Rayleighkurve konstruiert werden. Ihr zweiter Schnittpunkt mit der Fannokurve ergibt den Punkt a vor dem Verdichtungsstoß. Dabei gilt stets $s_b > s_a$, woraus folgt, daß die Umkehrung des Verdichtungsstoßes, also ein Sprung von Unterschall- auf Überschallgeschwindigkeit bei entsprechender Abnahme des Druckes dem zweiten Hauptsatz widersprechen würde. Ein „Verdünnungsstoß" kann deswegen nicht auftreten.

6. Kälteerzeugung durch reversibel adiabate Entmagnetisierung paramagnetischer Salze

6.1 Das magnetische Moment paramagnetischer Salze

Abb. 6.1 zeigt einen elektrischen Leiter, der vom Strom I_{el} durchflossen wird, die Fläche $F = 2r\,a$ umschließt und unter dem Winkel φ in einem homogenen magnetischen Feld der Feldstärke H_{magn} steht. Auf die senkrecht zum Feld stehenden Leiterteile der Länge a wird dann bekanntlich die Kraft

$$K = H_{magn} \cdot \mu_r\,\mu_0\,I_{el}\,a \tag{6.1}$$

ausgeübt, die senkrecht zum Feld und senkrecht zum Leiter gerichtet ist. Dabei ist μ_0 die *absolute Permeabilität*, eine Konstante, während die *relative Permeabilität* μ_r eine Eigenschaft des Stoffes ist, in dem sich das magnetische Feld befindet. Das Kräftepaar K übt auf die Leiterschleife das mechanische Drehmoment

$$M_{mech} = 2K\,r\sin\varphi = 2H_{magn}\,\mu_r\,\mu_0\,I_{el}\,a\,r\sin\varphi = |\mathfrak{M}_{magn} \times \mathfrak{H}_{magn}| \tag{6.2}$$

aus. Definiert man willkürlich, daß dieses mechanische Drehmoment gleich dem Betrag des vektoriellen Produktes aus dem Vektor eines *magnetischen Momentes* $\mathfrak{M}_{\text{magn}}$ und dem Vektor der magnetischen Feld-

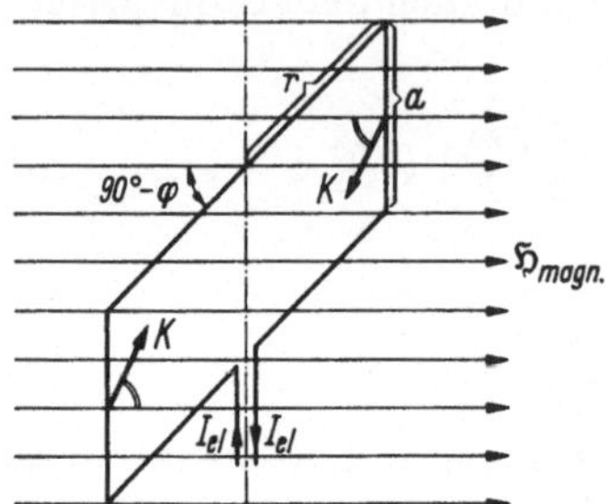

Abb. 6.1 Leiterschleife in einem homogenen Magnetfeld.

stärke $\mathfrak{H}_{\text{magn}}$ sein soll, dann findet man für den Betrag des magnetischen Momentes der in Abb. 6.1 dargestellten Leiterschleife den Ausdruck

$$M_{\text{magn, Schleife}} = \mu_r \mu_0 I_{\text{el}} 2 a r = \mu_r \mu_0 I_{\text{el}} F \tag{6.3}$$

N solcher Leiterschleifen können nun eine lange Spule mit dem Querschnitt F und der Länge L bilden. Sie besitzt das magnetische Moment

$$M_{\text{magn, Spule}} = N \mu_r \mu_0 I_{\text{el}} F = \mu_r \mu_0 H_{\text{magn}} F L = H_{\text{magn}} V \mu_r \mu_0 , \tag{6.4}$$

denn eine vom Strom I_{el} durchflossene lange Spule erzeugt in ihrem Inneren die magnetische Feldstärke $H_{\text{magn}} = N I_{\text{el}}/L$, während $V = F L$ das von der Spule umschlossene Volumen ist. Jetzt läßt sich das vom magnetischen Feld erzeugte magnetische Moment der von der Spule umschlossenen Materie sofort angeben. Mit der relativen Permeabilität des Vakuums $\mu_r = 1$ gilt nämlich

$$M_{\text{magn, Materie}} = M_{\text{magn, Spule + Materie}} - M_{\text{magn, Spule ohne Materie}} = = H_{\text{magn}} V \mu_0 (\mu_r - 1) \tag{6.5}$$

Das vom magnetischen Feld erzeugte spezifische magnetische Moment der Materie mit der Dichte ϱ ist deswegen

$$m_{\text{magn}} = \frac{M_{\text{magn, Materie}}}{m} = \frac{M_{\text{magn, Materie}}}{V \cdot \varrho} = H_{\text{magn}} \frac{\mu_0 (\mu_r - 1)}{\varrho} . \tag{6.6}$$

Bei paramagnetischen Stoffen darf nach dem Curieschen Gesetz[1] in hinreichendem Abstand vom absoluten Nullpunkt gesetzt werden

$$\frac{\mu_r - 1}{\varrho} = \frac{\text{const}}{T} \tag{6.7}$$

Das vom äußeren magnetischen Feld erzeugte magnetische Moment paramagnetischer Stoffe beträgt also

$$m_{\text{magn}} = H_{\text{magn}} \frac{\mu_0}{T} \text{const} . \tag{6.8}$$

Es entsteht im Prinzip dadurch, daß die ursprünglich infolge der Temperaturbewegung völlig willkürlich orientierten *Elementarmagnete* der Substanz vom äußeren Feld mit wachsender Feldstärke immer stärker in die Feldrichtung gedreht werden. Elementarmagnete sind hierbei die permanenten magnetischen Momente der Atomkerne (Kernspin) und Elektronen (Spin- und Bahnmoment)[1]. Wird das äußere magnetische Feld wieder abgeschaltet, dann „wirft die Temperaturbewegung die Elementarmagnete wieder durcheinander", so daß der ursprünglich vorhandene Zustand völlig willkürlicher Orientierung wieder hergestellt wird. Voraussetzung ist, daß ein paramagnetischer Stoff magnetisiert wurde. Bei einem ferromagnetischen Stoff bleibt die Orientierung in Feldrichtung teilweise erhalten, weil die Energie der Temperaturbewegung nicht ausreicht, um die zwischen parallel gerichteten Elementarmagneten wirksamen Kopplungskräfte zu überwinden (Remanenz). Da die Energie der Temperaturbewegung proportional $1/2\ kT$ abnimmt, werden somit auch paramagnetische Stoffe bei hinreichend tiefer Temperatur ferromagnetisch („Curie-Punkt").

6.2 Der differentielle Kühleffekt bei reversibel adiabater Entmagnetisierung

Betrachtet man ein paramagnetisches Salz, das sich in einem äußeren magnetischen Feld befindet, so wird der Zustand dieses Salzes nach der Phasenregel von Gibbs [Gl. (1.29)] durch 3 unabhängige Variable, z. B. die Temperatur, den Druck und die magnetische Feldstärke beschrieben ($\mathrm{St}=1$, $\mathrm{Ph}=1$, $R=0$, $A=2$). Hält man den Druck konstant, dann gilt mit der Abkürzung m für magnetisch z. B. für die vollständigen Differentiale der spezifischen Entropie und der spezifischen Enthalpie des Salzes

$$\mathrm{d}s=\left(\frac{\partial s}{\partial T}\right)_{H_m,p}\mathrm{d}T+\left(\frac{\partial s}{\partial H_m}\right)_{T,p}\mathrm{d}H_m \tag{6.9a}$$

$$\mathrm{d}h=\left(\frac{\partial h}{\partial T}\right)_{H_m,p}\mathrm{d}T+\left(\frac{\partial h}{\partial H_m}\right)_{T,p}\mathrm{d}H_m \tag{6.9b}$$

Diese Ausdrücke ergeben mit Gl. (1.93) und Tab. 1.1 für konstanten Druck

$$T\,\mathrm{d}s=T\left(\frac{\partial s}{\partial T}\right)_{H_m,p}\mathrm{d}T+T\left(\frac{\partial s}{\partial H_m}\right)_{T,p}\mathrm{d}H_m=\mathrm{d}h+m_m\,\mathrm{d}H_m=$$

$$=\left(\frac{\partial h}{\partial T}\right)_{H_m,p}\mathrm{d}T+\left\{\left(\frac{\partial h}{\partial H_m}\right)_{T,p}+m_m\right\}\mathrm{d}H_m \tag{6.10}$$

[1] Pohl, R. W.: Einführung in die Physik, II. Bd., Elektrizitätslehre, 20. Aufl., Berlin/Heidelberg/New York: Springer 1967.

Für konstante Temperatur bzw. konstante magnetische Feldstärke findet man aus Gl. (6.10)

$$\left(\frac{\partial s}{\partial T}\right)_{H_m,\,p} = \frac{1}{T}\left(\frac{\partial h}{\partial T}\right)_{H_m,\,p} \qquad (\mathrm{d}H_m = 0) \quad \text{und} \tag{6.11a}$$

$$\left(\frac{\partial s}{\partial H_m}\right)_{T,\,p} = \frac{1}{T}\left(\frac{\partial h}{\partial H_m}\right)_{T,\,p} + \frac{m_m}{T} \qquad (\mathrm{d}T = 0) \tag{6.11b}$$

Nun sind die spezifische Entropie und die spezifische Enthalpie Zustandsgrößen. Daher müssen ihre gemischt-partiellen Ableitungen gleich groß sein:

$$\left(\frac{\partial^2 s}{\partial T\,\partial H_m}\right) = \frac{1}{T}\,\frac{\partial^2 h}{\partial T\,\partial H_m} = \left(\frac{\partial^2 s}{\partial H_m\,\partial T}\right) = -\frac{1}{T^2}\left\{\left(\frac{\partial h}{\partial H_m}\right)_{T,\,p} + m_m\right\} + \frac{1}{T}\,\frac{\partial^2 h}{\partial H_m\,\partial T} + \frac{1}{T}\left(\frac{\partial m_m}{\partial T}\right)_{p,\,H_m} \tag{6.12}$$

Gl. (6.12) liefert den wichtigen Zusammenhang

$$\left(\frac{\partial h}{\partial H_m}\right)_{T,\,p} + m_m = T\left(\frac{\partial m_m}{\partial T}\right)_{H_m,\,p} \tag{6.13}$$

Setzt man diesen Ausdruck in Gl. (6.10) ein, dann kann man unter Berücksichtigung der Gln. (6.8) und (1.115a) den differentiellen Kühleffekt bei der reversibel adiabaten Entmagnetisierung paramagnetischer Salze ermitteln:

$$T\,\mathrm{d}s = \left(\frac{\partial h}{\partial T}\right)_{p,\,H_m}\mathrm{d}T + T\left(\frac{\partial m_m}{\partial T}\right)_{p,\,H_m}\mathrm{d}H_m = c_H\,\mathrm{d}T - \frac{H_m\,\mu_0\,\mathrm{const}}{T}\cdot\mathrm{d}H_m \tag{6.14}$$

und wegen $\mathrm{d}s = 0$

$$\left(\frac{\partial T}{\partial H_m}\right)_s = -\frac{T}{c_H}\left(\frac{\partial m_m}{\partial T}\right)_{p,\,H_m} = \frac{H_m\,\mu_0\,\mathrm{const}}{c_H\,T} \tag{6.15}$$

Gl. (6.15) zeigt, daß bei der reversibel adiabaten Entmagnetisierung paramagnetischer Salze tatsächlich eine Abkühlung auftritt. H_m, c_H, μ_0, T und const sind nämlich positiv, denn $(\mu_r - 1)/\varrho$ ist bei paramagnetischen Salzen größer als 0. Daher muß auch der Differentialquotient $(\partial T/\partial H_m)_s$ positiv sein. Beim Entmagnetisieren nimmt nun die magnetische Feldstärke ab, so daß $\mathrm{d}H_m$ und damit auch $\mathrm{d}T$ kleiner als 0 werden. Das entspricht einer Abkühlung. Ferner sieht man, daß der Effekt proportional $1/T$ ist. Es handelt sich also um einen Kühleffekt, der bei sehr kleinen Temperaturen groß ist. Die obere Grenze seiner Anwendung liegt bei den Temperaturen, die wesentlich einfacher auch mit flüssigem Helium erreicht werden können, also bei 1 bis 2 °K. Die tiefsten erreichbaren Temperaturen werden durch die Tatsache bestimmt, daß paramagnetische Stoffe schließlich auch ferromagnetisch werden, so daß eine Entmagnetisierung durch Abschalten des äußeren Feldes unmöglich wird. Sie liegen bei 10^{-3} °K[1] bzw. etwa 10^{-5} °K[2].

6.3 Der integrale Kühleffekt

Betrachtet man die Isobaren eines paramagnetischen Salzes im T,s-Diagramm, so ergibt sich im Prinzip der in Abb. 6.2 dargestellte Zusammenhang: Ohne äußeres magnetisches Feld ($H_{\text{magn}} = 0$) wird die spezifische Entropie nach den Gln. (2.82) und (1.107) in der Nähe des absoluten Nullpunktes proportional zu T^3. Ist die magnetische Feldstärke größer als 0, dann liegen alle zugehörigen Punkte nach Gl. (6.15)

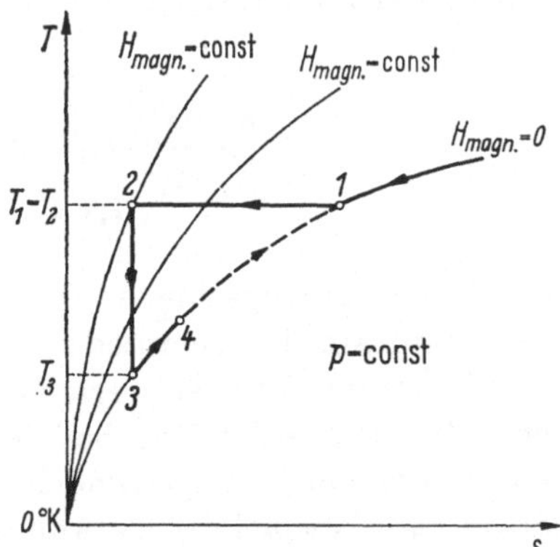

Abb. 6.2 T,s-Diagramm eines paramagnetischen Salzes mit diskontinuierlichem Prozeß der Kälteerzeugung durch reversibel adiabate Entmagnetisierung.

oberhalb der Kurve für $H_{\text{magn}} = 0$, so daß man die in Abb. 6.2 dargestellten Kurven konstanter magnetischer Feldstärke findet.

Abb. 6.2 gestattet es, den Gesamtprozeß der Kälteerzeugung durch reversibel adiabate Entmagnetisierung übersichtlich darzustellen. Man kühlt das paramagnetische Salz zunächst ohne äußeres Magnetfeld isobar soweit als möglich ab. Mit flüssigem Helium, das unter vermindertem Druck siedet, lassen sich Temperaturen von ein bis zwei Grad Kelvin erreichen (Pkt. 1, Abb. 6.2). Dann wird das magnetische Feld eingeschaltet. Das Salz wird unter Abfuhr der Wärme $|Q_{12}| = T_1 (S_1 - S_2)$ an das Helium isotherm bis zum Punkt 2 magnetisiert. Danach muß es thermisch gut isoliert werden (adiabates System). Ist dieser Zustand erreicht, schaltet man das magnetische Feld ab. Das Salz wird adiabat entmagnetisiert. Im günstigsten (reversibel adiabaten) Fall läßt sich der

---

[1] Erreicht von Gorter durch Entmagnetisierung des Elektronenspins und des Elektronenbahnmomentes (1935).

[2] Erreicht von Simon durch Entmagnetisierung des Kernspins (1956).

Punkt 3 mit $T_3 < T_1$ erreichen, wobei nach Gl. (6.15) gilt

$$T_2 - T_3 = T_1 - T_3 = \int_0^{H_{m,2}} \frac{H_m}{T} \frac{\mu_0 \,\mathrm{const}}{c_H} \,\mathrm{d}H_m \tag{6.16}$$

Das auf die Temperatur T_3 abgekühlte Salz kann jetzt in wärmeleitende Verbindung mit einem zu kühlenden Körper gebracht werden. Dabei erwärmt es sich isobar bis zur Temperatur T_4 des zu kühlenden Körpers. Soll weiterhin Kälte erzeugt werden, dann muß man die wärmeleitende Verbindung mit dem zu kühlenden Körper wieder unterbrechen, das Salz mit flüssigem Helium in Kontakt bringen und den Prozeß im Punkte 1 mit der isothermen Magnetisierung neu beginnen. Eine nach diesem Grundprinzip kontinuierlich arbeitende Kältemaschine wurde 1949 von DAUNT und HEER entwickelt[1].

7. Exergie und Anergie

7.1 Grundlagen

Die bisher durchgeführten Betrachtungen haben gezeigt, daß der zweite Hauptsatz der Thermodynamik die durch den ersten Hauptsatz gegebene Äquivalenz der verschiedenen Energieformen dahingehend einschränkt, daß nicht jede beliebige Energieform vollständig in eine andere Energieform umgewandelt werden kann. Besonders deutlich wurde dies am Beispiel der Umwandlung von Wärme in Arbeit mit Hilfe einer Wärmekraftmaschine. Stand der Wärmestrom $\dot{Q}$ auf einem Temperaturniveau T zur Verfügung und wurde der Abwärmestrom $|\dot{Q}_0|$ an die Umgebung der Temperatur T_{umg} abgeführt, so konnte nach Gl. (4.7) maximal die Leistung

$$(\dot{L}_{\mathrm{ges}})_{\mathrm{rev}} = \dot{Q} \frac{T - T_{\mathrm{umg}}}{T} \tag{4.7}$$

gewonnen werden.

Man kann die bei einer Energieumwandlung maximal gewinnbare Arbeit stets aus den Hauptsätzen der Thermodynamik berechnen. Diese Rechnung bereitet jedoch gelegentlich einige Schwierigkeiten. Es erscheint daher als sinnvoll, die allgemeingültigen Grundlagen solcher Berechnungen ebenso herauszustellen, wie dies bei den Grundelementen der Kreisprozesse in Nr. 3 und 4 geschehen ist. Zu diesem Zweck definiert man den Begriff der *Exergie* mit Hilfe der Gleichung

$$\text{Energie} = \text{Exergie} + \text{Anergie}, \tag{7.1}$$

---

[1] PLANK, R.: Amerikanische Kältetechnik, Teil I. Kältetechnik 8 (1956) H. 9, 266–268.

in der unter Exergie derjenige Anteil einer Energie verstanden werden soll, der in einer vorgegebenen Umgebung vollständig in jede andere Energieform (z. B. in Arbeit) verwandelt werden kann. Mit dem Begriff „Umgebung" wird dabei ein System bezeichnet, das sich im Gleichgewicht befindet, und das so groß ist, daß seine intensiven Zustandsgrößen (Druck, Temperatur, Zusammensetzung) auch dann als konstant angesehen werden können, wenn während einer Energieumwandlung Energie und Substanz zu- oder abgeführt werden. Unter diesem Gesichtspunkt kann man eine große Zahl von Exergieformen sofort zusammenstellen:

7.1.1. *Die Energieform Wärme*, welche bei der Temperatur T zur Verfügung steht, kann nach Nr. 4.2 nur zum Teil in Arbeit verwandelt werden. Die Exergie der Wärme beträgt [Gl. (4.7)]

$$E_Q = Q \frac{T - T_{umg}}{T} \tag{7.2}$$

7.1.2. *Die potentielle Energie* einer Masse m, die sich um $(z - z_{umg})$ über dem Niveau z_{umg} der Umgebung befindet, kann theoretisch vollständig in Arbeit verwandelt werden. Man braucht z. B. die Masse m nur an einem Seil zu befestigen, das reibungsfrei über eine Rolle läuft. Läßt man die Masse vom Niveau z auf das Umgebungsniveau herabsinken, so kann man am anderen Seilende eine gleich große Masse vom Umgebungsniveau aus auf das Niveau z anheben. Andererseits hätte man die Masse m auch unter Verbrauch der Arbeit $L = m\, g_0(z - z_{umg})$ von z_{umg} nach z transportieren können. Daraus folgt: Potentielle Energie kann vollständig in Arbeit verwandelt werden. Sie besteht nur aus Exergie:

$$E_{pot} = m\, g_0\, (z - z_{umg}) \tag{7.3}$$

7.1.3. Hinsichtlich *der kinetischen Energie* einer Masse m, die sich mit der Geschwindigkeit w in einer Umgebung mit der Geschwindigkeit w_{umg} bewegt, kann man die analogen Überlegungen anstellen wie bei der potentiellen Energie. Es gilt somit

$$E_{kin} = \frac{m}{2} (w - w_{umg})^2 \tag{7.4}$$

7.1.4. *Arbeit und technische Arbeit* können vollständig in Arbeit bzw. technische Arbeit umgesetzt werden. Für den Wert ihrer Exergie folgt also

$$E_l = -L \tag{7.5}$$

$$E_{l_{techn}} = -L_{techn} \tag{7.6}$$

Das Minuszeichen berücksichtigt dabei, daß zugeführte Wärme und zugeführte Exergie nach Abb. 1.21 und Gl. (7.2) positiv, zugeführte Arbeit nach Abb. 1.21 aber negativ gerechnet werden.

7.1.5. *Elektrische Energie* läßt sich in einem reibungsfrei gelagerten Motor, der keine Kupfer- und Eisenverluste besitzt, theoretisch vollständig in mechanische Arbeit umwandeln. Sie besteht daher nur aus Exergie:

$$E_{el} = U_{el} I_{el} \cdot \text{Zeit} \tag{7.7}$$

7.1.6. *Ein Stoffstrom*, der sich nicht im Gleichgewicht mit der Umgebung befindet, besitzt Enthalpie, die ebenfalls teilweise in mechanische Arbeit verwandelt werden kann. Die Exergie der Enthalpie läßt sich am einfachsten dadurch berechnen, daß man die reversible Überführung des Stoffstromes ins Gleichgewicht mit der Umgebung betrachtet (Abb. 7.1). Änderungen der kinetischen und potentiellen Energie bleiben dabei außer Betracht (siehe 7.1.2. und 7.1.3.). Da Wärme nur dann reversibel mit der Umgebung ausgetauscht werden kann, wenn keine Temperaturdifferenz vorhanden ist (Nr. 4.3), wird der Stoff zunächst reversibel adiabat in einen Zwischenzustand 1 gebracht, in dem er Umgebungstemperatur besitzt. Erst dann erfolgt eine reversibel isotherme Überführung ins Gleichgewicht mit der Umgebung (Zustand „u").

Handelt es sich bei der strömenden Substanz um einen reinen Stoff, der durch eine feste Wand (Rohrleitung usw.) von der Umgebung getrennt ist, so läßt sich das Gleichgewicht mit der Umgebung leicht festlegen: Füllt man nämlich einen Zylinder, der durch einen reibungsfrei verschiebbaren Kolben verschlossen wird, mit dem betrachteten reinen Stoff, stellt ihn in die Umgebung und überläßt ihn sich selbst, so wird sich der Druck $p_u = p_{umg}$ (mechanisches Gleichgewicht) und die Temperatur

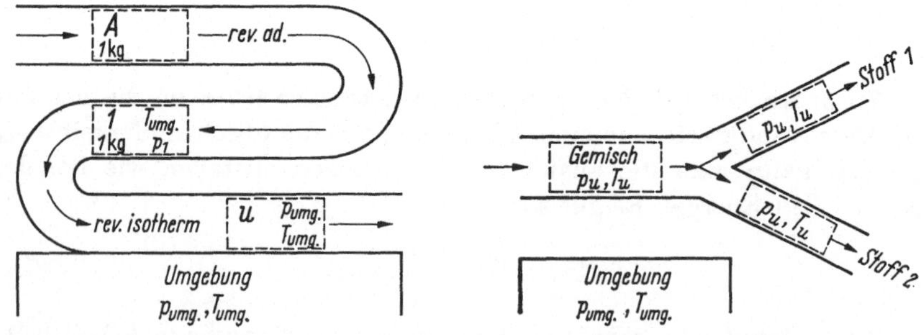

Abb. 7.1 Zur Berechnung der Exergie der Enthalpie (strömender Stoff).

Abb. 7.2 Zur Bedeutung des Index u bei Gemischen.

$T_u = T_{umg}$ (thermisches Gleichgewicht) einstellen. Die Einstellung des stofflichen Gleichgewichtes wird durch die festen Wände (Zylinder und Kolben) verhindert. Dieser Bezugszustand (gehemmtes Gleichgewicht) ist technisch von großer Bedeutung. Deswegen soll definiert werden: *Der durch den Index „u" gekennzeichnete Gleichgewichtszustand mit der Umgebung ist bei reinen Stoffen erreicht, sobald $p_u = p_{umg}$ und $T_u = T_{umg}$*

ist. Auf die Möglichkeit, weitere Arbeit durch Einstellung des stofflichen Gleichgewichtes mit der Umgebung zu gewinnen, wird hingewiesen. Sie ist gegebenenfalls in Betracht zu ziehen. Zum Beispiel befindet sich Meerwasser von $p_u = p_{umg}$ und $T_u = T_{umg}$ normalerweise nicht im stofflichen Gleichgewicht mit der Luft. Man könnte also theoretisch eine Wärmekraftmaschine dadurch betreiben, daß man ihr bei Umgebungstemperatur Wärme aus dem Meer zuführt und den Abwärmestrom in einer Wärmesenke mit $T_0 < T_{umg}$ aufnimmt, die durch Verdunstung von Meerwasser in die ungesättigte Luft der Umgebung entsteht.

Bei Gemischen ist die oben angegebene Definition für den Index „u" unzureichend, wie das in Abb. 7.2 behandelte Beispiel der isotherm-isobaren Zerlegung eines Gemisches in seine reinen Komponenten zeigt (Bd. II). Erfolgt diese Zerlegung nämlich bei Umgebungstemperatur und Umgebungsdruck, so befinden sich die reinen Komponenten in dem durch den Index „u" gekennzeichneten Zustand. Sie besitzen also keine Exergie mehr. Wäre die Exergie des Gemisches bei $p_u = p_{umg}$, $T_u = T_{umg}$ ebenfalls 0, so würde die Zerlegung auch bei Gemischen idealer Gase ohne Aufwand von Arbeit erfolgen (Nr. 7.2). Das wäre sicher falsch. Deswegen soll gelten: *Der durch den Index „u" gekennzeichnete Gleichgewichtszustand mit der Umgebung ist bei Gemischen erreicht, sobald das Gemisch in seine reinen Komponenten zerlegt wurde und jede Komponente den Druck* $p_u = p_{umg}$ *und die Temperatur* $T_u = T_{umg}$ *besitzt.*

Dieser Zustand entspricht natürlich keineswegs dem stofflichen Gleichgewicht. Er stellt jedoch einen Bezugszustand dar, der für viele technisch wichtige Rechnungen geeignet ist und mit der willkürlichen Vereinbarung für die reinen Stoffe übereinstimmt. Nach dieser Festlegung des Bezugszustandes mit dem Index „u" kann der vollständig in Arbeit umwandelbare Anteil der Enthalpie eines Stoffstromes berechnet werden (Abb. 7.1):

Schritt 1: reversibel adiabate Überführung vom Zustand A in den Zustand 1
Erster Hauptsatz [Gl. (3.3a)]: $Q_{A1} = 0 = (H_1 - H_A) + L_{\text{techn rev } A1}$
Zweiter Hauptsatz [Gl. (3.4b)]: $T\,\mathrm{d}S = \mathrm{d}Q_{rev} = 0$,
entsprechend $S_A = S_1$.

Schritt 2: reversibel isotherme Überführung vom Zustand 1 in den Zustand u
Erster Hauptsatz [Gl. (3.3a)]: $Q_{1u} = (H_u - H_1) + L_{\text{techn rev } 1u}$
Zweiter Hauptsatz [Gl. (3.4b)]: $T\,\mathrm{d}S = \mathrm{d}Q_{rev}$,
entsprechend $T_{umg}(S_u - S_1) = Q_{1u} = -T_{umg}(S_A - S_u)$.

Damit ist bei der reversiblen Überführung von m Kilogramm des Stoffstromes vom Zustand A in den Bezugszustand u (gehemmtes Gleichgewicht mit der Umgebung) die technische Arbeit

$$E_{A,\text{strömend}} = L_{\text{techn rev } Au} = (H_A - H_u) - T_{umg}(S_A - S_u) \tag{7.8}$$

gewonnen worden. Das ist zugleich der Anteil der Enthalpie des Stoffstromes, der in technische Arbeit verwandelt werden kann, also seine Exergie $E_{A,\text{strömend}}$.

Hinweis: Strömt der Stoff nicht im geschlossenen Kreislauf (Kreisprozeß), so steht die nach Gl. (7.8) berechnete technische Arbeit nur dann frei zur Verfügung, wenn $V_A = V_u$ ist. Anderenfalls muß infolge der Volumenänderung ein Teil der Umgebung verdrängt werden, wozu man die Arbeit $L_{\text{Verdrängung},Au} = p_{\text{umg}}(V_u - V_A)$ benötigt. Diese Arbeit wäre dann von Gl. (7.8) zu subtrahieren.

7.1.7. Führt man die für den Stoffstrom durchgeführten Überlegungen für einen *ruhenden Stoff* durch, so gilt nach Abb. 7.3 analog:

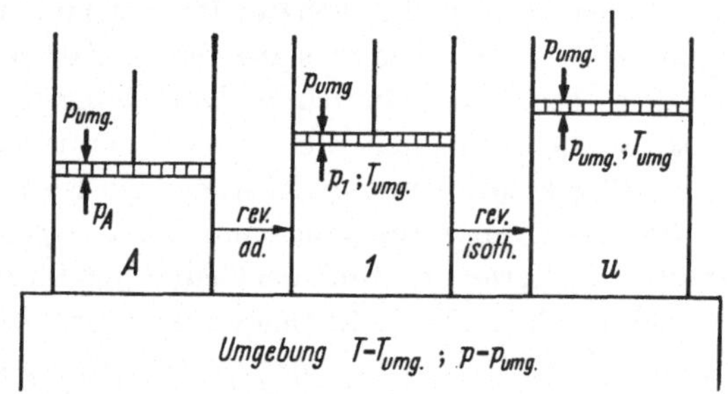

Abb. 7.3 Zur Berechnung der Exergie der inneren Energie (ruhender Stoff).

Schritt 1: Erster Hauptsatz [Gl. (3.3a)]: $Q_{A1} = 0 = U_1 - U_A + L_{\text{rev}\,A1}$
Zweiter Hauptsatz [Gl. (3.4b)]: $\mathrm{d}Q_{\text{rev}} = T\,\mathrm{d}S = 0$,
entsprechend $S_A = S_1$
Schritt 2: Erster Hauptsatz [Gl. (3.3a)]: $Q_{1u} = U_u - U_1 + L_{\text{rev}\,1u}$
Zweiter Hauptsatz [Gl. (3.4b)]: $T\,\mathrm{d}S = \mathrm{d}Q_{\text{rev}}$,
entsprechend $Q_{1u} = -T_{\text{umg}}(S_A - S_u)$

Insgesamt wurde bei der reversiblen Überführung des ruhenden Stoffes vom Zustand A in den Zustand u (gehemmtes Gleichgewicht mit der Umgebung) also die Arbeit

$$L_{\text{rev}\,Au} = (U_A - U_u) - T_{\text{umg}}(S_A - S_u)$$

abgegeben. Diese Arbeit steht jedoch nicht frei zur Verfügung, weil der Kolben in Abb. 7.3 mit dem Umgebungsdruck belastet ist. Soll er von A nach u verschoben werden, so ist die Arbeit

$$L_{\text{Verdrängung},Au} = \int_A^u p\,\mathrm{d}V = +p_{\text{umg}}(V_u - V_A)$$

an die Umgebung abzuführen. Zur Umwandlung in eine andere Energieform stehen also nur noch

$$E_{A,\text{ruhend}} = L_{\text{rev}\,Au} - L_{\text{Verdr}\,Au} = (U_A - U_u) - T_{\text{umg}}(S_A - S_u) + \\ + p_{\text{umg}}(V_A - V_u) \tag{7.9}$$

zur Verfügung. Diese Arbeit ist identisch mit der Exergie der inneren Energie.

7.1.8. *Die Exergie der chemischen Energie*[1] läßt sich mit Hilfe einer Exergiebilanz (Nr. 7.2) ermitteln. Man betrachtet dazu das in Abb. 7.4 dargestellte abgeschlossene System, in dem sich außer einem Wärmebehälter mit der konstanten Temperatur T und einem Speicher für mechanische

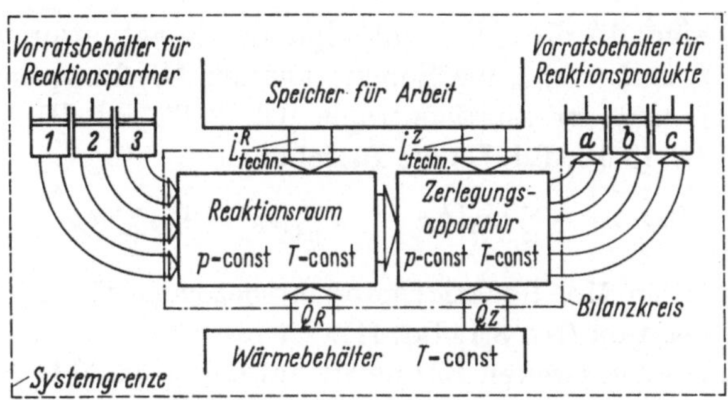

Abb. 7.4 Zur Berechnung der Exergie der chemischen Energie.

Arbeit (Feder, Stausee o. ä.) ein Reaktionsraum befindet, in dem kontinuierlich und reversibel eine isotherm-isobare Reaktion abläuft. Die Reaktionspartner werden isobar Vorratsbehältern entnommen. Das Reaktionsprodukt wird isotherm und isobar in seine Komponenten zerlegt und in Vorratsbehältern gespeichert. Die zur Durchführung der Reaktion und der anschließenden Zerlegung zuzuführende Wärme wird dem Wärmebehälter, die zuzuführende Arbeit dem Arbeitsspeicher entnommen. Zieht man um die Zerlegungsapparatur und den Reaktionsraum einen Bilanzkreis, so muß nach Nr. 7.2 für einen reversiblen Prozeß gelten:

$$\dot{E}_{\text{zugeführt}} = \left|\dot{E}_{\text{abgeführt}}\right| . \tag{7.10}$$

Im einzelnen ergibt sich daraus unter Verwendung der Gln. (7.2), (7.6) und (7.8)

$$\sum_k \{(h_k - h_{k,u}) - T_{\text{umg}}(s_k - s_{k,u})\}\, \dot{n}_k + (\dot{Q}_R + \dot{Q}_Z)(T - T_{\text{umg}})/T -$$

$$- \dot{L}_{\text{techn},\,R} - \dot{L}_{\text{techn},\,Z} = \sum_K \{(h_K - h_{K,u}) - T_{\text{umg}}(s_K - s_{K,u})\}\, \dot{n}_K \tag{7.11}$$

Die Mengenströme $\dot{n}_k$ bzw. $\dot{n}_K$ werden dabei durch die chemische Reaktionsgleichung

$$\nu_k[k] \rightarrow \nu_K[K] \tag{7.12}$$

[1] An dieser Stelle werden Begriffe aus der Thermodynamik der Gemische und der Thermodynamik chemischer Reaktionen benutzt, die erst im Bd. II näher erläutert werden.

festgelegt, in der ν_k bzw. ν_K die stöchiometrischen Koeffizienten und $[k]$ bzw. $[K]$ die chemischen Symbole der vorhandenen Stoffe sind. Zur Durchführung der reversiblen, isotherm-isobaren Zerlegung des Reaktionsproduktes in seine Komponenten benötigt man nach Gl. (2.267, Bd. II) die Leistung

$$\dot{L}_{\text{techn}} = T_{\text{umg}} \left\{ \frac{\Delta h}{T} - (\Delta s)_{\text{ges}} \right\} \sum_K \dot{n}_K \tag{7.13}$$

In Gl. (7.13) sind Δh die Zusatzenthalpie des Reaktionsproduktes [Gl. (2.16, Bd. II)] und $(\Delta s)_{\text{ges}}$ die Summe aus der Mischungsentropie [Gl. (2.32, Bd. II)] und der Zusatzentropie [Gl. (2.33, Bd. II)]. Außerdem besteht nach Gl. (3.6 b, Bd. II) die Beziehung

$$\sum_k (|\nu_k| h_k) - \sum_K |\nu_K| h_K - \Delta h \sum_K |\nu_K| = W_p \sum_K |\nu_K| \tag{7.14}$$

W_p ist die auf ein Mol Reaktionsprodukt bezogene Wärmetönung der chemischen Reaktion (Nr. 3.1, Bd. II).

Wendet man den zweiten Hauptsatz auf den nach Abb. 7.4 in einem abgeschlossenen System ablaufenden reversiblen Prozeß an, so gilt nach Gl. (1.103)

$$\Delta \dot{S} = 0 = -\sum_k s_k \dot{n}_k + \sum_K s_K \dot{n}_K - \frac{\dot{Q}_R + \dot{Q}_Z}{T} + 0 + 0 + 0\,, \tag{7.15}$$

denn der Reaktionsraum, die Zerlegungsapparatur und der Arbeitsspeicher ändern ihre Entropie im Beharrungszustand nicht.

In Gl. (7.11) treten noch Größen mit dem Index „u“ auf, der den Bezugszustand kennzeichnet. Aus den unter Nr. 7.1.6 für Gemische geschilderten Gründen muß man als Bezugszustand für chemische Verbindungen folgende Vereinbarung treffen: *Der durch den Index „u“ gekennzeichnete Bezugszustand ist bei chemischen Verbindungen, die an einer chemischen Reaktion teilnehmen, erreicht, sobald die Verbindung in ihre Elemente zerlegt wurde und jedes Element den Druck $p_u = p_{\text{umg}}$ und die Temperatur $T_u = T_{\text{umg}}$ besitzt.*

Dieser Bezugszustand stellt keineswegs das stoffliche Gleichgewicht mit der Umgebung dar. Er entspricht jedoch der für die Gemische getroffenen Vereinbarung und berücksichtigt die Tatsache, daß chemische Verbindungen bei Umgebungsdruck und Umgebungstemperatur nicht ohne Aufwand von Arbeit reversibel in ihre Elemente zerlegt werden können.

Nun verändert eine chemische Reaktion zwar die Zusammensetzung der beteiligten Stoffe; die Menge jedes vorhandenen Elementes bleibt aber konstant. Deswegen gilt nach der Zerlegung in die Elemente im Zustand „u“

$$\sum h_{k,u} \dot{n}_k = \sum h_{K,u} \dot{n}_K \quad \text{und} \tag{7.16a}$$

$$\sum s_{k,u} \dot{n}_k = \sum s_{K,u} \dot{n}_K \tag{7.16b}$$

Setzt man die Gln. (7.13) bis (7.16) in Gl. (7.11) ein, so ergibt sich mit

$$\dot{n}_K = |\nu_K| \cdot \frac{\dot{n}_B}{|\nu_B|} \quad \text{bzw.} \quad \dot{n}_k = |\nu_k| \cdot \frac{\dot{n}_B}{|\nu_B|} \quad \text{und} \tag{7.17a}$$

$$\dot{E}_{\text{chem}} = \dot{L}_{\text{techn},\,R} = \dot{n}_B \, e^{1\,\text{mol}}_{\text{chem},\,B}:$$

$$e^{1\,\text{mol}}_{\text{chem},\,B} = \Bigg[W_p \sum_K \frac{|\nu_K|}{|\nu_B|} + T \sum_K s_K^{\text{abs}} \frac{|\nu_K|}{|\nu_B|} - T \sum_k s_k^{\text{abs}} \frac{|\nu_k|}{|\nu_B|} + {}$$

$$+ \Delta h \sum_K \frac{|\nu_K|}{|\nu_B|} \frac{(T - T_{\text{umg}})}{T} + T_{\text{umg}} (\Delta s)_{\text{ges}} \sum_K \frac{|\nu_K|}{|\nu_B|} \Bigg] \tag{7.17b}$$

woraus mit Gl. (3.49, Bd. II) näherungsweise folgt

$$\dot{E}_{\text{chem}} = \dot{n}_B \, e^{1\,\text{mol}}_{\text{chem},\,B} \approx \dot{n}_B \, W_p \sum_K \frac{|\nu_K|}{|\nu_B|} = \dot{n}_B \, M_B \, H_{p,\,\text{Stoff}\,B} \tag{7.17c}$$

In Gl. (7.17 b) stellt $\dot{E}_{\text{chem}}$ den Exergiestrom einer chemischen Reaktion [Gl. (7.12)] dar, der vom Stoff B ein Mengenstrom $\dot{n}_B$ zugeführt wird. $e^{1\,\text{mol}}_{\text{chem},\,B}$ ist die spezifische chemische Exergie des Bezugsstoffes B. Mit W_p wurde die auf ein Mol Reaktionsprodukt bezogene Wärmetönung der Reaktion bezeichnet. Alle Stoffe, die nach der Reaktion vorhanden sind, tragen den Index K, alle zugeführten Stoffe den Index k. ν_k bzw. ν_K sind die stöchiometrischen Koeffizienten der Reaktionsgleichung (7.12). Entsteht als Reaktionsprodukt ein reiner Stoff, dann gilt $\Delta h = 0$ und $(\Delta s)_{\text{ges}} = 0$.

Selbstverständlich müssen in Gl. (7.17 b) die unter Nr. 1.2.11 definierten absoluten Entropien eingesetzt werden, deren Nullpunkte durch den dritten Hauptsatz festgelegt wurden. Auch die Enthalpienullpunkte durften nicht willkürlich gewählt werden. Sie wurden indirekt durch Angabe der als Enthalpiedifferenz auftretenden Wärmetönung bestimmt [Gl. (7.14)]. Diesen Sachverhalt kann man sich z. B. an der Reaktion

$$C + O_2 \rightarrow CO_2 \tag{7.18}$$

klar machen. Führt man einem Reaktionsraum pro Zeiteinheit 1 mol Kohlenstoff sowie 1 mol Sauerstoff zu und sorgt durch Abfuhr des Wärmestromes $\dot{Q}$ dafür, daß die Reaktion isotherm und isobar verläuft, so gilt nach dem ersten Hauptsatz [Gl. (3.3 a)] wegen $\dot{L}_{\text{techn}} = 0$ [Gl. (3.2)] mit Gl. (3.7 b, Bd. II)

$$\dot{Q} = \dot{H}_{CO_2} - (\dot{H}_C + \dot{H}_{O_2}) = \dot{n}_C \{h_{CO_2} - h_C - h_{O_2}\} = -W_p \, \dot{n}_C \tag{7.19}$$

Würde man jetzt die spezifischen Enthalpien der beteiligten Stoffe durch Verschiebung ihrer Nullpunkte, d. h. durch Addition von Konstanten a_{CO_2}, a_C und a_{O_2} verändern, so würde sich nach Gl. (7.19) ein zusätzlicher Wärmestrom

$$\Delta\dot{Q} = \dot{n}_C \{a_{CO_2} - a_C - a_{O_2}\} \tag{7.20}$$

einstellen, was offensichtlich nicht mit der Erfahrung übereinstimmt. Beim Auftreten von chemischen Reaktionen dürfen die Nullpunkte der spezifischen Enthalpie der beteiligten Stoffe also nicht mehr vollkommen willkürlich gewählt werden. Sie müssen vielmehr so beschaffen sein, daß sich nach Gl. (7.19) die experimentell bestimmte Wärmetönung der Reaktion ergibt. Wie Gl. (7.20) zeigt, läßt sich diese Forderung wegen $\Delta\dot{Q} = 0$ bereits erfüllen, wenn man bis auf eine Ausnahme alle Enthalpienullpunkte willkürlich wählt. Treten dagegen keine chemischen Reaktionen auf, so ist vor und nach jeder Zustandsänderung von jedem Stoff die gleiche Menge vorhanden. Dann heben sich die Konstanten bei der Differenzbildung nach Gl. (7.19) heraus und Gl. (7.20) verschwindet immer. Ganz analog liegen die Verhältnisse bei der spezifischen Entropie.

7.2 Anwendung des Exergiebegriffes

Der Begriff der Exergie gewinnt erst durch den praktischen Gebrauch seine Bedeutung, denn er enthält keinerlei Aussage, die nicht auch mit Hilfe der Hauptsätze der Thermodynamik zu gewinnen wäre. Nun bereitet zwar der Gebrauch des ersten Hauptsatzes keine besonderen Schwierigkeiten; doch beim zweiten Hauptsatz liegen die Verhältnisse schon anders. Gerade diese Schwierigkeiten lassen sich mit dem Exergiebegriff umgehen. Alle unter Nr. 7.1 behandelten Vorschriften zur Berechnung der Exergie verschiedener Formen der Energie wurden nämlich für reversible Prozesse aufgestellt. Bei reversiblen Prozessen treten nach Nr. 1.2.7 keine Verluste auf. Laufen also innerhalb eines Bilanzraumes nur reversible Prozesse ab, so kann der in Arbeit umwandelbare Anteil aller Energieformen nicht kleiner geworden sein. Deswegen gilt

$$\sum E_j = \sum E_{j,\,\text{zugeführt}} - \sum |E_{j,\,\text{abgeführt}}| = 0\,, \tag{7.21}$$

wenn im Bilanzraum nur reversible Prozesse ablaufen.

Treten dagegen Verluste auf, so wird der in Arbeit umwandelbare Anteil aller Energieformen kleiner. Es wird Exergie in Anergie verwandelt und man muß schreiben

$$\sum E_j - |L_{\text{Verlust}}| = \sum E_{j,\,\text{zugeführt}} - \sum |E_{j,\,\text{abgeführt}}| - |L_{\text{Verlust}}| = 0 \tag{7.22}$$

für den Bilanzraum.

Gl. (7.21) *kann dazu verwendet werden, um bei Arbeit verbrauchenden Prozessen den Mindestaufwand, bei Arbeit abgebenden Prozessen die maximal abgebbare Arbeit zu ermitteln,* denn beide Arbeiten werden nur bei reversibler Prozeßführung erreicht.

Gl. (7.22) *dient dagegen zum Aufsuchen von Verlustquellen und zur Berechnung der dort entstandenen Verluste.* Oft hält man das Resultat dieser Überlegungen in einem Flußbild der Exergie fest.

Einige Beispiele mögen diesen Sachverhalt erläutern: Bei der in Nr. 3.2.1 und 3.2.2 ausführlich diskutierten adiabaten Expansion und adiabaten Kompression fließt den Bauelementen Turbine bzw. Kompressor Exergie in Form des Stoffstromes zu. Der Stoffstrom führt auch einen Exergiestrom wieder ab. Beide Exergieströme lassen sich nach Gl. (7.8) berechnen. Ebenso ist der an die mechanische Leistung gebundene Exergiestrom nach den Gln. (3.5), (3.12) und (7.6) bekannt. Legt man um die betrachteten Bauelemente einen Bilanzkreis und bezeichnet den eintretenden Stoffstrom mit dem Index 1, den austretenden Strom mit 2, so ergibt Gl. (7.22) den in diesem Bauelement auftretenden Verlust:

$$\sum \dot{E}_j - \left|\dot{L}_{\text{Verlust}}\right| = \dot{m}\,\{(h_1 - h_u) - T_{\text{umg}}\,(s_1 - s_u)\} - \dot{m}\,\{(h_2 - h_u) - T_{\text{umg}}\,(s_2 - s_u)\} - \dot{m}\,(h_1 - h_2) - \left|\dot{L}_{\text{Verlust}}\right| = 0 \quad \text{oder} \tag{7.23a}$$

$$\left|\dot{L}_{\text{Verlust}}\right| = \dot{m}\,T_{\text{umg}}\,(s_2 - s_1) = \dot{m}\,T_{\text{umg}}\,\Delta s_{\text{irr}} \tag{7.23b}$$

Abb. 7.5 zeigt den durch Gl. (7.23a) dargestellten Sachverhalt in Form eines Exergieflußbildes. Gl. (7.23b) wurde in Abb. 7.6 dargestellt. Man erkennt, daß der in Anergie verwandelte Anteil der Exergie weder mit dem Verlust an technischer Arbeit noch mit der Reibungsarbeit über-

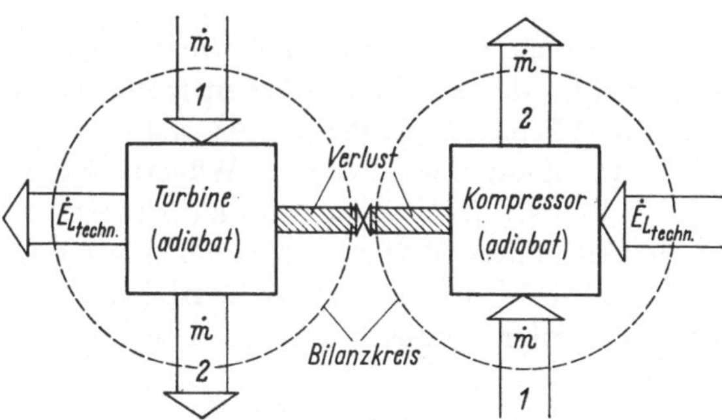

Abb. 7.5 Exergieflußbild für Turbine und Kompressor.

einstimmt. Für die Differenz zwischen Reibungsarbeit und dem Verlust an technischer Arbeit wurde schon unter Nr. 3.2.1 eine Erklärung gegeben. Der Unterschied zwischen dem nach Gl. (7.23b) aus der Exergiebilanz berechneten Verlust und dem Verlust an technischer Arbeit besteht nun darin, daß der im Zustand 2 austretende Stoffstrom noch Exergie besitzt, auf deren Ausnutzung bei der Berechnung des Verlustes an technischer Arbeit verzichtet wurde. Prinzipiell könnte diese Exergie aber folgendermaßen in Arbeit umgewandelt werden: Man kühlt den Stoffstrom 2 isobar bis 2′ ab. Die dabei frei werdende Wärme wird ohne Temperaturdifferenz einer reversibel arbeitenden Wärmekraftmaschine zugeführt, die ihrerseits den Abwärmestrom ohne Temperaturdifferenz in die Umgebung leitet. Pro Umlauf gibt die Wärmekraftmaschine dann die durch die Fläche 22′ab dargestellte Arbeit ab. Das ist aber genau der Unterschied zwischen dem Verlust an technischer Arbeit und dem aus

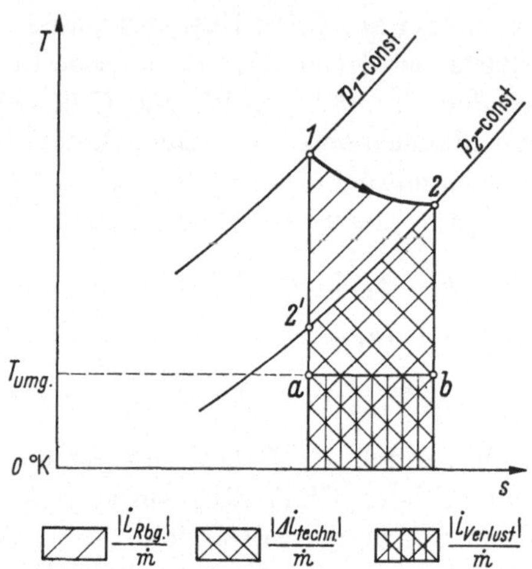

Abb. 7.6 Darstellung der Verluste im T,s-Diagramm.

der Exergiebilanz berechneten Verlust. Normalerweise wird es allerdings völlig unwirtschaftlich sein, diese Arbeit technisch zu gewinnen.

Hinsichtlich des Wärmeaustausches muß man zwischen dem einfachen Fall des Wärmeflusses zwischen zwei Wärmebehältern konstanter Temperatur und dem Fall des Wärmeaustausches zwischen zwei Stoffströmen unterscheiden. Fließt Wärme aus einem Wärmebehälter mit der konstanten Temperatur T_1 ohne Arbeit zu verrichten in einen Wärmebehälter mit der konstanten Temperatur T_2, so entsteht der unter Nr. 4.3 berechnete Verlust:

$$\left|\dot{L}_{\text{Verlust}}\right| = \dot{Q}\, T_{\text{umg}} \frac{T_1 - T_2}{T_1\, T_2} \tag{4.13}$$

Wie Abb. 7.7 zeigt, läßt sich dieses Ergebnis unmittelbar aus einer Exergiebilanz nach Gl. (7.22) berechnen und im Flußbild der Exergie darstellen. Man hat lediglich nach Gl. (7.2) die Exergie des Wärmestromes $\dot{Q}$ bei den Temperaturen T_1 und T_2 voneinander zu subtrahieren.

Abb. 7.8 zeigt den Verlust, der beim Wärmeaustausch zwischen zwei Stoffströmen entsteht, die isobar (entsprechend $\dot{L}_{\text{techn}} = 0$) durch einen gegenüber der Umgebung adiabaten Wärmeaustauscher fließen (entsprechend $\dot{Q} = 0$). Aus dem ersten Hauptsatz [Gl. (3.3a)] folgt dann

$$\dot{Q} = 0 = \dot{m}^{①}\left(h^{①}_{\text{Eintritt}} - h^{①}_{\text{Austritt}}\right) + \dot{m}^{②}\left(h^{②}_{\text{Eintritt}} - h^{②}_{\text{Austritt}}\right) \tag{7.24}$$

Die Indizes ① und ② kennzeichnen dabei die beiden Stoffströme. Der Verlust ergibt sich unmittelbar aus Gl. (7.22) und Gl. (7.8) zu

$$\left|\dot{L}_{\text{Verlust}}\right| = T_{\text{umg}} \left\{\dot{m}^{①} \left(s^{①}_{\text{Austritt}} - s^{①}_{\text{Eintritt}}\right) + \dot{m}^{②} \left(s^{②}_{\text{Austritt}} - s^{②}_{\text{Eintritt}}\right)\right\} \quad (7.25)$$

Wichtigste Verlustquelle ist der Wärmetransport, der zwischen den beiden Stoffströmen mit endlicher Temperaturdifferenz erfolgt. Ein weiterer Verlust entsteht dadurch, daß sich im Stoffstrom ein Temperaturprofil aufbaut, das am Austritt aus dem Wärmeaustauscher durch Vermischung wieder zerstört wird (siehe Nr. 4.5.2). Auch ein Druckabfall in Strömungsrichtung würde eine Verlustquelle darstellen.

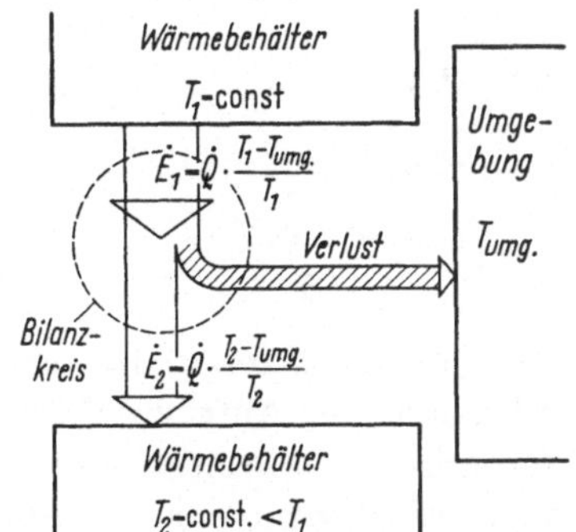

Abb. 7.7 Exergieflußbild für einen Wärmestrom, der ohne Arbeit zu verrichten vom Temperaturniveau T_1 zum Temperaturniveau T_2 fließt.

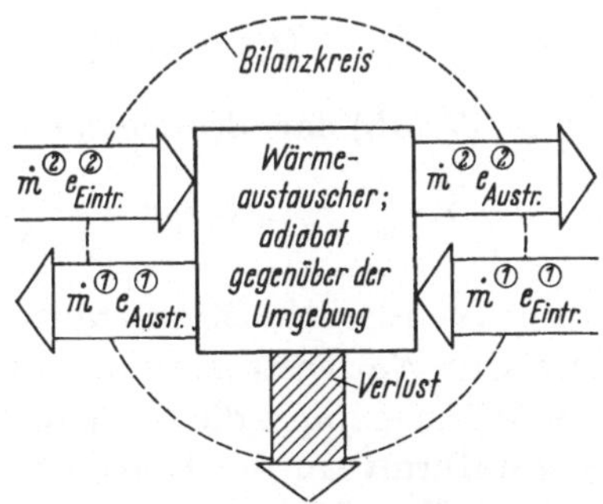

Abb. 7.8 Exergieflußbild für einen Gegenstromwärmeaustauscher, der gegenüber der Umgebung adiabat ist und isobar von zwei Stoffströmen durchflossen wird.

Die Gleichung (7.21) gestattet noch eine andere, praktisch wertvolle Anwendung des Exergiebegriffes: Die Berechnung der bei reversibler Prozeßführung gewinnbaren Arbeit (maximale Arbeit) bzw. des bei reversibler Prozeßführung erforderlichen Arbeitsaufwandes (Mindestaufwand). Man stellt dazu das Flußbild der Exergie für den betrachteten Prozeß auf und setzt für die Arbeit den zur Befriedigung von Gl. (7.21) erforderlichen Anteil ein. Allerdings sollte man dabei nicht übersehen, daß auch der Wärmetransport reversibel sein muß. Treten an irgend einer Stelle Temperaturdifferenzen auf, so müssen sie durch reversibel arbeitende Kältemaschinen, Wärmekraftmaschinen oder Wärmepumpen überbrückt werden. Ihre mechanische Leistung wird dann im Mindestaufwand bzw. der maximal gewinnbaren Arbeit berücksichtigt. Sollen z. B. in einem bei der Temperatur $T =$ const. isobar arbeitenden Dampfkessel pro Stunde m kg Wasserdampf vom Zustand 2 aus flüssigem Wasser vom Zustand 1 erzeugt werden, so gilt für den hierzu erforderlichen Mindestaufwand nach den Gln. (7.21), (7.6) und (7.8)

$$\sum \dot{E}_j = 0 = \left(\dot{m}\, e_1 - \dot{L}_{\text{techn, Min}}\right) - \dot{m}\, e_2 \tag{7.26a}$$

entsprechend

$$\dot{L}_{\text{techn, Min}} = \dot{m}\, \{(h_1 - h_2) - T_{\text{umg}}\, (s_1 - s_2)\} \tag{7.26b}$$

Nun kann die Wassertemperatur bei isobarer Wärmezufuhr nur dann konstant bleiben, wenn sich der gesamte Vorgang zwischen der Siedelinie und der Taulinie abspielt. Deswegen wird $h_1 = h'(T)$; $h_2 = h''(T)$; $s_1 = s'(T)$ und $s_2 = s''(T)$. Außerdem gilt nach Gl. (2.41 a) und (2.25 a)

$$s_2 - s_1 = s'' - s' = \frac{h'' - h'}{T}\,, \tag{7.27a}$$

während sich aus Abb. 4.10 für den zuzuführenden Wärmestrom ergibt

$$\dot{Q}_{1\,2} = \dot{m}\,(h_2 - h_1) = \dot{m}\,(h'' - h') \tag{7.27b}$$

Für Gl. (7.26 b) darf deswegen geschrieben werden

$$-\dot{L}_{\text{techn, Min}} = \dot{m}\,(h'' - h')\,(1 - T_{\text{umg}}/T) = \dot{Q}\,\frac{T - T_{\text{umg}}}{T} \tag{7.28}$$

Der erforderliche Mindestaufwand ist also mit der Exergie des zuzuführenden Wärmestromes identisch. Er entspricht der Antriebsleistung einer Wärmepumpe, die reversibel den erforderlichen Wärmestrom vom Temperaturniveau der Umgebung auf das Temperaturniveau T transportiert [Gl. (4.16)].

Beispiel 7.1. In einem gegenüber der Umgebung adiabaten Durchlauferhitzer wird Wasser mit Hilfe einer elektrischen Widerstandsheizung kontinuierlich und isobar von 20 °C, 1 at auf 100 °C erhitzt. Das Wasser möge in dem betrachteten Bereich inkompressibel sein und die konstante spezifische Wärmekapazität c_p = 1 kcal/kg grd besitzen.

a) Welche Heizleistung ist erforderlich, wenn pro Stunde 100 kg Wasser durch den Durchlauferhitzer fließen?

b) Welcher Verlust entsteht bei diesem Vorgang?
(p_{umg} = 1 at, T_{umg} = 20 °C).

c) Welcher Mindestaufwand wäre zur Durchführung des Prozesses notwendig?

d) Wo liegen die Verlustquellen?

Lösung. a) Nach dem ersten Hauptsatz [Gl. (3.3 a)] bzw. Abb. 4.10 ist zur Durchführung des beschriebenen Prozesses ein Wärmestrom $\dot{Q} = \dot{m}(h_2 - h_1)$ erforderlich, für den mit Gl. (1.114 b) und Nr. 2.1.4 gilt

$$\dot{Q}_{1\,2} = \dot{m}\, c_p\,(t_2 - t_1) = 100\,\frac{\text{kg}}{\text{h}}\cdot 1\,\frac{\text{kcal}}{\text{kg grd}}\cdot 80\,\text{grd} = 8000\,\text{kcal/h}\,.$$

Wird der Wärmestrom durch elektrische Widerstandsheizung erzeugt, so wird

$$\dot{Q}_{1\,2} = -\,\dot{L}_{\text{elektr}} = 8000\,\frac{\text{kcal}}{\text{h}}\cdot\frac{1\,\text{kWh}}{860\,\text{kcal}} = 9{,}30\,\text{kW}\,.$$

b) Zur Bestimmung des Verlustes wendet man Gl. (7.22) auf den Durchlauferhitzer an. Ihm werden mit dem zufließenden Wasser der Exergiestrom 0 und mit der elektrischen Energie der Exergiestrom $\dot{E}_{el} = 9{,}3$ kW zugeführt, da sich das zuströmende Wasser im thermischen und mechanischen Gleichgewicht mit der Umgebung befindet [Gln. (7.7 und 7.8)]. Der austretende Strom des Wassers transportiert nach Gl. (7.8) die Exergie

$$\dot{E}_2 = \dot{m}\,\{(h_2 - h_u) - T_{umg}(s_2 - s_u)\} = \dot{Q}_{12} - \dot{m}\,T_{umg}(s_2 - s_1) = -\dot{L}_{elektr} - \dot{m}\,T_{umg}(s_2 - s_1)$$

Gl. (7.22) weist damit einen Verlust von

$|\dot{L}_{Verlust}| = \dot{m}\,T_{umg}(s_2 - s_1)$ aus, für den mit Gl. (2.39) gilt

$$|\dot{L}_{Verlust}| = \dot{m}\,T_{umg}\,c_p \ln\frac{T_2}{T_1} = 100\,\frac{\text{kg}}{\text{h}} \cdot 293{,}15\,°\text{K} \cdot$$

$$\cdot\, 1\,\frac{\text{kcal}}{\text{kg grd}} \ln\frac{373{,}15}{293{,}15} \cdot \frac{1\,\text{kWh}}{860\,\text{kcal}} = 8{,}22\,\text{kW} \qquad \text{(Abb. 7.9).}$$

c) Der Mindestaufwand ergibt sich aus den Gln. (7.21). (7.6) und (7.8)

$$\Sigma E_j = 0 = \dot{E}_1 - \dot{E}_2 - \dot{L}_{techn,\,Min}$$

Daraus folgt

$$\dot{L}_{techn,\,Min} = -\dot{m}\,\{(h_2 - h_1) - T_{umg}(s_2 - s_1)\} =$$

$$= \dot{L}_{el} + |\dot{L}_{Verl}| = -1{,}08\,\text{kW}.$$

Diese Leistung wäre aufzuwenden, wenn man den erforderlichen Wärmestrom mit Hilfe zahlreicher reversibel arbeitender Wärmepumpen reversibel von der Um-

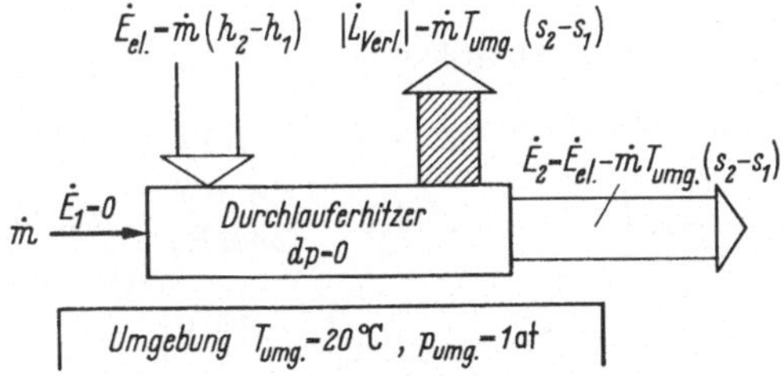

Abb. 7.9 Exergieflußbild des Durchlauferhitzers (Lösung der Aufgabe 7.1).

gebung zum Wasser transportieren würde. Die Wärmepumpen überbrücken die jeweils vorhandene Temperaturdifferenz.

d) Verlustquellen sind in der Umwandlung wertvoller elektrischer Energie in wesentlich weniger wertvolle Wärme [Gln. (7.2) u. (7.7)], im irreversiblen Wärmeübergang zwischen der warmen Heizwicklung und dem kalten Wasser sowie gegebenenfalls in der Vermischung des unterschiedlich erwärmten Wassers am Austritt aus dem Durchlauferhitzer zu suchen.

Beispiel 7.2. Welche Antriebsleistung muß eine Luftverflüssigungsanlage mindestens besitzen, wenn sie Luft vom Umgebungszustand $p_1 = 1$ at, $T_1 = 290$ °K, $h_1 = 120$ kcal/kg, $s_1 = 0{,}9$ kcal/kg °K isobar in siedende flüssige Luft ($p_2 = 1$ at, $T_2 = 78$ °K, $h_2 = 20$ kcal/kg, $s_2 = -0{,}04$ kcal/kg °K) verwandeln soll und pro Stunde 10,0 kg flüssige Luft liefert?

Lösung. Gl. (7.21) ergibt für die reversible Prozeßführung

$\Sigma \dot{E}_j = 0 = \dot{E}_1 - \dot{E}_2 - \dot{L}_{\text{techn, Min}} = 0$, woraus für den Mindestaufwand folgt

$$\dot{L}_{\text{techn, Min}} = \dot{E}_1 - \dot{E}_2 = -\dot{m}\,\{(h_2 - h_1) - T_{\text{umg}}\,(s_2 - s_1)\} =$$

$$= -10{,}0\,\frac{\text{kg}}{\text{h}}\left\{-100\,\frac{\text{kcal}}{\text{kg}} + 290\,°\text{K}\cdot 0{,}94\,\frac{\text{kcal}}{\text{kg}\,°\text{K}}\right\}\cdot\frac{1\,\text{kWh}}{860\,\text{kcal}} = -2\,\text{kW}\,.$$

Beispiel 7.3. In einem Brennstoffelement wird bei 298,15 °K, 1 atm, Wasserstoff isotherm und isobar mit Sauerstoff in Wasser umgewandelt, wobei aus der chemischen Energie des Brennstoffes (Wasserstoff) elektrische Energie entsteht. Reaktionspartner und Reaktionsprodukte werden gasförmig zu- bzw. abgeführt. Die Wärmetönung der Reaktion beträgt bei 298,15 °K, 1 atm 57140 cal/mol H_2. Die absoluten Entropien der auftretenden Stoffe sind im vorgegebenen Zustand

$$s_{H_2}^{\text{abs}} = 31{,}2\ \text{cal/mol}\,°\text{K},\quad s_{O_2}^{\text{abs}} = 49{,}0\ \text{cal/mol}\,°\text{K},\quad s_{H_2O}^{\text{abs}} = 45{,}0\ \text{cal/mol}\,°\text{K}\,,$$

die Molmassen von Wasserstoff und Sauerstoff betragen $M_{H_2} = 2$ g/mol und $M_{O_2} = 32$ g/mol.

Welche Leistung kann das Brennstoffelement maximal abgeben, wenn pro Sekunde 0,01 mol Wasserstoff verbraucht werden und die Umgebung die Temperatur $T_{\text{umg}} = 298{,}15$ °K sowie den Druck $p_{\text{umg}} = 1$ atm besitzt?

Lösung. Die maximale Leistung wird bei reversibler Prozeßführung erzeugt. Für sie gilt nach Gl. (7.21) $\Sigma \dot{E}_j = 0$. Da im vorliegenden Fall die Reaktionsteilnehmer und das Reaktionsprodukt reine Stoffe sind, die im thermischen und mechanischen Gleichgewicht mit der Umgebung stehen, ist die Exergie ihrer Enthalpie gleich 0. Die Exergie der kinetischen und potentiellen Energie ist ebenfalls vernachlässigbar klein oder null, so daß nur die chemische Exergie des Brennstoffstromes verbleibt. Es gilt somit nach den Gln. (7.21) u. (7.17b) für die Reaktionsgleichung $H_2 + \frac{1}{2}\,O_2 \rightarrow H_2O$, entsprechend

$$|\nu_{H_2O}|/|\nu_{H_2}| = 1\,\text{mol}\,H_2O/1\,\text{mol}\,H_2 \quad\text{und}\quad |\nu_{O_2}|/|\nu_{H_2}| = 0{,}5\,\text{mol}\,O_2/1\,\text{mol}\,H_2$$

$$\dot{E}_{\text{chem}} = \dot{L}_{\text{techn, Max}} = \dot{n}_{H_2}\left\{W_p + T_{\text{umg}}\left(s_{H_2O}^{\text{abs}}\cdot\frac{1\,\text{mol}\,H_2O}{1\,\text{mol}\,H_2} - s_{H_2}^{\text{abs}}\cdot 1 - s_{O_2}^{\text{abs}}\,\frac{0{,}5\,\text{mol}\,O_2}{1\,\text{mol}\,H_2}\right) + 0 + 0\right\}$$

$$\dot{L}_{\text{techn, Max}} = 0{,}01\,\frac{\text{mol}\,H_2}{\text{sec}}\cdot\left\{57140\,\frac{\text{cal}}{\text{mol}\,H_2} + 298{,}15\,°\text{K}\cdot\left(45{,}0\,\frac{\text{cal}}{\text{mol}\,H_2\,°\text{K}} - 31{,}2\,\frac{\text{cal}}{\text{mol}\,H_2\,°\text{K}} - \frac{1}{2}\cdot 49{,}0\,\frac{\text{cal}}{\text{mol}\,H_2\,°\text{K}}\right)\right\}\cdot$$

$$\cdot\frac{10^{-3}\,\text{kcal}}{\text{cal}}\cdot\frac{1\,\text{kWh}}{860\,\text{kcal}}\cdot\frac{3600\,\text{sec}}{\text{h}} = 2{,}26\,\text{kW}$$

Beispiel 7.4. In einer Wärmepumpe durchläuft das Kältemittel Frigen 22 den folgenden Kreisprozeß:

Anfangszustand 1: siedende Flüssigkeit bei $p_1 = 12$ at.

Zustandsänderung 1 → 2: Drosselung bis auf den Verdampferdruck $p_2 = 2{,}51$ at.

Zustandsänderung 2 → 3: isobare Wärmezufuhr bis zur vollständigen Verdampfung (gesättigter Dampf). Der erforderliche Wärmestrom wird in einem gegenüber der Umgebung adiabaten Wärmeaustauscher einem Solestrom entzogen. Der Solestrom tritt mit der Temperatur $T_A = T_{umg} = 280\,°K$ und dem Druck $p_A = p_{umg} = 1$ at in den Wärmeaustauscher ein und fließt mit $p_B = 1$ at wieder heraus. Die (konstante) spezifische Wärmekapazität der Sole beträgt $c_{p,s} = 1$ kcal/kg grd. Der Mengenstrom der Sole sei $\dot{m}_s = 1420$ kg/h.

Zustandsänderung 3 → 4: irreversibel adiabate Kompression des Frigen 22 auf den Druck $p_4 = p_1 = 12$ at mit einem isentropen Wirkungsgrad $\eta_{sV} = 0{,}8$.

Zustandsänderung 4 → 1: isobare Abfuhr von Wärme an einen Wohnraum mit der konstanten Temperatur $T_R = 300\,°K$. Dabei kondensiert das Frigen 22 und erreicht den Anfangszustand 1.

Der Mengenstrom des Frigen 22 in der Wärmepumpe betrage 1000 kg/h.
Auszug aus der Dampftafel von Frigen 22:

Sättigungswerte

p [at]	t_s [°C]	h' [kcal/kg]	h''	s' [kcal/kg °K]	s''
12	29,4	109,23	151,73	1,0317	1,1724
2,51	−20,0	94,58	147,35	0,9796	1,1880

ungesättigte Zustände bei $p = 12$ at

t [°C]	57	58	70	71
h [kcal/kg]	156,66	156,84	158,96	159,14
s [kcal/kg °K]	1,1878	1,1883	1,1946	1,1951

bei $p = 1$ at, $T = 280\,°K$ ist $h = 151{,}72$ kcal/kg und $s = 1{,}2248$ kcal/kg °K.

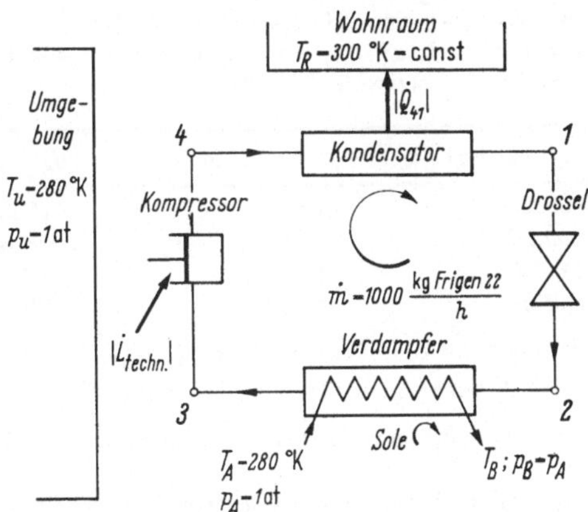

Abb. 7.10 Schematische Darstellung einer Wärmepumpe; Lösung von Aufgabe 7.4.

a) Man skizziere die Anordnung schematisch und trage den Kreisprozeß des Frigen 22 schematisch in ein h,s-Bild ein.

b) Man berechne die Antriebsleistung des Kompressors und die Kompressionsendtemperatur t_4.

c) Man skizziere das Exergieflußbild der Anordnung und zeichne die in jedem Bauteil entstehenden Verluste ein.

Lösung. a) Wärmepumpe und Kreisprozeß wurden in Abb. 7.10 und 7.11 dargestellt (siehe Abb. 4.8 bis 4.10 und Abb. 4.15).

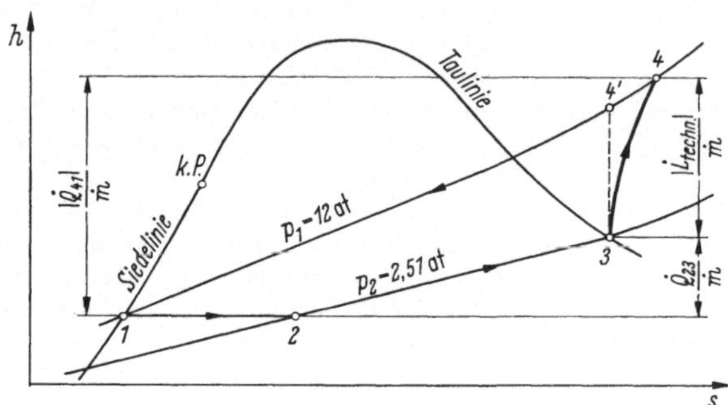

Abb. 7.11. Schematische Darstellung des Kreisprozesses, der in der Wärmepumpe nach Abb. 7.10 abläuft.

b) Aus Gl. (4.29c) ergibt sich unmittelbar $|\dot{L}_{\text{techn}\,34}| = \dot{m}(h_4 - h_3)$, wobei h_4 mit Hilfe von Gl. (3.14) gefunden wird.
$h_4 = h_3 + (h_{4'} - h_3)/\eta_{SV}$. Der Endpunkt der reversibel adiabaten Kompression 4' ist durch $p_{4'} = p_4 = 12$ at und $s_{4'} = s_3 = 1{,}1880$ kcal/kg °K gegeben. Durch Interpolation in der Dampftafel findet man $h_{4'} = 156{,}73$ kcal/kg, woraus man berechnet
$h_4 = 159{,}08$ kcal/kg. Somit gilt:
$|\dot{L}_{\text{techn}\,34}| = 1000$ kg/h · 11,73 kcal/kg · 1 kWh/860,1 kcal = 13,64 kW.
Die Kompressionsendtemperatur t_4 wird durch Interpolation in der Dampftafel ($p_4 = 12$ at; $h_4 = 159{,}08$ kcal/kg) zu 70,7 °C gefunden.

c) Die spezifische Exergie eines Stoffstromes wird nach Gl. (7.8) berechnet. Für das Frigen 22 ergibt sich an den vier Eckpunkten des Kreisprozesses mit $h_u = 151{,}72$ kcal/kg und $s_u = 1{,}2248$ kcal/kg °K

Punkt	h [kcal/kg]	s [kcal/kg °K]	$\dot{E} = \dot{m}\, e$ [kcal/h]
1	109,23	1,0317	11580
2	109,23	1,0375	9950 mit $x_2 = 0{,}278$
3	147,35	1,1880	5930
4	159,08	1,1950	15700

Mit der Antriebsleistung fließt dem Kreislauf die Exergie
$\dot{E}_{L_{\text{techn}}} = 13{,}64$ kW = 11730 kcal/h zu. Dem Wohnraum wird bei $T_R = 300$ °K der Wärmestrom $|\dot{Q}_{41}| = \dot{m}(h_4 - h_1)$ zugeführt, der einem Exergiestrom von 3320 kcal/h entspricht.

Dem in den Verdampfer eintretenden Solestrom ist die Exergie 0 zuzuordnen, da sich die Sole im Gleichgewicht mit der Umgebung befindet. Dem austretenden Solestrom entspricht daher ein Exergiestrom [Gln. (7.8), (2.39), (1.114b), Nr. 2.1.4]

$$\dot{E}_{\text{Sole}} = \dot{m}_s \{(h_B - h_A) - T_{\text{umg}}(s_B - s_A)\} = \dot{m}_s\, c_p^{\text{Sole}} \{T_B - T_A - T_{\text{umg}} \ln (T_B/T_A)\} =$$
$$= 1950 \text{ kcal/h}$$

Die Temperaturänderung findet man für den gegenüber der Umgebung adiabaten

Wärmeaustauscher ($\dot{Q} = 0$), der von den Stoffströmen isobar durchflossen wird ($\dot{L}_{\text{techn}} = 0$), aus dem ersten Hauptsatz [Gl. (3.3a)]

$$-\dot{m}\,(h_3 - h_2) = -38120\,\frac{\text{kcal}}{\text{h}} = \dot{m}_s\,(h_B - h_A) = 1420\,\frac{\text{kg}}{\text{h}} \cdot 1\,\frac{\text{kcal}}{\text{kg grd}} \cdot (T_B - 280\,°\text{K})$$

entsprechend $T_B = 253{,}15\ °\text{K}$.

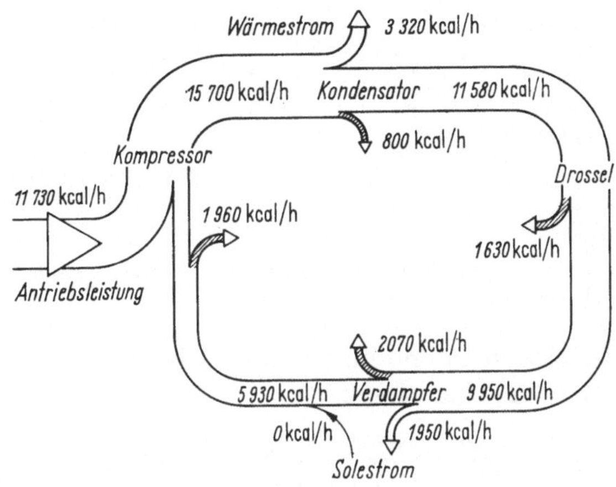

Abb. 7.12 Exergieflußbild einer Wärmepumpe; Lösung von Aufgabe 7.4.

In den einzelnen Bauteilen der Wärmepumpe entstehen nach Gl. (7.22) folgende Verluste:

Bauteil	$\dot{E}_{\text{zugeführt}}$ [kcal/h]	$\lvert\dot{E}_{\text{abgeführt}}\rvert$ [kcal/h]	$\lvert\dot{L}_{\text{Verlust}}\rvert$ [kcal/h]
Kompressor	17660	15700	1960
Kondensator	15700	14900	800
Drossel	11580	9950	1630
Verdampfer	9950	7880	2070

Daraus ergibt sich das in Abb. 7.12 dargestellte Flußbild der Exergie.

7.3 Exergetischer Wirkungsgrad

Durch Aufstellen eines Exergieflußbildes können alle in einem Prozeß auftretenden Verluste lokalisiert und ihrem Betrag nach berechnet werden. Solche Flußbilder sind jedoch nicht immer unmittelbar miteinander vergleichbar. Man wird deswegen bestrebt sein, durch Bildung von Quotienten ähnlich wie bei der Berechnung eines Wirkungsgrades einen Vergleichsmaßstab zu schaffen. Für die Bildung solcher Quotienten kann es keine eindeutige und allgemein gültige Vorschrift geben. Es muß vielmehr von Fall zu Fall entschieden werden, auf welches Ergebnis eines Prozesses besonderer Wert gelegt wird. Dennoch lassen sich gewisse

Richtlinien aufstellen. Abb. 7.13 zeigt einen beliebigen Apparat, in dem ein Prozeß abläuft. Dem Apparat strömen verschiedene Exergieströme zu, zum Beispiel gekoppelt an Materie, an Wärme oder an Arbeit. Andere Exergieströme verlassen die Apparatur. Legt man um den Apparat einen

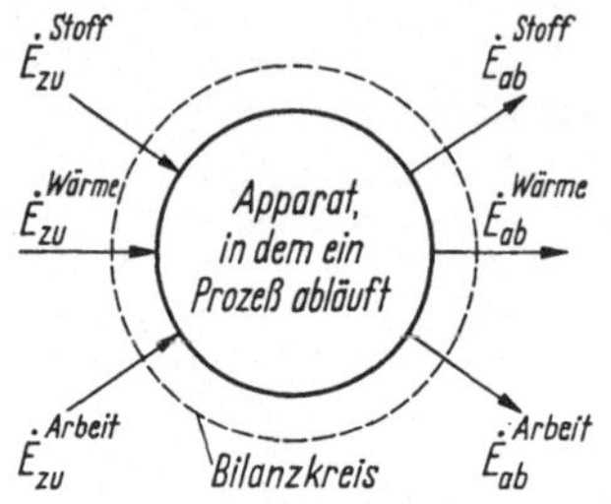

Abb. 7.13 Zur Definition des exergetischen Wirkungsgrades.

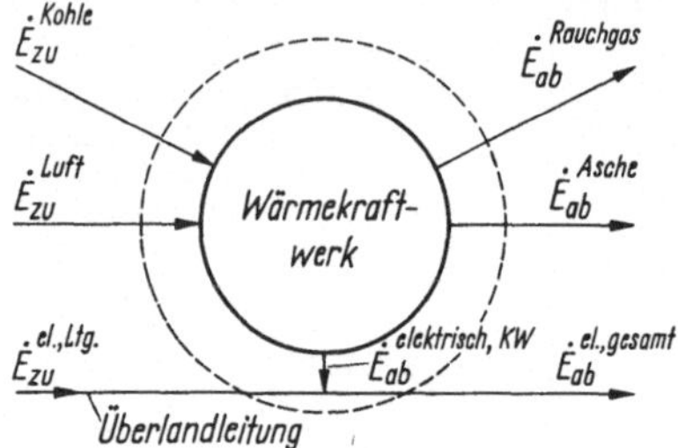

Abb. 7.14 Beispiel zur Bestimmung eines exergetischen Wirkungsgrades.

Bilanzkreis, so kann man den innerhalb des Bilanzkreises auftretenden Verlust nach Gl. (7.22) berechnen:

$$|\dot{L}_{\text{Verlust}}| = \{\dot{E}_{\text{zu}}^{\text{Stoff}} + \dot{E}_{\text{zu}}^{\text{Wärme}} + \dot{E}_{\text{zu}}^{\text{Arbeit}} + \cdots\} - \\ - \{|\dot{E}_{\text{ab}}^{\text{Stoff}}| + |\dot{E}_{\text{ab}}^{\text{Wärme}}| + |\dot{E}_{\text{ab}}^{\text{Arbeit}}| + \cdots\}. \quad (7.29)$$

Es liegt nahe, diesen Verlust durch einen Quotienten der Art

$$\eta_e = \frac{\sum |\dot{E}_{\text{ab}}|}{\sum \dot{E}_{\text{zu}}} \quad (7.30)$$

zu charakterisieren und als *exergetischen Wirkungsgrad* zu bezeichnen. Dieser Wirkungsgrad nimmt beim verlustfreien Prozeß den Wert 1 an. Das gilt auch für die Umwandlung von Wärme in Arbeit und stellt gegenüber der Definition des thermischen Wirkungsgrades einer Wärmekraftmaschine [Gl. (3.45)] ohne Zweifel einen Fortschritt dar. Dennoch liefert der exergetische Wirkungsgrad nur dann eindeutige und vergleichbare Ergebnisse, wenn man nur die Exergieströme berücksichtigt, die zur Durchführung eines Prozesses unbedingt notwendig sind. Hierauf hat vor allem RANT[1] hingewiesen. Von ihm stammt auch das in Abb. 7.14 dargestellte Beispiel: Einem Wärmekraftwerk fließt Exergie mit dem zur Beheizung des Kessels erforderlichen Kohle- und Luftstrom zu. Rauchgas und Asche, die durch die Verbrennung der Kohle entstehen, führen Exergieströme ab. Schließlich gibt das Kraftwerk elektrische Energie ab, die in eine Überlandleitung eingespeist wird. Durch die Leitung fließt außerdem weitere elektrische Energie, der ein zugeführter und ein abge-

[1] RANT, Z.: Bilanzen und Beurteilungsquotienten bei technischen Prozessen. Intern. Zeitschr. f. Gaswärme 14 (1965) 28–37.

führter Exergiestrom entsprechen. Schließt man in den Bilanzkreis die Stelle mit ein, an der die vom Kraftwerk erzeugte elektrische Energie in die Überlandleitung fließt, so würde sich nach Gl. (7.30) ein exergetischer Wirkungsgrad

$$\eta_e = \frac{|\dot{E}_{ab}^{Asche}| + |\dot{E}_{ab}^{Rauchgas}| + |\dot{E}_{ab}^{el,KW}| + |\dot{E}_{ab}^{el,\,Ltg}|}{\dot{E}_{zu}^{Kohle} + \dot{E}_{zu}^{Luft} + \dot{E}_{zu}^{el,\,Ltg}} \tag{7.31}$$

ergeben, der sich um so mehr dem Wert 1 nähert, je kleiner die vom Kraftwerk hervorgerufenen Exergieströme sind. Daraus wäre der ganz offensichtlich falsche Schluß zu ziehen: Je kleiner ein Wärmekraftwerk ist, desto größer ist sein Wirkungsgrad. Dieser Mangel läßt sich sofort beseitigen, wenn man bei der Berechnung des exergetischen Wirkungsgrades *ausschließlich prozeßbedingte Exergieströme* berücksichtigt. Im Fall der Abb. 7.14 muß also der durchlaufende Posten des Exergiestromes in der Überlandleitung ausgeschlossen werden. Dann erhält man

$$\eta_e^{KW} = \frac{|\dot{E}_{ab}^{Asche}| + |\dot{E}_{ab}^{Rauchgas}| + |\dot{E}_{ab}^{el,\,KW}|}{\dot{E}_{zu}^{Kohle} + \dot{E}_{zu}^{Luft}} \approx \frac{|\dot{E}_{ab}^{el,\,KW}|}{\dot{E}_{zu}^{Kohle}}, \tag{7.32}$$

da die Asche, das Rauchgas und die Luft in der Regel nur sehr kleine Exergieströme transportieren.

Beispiel 7.5. Man berechne den exergetischen Wirkungsgrad der in Beispiel 7.4 behandelten Wärmepumpe sowie die exergetischen Wirkungsgrade ihrer Bauteile.

Lösung. Nach Gl. (7.30) gilt

$$\eta_e^{Wärmepumpe} = \frac{(1950 + 3320)\ \mathrm{kcal/h}}{(11\,730 + 0)\ \mathrm{kcal/h}} = 0{,}45$$

$$\eta_e^{Kompressor} = \frac{15\,700\ \mathrm{kcal/h}}{(11\,730 + 5930)\ \mathrm{kcal/h}} = 0{,}89$$

$$\eta_e^{Kondensator} = \frac{(3320 + 11\,580)\ \mathrm{kcal/h}}{15\,700\ \mathrm{kcal/h}} = 0{,}95$$

$$\eta_e^{Drossel} = \frac{9950\ \mathrm{kcal/h}}{11\,580\ \mathrm{kcal/h}} = 0{,}86$$

$$\eta_e^{Verdampfer} = \frac{(5930 + 1950)\ \mathrm{kcal/h}}{(9950 + 0)\ \mathrm{kcal/h}} = 0{,}79$$

Der exergetische Wirkungsgrad der Wärmepumpe läßt sich nicht unmittelbar aus den exergetischen Wirkungsgraden der einzelnen Bauteile bestimmen, da jeder Wirkungsgrad auf einen anderen zugeführten Exergiestrom bezogen ist. Diesen Sachverhalt könnte man nur durch eine andere Definition von η_e umgehen. Am einfachsten ist es aber, stets auf das Flußbild der Exergie zurückzugreifen.

8. Kurze Einführung in die Thermodynamik der irreversiblen Prozesse

8.1 Generalisierte Ströme und generalisierte Kräfte

Bisher war bei allen Betrachtungen vorausgesetzt worden, daß Gleichgewicht herrscht oder daß die Abweichungen vom Gleichgewicht vernachlässigbar klein sind (quasistatische Zustandsänderungen). Jetzt sollen auch solche Abweichungen vom Gleichgewicht zugelassen werden, deren Einfluß nicht mehr vernachlässigbar ist. Sie führen zu Strömen, deren Stärke als Maß für die Abweichung vom Gleichgewicht und die dadurch entstehenden Verluste angesehen werden kann. Ein Beispiel soll diesen Sachverhalt erläutern. In einem abgeschlossenen System, das nur eine Phase enthält, sind im Gleichgewicht keine Unterschiede der Temperatur, des chemischen Potentiales oder des elektrischen Potentiales vorhanden. Dieses Gleichgewicht wird dadurch erreicht, daß eventuell vorhandene Temperaturdifferenzen durch einen Wärmestrom, Differenzen des elektrischen Potentiales durch einen elektrischen Strom und durch Konzentrationsunterschiede hervorgerufene Unterschiede des chemischen Potentiales durch Diffusionsströme abgebaut werden. Für die Stromdichten dieser Ausgleichsvorgänge gilt bekanntlich:

$$\dot{q} = -\lambda\left(\frac{\partial T}{\partial x}\right) \quad \text{Wärmestromdichte in } x\text{-Richtung} \tag{8.1a}$$

$$\dot{N} = -\alpha\left(\frac{\partial \mu}{\partial x}\right)_T \quad \text{Diffusionsstromdichte in } x\text{-Richtung} \tag{8.1b}$$

$$j_{\text{el}} = -\sigma_{\text{el}}\left(\frac{\partial \varphi_{\text{el}}}{\partial x}\right) \quad \text{elektrische Stromdichte in } x\text{-Richtung} \tag{8.1c}$$

Man erkennt sofort, daß die allgemeine Form dieser Gleichungen

$$j_i = \alpha_i\, Y_i \tag{8.2}$$

lautet.

Prinzipiell kann nun die Möglichkeit nicht ausgeschlossen werden, daß sich die verschiedenen Stromdichten gegenseitig beeinflussen, sobald mehrere Ströme gleichzeitig auftreten. Dieser Möglichkeit wird man unter Vernachlässigung aller höheren Glieder am einfachsten durch den linearen Ansatz

$$j_i = \sum_{k=1}^{C} \alpha_{ik}\, Y_k \tag{8.3}$$

gerecht, in dem j_i die *generalisierten Ströme* (*Stromdichten*), Y_k *die generalisierten Kräfte*, C die Gesamtzahl der gleichzeitig vorhandenen Ströme und α_{ik} die von j_i und Y_k unabhängigen *phänomenologischen Koeffizienten* sind. Gl. (8.3) wird als *phänomenologischer Ansatz von* ONSAGER bezeichnet. Dieser Ansatz hat sich praktisch bewährt. Er ist auch einleuchtend, zumal man alle unerwünschten Koeffizienten α_{ik} gleich Null setzen kann. Damit wurde plausibel gemacht, daß die Abweichungen vom Gleichgewicht zu Strömen führen, deren Stärke wiederum ein Maß für die Abweichungen vom Gleichgewicht ist. Im folgenden Abschnitt wird dargelegt werden, daß die Stromdichten außerdem ein Maß für die durch die Abweichungen vom Gleichgewicht entstehenden Verluste sind.

8.2 Die Dissipationsfunktion

Abb. 8.1 zeigt einen metallischen elektrischen Leiter vom Querschnitt F, durch den infolge eines Gefälles des elektrischen Potentiales φ_{el} ein elektrischer Strom fließt. In dem zwischen x und $x + dx$ gelegenen

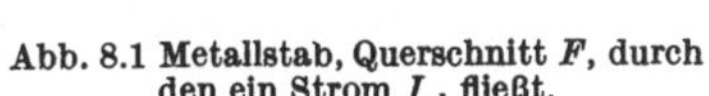

Abb. 8.1 Metallstab, Querschnitt F, durch den ein Strom I_{el} fließt.

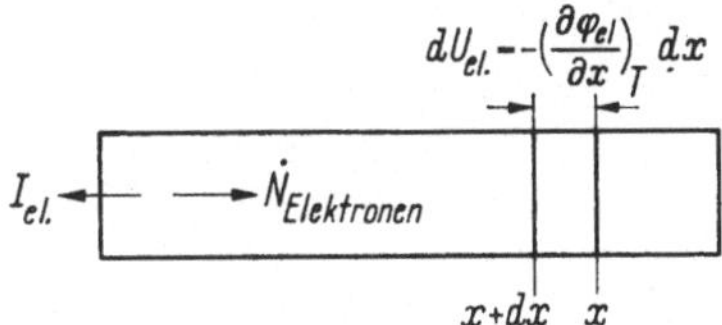

Volumenelement wird während der Zeit $d\tau$ elektrische Energie in Wärme umgewandelt. Dabei gilt

$$dL_{el,\,dissipativ} = -I_{el}\, d(U_{el})\, d\tau = +j_{el}\, F\left(\frac{\partial \varphi_{el}}{\partial x}\right) dx\, d\tau =$$

$$= +j_{el}\left(\frac{\partial \varphi_{el}}{\partial x}\right) dV\, d\tau \tag{8.4}$$

Diesen Ausdruck kann man mit Hilfe der Gln. (8.1c) und (8.3) umformen, wenn man bedenkt, daß zwischen der elektrischen Stromdichte und der Elektronenstromdichte in metallischen elektrischen Leitern die Beziehung besteht ($\mathfrak{F}$ = Faradaykonstante)

$$j_{el} = -j_{Elektronen}\, \mathfrak{F}\,(-1) = +j_2\, \mathfrak{F} \tag{8.5}$$

Dann gilt nämlich für den Fall, daß nur der durch den Index 2 gekennzeichnete Elektronenstrom durch den Leiter fließt ($Y_1 = 0$)

$$j_2 = \sum_{k=1}^{C=2} \alpha_{2k}\, Y_k = \alpha_{22}\, Y_2 = +\frac{j_{el}}{\mathfrak{F}} = -\frac{\sigma_{el}}{\mathfrak{F}}\left(\frac{\partial \varphi_{el}}{\partial x}\right) = -\frac{\sigma_{el}}{\mathfrak{F}^2}\, \mathfrak{F}\left(\frac{\partial \varphi_{el}}{\partial x}\right) \tag{8.6}$$

Daraus ergibt sich zunächst rein formal

$$\alpha_{22} = -\frac{\sigma_{el}}{\mathfrak{F}^2} \quad \text{und} \quad Y_2 = \mathfrak{F}\left(\frac{\partial \varphi_{el}}{\partial x}\right) \tag{8.7a, b}$$

Setzt man diese Ausdrücke in Gl. (8.4) ein und berücksichtigt Gl. (1.75), so kann man schreiben

$$\frac{\mathrm{d}L_{\mathrm{el,\,Verlust,\,Min}}}{\mathrm{d}V\,\mathrm{d}\tau} = \frac{T_{\mathrm{umg}}}{T}\,\frac{\mathrm{d}L_{\mathrm{el,\,dissipativ}}}{\mathrm{d}V\,\mathrm{d}\tau} = \frac{T_{\mathrm{umg}}}{T}\,\dot{j}_{\mathrm{el}}\left(\frac{\partial \varphi_{\mathrm{el}}}{\partial x}\right) =$$

$$= \frac{T_{\mathrm{umg}}}{T}\,\dot{j}_{\mathrm{el}}\,\frac{Y_2}{\mathfrak{F}} = \frac{T_{\mathrm{umg}}}{T}\,\dot{j}_2\,Y_2 \tag{8.8}$$

Nach Gl. (8.8) ist die Elektronenstromdichte $\dot{j}_2$ tatsächlich ein Maß für die Verluste, die als Folge der in Form des elektrischen Potentialgefälles in Leiterrichtung aufgetretenen Abweichung vom Gleichgewicht pro Volumen- und Zeiteinheit entstehen.

Treten mehrere Ströme gleichzeitig auf, dann läßt sich Gl. (8.8) mit Hilfe von Gl. (8.3) erweitern zu

$$\frac{\mathrm{d}L_{\mathrm{el,\,Verlust,\,Min}}}{\mathrm{d}V\,\mathrm{d}\tau} = \frac{T_{\mathrm{umg}}}{T}\,\frac{\mathrm{d}L_{\mathrm{el,\,dissipativ}}}{\mathrm{d}V\,\mathrm{d}\tau} = \frac{T_{\mathrm{umg}}}{T}\,\dot{j}_2\,Y_2 =$$

$$= \frac{T_{\mathrm{umg}}}{T}\sum_{k=1}^{C}\alpha_{2k}\,Y_k\,Y_2 \tag{8.9}$$

Das leuchtet unmittelbar ein, da mit der Summenbildung nur der Einfluß der übrigen Ströme auf die Elektronenstromdichte berücksichtigt wird. Jetzt werden aber auch die übrigen Ströme im Volumenelement d V während der Zeit dτ Verluste hervorrufen. Daher gilt für die Gesamtverluste

$$\frac{\mathrm{d}L_{\mathrm{gesamt,\,Verlust,\,Min}}}{\mathrm{d}V\,\mathrm{d}\tau} = \frac{T_{\mathrm{umg}}}{T}\,\dot{j}_1\,Y_1 + \frac{T_{\mathrm{umg}}}{T}\sum_{i=2}^{C}\sum_{k=1}^{C}\alpha_{ik}\,Y_i\,Y_k =$$

$$= \frac{\mathrm{d}L_{\mathrm{Wärmestrom,\,Verl,\,Min}}}{\mathrm{d}V\,\mathrm{d}\tau} + \frac{T_{\mathrm{umg}}}{T}\cdot\frac{\mathrm{d}L_{\mathrm{dissipativ}}}{\mathrm{d}V\,\mathrm{d}\tau} \tag{8.10}$$

Hierbei bezeichnet der Index 1 den Wärmestrom. Er ruft keinen dissipativen Effekt hervor, da der durch Wärmetransport mit endlicher Temperaturdifferenz ohne Abgabe von Arbeit erzeugte Verlust nicht durch eine Umwandlung von Energie entsteht, sondern gerade dadurch, daß eine an sich mögliche Energieumwandlung nicht ausgeführt worden ist.

Dividiert man Gl. (8.10) durch T_{umg}/T, dann ergibt sich ein als *Dissipationsfunktion* bezeichneter Ausdruck:

$$\frac{T}{T_{\mathrm{umg}}}\,\frac{\mathrm{d}L_{\mathrm{gesamt,\,Verlust,\,Min}}}{\mathrm{d}V\,\mathrm{d}\tau} = \dot{j}_1\,Y_1 + \sum_{i=2}^{C}\sum_{k=1}^{C}\alpha_{ik}\,Y_i\,Y_k =$$

$$= \dot{j}_1\,Y_1 + \frac{\mathrm{d}L_{\mathrm{dissipativ}}}{\mathrm{d}V\,\mathrm{d}\tau} = -\Psi \tag{8.11}$$

Unter Verwendung von Gl. (1.102) findet man schließlich für die durch dissipative Effekte hervorgerufene *lokale Entropieerzeugung*

$$T\frac{\mathrm{d}\,S^{\text{irreversibel}}_{\text{dissipativ}}}{\mathrm{d}V\,\mathrm{d}\tau}=-\frac{\mathrm{d}\,L_{\text{dissipativ}}}{\mathrm{d}V\,\mathrm{d}\tau}=-\sum_{i=2}^{C}\sum_{k=1}^{C}\alpha_{ik}\,Y_i\,Y_k\geq 0 \tag{8.12}$$

Gl. (8.11) steht in vollem Einklang mit dem aus der Strömungslehre bekannten Begriff der Dissipationsfunktion. Dort betrachtet man nämlich den durch innere Reibung entstehenden Verlust. Ursache für diesen Verlust ist die in Form des Geschwindigkeitsgefälles auftretende Abweichung vom Gleichgewicht, die zu einem Impulsstrom von der schnelleren zur langsameren Schicht führt. Vergleicht man nun den bekannten Newtonschen Ansatz für die als Wirkung des Impulsstromes (Index $i=3$) auftretende mechanische Schubspannung mit Gl. (8.3) ($C=3$, $Y_1=Y_2=0$), dann gilt für ein Geschwindigkeitsgefälle in x-Richtung

$$\sigma_{\text{mech, Schub}}=-\eta\,\frac{\mathrm{d}w}{\mathrm{d}x}\qquad\text{und}\qquad j_{\text{Impuls}}=\alpha_{33}\,Y_3=j_3 \tag{8.13a, b}$$

Hieraus folgt

$$\alpha_{33}=-\eta\quad\text{sowie}\quad Y_3=+\frac{\mathrm{d}w}{\mathrm{d}x}, \tag{8.14a, b}$$

so daß man durch Einsetzen in Gl. (8.11) die Dissipationsfunktion Ψ der Strömungslehre findet:

$$\Psi=-\alpha_{33}\,Y_3\,Y_3=\eta\left(\frac{\mathrm{d}w}{\mathrm{d}x}\right)^2. \tag{8.15}$$

Analoge Ausdrücke würden sich für Geschwindigkeitsgefälle in y- und z-Richtung ergeben.

Gl. (8.11) gibt auch den durch Wärmeleitung verursachten Verlust richtig wieder. Betrachtet man nämlich einen wärmeleitenden Stab vom Querschnitt F und der Wärmeleitfähigkeit λ, durch den infolge des Temperaturgradienten $\mathrm{d}T/\mathrm{d}x$ nach Gl. (8.1a) der Wärmestrom

$$\dot{Q}=F\,\dot{q}=-\lambda\,\frac{\mathrm{d}T}{\mathrm{d}x}\,F \tag{8.16}$$

fließt, dann tritt während der Zeit $\mathrm{d}\tau$ im Volumenelement $\mathrm{d}V$ nach den Gln. (8.11) und (8.3) ein Verlust

$$\frac{\mathrm{d}L_{\text{Verlust, Min}}}{\mathrm{d}\tau}=j_1\,Y_1\,\mathrm{d}V\,\frac{T_{\text{umg}}}{T}=\alpha_{11}\,Y_1\,Y_1\,\mathrm{d}V\,\frac{T_{\text{umg}}}{T} \tag{8.17}$$

auf, sofern man dem Wärmestrom den Index 1 gibt und voraussetzt, daß keine anderen Ströme existieren. Ein Vergleich der Gln. (8.1a) und (8.3) für $C=1$ ergibt nun

$$j_1=\alpha_{11}\,Y_1=\dot{q}=-\lambda\,\frac{\mathrm{d}T}{\mathrm{d}x}=-\lambda\,T\,\frac{1}{T}\,\frac{\mathrm{d}T}{\mathrm{d}x}. \tag{8.18}$$

Setzt man

$$\alpha_{11}=-\lambda\,T\quad\text{und}\quad Y_1=\frac{1}{T}\,\frac{\mathrm{d}T}{\mathrm{d}x}, \tag{8.19a, b}$$

dann liefert Gl. (8.17) einen Verlust von

$$\frac{\mathrm{d}L_{\text{Verlust, Min}}}{\mathrm{d}\tau} = -\lambda T \cdot \left(\frac{1}{T}\frac{\mathrm{d}T}{\mathrm{d}x}\right)^2 \cdot \mathrm{d}V \frac{T_{\text{umg}}}{T} = -\dot{q} \cdot \frac{\mathrm{d}V}{|\mathrm{d}x|}\frac{T_{\text{umg}}}{T^2}|\mathrm{d}T| =$$

$$= -\dot{Q}\frac{T_{\text{umg}}}{T^2}|\mathrm{d}T| \tag{8.19c}$$

Genau das gleiche Resultat war schon in Gl. (4.13) für den Verlust beim Wärmetransport vom hohen Temperaturniveau T_1 zum niedrigen Temperaturniveau T_2 in einer Umgebung der Temperatur T_{umg} gewonnen worden. Man hat in Gl. (4.13) lediglich $T_1 - T_2 = |\mathrm{d}T|$ und damit $T_1 = T_2 + |\mathrm{d}T| = T \approx T_2$ zu setzen.

An dieser Stelle könnte die Frage auftreten, warum statt der Gln. (8.19a, b) nicht $\alpha_{11} = -\lambda$ und $Y_1 = \mathrm{d}T/\mathrm{d}x$ geschrieben wurde. Hätte man dies getan, dann würde das in Gl. (8.17) auftretende Produkt $\alpha_{11} Y_1 Y_1$ nicht die Dimension einer Leistung pro Volumeneinheit besitzen, was kaum sinnvoll wäre.

8.3 Reziprozitätsbeziehungen von Onsager und Casimir

Aus der Forderung, daß alle mikrophysikalischen Gesetze für Transportbewegungen invariant gegen die Zeittransformation $\tau \to -\tau$ sein sollen (Gleichwertigkeit von Vergangenheit und Zukunft), hat Onsager 1931 gezeigt, daß die phänomenologischen Koeffizienten der Beziehung

$$\alpha_{ik} = \alpha_{ki} \tag{8.20}$$

gehorchen müssen. Casimir wies 1945 auf einige Ausnahmen hin, die im Rahmen dieser kurzen Einführung keine Rolle spielen. Für sie gilt

$$\alpha_{ik} = -\alpha_{ki} \tag{8.21}$$

Wegen der Herleitung dieser Beziehungen wird auf die Arbeiten von Onsager und Casimir verwiesen.[1]

8.4 Anwendung auf Thermoelemente

Abb. 8.2 zeigt ein Thermoelement aus den Schenkeln A und B, dessen Lötstellen sich auf den Temperaturen T_0 und T befinden. Normalerweise fließen dann zwei Ströme durch die Schenkel. Der Wärmestrom möge den Index 1, der Elektronenstrom den Index 2 tragen, die Ortskoordinate x soll entlang der Schenkel gezählt werden. Nach Gl. (8.3) gilt daher der Ansatz

$$j_1 = \alpha_{11} Y_1 + \alpha_{12} Y_2 \tag{8.22a}$$

$$j_2 = \alpha_{21} Y_1 + \alpha_{22} Y_2 \tag{8.22b}$$

[1] Onsager, L.: Physic. Rev. 37 (1931) 405 und 38 (1931) 2265. Casimir, H. B. G.: Rev. Mod. Phys. 17 (1945) 343.

mit den generalisierten Kräften

$$Y_1 = \frac{1}{T}\frac{\mathrm{d}T}{\mathrm{d}x} \quad (8.19\,\mathrm{b}) \quad \text{und} \quad Y_2 = \mathfrak{F}\frac{\mathrm{d}\varphi_{\mathrm{el}}}{\mathrm{d}x} \qquad (8.7\,\mathrm{b})$$

Die phänomenologischen Koeffizienten α_{11}, α_{22} und $\alpha_{12} = \alpha_{21}$ [Gl. (8.20)] lassen sich an Hand von drei Grenzfällen ermitteln. Erster Grenzfall sei der Stromfluß ohne Temperaturgradienten, entsprechend $Y_1 = 0$.

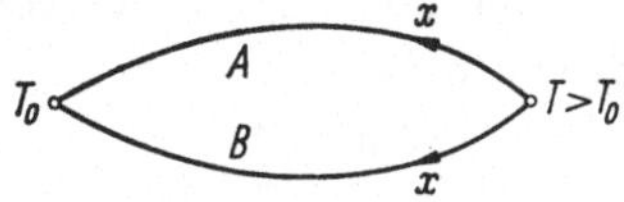

Abb. 8.2 Thermoelement aus den Schenkeln A und B.

Dann gilt nach Gl. (8.7a) $\alpha_{22} = -\sigma_{\mathrm{el}}/\mathfrak{F}^2$. Zweiter Grenzfall soll der Wärmetransport ohne Gefälle des elektrischen Potentiales sein, entsprechend $Y_2 = 0$. Bezeichnet man die zugehörige *Wärmeleitfähigkeit im feldfreien Zustand* mit λ_0, dann gilt analog zu Gl. (8.19a) $\alpha_{11} = -\lambda_0 T$.

Dritter Grenzfall sei der beim Wärmetransport durch Wärmeleitung normalerweise auftretende stromlose Zustand, in dem $j_2 = 0$ wird. Für ihn gilt nach den Gln. (8.22b) und (8.20)

$$\alpha_{21} Y_1 = \alpha_{12} Y_1 = -\alpha_{22} Y_2 \qquad (8.23)$$

Setzt man dieses Resultat in Gl. (8.22a) ein, dann liefert der Vergleich mit Gl. (8.1a) unter Berücksichtigung der Gln. (8.19a, b) und (8.7a)

$$j_1 = Y_1\left[\alpha_{11} - \frac{(\alpha_{12})^2}{\alpha_{22}}\right] = \frac{1}{T}\frac{\mathrm{d}T}{\mathrm{d}x}\left[-\lambda_0 T + \frac{(\alpha_{12})^2}{\sigma_{\mathrm{el}}}\mathfrak{F}^2\right] = -\lambda\frac{\mathrm{d}T}{\mathrm{d}x}. \qquad (8.24)$$

Daraus folgt

$$(\alpha_{12})^2 = \frac{\sigma_{\mathrm{el}}}{\mathfrak{F}^2} T(\lambda_0 - \lambda) \qquad (8.25)$$

Mit der als *Überführungsenthalpie* pro Mol Elektronen bezeichneten Abkürzung

$$Q^* = \left\{(\lambda_0 - \lambda)\frac{\mathfrak{F}^2 T}{\sigma_{\mathrm{el}}}\right\}^{1/2} \qquad (8.26)$$

lassen sich die Gln. (8.25), (8.19a), (8.22a) und (8.22b) mit Gl. (8.5) schließlich schreiben als

$$\alpha_{12} = \frac{\sigma_{\mathrm{el}} Q^*}{\mathfrak{F}^2} \qquad (8.27)$$

$$\alpha_{11} = -\lambda_0 T = -\lambda T - \frac{(Q^*)^2 \sigma_{\mathrm{el}}}{\mathfrak{F}^2} \qquad (8.28)$$

$$\frac{I_{\mathrm{el}}}{F} = j_{\mathrm{el}} = j_2\mathfrak{F} = \frac{\sigma_{\mathrm{el}}}{\mathfrak{F}}\frac{Q^*}{T}\frac{\mathrm{d}T}{\mathrm{d}x} - \sigma_{\mathrm{el}}\frac{\mathrm{d}\varphi_{\mathrm{el}}}{\mathrm{d}x} \qquad (8.29\mathrm{a})$$

$$\dot{q} = j_1 = -\lambda\frac{\mathrm{d}T}{\mathrm{d}x} - \frac{(Q^*)^2\sigma_{\mathrm{el}}}{\mathfrak{F}^2}\frac{1}{T}\frac{\mathrm{d}T}{\mathrm{d}x} + \frac{\sigma_{\mathrm{el}}Q^*}{\mathfrak{F}}\frac{\mathrm{d}\varphi_{\mathrm{el}}}{\mathrm{d}x} =$$

$$= -\lambda\frac{\mathrm{d}T}{\mathrm{d}x} - \frac{Q^*}{\mathfrak{F}} j_{\mathrm{el}} \qquad (8.29\mathrm{b})$$

Gl. (8.29a) beschreibt die im Thermoelement vorhandene elektrische Stromdichte, Gl. (8.29b) gibt die entsprechende Wärmestromdichte an. Beide Ströme beeinflussen sich gegenseitig. Für den stromlosen Zustand $j_{el} = 0$ liefert Gl. (8.29b) aber die normale Wärmeleitungsgleichung (8.1a), während Gl. (8.29a) für konstante Temperatur mit dem normalen Ohmschen Gesetz [Gl. (8.1c)] identisch ist.

Als erste Anwendung dieser Gleichungen soll der stromlose Zustand eines Thermoelementes betrachtet werden. Für ihn gilt wegen $j_{el} = 0$ nach Gl. (8.29a)

$$\frac{\sigma_{el}}{\mathfrak{F}} \frac{Q^*}{T} \frac{dT}{dx} = \sigma_{el} \frac{d\varphi_{el}}{dx} \quad \text{oder} \tag{8.30a}$$

$$\varepsilon = \frac{d\varphi_{el}}{dT} = \frac{Q^*}{\mathfrak{F} T} \tag{8.30b}$$

Die durch Gl. (8.30b) definierte Größe ε heißt *Thermokraft*. Man kann daher für den in den Schenkeln des Thermoelementes entstehenden Anteil der Thermokraft schreiben

$$\varepsilon_A = \frac{Q_A^*}{\mathfrak{F} T} \quad \text{und} \quad \varepsilon_B = \frac{Q_B^*}{\mathfrak{F} T} \tag{8.31a, b}$$

Beide Thermokräfte wirken in der gleichen Richtung, da das Temperaturgefälle in beiden Schenkeln die gleiche Richtung besitzt. Als Anteil der Schenkelmaterialien an der gesamten Thermokraft des Thermoelementes ist deswegen nur die Differenz der beiden Ausdrücke für ε_A und ε_B wirksam, so daß gilt

$$\varepsilon_{\text{Schenkel}} = \varepsilon_A - \varepsilon_B = \frac{1}{\mathfrak{F} T} \{Q_A^* - Q_B^*\} . \tag{8.32}$$

Außerdem liefern die Lötstellen einen Beitrag zur Thermokraft. Sie besitzen nämlich den Charakter einer Phasengrenze, durch die die Elektronen hindurchtreten können wie die Moleküle einer verdampfenden Flüssigkeit durch die Flüssigkeitsoberfläche. Gl. (2.190c, Bd. II) beschreibt das zugehörige stoffliche (elektrostatische) Gleichgewicht durch die Bedingung

$$\mu_{El, A} + (-1) \mathfrak{F} \varphi_{el, A} = \mu_{El, B} + (-1) \mathfrak{F} \varphi_{el, B} , \tag{8.33}$$

aus der sich die Kontaktspannung

$$\varphi_{el, A} - \varphi_{el, B} = \frac{1}{\mathfrak{F}} \{\mu_{\text{Elektronen}, A} - \mu_{\text{Elektronen}, B}\} \tag{8.34}$$

ergibt. Die chemischen Potentiale sind dabei auf 1 mol Elektronen zu beziehen. Diese Kontaktspannungen sind wiederum gleichgerichtet, so daß als Beitrag zur gesamten Thermospannung nur ihre Differenz wirksam wird. Sie beträgt

$$(\varphi_A - \varphi_B)_{T_0} - (\varphi_A - \varphi_B)_T = \Delta\varphi_{el} = \frac{1}{\mathfrak{F}} \{+[\mu_{El, A}(T_0) - \mu_{El, A}(T)] - - [\mu_{El, B}(T_0) - \mu_{El, B}(T)]\} \tag{8.35}$$

Beim Grenzübergang $T - T_0 \to \mathrm{d}T$ liefert Gl. (8.35) unter Berücksichtigung von Gl. (2.55, Bd. II) den Ausdruck

$$\mathrm{d}\varphi_{\mathrm{el}} = \varepsilon_{\mathrm{Kontakt}}\,\mathrm{d}T = \frac{1}{\mathfrak{F}}\left\{\left(\frac{\partial \mu_{\mathrm{El},B}}{\partial T}\right)_{\varphi,p}\mathrm{d}T - \left(\frac{\partial \mu_{\mathrm{El},A}}{\partial T}\right)_{\varphi,p}\mathrm{d}T\right\} = \\ = \frac{1}{\mathfrak{F}}\{s_{\mathrm{Elcktr},A} - s_{\mathrm{Elektr},B}\}\,\mathrm{d}T, \tag{8.36}$$

in dem $s_{\mathrm{Elektronen},\,A\text{ bzw. }B}$ die partiellen molaren Entropien der Elektronen in den Schenkeln A und B sind. Damit ist der Beitrag der Lötstellen zur Thermokraft des Thermoelementes gefunden.

Addiert man schließlich die Beiträge der Schenkel und der Lötstellen in der durch Abb. 8.2 gegebenen Reihenfolge Schenkel A, Lötstelle T_0, Schenkel B, Lötstelle T, dann erhält man die gesamte Thermokraft des Thermoelementes aus den Schenkeln A und B (*Seebeck-Effekt*)

$$\varepsilon_{AB} = \varepsilon_{\mathrm{Schenkel}} + \varepsilon_{\mathrm{Kontakt}} = \\ = \frac{1}{\mathfrak{F}}\left[\left(\frac{Q_A^*}{T} + s_{\mathrm{El},A}\right) - \left(\frac{Q_B^*}{T} + s_{\mathrm{El},B}\right)\right] = \frac{1}{\mathfrak{F}}(s_A^* - s_B^*) \tag{8.37}$$

Hierbei wird die mit Gl. (8.37) eingeführte Abkürzung

$$s^* = \frac{Q^*}{T} + s_{\mathrm{Elektronen}} \tag{8.38}$$

als *Überführungsentropie* pro Mol Elektronen bezeichnet. Diese Überführungsentropien sind für eine Reihe von Metallen mit der Nebenbedingung $s^*(T = 0\,°\mathrm{K}) = 0$ als *absolute Überführungsentropie* bei 25 °C tabelliert worden[1].

Die Gln. (8.37) und (8.30b) gestatten es schließlich, die elektrische Spannung zu berechnen, die im stromlosen Zustand in einem Thermo-

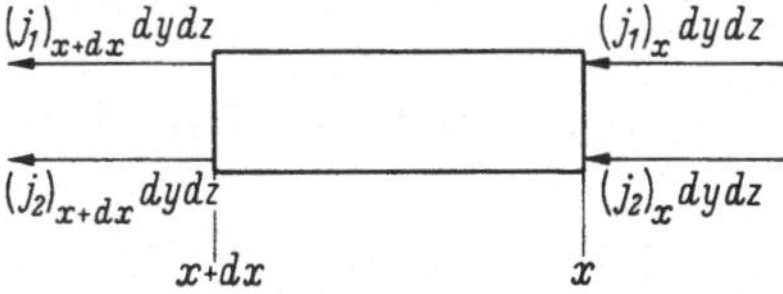

Abb. 8.3 Abschnitt x bis $x + \mathrm{d}x$ eines Thermoelementschenkels vom Querschnitt $\mathrm{d}y\,\mathrm{d}z$.

element aus den Schenkelmaterialien A und B auftritt, dessen Lötstellen sich auf den Temperaturen T und T_0 befinden. Es gilt

$$U_{\mathrm{el,\,stromlos}} = \Delta\varphi_{\mathrm{el}} = \int_{T_0}^{T} \varepsilon_{AB}\,\mathrm{d}T = \frac{1}{\mathfrak{F}}\int_{T_0}^{T}(s_A^* - s_B^*)\,\mathrm{d}T \tag{8.39}$$

Als zweite Anwendung soll ein Thermoelement betrachtet werden, durch das ein elektrischer Strom fließt. Hierzu wird der erste Hauptsatz

[1] Siehe z. B. LANDOLT-BÖRNSTEIN: Zahlenwerte und Funktionen aus Physik, Chemie, Astronomie, Geophysik und Technik, 6. Aufl., Bd. IV/3, Berlin/Göttingen/Heidelberg: Springer 1957.

für ein Volumenelement des Schenkels aufgeschrieben, das zwischen den Stellen x und $x + \mathrm{d}x$ liegt, den Querschnitt $\mathrm{d}y\,\mathrm{d}z$ besitzt und in x-Richtung vom Wärmestrom 1 und vom Elektronenstrom 2 durchflossen wird. Mit $\mathrm{d}w = \mathrm{d}z = \mathrm{d}E_i = \mathrm{d}L_{\text{außen}} = \mathrm{d}p = \mathrm{d}m = 0$, $X_i = p$, $x_i = V$, alle anderen X_i, $x_i = 0$ ergibt sich dann aus den Gleichungen (1.85), (1.69), (1.73) und (1.36)

$$\mathrm{d}\dot{Q} = \mathrm{d}\dot{H} + \mathrm{d}\dot{L}_{\text{dissipativ}} - \frac{\partial}{\partial \tau}\left\{\left(\frac{\partial H}{\partial n_2}\right)_{p,T} \mathrm{d}n_2\right\} \tag{8.40}$$

Die einzelnen Glieder der Gl. (8.40) lassen sich nun leicht bestimmen. Man findet mit den Gln. (8.29b); (1.114b) und Nr. 2.1.4; (8.11), (8.3), (8.5), (8.7b) und (8.29a); (2.38, Bd. II), (8.5), (2.53, Bd.II), (1.67) und (2.55, Bd. II)

$$\mathrm{d}\dot{Q} = \dot{Q}_x - \dot{Q}_{x+\mathrm{d}x} = \{(j_1)_x - (j_1)_{x+\mathrm{d}x}\}\,\mathrm{d}y\,\mathrm{d}z = -\left(\frac{\partial j_1}{\partial x}\right)\mathrm{d}x\,\mathrm{d}y\,\mathrm{d}z =$$

$$= +\left\{\lambda \frac{\partial^2 T}{\partial x^2} + \frac{j_{\text{el}}}{\mathfrak{F}}\left(\frac{\partial Q^*}{\partial T}\right)\frac{\partial T}{\partial x}\right\}\mathrm{d}V \tag{8.41a}$$

$$\mathrm{d}\dot{H} = \varrho\,\mathrm{d}V\,c_p \frac{\partial T}{\partial \tau} \tag{8.41b}$$

$$\mathrm{d}\dot{L}_{\text{dissipativ}} = j_2 Y_2\,\mathrm{d}V = \mathrm{d}V \cdot \frac{j_{\text{el}}}{\mathfrak{F}}\mathfrak{F}\frac{\mathrm{d}\varphi_{\text{el}}}{\mathrm{d}x} =$$

$$= \mathrm{d}V\,j_{\text{el}}\left\{-\frac{j_{\text{el}}}{\sigma_{\text{el}}} + \frac{Q^*}{\mathfrak{F}T}\frac{\partial T}{\partial x}\right\} \tag{8.41c}$$

$$-\frac{\partial}{\partial \tau}\left\{\left(\frac{\partial H}{\partial n_2}\right)_{p,T}\mathrm{d}n_2\right\} = -\frac{\partial}{\partial \tau}\{h_2\,\mathrm{d}n_2\} = (h_2\,\dot{n}_2)_x - (h_2\,\dot{n}_2)_{x+\mathrm{d}x} =$$

$$= [(h_2\,j_2)_x - (h_2\,j_2)_{x+\mathrm{d}x}]\,\mathrm{d}y\,\mathrm{d}z = -j_2\left(\frac{\partial h_2}{\partial T}\right)\left(\frac{\partial T}{\partial x}\right)\mathrm{d}V =$$

$$= -\frac{j_{\text{el}}}{\mathfrak{F}}\frac{\partial T}{\partial x}\mathrm{d}V\frac{\partial}{\partial T}\{\mu_2 + T s_2\} = -\frac{j_{\text{el}}}{\mathfrak{F}}\frac{\partial T}{\partial x}\mathrm{d}V\left(\frac{\partial s_2}{\partial T}\right)T. \tag{8.41d}$$

Außerdem gilt rein formal [Gl. (8.38) und Index 2 = Elektronen]

$$\frac{Q^*}{T} - \left(\frac{\partial Q^*}{\partial T}\right) - T\left(\frac{\partial s_2}{\partial T}\right) = s^* - s_2 - \left\{(s^* - s_2) + T\left(\frac{\partial s^*}{\partial T}\right) - T\left(\frac{\partial s_2}{\partial T}\right)\right\} -$$

$$- T\left(\frac{\partial s_2}{\partial T}\right) = -T\left(\frac{\partial s^*}{\partial T}\right) \tag{8.41e}$$

Mit den Gln. (8.41) liefert Gl. (8.40) schließlich als Aussage des ersten Hauptsatzes für die stromdurchflossenen Schenkel eines Thermoelementes

$$\varrho\,c_p \frac{\partial T}{\partial \tau} = \lambda \frac{\partial^2 T}{\partial x^2} + \frac{(j_{\text{el}})^2}{\sigma_{\text{el}}} + j_{\text{el}}\frac{\partial T}{\partial x}\frac{T}{\mathfrak{F}}\frac{\partial s^*}{\partial T} \tag{8.42}$$

Auf der linken Seite von Gl. (8.42) steht die Änderung der Temperatur des betrachteten Schenkelstückes mit der Zeit. Dieses Glied verschwindet im Beharrungszustand. Das erste Glied der rechten Seite von Gl. (8.42) beschreibt den Wärmetransport im Schenkel, im zweiten Glied steht die vom Strom erzeugte Joulesche Wärme, während das letzte Glied den *Thomsoneffekt* betrifft. Der Thomsoneffekt hängt von der Richtung des Stromflusses ab, da j_{el} nur in der ersten Potenz vorkommt. Fließt der elektrische Strom in Richtung steigender Temperatur ($\partial T/\partial x > 0$), dann beschreibt das Thomsonglied die Tatsache, daß dieser Schenkel an jeder Stelle wärmer ist als ohne den Thomsoneffekt. Denn hier fließen die Elektronen in Richtung sinkender Temperatur, geben also bei dem Versuch, mit dem Schenkelmaterial ins thermische Gleichgewicht zu kommen, Energie ab. Im anderen Schenkel ist es umgekehrt. Er ist an jeder Stelle kälter als ohne Thomsoneffekt. Der Thomsoneffekt gibt dem Thermoelement somit eine unsymmetrische Temperaturverteilung. Wie die Herleitung zeigt, hängt er von der Temperaturabhängigkeit der Überführungsentropie der Schenkelmaterialien ab. Die Lötstellen bleiben ohne Einfluß.

Der Thomsoneffekt und damit die Eigenschaften der Schenkelmaterialien bestimmen auch die Temperaturabhängigkeit der Thermokraft eines Thermoelementes. Nach Gl. (8.37) gilt nämlich

$$\frac{\partial \varepsilon_{AB}}{\partial T} = \frac{1}{\mathfrak{F}}\left\{\left(\frac{\partial s_A^*}{\partial T}\right) - \left(\frac{\partial s_B^*}{\partial T}\right)\right\} = \frac{1}{T}\left(\tau_{0,B} - \tau_{0,A}\right), \tag{8.43}$$

wobei die Abkürzung

$$\tau_0 = -\frac{T}{\mathfrak{F}}\left(\frac{\partial s^*}{\partial T}\right) \tag{8.44}$$

normalerweise als *Thomsonkoeffizient* bezeichnet wird. Eine von der Temperatur unabhängige Thermokraft und damit eine lineare Eichkurve kann ein Thermoelement also nur dann besitzen, wenn beide Schenkel im interessierenden Temperaturbereich den gleichen Thomsonkoeffizienten haben.

Beispiel 8.1. Die Überführungsentropien der Elektronen in Kupfer und Platin betragen bei 25 °C

$$s_{Cu}^* = -0{,}045 \text{ cal/mol °K}$$

$$s_{Pt}^* = +0{,}104 \text{ cal/mol °K}$$

Ihre Temperaturabhängigkeit möge durch $\partial(s_{Pt}^* - s_{Cu}^*)/\partial T = \mathfrak{F} \cdot 0{,}036 \cdot 10^{-6}$ V/grd² beschrieben werden. Welche elektrische Spannung besitzt ein Cu-Pt-Thermoelement, dessen Lötstellen sich auf 0 °C bzw. 100 °C befinden, im stromlosen Zustand?

Lösung. Nach Gl. (8.39) gilt

$$U_{\text{el, stromlos}} = \int_{0\,°\text{C}}^{100\,°\text{C}} \varepsilon_{AB}\, \mathrm{d}T = \int_{0\,°\text{C}}^{100\,°\text{C}} \left\{\varepsilon_{AB,\,25\,°\text{C}} + (T - 298{,}15\,°\text{K})\frac{\partial \varepsilon_{AB}}{\partial T}\right\} \mathrm{d}T$$

Mit Gl. (8.37) folgt daraus (A = Pt, B = Cu)

$$U_{\text{el, stromlos}} = \int_{273{,}15\,°\text{K}}^{373{,}15\,°\text{K}} \left\{\frac{0{,}104 \text{ cal/mol °K} + 0{,}045 \text{ cal/mol °K}}{96500 \text{ A s/mol}} \cdot \frac{1 \text{ V As}}{0{,}239 \text{ cal}} + (T - 298{,}15\,°\text{K}) \cdot 0{,}036 \cdot 10^{-6} \frac{\text{V}}{\text{grd}^2}\right\} \mathrm{d}T = 7{,}36 \cdot 10^{-4} \text{ V}.$$

8.5 Anwendung auf Peltierelemente

Verbindet man ein Thermoelement, dessen Lötstellen sich auf der gleichen Temperatur befinden, mit einer Stromquelle, dann kühlt sich eine Lötstelle unter der Wirkung des Elektronenstromes ab, während sich die andere erwärmt. Diese Wirkung des elektrischen Stromes bezeichnet man als *Peltiereffekt*. Der Peltiereffekt ist im Gegensatz zum Seebeckeffekt und zum Thomsoneffekt ein reiner Lötstelleneffekt. Wendet man nämlich die für den Schenkel eines Thermoelementes aufgestellte Gl. (8.42) auf den durch $\mathrm{d}T/\mathrm{d}x = 0$ gekennzeichneten Fall an, daß sich beide Lötstellen und beide Schenkel auf ein und derselben Temperatur befinden, ergibt sich

$$\varrho\, c_p \frac{\partial T}{\partial \tau} = 0 + \frac{(j_{\mathrm{el}})^2}{\sigma_{\mathrm{el}}} + 0 \tag{8.45}$$

Gl. (8.45) besagt, daß der elektrische Strom zu einer Erwärmung der Schenkel führt, da die rechte Seite sicher positiv ist. Ein Kühleffekt tritt in den Schenkeln nicht auf. Rein formal läßt sich ein solcher Kühleffekt nachweisen, wenn man die beim Thermoelement durchgeführte Rechnung unter der falschen Voraussetzung wiederholt, daß in den Schenkeln eines Peltierelementes im Gegensatz zu den Schenkeln eines Thermoelementes ein isothermer Gradient des chemischen Potentiales der Elektronen vorhanden ist, der durch einen isothermen Gradienten der Elektronenkonzentration hervorgerufen wird. Dieses Konzentrationsgefälle läßt zusätzlich zum Gefälle des elektrischen Potentiales einen Elektronenstrom fließen, den man durch geeignete Wahl der generalisierten Kraft Y_2 berücksichtigen kann. Der Wärmestrom 1 und der Elektronenstrom 2 werden also wie beim Thermoelement durch die Gln. (8.22a, b) beschrieben. Da die phänomenologischen Koeffizienten unabhängig von den generalisierten Kräften Y_k und den generalisierten Strömen j_i sind (Nr. 8.1) und das Thermoelement als Sonderfall des Peltierelementes aufgefaßt wird (isothermer Gradient des chemischen Potentials der Elektronen $\to 0$), werden die Koeffizienten α_{ik} weiterhin durch die Gln. (8.7a), (8.27) und (8.28) gegeben. Mit den Gln. (8.19b) und (8.5) findet man daher die zu den Gln. (8.29a, b) analogen Ausdrücke für das Peltierelement

$$\frac{I_{\mathrm{el}}}{F} = j_{\mathrm{el}} = j_2 \mathfrak{F} = \frac{\sigma_{\mathrm{el}} Q^*}{\mathfrak{F}} \frac{1}{T} \frac{\mathrm{d}T}{\mathrm{d}x} - \frac{\sigma_{\mathrm{el}}}{\mathfrak{F}} Y_2 \quad \text{und} \tag{8.46a}$$

$$\dot{q} = j_1 = -\lambda T \frac{1}{T} \frac{\mathrm{d}T}{\mathrm{d}x} - \frac{(Q^*)^2}{\mathfrak{F}^2} \frac{\sigma_{\mathrm{el}}}{T} \frac{\mathrm{d}T}{\mathrm{d}x} + \frac{\sigma_{\mathrm{el}} Q^*}{\mathfrak{F}^2} Y_2 =$$

$$= -\lambda \frac{\mathrm{d}T}{\mathrm{d}x} - \frac{Q^*}{\mathfrak{F}} j_{\mathrm{el}} \tag{8.46b}$$

Unter Benutzung dieser neuen Gleichungen für das Peltierelement lassen sich die analogen Rechnungen wie beim Thermoelement durchführen [Gln. (8.41a bis e)]. Dabei ändern sich die Gln. (8.41b, c und e) nicht [Y_2 kann durch Gl. (8.46a) eliminiert werden]. In Gl. (8.41d) muß jedoch berücksichtigt werden, daß die partielle molare Enthalpie der Elektronen h_2 sich nicht nur des Temperaturgefälles wegen mit dem Ort ändert, sondern jetzt auch des Konzentrationsgefälles wegen. Man hat daher zu schreiben

$$\left(\frac{\partial h_2}{\partial x}\right) = \left(\frac{\partial h_2}{\partial x}\right)_{p,\,T} + \left(\frac{\partial h_2}{\partial T}\right)_{p,\,\psi_2} \frac{\partial T}{\partial x}\,; \tag{8.47a}$$

Analog kommt in Gl. (8.41a) das folgende Glied hinzu

$$\frac{j_{el}}{\mathfrak{F}}\left(\frac{\partial Q^*}{\partial x}\right)_{p,\,T} = \frac{j_{el}}{\mathfrak{F}}\, T\left(\frac{\partial Q^*/T}{\partial x}\right)_{p,\,T} \tag{8.47b}$$

Gl. (8.42) ist also um die in den Gln. (8.47) neu auftretenden Glieder zu erweitern. Dann gilt mit $(\partial h_2/\partial x)_{p,\,T} = T\,(\partial s_2/\partial x)_{p,\,T}$ und Gl. (8.38)

$$\varrho\, c_p \frac{\partial T}{\partial \tau} = \lambda \frac{\partial^2 T}{\partial x^2} + \frac{(j_{el})^2}{\sigma_{el}} + \dot{j}_{el} \frac{\partial T}{\partial x} \frac{T}{\mathfrak{F}} \frac{\partial s^*}{\partial T} + \frac{j_{el}}{\mathfrak{F}}\, T \left(\frac{\partial s^*}{\partial x}\right)_{p,\,T} \tag{8.48}$$

Das in Gl. (8.48) neu hinzugekommene letzte Glied beschreibt den fiktiven Peltiereffekt in einem Schenkel. Tatsächlich können nun in einem homogenen elektrischen Leiter keine isothermen Konzentrationsunterschiede der Elektronen existieren, so daß der Peltiereffekt in den Schenkeln verschwindet. Sitz des Peltiereffektes sind vielmehr die Lötstellen. Wendet man daher das letzte Glied der Gl. (8.48) auf das Konzentrationsgefälle beim Stromfluß durch eine Lötstelle vom Volumen ΔV an, so gilt für den Energieumsatz $\dot{Q}_T$ in dieser Lötstelle

$$\dot{Q}_T = \frac{j_{el}}{\mathfrak{F}}\, T\left(\frac{\Delta s^*}{\Delta x}\right)_{p,\,T} \Delta V = \frac{I_{el}}{\mathfrak{F}}\, T\,(s_A^* - s_B^*)_{p,\,T} = I_{el}\, \Pi_T\,. \tag{8.49}$$

Hierbei sind s_A^* bzw. s_B^* die Überführungsentropien der Elektronen in den Schenkeln A und B bei der Temperatur T. Π_T wird als *Peltierkoeffizient* der Lötstelle mit der Temperatur T bezeichnet. Befindet sich das Peltierelement im Beharrungszustand, so muß die in der Lötstelle umgesetzte Energie in Form von Wärme nach außen abgegeben (warme Lötstelle) oder von außen zugeführt werden (kalte Lötstelle). Dieser Energieumsatz ist auch in den Lötstellen eines stromdurchflossenen Thermoelementes vorhanden, besitzt jedoch auf den Seebeckeffekt (stromloser Zustand) und den Thomsoneffekt (reiner Schenkeleffekt) keinen Einfluß.

Zwischen der in Gl. (8.49) stehenden Differenz der Überführungsentropien und der Thermokraft eines aus den Schenkeln A und B zusammengesetzten Thermoelementes besteht der durch Gl. (8.37) gegebene einfache Zusammenhang. Er kann auch durch Betrachtung eines Thermoelementes hergeleitet werden, das als Wärmekraftmaschine arbeitet (Abb. 8.4). Seine Lötstellen mögen sich auf den Temperaturen $T + \mathrm{d}T$

und T befinden; seine Schenkel sollen einen vernachlässigbar kleinen elektrischen Widerstand und eine unendlich kleine Wärmeleitfähigkeit besitzen. Diese Wärmekraftmaschine arbeitet reversibel (keine Joulesche

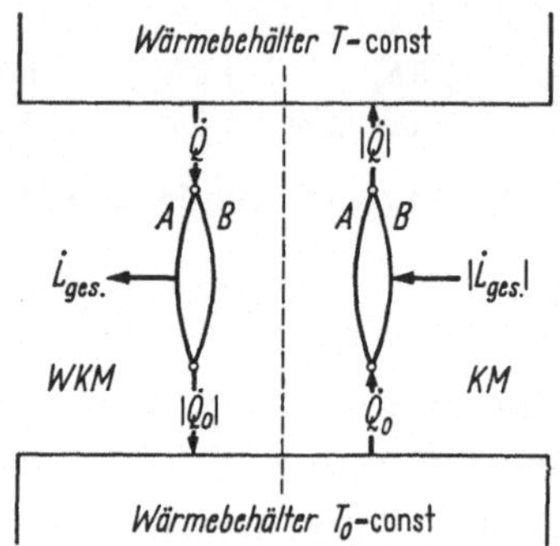

Abb. 8.4 Thermoelement als Wärmekraftmaschine und als Kältemaschine (Peltierelement).

Wärme, kein Wärmetransport durch Wärmeleitung). Sie gibt deswegen im Beharrungszustand nach Gl. (4.7) die Leistung

$$\dot{L}_{\mathrm{ges,\,rev}} = \dot{Q}\,\frac{\mathrm{d}T}{T} \tag{8.50}$$

ab. Diese Leistung kann auch als Produkt aus der Thermospannung $U_{\mathrm{el}} = \varepsilon_{\mathrm{AB}}\,\mathrm{d}T$ und dem durch sie hervorgerufenen elektrischen Strom ausgedrückt werden. Mit Gl. (8.49) findet man daher

$$\dot{L}_{\mathrm{ges,\,rev}} = I_{\mathrm{el}}\,U_{\mathrm{el}} = I_{\mathrm{el}}\,\varepsilon_{AB}\,\mathrm{d}T = \dot{Q}\,\frac{\mathrm{d}T}{T} = I_{\mathrm{el}}\,\Pi_T\,\frac{\mathrm{d}T}{T}, \tag{8.51}$$

denn der durch Wärmeleitung von der warmen zur kalten Lötstelle fließende Wärmestrom ist vernachlässigbar klein, so daß der der warmen Lötstelle zugeführte Wärmestrom $\dot{Q}$ im Beharrungszustand in der Lötstelle durch den Peltiereffekt verbraucht werden muß. Nach Gl. (8.51) gilt also

$$T\,\varepsilon_{AB} = \Pi_T \tag{8.52}$$

Damit ist der Peltierkoeffizient auf bekannte Größen zurückgeführt worden. Gleichzeitig wird es möglich, die Kälteleistung eines reversibel arbeitenden Peltierelementes anzugeben, dessen kalte Lötstelle die Temperatur T_0 besitzt. Es kann nämlich als Kältemaschine aufgefaßt werden, die reversibel zwischen der Temperatur T_0 der kalten Lötstelle und der Temperatur T der warmen Lötstelle arbeitet (Abb. 8.4). Seine Kälteleistung ist daher identisch mit dem Abwärmestrom einer entsprechenden reversibel arbeitenden Wärmekraftmaschine. Sie muß außerdem analog zu den vorangegangenen Betrachtungen mit dem Energieumsatz in der kalten Lötstelle übereinstimmen. Deswegen gilt [Gln. (8.49) und (8.52)]

$$\dot{Q}_{0,\,\mathrm{rev}} = \Pi_{T_0}\, I_{\mathrm{el}} = T_0\, \varepsilon_{AB}\, I_{\mathrm{el}} \tag{8.53}$$

In Wirklichkeit kann ein Peltierelement nicht reversibel arbeiten, da seine Schenkel einen endlichen elektrischen Widerstand R_{el} besitzen und bei einer endlichen Temperaturdifferenz $T - T_0$ Wärme durch Wärmeleitung in die kalte Lötstelle fließt. Bezeichnet man den durch Wärmeleitung transportierten Wärmestrom mit $\dot{Q}_\lambda$, den Wärmeleitwiderstand der Schenkel mit R_λ und setzt man näherungsweise voraus, daß etwa die Hälfte der Jouleschen Wärme zur kalten Lötstelle fließt,

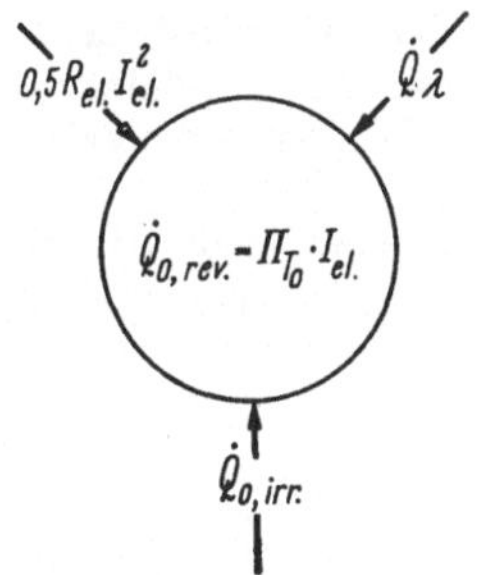

Abb. 8.5 Energiebilanz der kalten Lötstelle eines realen Peltierelementes.

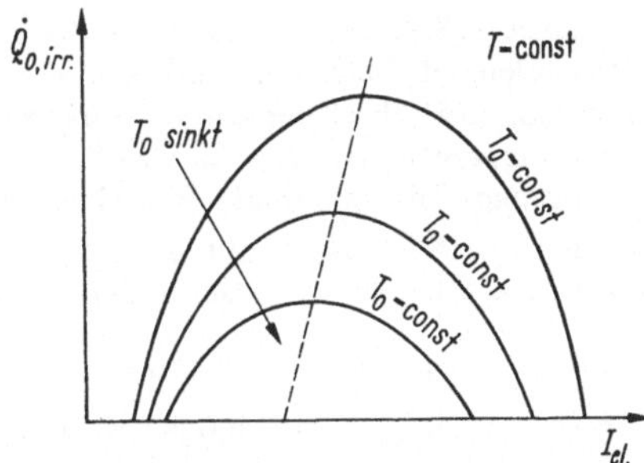

Abb. 8.6 Kälteleistung eines realen Peltierelementes in Abhängigkeit von der Stromstärke und der Temperatur T_0 der kalten Lötstelle. Die Temperatur T der warmen Lötstelle ist konstant.

während der Rest anderweitig an die Umgebung abgeführt wird, dann gilt im Beharrungszustand für die kalte Lötstelle (Abb. 8.5, erster Hauptsatz)

$$\dot{Q}_{0,\,\mathrm{irr}} + \dot{Q}_\lambda + \frac{1}{2}\, I_{\mathrm{el}}^2\, R_{\mathrm{el}} = \dot{Q}_{0,\,\mathrm{irr}} + \frac{T - T_0}{R_\lambda} + \frac{1}{2}\, I_{\mathrm{el}}^2\, R_{\mathrm{el}} = \Pi_{T_0}\, I_{\mathrm{el}} =$$
$$= T_0\, \varepsilon_{AB}\, I_{\mathrm{el}} \tag{8.54}$$

Daraus kann die Kälteleistung des realen Peltierelementes berechnet werden:

$$\dot{Q}_{0,\,\mathrm{irr}} = I_{\mathrm{el}}\, T_0\, \varepsilon_{AB} - \frac{1}{2}\, I_{\mathrm{el}}^2\, R_{\mathrm{el}} - \frac{T - T_0}{R_\lambda} \tag{8.55}$$

Gl. (8.55) zeigt, daß die Kälteleistung des realen Peltierelementes bei vorgegebener Temperatur T_0 der kalten Lötstelle und vorgegebener Temperaturdifferenz $T - T_0$ in Abhängigkeit von der elektrischen Stromstärke ein Maximum durchläuft, das bei

$$I_{\mathrm{el}} = \frac{T_0\, \varepsilon_{AB}}{R_{\mathrm{el}}} \tag{8.56}$$

liegt und

$$\dot{Q}_{0,\,\mathrm{irr,\,max}} = \frac{T_0^2\, \varepsilon_{AB}^2}{2\, R_{\mathrm{el}}} - \frac{T - T_0}{R_\lambda} \tag{8.57}$$

beträgt. Die Kälteleistung ist am größten für $T = T_0$:

$$(\dot{Q}_{0,\,\mathrm{irr,\,max}})_{\mathrm{Optimum}} = \frac{T_0^2\,\varepsilon_{AB}^2}{2\,R_{\mathrm{el}}}\,. \tag{8.58}$$

Die maximale Temperaturdifferenz zwischen beiden Lötstellen wird erreicht, wenn der gesamte Energieumsatz in der kalten Lötstelle zur Kompensation der Verluste verbraucht wird. Sie beträgt bei $\dot{Q}_{0,\,\mathrm{irr,\,max}} = 0$:

$$(T - T_0)_{\max} = \frac{R_\lambda}{R_{\mathrm{el}}}\,\frac{T_0^2}{2}\,\varepsilon_{AB}^2 \tag{8.59}$$

Abb. 8.6 gibt die geschilderten Verhältnisse für eine konstante Temperatur der warmen Lötstelle ($T \approx T_{\mathrm{Kühlwasser}}$) wieder.

Beispiel 8.2. Das im Beispiel 8.1 behandelte Cu-Pt-Thermoelement wird als Peltierelement betrieben und von einem Strom $I_{\mathrm{el}} = 10$ A durchflossen. Welche maximale Kälteleistung kann theoretisch erreicht werden, wenn die kalte Lötstelle eine Temperatur von 0 °C besitzt?

Lösung. Die maximale Kälteleistung würde bei reversiblem Betrieb erreicht werden. Nach Gl. (8.53) gilt dann $\dot{Q}_{0,\mathrm{rev}} = \Pi_{T_0}\, I_{\mathrm{el}} = T_0\,\varepsilon_{AB}\, I_{\mathrm{el}}$. Die Thermokraft ε_{AB} kann dem Beispiel 8.1 entnommen werden:

$$\varepsilon_{AB}\,(0\,°\mathrm{C}) = \varepsilon_{AB}\,(25\,°\mathrm{C}) - 25\,\mathrm{grd}\cdot(\partial\,\varepsilon_{AB}/\partial\,T) =$$

$$= 6{,}46\cdot 10^{-6}\,\mathrm{V/grd} - 25\cdot 0{,}036\cdot 10^{-6}\,\mathrm{V/grd} = 5{,}56\cdot 10^{-6}\,\mathrm{V/grd}\,.$$

Daraus folgt $\dot{Q}_{0,\,\mathrm{rev}} = 273{,}15\,°\mathrm{K}\cdot 5{,}56\cdot 10^{-6}\,\mathrm{V/grd}\cdot 10\,\mathrm{A} = 1{,}52\cdot 10^{-2}\,\mathrm{W}$.

Tabelle 1.1 *Arbeitsdifferentiale, Arbeitskoeffizienten, Arbeitskoordinaten*

Art der Arbeit	Arbeitsdifferential $\mathrm{d}L_i$	Arbeits-koeffi-zient X_i	Arbeits-koordi-nate x_i
1. *Arbeiten, die reversibel verrichtet werden und zu einer Veränderung innerhalb des Systems führen.*			
Volumenänderung	$p\,\mathrm{d}V$	p	V
Veränderung der Systemoberfläche O (σ Oberflächenspannung)	$-\sigma\,\mathrm{d}O$	$-\sigma$	O
eindimensionale Dehnung (σ_{zug} Zugspannung)	$-\sigma_{zug}\,\mathrm{d}V$	$-\sigma_{zug}$	V
Magnetisierung von Materie ($\mathfrak{H}_{magn}$ magn. Feldstärke; $\mathfrak{M}_{magn}$ magn. Moment)	$-\mathfrak{H}_{magn}\,\mathrm{d}\mathfrak{M}_{magn}$	$-\mathfrak{H}_{magn}$	$\mathfrak{M}_{magn}$
Elektrisierung von Materie ($\mathfrak{E}_{el}$ elektr. Feldstärke; $\mathfrak{M}_{el}$ elektr. Moment)	$-\mathfrak{E}_{el}\,\mathrm{d}\mathfrak{M}_{el}$	$-\mathfrak{E}_{el}$	$\mathfrak{M}_{el}$
2. *Arbeiten, die reversibel verrichtet werden und nur die äußeren Koordinaten des Gesamtsystems verändern (Systemmasse m).*			
Veränderung der Ortshöhe im Schwerefeld der Erde	$-m\,g_0\,\mathrm{d}z$		
Beschleunigung	$-m\,w\,\mathrm{d}w$		
Verschiebung des Systems mit der elektrischen Ladung Q_{el} im elektr. Feld	$Q_{el}\,\mathfrak{E}_{el}\,\mathrm{d}\mathfrak{z} = Q_{el}\,\mathrm{d}U_{el}$		
Verschiebung des Systems mit dem magn. Moment $\mathfrak{M}_{magn}$ im inhomogenen magnetischen Feld der Feldstärke $\mathfrak{H}_{magn}$	$\mathfrak{M}_{magn}\dfrac{\partial\mathfrak{H}_{magn}}{\partial z}\,\mathrm{d}z$		
Drehung des Systems mit dem magn. Moment $\mathfrak{M}_{magn}$ im homogenen magnetischen Feld der Feldstärke $\mathfrak{H}_{magn}$	$\mathfrak{M}_{magn}\times\mathfrak{H}_{magn}\,\mathrm{d}\varphi$		
3. *Reibung und andere dissipative Effekte, die im Inneren des Systems auftreten* (Nr. 8.2).	$\Sigma\alpha_{ik}\,Y_k\,Y_i\,\mathrm{d}V\,\mathrm{d}\tau$		

Tabelle 1.2 *Umrechnungsfaktoren*

Kraft: 1 N = 0,101972 kp; 1 kp = 9,80665 N   N ≙ Newton

Druck		N/m^2	bar	at ≙ kp/cm^2	atm ≙ 760 Torr	Torr ≙ 1 mm $Hg_{0\,°C}$
1 N/m^2	=	1	10^{-5}	$1{,}0197 \cdot 10^{-5}$	$0{,}9869 \cdot 10^{-5}$	$7{,}5006 \cdot 10^{-3}$
1 bar	=	10^5	1	1,019716	0,986923	750,062
1 at	=	$0{,}980665 \cdot 10^5$	0,980665	1	0,967841	735,559
1 atm	=	$1{,}01325 \cdot 10^5$	1,01325	1,033227	1	760
1 Torr	=	133,3224	$1{,}3332 \cdot 10^{-3}$	$1{,}3595 \cdot 10^{-3}$	$1{,}3158 \cdot 10^{-3}$	1

Energie		J = Nm	m kp	$kcal_{15\,°C}$	kWh	BTU (engl.)
1 J = 1 Nm	=	1	0,1019716	$2{,}3892 \cdot 10^{-4}$	$2{,}77778 \cdot 10^{-7}$	$9{,}4716 \cdot 10^{-4}$
1 m kp	=	9,80665	1	$2{,}3430 \cdot 10^{-3}$	$2{,}72407 \cdot 10^{-6}$	$9{,}2884 \cdot 10^{-3}$
1 $kcal_{15\,°C}$	=	4185,5	426,80	1	$1{,}16264 \cdot 10^{-3}$	3,96433
1 kWh	=	$3{,}6 \cdot 10^6$	$0{,}3671 \cdot 10^6$	860,11	1	$3{,}40977 \cdot 10^3$
1 BTU	=	$1{,}05579 \cdot 10^3$	$1{,}07661 \cdot 10^2$	$2{,}52249 \cdot 10^{-1}$	$2{,}93275 \cdot 10^{-4}$	1

Leistung		W	m kp/s	PS	$kcal_{15\,°C}/s$	BTU/s
1 W	=	1	0,1019716	$1{,}35962 \cdot 10^{-3}$	$2{,}38920 \cdot 10^{-4}$	$9{,}4716 \cdot 10^{-4}$
1 m kp/s	=	9,80665	1	$1{,}33333 \cdot 10^{-2}$	$2{,}34300 \cdot 10^{-3}$	$9{,}2884 \cdot 10^{-3}$
1 PS	=	735,50	75	1	$1{,}7572 \cdot 10^{-1}$	$6{,}9663 \cdot 10^{-1}$
1 $kcal_{15\,°C}/s$	=	$4{,}1855 \cdot 10^3$	$4{,}26802 \cdot 10^2$	5,691	1	3,96433
1 BTU/s	=	$1{,}05579 \cdot 10^3$	$1{,}07661 \cdot 10^2$	1,4355	$2{,}52249 \cdot 10^{-1}$	1

Menge		kg	kmol	1 Normkubikmeter (Nm^3) id. Gas
1 kg	=	1	$\frac{1}{M}\frac{kg}{kmol}$	$\frac{22{,}414}{M}\frac{kg}{kmol}$
1 kmol	=	$M\frac{kmol}{kg}$	1	22,414
1 (Nm^3) id. Gas	=	$\frac{M}{22{,}414}\frac{kmol}{kg}$	1/22,414	1
Temperaturen		$\frac{t}{1°F}=\frac{9}{5}\frac{t}{1°C}+32$; $\frac{t}{1°C}=\frac{5}{9}\left(\frac{t}{1°F}-32\right)$; $\frac{t}{1°C}=\frac{T}{1°K}-273{,}15$; $\frac{T}{1°K}=\frac{t}{1°C}+273{,}15$; $\frac{T}{1°R}=\frac{9}{5}\frac{T}{1°K}$		

Einzelheiten: SACKLOWSKI, A.: Physikalische Größen und Einheiten, Einheitenlexikon, Stuttgart: DVA Fachverlag 1960.

Tabelle 2.1 *Thermodynamische Eigenschaften des Kältemittels R 114*

Dampftafel für R 114 im Sättigungszustand

Temperatur	Druck	Spezifisches Volumen		Enthalpie		Verdampfungsenthalpie	Entropie	
t	p	v'	v''	h'	h''	$r = h'' - h'$	s'	s''
[°C]	[at]	$\left[\frac{dm^3}{kg}\right]$	$\left[\frac{m^3}{kg}\right]$	$\left[\frac{kcal}{kg}\right]$	$\left[\frac{kcal}{kg}\right]$	$\left[\frac{kcal}{kg}\right]$	$\left[\frac{kcal}{kg\,°K}\right]$	$\left[\frac{kcal}{kg\,°K}\right]$
−10	0,5923	0,6382	0,21459	97,65	131,45	33,80	0,9913	1,1197
− 8	0,6453	0,6405	0,19809	98,11	131,76	33,64	0,9930	1,1199
− 6	0,7020	0,6430	0,18311	98,58	132,07	33,48	0,9948	1,1201
− 4	0,7626	0,6454	0,16948	99,05	132,37	33,32	0,9965	1,1203
− 2	0,8273	0,6479	0,15707	99,52	132,68	33,16	0,9983	1,1205
0	0,8962	0,6504	0,14575	100,00	132,99	32,99	1,0000	1,1208
2	0,9694	0,6529	0,13541	100,48	133,30	32,83	1,0017	1,1210
4	1,0474	0,6555	0,12595	100,96	133,61	32,66	1,0035	1,1213
6	1,1301	0,6581	0,11729	101,44	133,92	32,48	1,0052	1,1216
8	1,2177	0,6607	0,10934	101,93	134,23	32,31	1,0069	1,1218
10	1,3106	0,6634	0,10205	102,41	134,54	32,13	1,0087	1,1221
12	1,4089	0,6661	0,09533	102,90	134,85	31,95	1,0104	1,1224
14	1,5128	0,6689	0,08916	103,39	135,16	31,77	1,0121	1,1227
16	1,6224	0,6717	0,08346	103,89	135,47	31,58	1,0138	1,1230
18	1,7381	0,6745	0,07820	104,38	135,78	31,40	1,0155	1,1233
20	1,8600	0,6774	0,07334	104,88	136,09	31,21	1,0172	1,1237
22	1,9883	0,6803	0,06885	105,38	136,40	31,02	1,0189	1,1240
24	2,1232	0,6833	0,06469	105,89	136,71	30,82	1,0206	1,1243
26	2,2650	0,6863	0,06083	106,39	137,02	30,63	1,0223	1,1246
28	2,4139	0,6894	0,05725	106,90	137,32	30,43	1,0239	1,1250
30	2,5701	0,6925	0,05392	107,41	137,63	30,22	1,0256	1,1253

Dampftafel für R 114 im überhitzten Zustand

t [°C]	v [m³/kg]	h [kcal/kg]	s [kcal/kg °K]	t [°C]	v [m³/kg]	h [kcal/kg]	s [kcal/kg °K]
	0,60 at		$t_s = -9{,}7$ °C		2,50 at		$t_s = +29{,}1$ °C
$\{t_s\}$	0,2120	131,49	1,1197				
−5	0,2161	132,27	1,1226				
0	0,2204	133,11	1,1257	$\{t_s\}$	0,0554	137,50	1,1252
5	0,2248	133,95	1,1288	30	0,0556	137,66	1,1257
10	0,2291	134,80	1,1318	35	0,0567	138,57	1,1287
15	0,2334	135,66	1,1348	40	0,0579	139,48	1,1316
20	0,2377	136,53	1,1378	45	0,0590	140,41	1,1346
25	0,2420	137,41	1,1408	50	0,0602	141,33	1,1375
30	0,2463	138,29	1,1437	55	0,0613	142,27	1,1403
35	0,2506	139,18	1,1466	60	0,0624	143,21	1,1432
40	0,2548	140,07	1,1495	65	0,0635	141,15	1,1460
45	0,2591	140,98	1,1524	70	0,0646	145,10	1,1488
50	0,2634	141,88	1,1552	75	0,0657	146,06	1,1515
55	0,2676	142,80	1,1580	80	0,0668	147,02	1,1543
60	0,2719	143,72	1,1608	85	0,0679	147,98	1,1570
65	0,2761	144,65	1,1636	90	0,0690	148,95	1,1597
70	0,2803	145,59	1,1663	95	0,0701	149,93	1,1623
75	0,2846	146,53	1,1690	100	0,0712	150,91	1,1650

Tabelle 2.2 *Spezifische Wärmekapazität* $c_p^{0;\,1\,\mathrm{mol}}$ *für technisch wichtige Stoffe im Zustand idealer Gase* ($p \to 0$) *in Abhängigkeit von der Temperatur*[1] (die Werte sind in J/mol grd angegeben).

T[°K]	O_2	N_2	H_2	CO	CO_2	H_2O	Luft
50	29,10	29,10	20,83	29,10	29,10	33,29	29,03
100	29,10	29,10	22,66	29,10	29,21	33,29	29,03
150	29,10	29,10	25,41	29,10	30,24	33,30	29,03
200	29,12	29,11	27,28	29,11	32,36	33,33	29,04
250	29,20	29,11	28,33	29,12	34,83	33,41	29,06
300	29,37	29,12	28,84	29,15	37,21	33,57	29,11
350	29,71	29,17	29,08	29,21	39,39	33,86	29,20
400	30,10	29,25	29,18	29,34	41,34	34,24	29,36
450	30,59	29,39	29,22	29,53	43,05	34,69	29,56
500	31,08	29,58	29,28	29,79	44,61	35,20	29,82
600	32,09	30,11	29,32	30,44	47,33	36,29	30,44
700	32,99	30,76	29,43	31,17	49,58	37,45	31,14
800	33,74	31,43	29,61	31,90	51,46	38,67	31,82
900	34,36	32,10	29,87	32,58	53,04	39,93	32,47
1000	34,87	32,70	30,20	33,19	54,37	41,20	33,05
1100	35,31	33,25	30,58	33,71	55,48	42,46	33,57
1200	35,69	33,74	30,98	34,17	56,44	43,68	34,02
1300	36,02	34,16	31,40	34,58	57,24	44,85	34,42
1400	36,30	34,53	31,84	34,93	57,9	45,95	34,77
1500	36,56	34,85	32,27	35,23	58,5	46,98	35,08
1600	36,82	35,14	32,69	35,49	59,0	47,95	35,36
1700	37,07	35,39	33,10	35,71	59,5	48,83	35,61
1800	37,31	35,61	33,49	35,92	60,0	49,65	35,83
1900	37,55	35,82	33,86	36,10	60,4	50,40	36,03
2000	37,78	35,99	34,20	36,25	60,7	51,08	36,22
2500	38,92	36,65	35,67	36,84	61,9	53,80	36,96
3000	39,97	37,07	36,78	37,23	62,8	55,64	37,51
3500	40,85	37,38	37,63	37,50	63,6	—	—
4000	41,56	37,61	38,29	37,72	—	57,93	—
4500	42,10	37,80	—	—	—	—	—
5000	42,50	37,97	—	—	—	59,28	—

[1] Nach Landolt-Börnstein: Zahlenwerte und Funktionen aus Physik, Chemie, Astronomie, Geophysik und Technik, Bd. II, Teil 4, Berlin/Göttingen/Heidelberg: Springer 1961.

Neue Angaben über 30 Gase bis 6000 °K:

Baehr, H. D. u. a.: Thermodynamische Funktionen idealer Gase, Berlin/Heidelberg/New York: Springer 1968.

Sachverzeichnis